DEUTSCHE DEMOKRATISCHE REPUBLIK
DEUTSCHE AKADEMIE DER LANDWIRTSCHAFTSWISSENSCHAFTEN ZU BERLIN
INSTITUT FÜR LANDWIRTSCHAFTLICHE INFORMATION UND DOKUMENTATION

Landwirtschaftliches Zentralblatt

ABTEILUNG III

TIERZUCHT · TIERERNÄHRUNG FISCHEREI

9. JAHRGANG
1964

AKADEMIE-VERLAG · BERLIN

. III TIERZUCHT · TIERERNÄHRUNG · FISCHEREI · JG. 1964 · NR. 2 · SEITE 233–448 · BERLIN · FEBRUAR 1964

LANDWIRTSCHAFTLICHES ZENTRALBLATT

ABTEILUNG TIERZUCHT · TIERERNÄHRUNG · FISCHEREI

INHALTSVERZEICHNIS

NAMENVERZEICHNIS

3–64/02–0001 bis 0611; 3–64/02–9001 bis 9193

Ab Jahrgang 1964 beziehen sich die hinter dem Autorennamen angegebenen Zahlen auf die Signatur des Dokumentationsmaterials

Signatur in [Klammer] bedeutet Bibliographie, mit Stern * bedeutet Buchbesprechung

LANDWIRTSCHAFTLICHES ZENTRALBLATT
ABT. TIERZUCHT · TIERERNÄHRUNG · FISCHEREI

1964 NR. 2 FEBRUAR

ALLGEMEINES

A. GESCHICHTE, FORSCHUNG, UNTERRICHT

3-64/02-0001 Timm, Willy; Unna. **Dr. med. Friedrich Kipp, dem großen Förderer von Bienenzucht und Seidenbau, zum 150. Geburtstag.** Westf. Bienenztg. **76** (1963) Nr. 9. S. 262–263. – 1 Abb. 20.

3-64/02-0002 Weniger, J.-H. **Die wirtschaftliche Erzeugung marktgerechter Schlachtschweine als Aufgabe der Forschung.** Tierzüchter **14** (1962) Nr. 10. S. 359–361. – 6 Abb.
Es wird versucht, der Praxis Einblick in die wiss. Arbeiten der Inst. und Forschungsstätten für Tierzucht in der BRD auf dem Gebiet der Schweinezucht zu geben. In der Forschung spiegelt sich die Entschiedenheit wider, mit der die Erzeugung eines Schweines mit einem hohen Anteil mageren Fleisches verfolgt wird. Bes. Aufgaben erwachsen durch die Anwendung der Kombinationszüchtung, der weiteren Verbesserung der Leistungsprüfung, der Erhöhung der Sicherheit zur Erfassung von Eigenschaften, bes. des Schlachtwertes und der Überprüfung bestehender Ansichten über Haltung und Fütterung in Anpassung an das erhöhte Fleischbildungsvermögen der Tiere.
W. Fleischmann. 40.

3-64/02-0003 Kroeske, D.; Zeist, Inst. voor Veeteeltkundig Onderzoek „Schoonoord". Stand en ontwikkeling van het onderzoek in de varkenshouderij. **(Stand und Entwicklung der Versuche in der Schweinehaltung in den Niederlanden.)** Landbouwvoorlichting **20** (1963) Nr. 6. S. 298–307. – 3 Abb.
Von der gesamten Schweineproduktion wird $^1/_3$ exportiert. Für die Versuche sind zuständig: 4 staatliche Institute, der Gesundheitsdienst und die Fütterungsbüros in den Provinzen, die der Futtermittelindustrie angeschlossenen Versuchsbetriebe, die Veterinärmedizinische Fakultät in Utrecht und die Landbauhochschule in Wageningen. Im Vordergrund standen bisher Fütterungsversuche mit Mastschweinen, dabei bes. die Anwendung verschiedener Futtermischungen, Futterzusätze und Fütterungsmethoden. Im Rahmen der Eiweißfütterung ist die quantitativ und qualitativ richtige Zusammenstellung der Aminosäuren von bes. Interesse. Für die Aufzucht wurde eine Kunstmilch entwickelt, bei der nach 2 Wochen abgesetzte Ferkel besser gedeihen als an der Sau. Die Beziehungen der Fütterung zur Schlachtqualität finden vermehrte Beachtung. Die verhaltene Fütterung in breiiger Form erwies sich gegenüber der Sattfütterung mit Trockenfutter als überlegen. In Großbetrieben wurden mechanisierte Fütterungseinrichtungen erprobt. Neben den bisher gebräuchlichen Selektionsverfahren wird die Auslese von Ebern auf Grund der Eigenleistung und der Leistung von 15–20 Nachkommen aus verschiedenen Würfen versucht. Lohnend ist nur die Selektion auf wirtschaftlich wichtige Eigenschaften mit genügend hoher Heritabilität. Mit dem Wiegen des Kotelettstückes wurden gute Erfahrungen gemacht. Die Ergebnisse der Mastleistungsprüfungen zeigen, daß bes. beim Anteil von Kotelett und Schinken, bei der Speckdicke und der Körperlänge gute Fortschritte erzielt wurden. Als Aufgaben für die Zukunft werden genannt: Bekämpfung von Viruskrank-

heiten, Aufzucht keimfreier Ferkel, Zuchtversuche, Fütterungsversuche mit Zuchtschweinen, Fortpflanzungsuntersuchungen, Fleischqualitätsuntersuchungen, Stallbauuntersuchungen. J. K. Hinrichsen. 40.

3-64/02-0004 Popov, I. S. O podgotovke aspirantov. **(Über die Ausbildung von Aspiranten.)** Živótnovodstvo, Moskva **25** (1963) Nr. 5. S. 3–8. 50.

3-64/02-0005 Schmiel, Martin; Wilhelmshaven. **Das landwirtschaftliche Schulwesen in Norwegen.** Ber. Landwirtsch. [N. F.] **41** (1963) Nr. 2. S. 381 bis 396. – 7 Tab., 21 Lit. 50.

C. JAHRESBERICHTE UND TAGUNGEN

3-64/02-0006 Anonym. Abstracts of papers presented at the fifty-eighth annual meeting of the Americian Dairy Science Association. **(Referate von Vorträgen zur 58. Jahresversammlung der American Dairy Science Association.)** J. Dairy Sci. **46** (1963) Nr. 6. S. 591–650. 200.

3-64/02-0007 Seelemann, Martin; Kiel, Bundesforsch.-Anst. für Milchwirtsch., Inst. für Milchhygiene. **Bericht über das Mastitis-Symposium in Ayr-Schottland.** Milchwissenschaft **18** (1963) Nr. 8. S. 401–403. – Zus. in Engl. 200.

3-64/02-0008 Denghausen. **Bericht über die Tätigkeit des Deutschen Imkerbundes e.V. 1962/63 vorgelegt auf der Vertreter-Versammlung am 23. August 1963 in Bad Segeberg/Holstein.** Dtsch. Bienenwirtsch. **14** (1963) Nr. 8. S. 205 bis 219. 200.

3-64/02-0009 Anonym. Experiments in progress. **(Laufende Versuche im Grünlandforschungsinstitut Hurley. Jahresbericht 1961/62.)** Annu. Rep. Grassland Res. Inst. Hurley, Near Maidenhead, Berks. **15** (1961/1962, hrsg. 1963) S. 1–87. 200.

ALLGEMEINE TIERZUCHT

B. ORGANE DES TIERKÖRPERS

3-64/02-0010 Wrenn, T. R., Bitman, Joel, Cecil, Helene C., Connolly, Mary R., Gilliam, D. R., Kiddy, C. A. und Schultze, W. D.; Beltsville, Md., U. S. Dep. of Agric., Dairy Cattle Res. Branch. Some blood histamine values of parturient cows and young calves. **(Einige Bluthistamin-Werte von Kühen und jungen Kälbern.)** J. Dairy Sci. **46** (1963) Nr. 5. S. 479–480. – 2 Tab. 1120.

3-64/02-0011 Michajlova, N. V. Stroenie i razvitie soedinitel'notkannych ėlementov koži romanovskich i vjatskich ovec. **(Bau und Entwicklung der Bindegewebselemente der Haut von Romanow- und Wjatka-Schafen.)** Trudy Instituta morfologii životnych im. A. N. Severcova. Akademija nauk SSSR, Moskva **35** (1961) S. 128–147. – 7 Abb., 6 Tab., 29 Lit.
Unter dem Gesichtspunkt der Wollproduktion wurde die postnatale Entwicklung des Bindegewebes an je 10 Tieren 2 Tage, 5 und 12 Mon. nach der Geburt morphol. untersucht. In der postnatalen Entwicklung verliert das lockere Bindegewebe seine Dichte. Die Fibroblasten vermindern sich von 79 auf 66%, davon die wenig differenzierten von 6,2 auf 1,1%. Trotzdem bleiben die Fibroblasten in der überwiegenden Mehrzahl. Makrophagen und Mastzellen vermehren sich von 4,4 auf 6,4 bzw. von 6,6 auf 9,6%. Eine sehr wesentliche Erhöhung erfahren die Agranulocyten und die eosinophilen Leukocyten. Diese Entwicklung ist bei beiden Schafrassen gleich. Die Pilarschicht zeichnet sich durch das Vorhandensein bes. oxyphiler, gekörnter Zellen aus, die sich wahrscheinlich aus wenig differenzierten perivasculären Elementen bilden. Die Hauptwachstumsperiode sind die ersten 5 Mon. Die Lage der Kollagenfasern

kompliziert sich in der Reticularschicht. Dieser Prozeß ist bes. nach den ersten 5 Mon. intensiv. In der Entwicklung des Stratum reticulare zeigen sich die charakteristischen Unterschiede zwischen den beiden Rassen.
G. Scharfschwerdt. 1135.

3-64/02-0012 Nay, T. und Hayman, R. H.; Sydney, New South Wales, Univ., Dep. of Zool., Div. of Animal Genetics. Some skin characters in five breeds of European (Bos taurus L.) dairy cattle. **(Einige Fellmerkmale bei 5 Rassen von europäischem Milchvieh [Bos taurus L.].)** Austral. J. agric. Res. **14** (1963) Nr. 2. S. 294–302. – 6 Tab., 14 Lit.
Verschiedene Fellmerkmale wurden bei 5 Rinderrassen untersucht: bei Ayrshire, Guernsey, Australian Illawarra Shorthorn, Friesian und Jersey. Die Tiere waren 2 Jahre alt und wurden auf australischen Farmen gehalten. Es wurden Jan.(Sommer-)-Fellproben und Juli(Winter-)-Fellproben genommen. – Die untersuchten Rassen unterschieden sich im Vol. ihrer Schweißdrüsen und in deren Verhältnis von Länge/Durchmesser, in der Dicke des Stratum papillare und im Verhältnis der Felldicke zur Dicke des Strat. pap. Keine Unterschiede hingegen konnten in der Follikeldichte festgestellt werden. – Im jahreszeitlichen Wechsel wurden Unterschiede im Schweißdrüsenvolumen, der Felldicke und der Dicke des Strat. pap. gefunden, die alle im Winter größere Werte hatten als im Sommer. – Die einzigen signifikanten Korrelationen zwischen den verschiedenen Fellmerkmalen der 5 Rinderrassen waren die zwischen dem Schweißdrüsenvolumen und dem Verhältnis Schweißdrüsenlänge/Durchmesser und ferner dem Schweißdrüsenvolumen und der Dicke der Papillenschicht. H. Freye. 1140.

3-64/02-0013 Stephenson, S. K. Wool follicle development in the New Zealand Romney and N-type sheep. I. The relationships of development to age in the New Zealand Romney and N-type sheep foetuses and a comparison with results obtained from the Merino. **(Die Entwicklung der Wollfollikel bei Neuseeländer Romney- und N-Typ-Schafen. 1. Mitt. Beziehungen zwischen Entwicklung und Alter bei Romney- und N-Typ-Schaf-Feten und ein Vergleich zu Ergebnissen aus Untersuchungen an Merinos.)** Austral. J. agric. Res. 8 (1957) Nr. 4. S. 371–384. 1140.

3-64/02-0014 Stephenson, S. K. Wool follicle development in the New Zealand Romney and N-type sheep. II. Follicle population density during foetal development. **(Die Entwicklung der Wollfollikel bei Neuseeländer Romney- und N-Typ-Schafen. 2. Mitt. Die Dichte der Follikelpopulation während der fetalen Entwicklung.)** Austral. J. agric. Res. **9** (1958) Nr. 1. S. 138–160. – 1. Mitt. vgl. vorst. Titel. 1140.

3-64/02-0015 Stephenson, S. K. Wool follicle development in the New Zealand Romney and N-type sheep. IV. Pre-natal growth and changes in body proportions. **(Die Entwicklung der Wollfollikel bei Neuseeländer Romney- und N-Typ-Schafen. 4. Mitt. Vorgeburtliches Wachstum und Änderungen in den Körperproportionen.)** Austral. J. agric. Res. **10** (1959) Nr. 3. S. 433 bis 452. – 3. Mitt. vgl. LZ. Abt. III **6** (1961) Nr. 1. S. 5. 1140.

3-64/02-0016 Stephenson, S. K. Wool follicle development in the New Zealand Romney and N-type sheep. V. The pre-natal relationships between growth, skin expansion, and primary follicle number. **(Die Entwicklung der Wollfollikel bei Neuseeländer Romney- und N-Typ-Schafen. 5. Mitt. Vorgeburtliche Beziehungen zwischen Wachstum, Hautausdehnung und Zahl der Primärfollikel.)** Austral. J. agric. Res. **10** (1959) Nr. 3. S. 453–470. – 4. Mitt. vgl. vorst. Titel. 1140.

3-64/02-0017 Ostmann, Orville W., Ringer, Robert K. und Tetzlaff, Marjorie; East Lansing, Mich., State Univ., Dep. of Poultry Sci. The effect of various neuromimetric, anesthetic and transquilizing drugs on feather release. **(Der Einfluß verschiedener Neuromimetica, Anaesthetica und Tranquilizer auf die Mauser.)** Poultry Sci. 42 (1963) Nr. 4. S. 969–973. – 3 Tab., 9 Lit. 1140.

3-64/02-0018 Wittke, G.; Berlin-Dahlem, Inst. für Veterin. Physiol. **Der Atemtyp des Pferdes.** Berliner Münchener tierärztl. Wschr. 76 (1963) Nr. 12. S. 235–236. – 1 Abb., 8 Lit.

An Hand von röntgenologischen Untersuchungen an einem Versuchstier bei seitlicher Durchleuchtung, wobei auf dem Röntgenschirm die Bewegungen des Zwerchfelles dargestellt und dessen Grenzlagen in verschiedenen Punkten markiert werden, stellt Vf. Überlegungen über den Atemtyp des Pferdes an. Das Ergebnis der kurzen Darlegung ist die Feststellung, daß das stehende Pferd sein Atemvolumen zum größten Teil mit Hilfe des Zwerchfelles befördert. Demnach ist das ruhig stehende Pferd, entgegen bisherigen Lehrbuchmeinungen, ein abdominaler Atemtyp und das costale Atmen nur als pathologischer Fall anzusehen. H.-A. Ketz. 1380.

3-64/02-0019 Mohanty, B. B. und Patnaik, M. M. Malformations of the genitalia in cows. **(Mißbildungen der Geschlechtsorgane bei der Kuh.)** Indian veterin. J. 37 (1960) Nr. 10. S. 515–517. 1420.

3-64/02-0020 Howell, J. McC., Thompson, J. N. und Pitt, G. A. J.; Liverpool, Univ., Dep. of Veterin. Pathol. and Biochem. Histology of the lesions produced in the reproductive tract of animals fed a diet deficient in vitamin A alcohol but containing vitamin A acid. I. The male rat. **(Histologie der Schäden im Geschlechtstrakt bei Tieren, die eine Vitamin-A-Alkohol-Mangeldiät mit Vitamin-A-Säure erhielten. 1. Mitt. Die männliche Ratte.)** J. Reproduct. Fertility 5 (1963) Nr. 2. S. 159–167. 1420.

3-64/02-0021 Yen, Wang. In vitro studies of thyroid function with erythrocyte uptake of ^{131}J-labeled-triiodothyronine. **(Untersuchungen der Schilddrüsenfunktion in vitro an der ^{131}J-Trijodthyronin-Aufnahme durch Erythrocyten.)** Acta endocrinol. [Copenhagen], Suppl. 76 42 (1963) S. 1–44. 1525.

3-64/02-0022 Stein, Olga und Gross, J.; Jerusalem, Israel, Hebrew Univ., Hadassah Med. School, Dep. of Exp. Med. and Cancer Res. Electron microscopic autoradiography of the metabolism of ^{125}J in the thyroid gland. **(Elektronenmikroskopische Autoradiographie des ^{125}J-Stoffwechsels in der Schilddrüse.)** Exp. Cell Res. 31 (1963) Nr. 1. S. 208–211. – 2 Abb., 7 Lit. 1525.

3-64/02-0023 Ulenkova, L. V. Vlijanie molibdena na soderžanie svobodnogo joda, dijodtirozina i tiroksina v ščitovidnoj železe krolikov. **(Der Einfluß des Molybdäns auf den Gehalt an freiem Jod, Dijodtyrosin und Thyroxin in der Schilddrüse der Kaninchen.)** Trudy Vsesojuznogo naučno-issledovatel'skogo instituta životnovodstva, Moskva 24 (1962) S. 419–423. – 2 Abb., 5 Tab. 1525.

3-64/02-0024 Ullberg, Sven und Bengtsson, Gösta; Stockholm, Veterinärhögskolan, Dep. of Pharmacol.; Dep. of Animal Nutrit., Genetics and Hyg. Autoradiographic distribution studies with natural oestrogens. **(Autoradiographische Verteilungsstudien an natürlichen Oestrogenen.)** Acta endocrinol. [Copenhagen] 43 (1963) Nr. 1. S. 75–86. – 8 Abb. 1580.

C. GENETIK

3-64/02-0025 Gimenez-Martin, G., Lopez-Saez, J. F. und Monge, E. G., Madrid, Tierzuchtinst., Cytol. Abt. Somatic chromosomes of the pig. **(Die somatischen Chromosomen des Schweins.)** J. Heredity 53 (1962) Nr. 6. S. 281.

Die Chromosomenzahl des Schweines beträgt in Übereinstimmung mit den älteren Untersuchungen von Krallinger und von Bryden $2n = 38$. Das

Idiogramm zeigt 6 morphol. unterscheidbare Gruppen, und zwar: I. Ein Chromosomenpaar ist das größte der Serie und zeigt submediane Centromeren. II. 3 Chromosomenpaare von mittlerer Größe haben telozentrische Centromeren. III. 4 Chromosomenpaare zeigen median-submediane Centromeren und sind von mittlerer Größe. IV. 5 kleinere Paare, Centromer median-submedian. V. 2 sehr kleine Paare, Centromer wie bei III und IV. VI. 3 Paare mit telozentrischen Centromeren, kleiner als bei II. — Schließlich noch die Geschlechtschromosomen. Die Größe des X entspricht etwa der Gruppe III, Centromer median. — Das Y-Chromosom ist noch kleiner als die Autosomen der Gruppe V. P. Hertwig. 1615.

3-64/02-0026 McConnel, J., Fechheimer, N. S. und Gilmore, L. O.; Columbus, Ohio State Univ.; Wooster, Ohio Agric. Exp. Stat. Somatic chromosomes of the domestic pig. **(Die somatischen Chromosomen des Hausschweins.)** J. Animal Sci. **22** (1963) Nr. 2. S. 374–379. — 3 Abb., 2 Tab., 18 Lit.

Mit Hilfe einer modifizierten Methode nach Moorhead u.a. (1960) wurden die Chromosomen kultivierter Leukocyten aus dem peripheren Blut verschiedener Schweinerassen untersucht und die Zahl von 2 n = 38 festgestellt. Bei männl. Tieren wurde ein heteromorphes Paar XY gefunden. Ein Idiogramm ermöglicht es, nach Größe der Chromosomen und der Lage des Centromers 5 Gruppen zu unterscheiden. H. Fischer. 1615.

3-64/02-0027 Huizinga, J.; Utrecht, Univ. Inst. of Human Biol. Inactivation of the X chromosome. **(Inaktivierung des X-Chromosoms.)** Proc., Kon. nederl. Akad. Wetensch., Ser. C **66** (1963) Nr. 1. S. 118–121. — 8 Lit.

Nach der heute viel diskutierten Theorie von Lyon ist in jeder Zelle des normalen weibl. Säugers (XX) ein X-Chromosom genetisch inaktiv und heteropyknotisch. Das führt zu einer Art Zellmosaik des weibl. Körpers, da nicht festgelegt ist, welches von den beiden, vom Vater oder der Mutter stammenden Chromosomen inaktiv ist. Auch im Gehalt an aktiver DNS unterscheiden sich die beiden Heterosomen nach autoradiographischer Untersuchung. Nur das inaktive, heteropyknotische Geschlechtschromosom bildet das Geschlechtschromatin bzw. das Barrsche Körperchen. Die entscheidende Frage, warum es solche Inaktivierung nur bei den homologen Geschlechtschromosomen und bei keinem Paar der Autosomen gibt, bleibt unbeantwortet. Vf. diskutiert den Gedanken, daß möglicherweise die Inaktivierung zur Stabilisierung der Entwicklung der weibl. Zygote diene und zieht Vergleiche zu dem männl. Heterosomenpaar XY, bei dem das Y auch nicht zur RNS-Codierung befähigt ist. Vielleicht beruht der vermutete hohe Verlust ganz früher weibl. Keime beim Menschen auf der störenden Einwirkung zweier aktiver X-Chromosomen, da die Inaktivierung des 2. X-Chromosoms erst nach der 2. Lebenswoche abgeschlossen ist. H. Freye. 1615.

3-64/02-0028 Melander, Yngve und Hansen-Melander, Eva; Lund, Univ. Inst. of Genetics. Sex chromosome allocycly in the male rabbit. **(Allozyklie des Geschlechtschromosoms beim männlichen Kaninchen.)** Hereditas [Lund] **48** (1962) Nr. 4. S. 662–666. — 7 Abb., 18 Lit.

Bei weibl. Säugern ist gewöhnlich eines der beiden X-Chromosomen in den Somazellen allozyklisch, bei den männl. Tieren ist das einzelne X-Chromosom in den Keimzellen in Verbindung mit der Spermatogenese allozyklisch. Um Vergleichsmöglichkeiten mit bereits bekannten Verhältnissen bei Kaninchenweibchen zu erhalten, wurden von männl. Tieren Orcein-Quetschpräparate ohne bes. Vorbehandlung von Hoden (14 Tage und 3 bzw. 14 Mon. alt) untersucht. — Die beim weibl. Kaninchenembryo während des Anaphasestadiums beginnende Allozyklie hat beim männl. Tier keine Parallele. Vf. macht sowohl morphol. als auch physiol. Anzeichen geltend, nach denen die Heteropyknosis des X-Chromosoms in weibl. Somazellen getrennt von der des X in der männl. Keimlinie angesehen werden sollte. H. Freye. 1615.

3-64/02-0029 Rao, S. R. Venkatasubba; Delhi, Univ., Dep. of Zool. The origin of sex chromatin. **(Die Herkunft des Geschlechtschromatins.)** Current Sci. [Bangalore] **31** (1962) Nr. 12. S. 511–512. — 2 Abb., 9 Lit.
Seit das Geschlechtschromatin (GC) als ein Indikator für Geschlechtsunterschiede bei den Interphasekernen von normalem und malignem Gewebe von Säugern und dem Menschen erkannt wurde, ist die Frage nach seiner Herkunft von bes. Interesse. Die vorliegenden Untersuchungen sind im Hinblick auf die geteilten Ansichten über die Herkunft des GC durchgeführt worden. Als Material wurde alkoholfixiertes Gewebe von Adenocarcinom der Milchdrüsen der Maus und normales menschliches Endometrium gewählt, von dem Feulgen- und Orcein-Quetschpräparate hergestellt wurden. — Während der Prophase wurde nur eines der beiden X-Chromosomen als heteropyknotisch festgestellt. Im Metaphasestadium konnten die X-Chromosomen wegen der einheitlichen Färbung nicht unterschieden werden. Im Verlauf der Anaphase wurde die heteropyknotische Natur des einzelnen X-Chromosoms deutlich; von ihm stammt später das im Interphasekern auftretende GC ab. Vf. verwirft auf Grund dieser Befunde die gelegentlich geäußerte Annahme, daß das GC von der weibl. oder der männl. Gamete zur Zeit der Befruchtung herstammt.
H. Freye. 1615.

3-64/02-0030 Melander, Yngve; Lund, Univ., Inst. of Genetics. Chromosomal behaviour during the origin of sex chromatin in the rabbit. **(Das Verhalten der Chromosomen während der Bildung des Geschlechtschromatins beim Kaninchen.)** Hereditas [Lund] **48** (1962) Nr. 4. S. 645–661. — 24 Abb., 44 Lit.
In der vorliegenden Arbeit werden der Zeitpunkt und die Art der Entstehung des Geschlechtschromatins (GC) sowie das Verhalten der Chromosomen während der Embryogenese des Kaninchens mitgeteilt. Als Untersuchungsmaterial dienten frühe Kaninchenembryonen, die nach einer genau beschriebenen Methode zu Orcein-Präparaten verarbeitet wurden. — Während der ersten Zellteilungen fehlt das GC; es tritt erstmalig auf beim Übergang der Morula in das Blastulastadium (400-Zellen-Embryo). Danach ist ein schnelles Ansteigen der Zellen mit GC zu verzeichnen, und vor der Implantation (6000 bis 7000 Zellen) haben mehr als 90% der Zellen GC. Diese Zellen mit dem neugebildeten GC liegen wahllos verstreut, nicht auf eine bestimmte Region des Embryo beschränkt. Das GC besteht aus einer heterochromatischen Masse, die der Kernmembran anliegt und immer in Nachbarschaft mit einem Nucleolus zu finden ist. — Für das Verhalten der Chromosomen während der Bildung des GC nimmt Vf. an, daß eine Chromatidenspannung in der Anaphase an dem längeren Arm eines der X-Chromosomen den bes. Spiralisierungszyklus hervorruft, der die Heteropyknosis und Transformation in das GC bewirkt. Die gleichen Vorgänge treten gelegentlich in Zellen von männl. Embryonen auf, wo sie dann zu auffälligen Zusammenballungen des Chromatins (Pyknose) führen. — Experimentell erzielte haploide Embryonen, die nur ein X-Chromosom besitzen, entwickeln in allen Interphasestadien GC; diese Tatsache wird für den Zellteilungsstop auf einem rel. frühen Stadium der Embryonalentwicklung dieser haploiden Keime verantwortlich gemacht.
H. Freye. 1615.

3-64/02-0031 Sohval, Arthur. Chromosomes and sex chromatin in normal and anomalous sexual development. **(Die Chromosomen und das Geschlechtschromatin in der normalen und anormalen Geschlechtsentwicklung.)** Physiol. Rev. **43** (1963) Nr. 2. S. 306–356. — 2 Abb., 4 Tab., 219 Lit.
Umfangreiche Arbeit über die durch neue Techniken durchführbaren Kerngeschlechtsbestimmungen und darstellbaren Chromosomenaberrationen sowie über den chromosomalen Geschlechtsbestimmungs-Mechanismus. Mit der

Zahl der überzähligen X-Chromosomen wächst auch die Zahl der Barr-Körperchen. An abnormalen Geschlechtskaryotypen, auch mit Mosaikbildungen, ist heute bereits eine Vielzahl bekannt, von denen am häufigsten die phänotypisch männl. Klinefelter (XXY) sowie die phänotypisch weibl. Turner (XO) und X-Trisomien (XXX) sind. Die Bedeutung des Y-Chromosoms wird in der Steuerung der Hodenbildung gesehen: Bei Säugern (im Gegensatz zur Drosophila) sind nämlich XXY-, XXXY- und XXXXY-Typen, auch XXXY/XXXXY/XXXXXY-Mosaiken stets männl. determiniert, wenn freilich auch mit Hodeninsuffizienz. Auffälligerweise sind die wenigen echten Hermaphroditen beim Menschen bisher alle XX-Typen. Die Schwierigkeiten des Verständnisses über die Sex-Bestimmungen werden durch die Befunde erhöht, daß es auch abnormale Sexualentwicklungen (Gonadendysgenesien) mit normalen Karyotypen (XX bzw. XY) gibt. Hier kann die Ursache in autosomalen Defekten (z. B. Translokationen) gesehen werden. Aber auch bisher unbekannte teratogene Faktoren können nicht ausgeschlossen werden.
H. Freye. 1615.

3-64/02-0032 Müller, Paul. **Eine neue Möglichkeit zur tierexperimentellen Darstellung der Golgi-Zone durch das erweiterte Sulfidsilberverfahren.** Naturwissenschaften **50** (1963) Nr. 8. S. 336. 1620.

3-64/02-0033 Chakravorty, Maharani und Burma, D. P.; Calcutta, Univ. Coll. of Sci. and Technol., Bose Res. Inst., Dep. of Biochem.; Dep. of Chem. Molecular basis of heredity. **(Die molekulare Grundlage der Erblichkeit.)** Sci. and Cult. [Calcutta] **29** (1963) Nr. 4. S. 167–177. 1656.

3-64/02-0034 Valen, Leigh van; London, Univ. Coll., Zool. Dep. Haldane's dilemma, evolutionary rates, and heterosis. **(Haldane's Dilemma, Schätzungen des Evolutionsmaßes und Heterosis.)** Amer. Naturalist **97** (1963) Nr. 894. S. 185–190.

Haldane hat darauf aufmerksam gemacht, daß in einer Population der Ersatz eines Allels durch ein vorteilhafteres immer mit einem erheblichen Verlust an Individuenzahl verbunden ist. Vf. sieht in diesem Umstand eine Gefahr für die Existenz von Populationen, bes. dann, wenn ein Umweltwechsel bewirkt, daß das Erbgut der Ausgangspopulation einem Genom unterlegen ist, das für die Anpassung der Population geeigneter ist; denn ein hoher Genersatz bedingt ja eine hohe Sterberate. – Es werden die Möglichkeiten erörtert, welche dieses antievolutionistische Schicksal verhindern können. In erster Linie dürfte wirksam sein eine allg. Adaptation, welche die durchschnittl. Eignung einer Population steigert, denn unter ihrem Schutz kann sich eine adaptive genetische Änderung ausbreiten. – Eine große Gefahr besteht in der Heterosis, d.h. in der Steigerung der Lebensfähigkeit von Heterozygoten, da die stets herausspaltenden Homozygoten einen hohen Beitrag zur Sterblichkeit stellen. Auf der Grundlage dieser Annahme wird ein einfaches quantitatives Modell aufgestellt und eine Formel gegeben (s. Orig.), nach der die abs. Frequenz der Überlebenden nach der Elimination der Homozygoten in einer polymorphen Population berechnet werden kann. – Es wird gefolgert, daß ein Zusammenwirken von nicht additiven Genen das wahrscheinlichste Mittel ist, wodurch vermieden wird, daß in der Natur die Last der Heterosis gefährlich wird. P. Hertwig. 1667.

3-64/02-0035 Stonaker, H. H.; Fort Collins, Colorado State Univ. A genetic hypothesis for sex – mating system interactions in growth of cattle and poultry. **(Eine genetische Hypothese für Wechselbeziehungen zwischen Geschlecht und Paarungssystem bei Rindern und Geflügel.)** J. Animal Sci. **22** (1963) Nr. 2. S. 320–325. – 4 Tab., 12 Lit.

312 Bullenkälber aus Linienkreuzungen waren im 200-Tagegewicht 8% schwerer als 243 Inzuchtbullen, 321 Färsen entspr. 15% schwerer als 234 Inzuchtfär-

sen. Der Geschlechtsunterschied zwischen Inzuchttieren betrug 12%, zwischen Hybriden nur 5%. Bei 1850 Puten hatten die Hähne aus Linienkreuzungen gegenüber Inzuchttieren und Kreuzungen gegenüber Reinzuchttieren die größere Heterosis im 28-Tagegewicht. Bei Broilern zeigten die Hähnchen 14%, die Hennen 8% Heterosis. Geflügel hat demnach ebenfalls den größeren Heterosiseffekt beim homogametischen Geschlecht. Daraus wird gefolgert, daß Heterosis im Körpergewicht weitgehend durch die Geschlechtschromosomen bewirkt wird, und zwar beim Rind zu 50%, bei Puten zu 70 bis 80%, bei Broilern zu 40%. Es wird vorgeschlagen, diesen Anteil homogametische Heterosis zu nennen. Die größeren Geschlechtsunterschiede bei Puten- und Broilerhybriden werden auf das Zusammentreffen zweier Stimuli für Wachstum beim ♂ Geschlecht (größere Wachstumsintensität, verbunden mit dem ♂ endokrinen System und Vorteil des homogametischen Geschlechts) zurückgeführt. A. Schaaf. 1667.

3-64/02-0036 Mather, Kenneth und Jinks, John L. Correlations between relatives arising from sexlinked genes. **(Durch geschlechtsgekoppelte Gene verursachte Korrelationen zwischen Verwandten.)** Nature [London] **198** (1963) Nr. 4877. S. 314–315.

Vff. gehen von von Garn und Rohmann (Nature [London] **196** [1962] S. 695.) berechneten Korrelationskoeffizienten zwischen Geschwistern (Schwester-Schwester r_{ss}, Schwester-Bruder r_{sb}, Bruder-Bruder r_{bb}) aus, für die sich bei 3 Merkmalen $r_{ss} > r_{sb} > r_{bb}$ ergeben hatte und berechnen für eine diploide Population die Erwartungswerte dieser Korrelationen. Die Ergebnisse von Garn und Rohmann lassen einerseits auf Geschlechtskopplung schließen, weil wie in einem solchen Fall charakteristisch $r_{ss} > r_{bb}$ ist, andererseits widerspricht diesem Schluß jedoch die Tatsache, daß $r_{sb} > r_{bb}$ ist. D. Rasch. 1667.

3-64/02-0037 Gromov, A. M.; Sagorsk, Gebiet Moskau, Unions-Forsch.-Inst. für Geflügelzucht. Izmenenie organizma pticy perelivaniem krovi. **(Veränderung des Geflügelorganismus durch Blutübertragung.)** Pticevodstvo, Moskva **1963** Nr. 3. S. 25–26.

Vegetative Hybridisation auf dem Wege der häufigen Bluttransfusion über mehrere Generationen führt bei den Rezipienten zur Veränderung verschiedener Merkmale. Vor allem werden Gefiederfarbe, Exterieur sowie Körper- und Eigröße verändert. Die Veränderung der Vererbung des Organismus beruht auf Abweichungen im Stoffwechsel und im Prozeß der Assimilation und Dissimilation. H. Pingel. 1670.

3-64/02-0038 Samoš, L. V.; Zool. Inst der Akad. der Wiss. der Ukrain. SSR. Doslidžennja možlyvosti gentyčnoï transformaciï u kroliv. **(Untersuchungen einer Möglichkeit von genetischer Transformation bei Kaninchen.)** Dopovidi Akademiï nauk Ukraïnskoï RSR, Kyïv **1963** Nr. 1. S. 133–136. — 1 Tab., 16 Lit. Orig.: ukrain., Ausz.: russ., engl.

Diese Untersuchungen stellen einen erneuten Versuch dar, eine genetische Transformation der Färbung bei albinotischen Tieren zu erzielen, und zwar auf dem Wege einer DNS- bzw. RNS-Induktion. Vf. isolierte DNS und RNS aus Organen von dominant schwarzen bzw. Chinchilla-Kaninchen. Diese gewonnenen DNS und RNS wurden entweder in die Uterushörner von trächtigen albinotischen Kaninchen am 5.–7. Tag der Trächtigkeit injiziert oder bei späterem Eingriff (8.–13. Tag) direkt in die Embryonen. Bei den überlebenden Kaninchen konnte durch diese Eingriffe keine Änderung der Fellfarbe oder der Iris erzielt werden. H. Freye. 1670.

3-64/02-0039 Cockrem, F.; Palmerston North, Massey Coll. A suggested approach to the selection of domestic animals on physiological characters. **(Ein angedeuteter Weg für die Selektion von Haustieren nach physiologischen**

Merkmalen.) Proc. New Zealand Soc. Animal Product. 22 (1962) S. 45–53. — 3 Abb., 9 Lit.

Vf. erörtert die Praxis der Selektionsmethoden in bezug auf die Theorien der Genwirkung. Am Beispiel der Rectaltemperatur unterschiedlich stark bewollter Schafe demonstriert er die Vererbung einfacher physiol. Merkmale bei Haustieren und weist auf die Bedeutung derartiger Untersuchungen für die Beschleunigung des züchterischen Fortschrittes hin. A. Schaaf. 1675.

3-64/02-0040 Beuche, H.; Göttingen, Univ., Tierärztl. Inst. **Der serologische Abstammungsnachweis beim Rind unter besonderer Berücksichtigung der B-System-Allele und der Serumtypenbestimmung.** Züchtungskunde **35** (1963) Nr. 4. S. 168–179. — 4 Abb. Zus. in Russ., Engl., Franz.

An Beispielen werden erläutert: 1. Rekonstruktion des Genotypes eines nicht untersuchten Tieres. 2. Sicherung der Zugehörigkeit eines Nachkommen zu einem von mehreren in Betracht kommenden Elterntieren, obwohl das zum Elternpaar gehörende 2. Elterntier bluttypenmäßig nicht bekannt ist. 3. Vermeidung von Fehlentscheidungen, die beim Vergleich der Faktoren auftreten können. — Die Serumtypenbestimmung ergänzt in vorteilhafter Weise die Genotypenanalyse. B. Busch. 1690.

3-64/02-0041 Brucks, R.; Göttingen, Univ., Tierärztl. Inst.; Inst. für Tierzucht und Haustiergenetik. **Anwendungsmöglichkeiten der Blutgruppenforschung in der Schweinezucht unter besonderer Berücksichtigung des Elternschaftsnachweises.** Schweinezucht u. Schweinemast **10** (1962) Nr. 8. S. 153 bis 154. 156. — 1 Abb., 1 Tab. 1690.

3-64/02-0042 Gasparska, Jolanta und Rybicka, Urszula; Warszawa, Zakład Hodowli Doświadczalnej Zwierząt PAN. Wykrywanie antygenów krwinkowych układu A u kur, za pomocąprżeciwciał normalnych surowicy bydlęcej. **(Der Nachweis der Blutgruppenantigene A bei Hühnern mit Hilfe von Normal-Antikörpern des Rinderserums.)** Roczniki Nauk rolniczych, Ser. B **80** (1962) Nr. 2. S. 211–215. — 2 Tab., 4 Lit. Zus. in Russ., Engl. 1690.

3-64/02-0043 Dray, Sheldon und Nisonoff, Alfred; Bethesda, Md., NIH, NIAID, Lab. of Immunol.; Urbana, Univ. of Illinois, Dep. of Microbiol. Contribution of allelic genes A_b^4 and A_b^5 to formation of rabbit 7S γ-globulins. **(Die Mitwirkung der Allele A_b^4 und A_b^5 bei der Bildung von Kaninchen-7S-γ-Globulinen.)** Proc. Soc. exp. Biol. Med. **113** (1963) Nr. 1. S. 20–26. — 1 Abb., 1 Tab., 25 Lit. 1690.

3-64/02-0044 Urbányi, L., Horváth, F. und Horváth, J. Röntgensugárzás befolyása a növekedö házinyul csontozatának összetételére. **(Einfluß der Röntgenbestrahlung auf die Knochenzusammensetzung wachsender Kaninchen.)** Állattenyésztés [Tierzucht] **11** (1962) Nr. 4. S. 382–384. — Aus: Ung. Agrar-Rdsch. **1963** Nr. 3.

Von 33 Belgischen Riesen (6 Wochen alt, ⌀ 0,6 kg Lgw.) erhielten 6 Tiere insgesamt 1200 r, 12 Tiere 2500 r und 6 Tiere 4050 r, 9 blieben unbehandelt zur Kontrolle. Die Strahlentherapie erfolgte tägl. zu gleicher Zeit mit Dosen von je 150 r aus einer Entfernung von 30 cm auf eine Bestrahlungsfläche von 8 × 10 cm und war auf das am Ende des Schenkelknochens gelegene Kniegelenk gerichtet. Nach Abschluß der Bestrahlung wurden die Versuchstiere bis zur Tötung 3–215 Tage lang regelmäßig beobachtet. Vff. stellten fest, daß sich die Gewichtszunahme i.allg. proportional der Strahlendosis verringerte. Länge und Gewicht der langen Röhrenknochen der gleichaltrigen und gleichzeitig untersuchten, vorher jedoch unterschiedlich lange behandelten Tiere verringerten sich im frischen Zustand. I.allg. erhöhte sich durch die Bestrahlung der Wassergehalt der frischen Knochen, während sich ihr Fettgehalt ausnahmslos verringerte. Den Kontrollen gegenüber stieg der CaO-Anteil am Aschegehalt der Knochen bei den jungen Versuchstieren, diese Anreicherung wird jedoch später geringer und kann sogar in eine Verringerung übergehen. Der für die Knochenbeschaffenheit charakteristische Ca/P-Wert erhöhte sich i.allg. infolge der Strahlentherapie. 1695.

3-64/02-0045 Roderick, Thomas H.; Bar Harbor, Me., Roscoe B. Jackson Memorial Lab. Selection for radiation resistance in mice. **(Auslese auf Strahlenresistenz bei Mäusen.)** Genetics 48 (1963) Nr. 2. S. 205–216. – 5 Abb., 1 Tab., 21 Lit.
Ausgehend von der Tatsache, daß z. B. durch Selektion in vivo bestrahlten Ehrlich-Carcinoms resistente Stämme gezogen werden konnten, wird der Versuch unternommen, die Strahlenresistenz von Mäusen durch Auslese zu erhöhen. Die einheitliche Ausgangspopulation wurde durch Kreuzung aus 4 Inzuchtstämmen gewonnen, die anschließend über 3 Generationen untereinander gekreuzt wurden. Jeweils nach der Fortpflanzung wurden die Elterntiere mit tägl. 100 r oder tägl. 400 r bestrahlt. Nach der Überlebenszeit wurde die Nachkommenschaft sensibler und resistenter Tiere getrennt weitergezüchtet und in den einzelnen Generationen die Differenz in der Überlebenszeit als Selektionserfolg gewertet. Ein solcher Erfolg trat in beiden Reihen auf, war aber in der 100-r-Serie deutlicher. Hier war das Körpergewicht streng korreliert mit der zunehmenden Überlebenschance. In beiden Reihen zeigte auch die Wurfgröße eine entspr. positive Korrelation. Es wird angenommen, daß genetische Differenzen Unterschiede in „allgemeiner Fitness" verursachen und deshalb Differenzen in Körpergewicht, Wurfgröße und Überlebenswahrscheinlichkeit korreliert sind. In der 400-r-Serie waren die Weibchen resistenter als die Männchen, in der 100-r-Serie waren die männl. Tiere den weibl. überlegen. H. Fischer. 1695.

D. FORTPFLANZUNG

3-64/02-0046 Farooq, A., Denenberg, V. H., Ross, S., Sawin, P. B. und Zarrow, M. X.; Lafayette, Ind., Purdue Univ., Dep. of Biol. Sci. and Psychol.; Bar Harbor, Me., Roscoe B. Jackson Memorial Lab. Maternal behaviour in the rabbit: endocrine factors involved in hair loosening. **(Das mütterliche Verhalten beim Kaninchen: Am Haarverlust beteiligte endokrine Faktoren.)** Amer. J. Physiol. 204 (1963) Nr. 2. S. 271–274. – 6 Abb., 2 Tab., 6 Lit.
Weibl. gescheckte Holländerkaninchen wurden kastriert und durch 2malige i.v. Injektion von 1000 IE HCG zur Pseudogravidität gebracht. Bei diesen und bei intakten graviden Kontrollen wurde der Haarverlust beim Kämmen des Rückens quantitativ bestimmt. Es zeigte sich, daß bei beiden Gruppen bis zum Tag des Nestbaues bzw. bis zum 19.–21. Tag der Pseudoträchtigkeit ein starker Haarausfall eintrat (153 bzw. 112,5% des 10 Tage vor dem Nestbau abgehenden). Durch tägl. Injektion von 2 oder 4 mg Progesteron vom 28.–35. Trächtigkeitstag wurden die Geburt stark verzögert (38.–39. Tag) und der Haarausfall verringert. Trotzdem bauten 7 von 8 mit 2 mg behandelten Tieren ein Nest. In einer weiteren Versuchsreihe wurden kastrierte Weibchen mit Oestrogen, Progesteron und Prolactin in verschiedenen Kombinationen über mehrere Wochen behandelt, um einen Nestbau auszulösen. Erst bei einer 8wöchigen Behandlung wurden Nestbau und Haarausfall beobachtet, während bei kürzeren Behandlungszeiträumen nur der Nestbau auftrat. Dieser und der Haarausfall stehen zwar in zeitlicher Beziehung zueinander, können aber unabhängig voneinander auftreten. F. Döcke. 1760.

3-64/02-0047 Sturkie, Paul D., Joiner, P. und Freedman, S. L. Role of the „Bearing down" reflex on oviposition in the chicken. **(Die Bedeutung des „Bearing down" Reflexes für die Eiablage beim Huhn.)** Endocrinology 70 (1962) Nr. 2. S. 221–222. – 1 Tab., 4 Lit.

6 Weiße-Leghorn-Hennen mit hartschaligen Eiern im Uterus, deren Eiablage in 2–6 Std. zu erwarten war, wurden mit 5–26 (⌀ 19) mg d-Tubocurarin zur Ausschaltung der Abdominalpresse behandelt und erhielten weiterhin je Tier 0,9 Einheiten Vasopressin injiziert, welches Uterus- und Vagina-Kontraktion bedingte. 9 Kontrolltiere erhielten nur Vasopressin. Sie legten innerhalb von 2–7 (⌀ 3,5) Min. nach Vasopressin-Injektion. Die mit Curare behandelten Tiere legten innerhalb von 6–8 (⌀ 6,8) Min. Es zeigt sich, daß Abdominalmuskulatur und -presse die Eiablage befördern, aber keine bedeutende Rolle dabei spielen. G. Krische. 1761.

3-64/02-0048 Mares, S. E. und Casida, L. E.; Madison, Univ. of Wisconsin. Effect of exogenous oxytocin on the progestogen content of the bovine corpus luteum. **(Wirkung zugeführten Oxytocins auf den Gestagengehalt des Corpus luteum beim Rind.)** Endocrinology 72 (1963) Nr. 1. S. 78–82. – 2 Tab., 16 Lit.

Vff. untersuchten die Wirkung von Oxytocin (2mal tägl. 100 IE i.v. am 12. und 13. Tag des Zyklus) auf den Gestagengehalt des Corpus luteum beim Rinde. Die 3 bzw. 24 Std. nach der letzten Injektion entfernten Corpora lutea wiesen einen signifikant höheren Gehalt an Progesteron und 4-Pregnen-20-β-ol-3-on gegenüber unbehandelten Kontrollen auf. Im Gegensatz dazu produzierten bei in vitro-Inkubation die Corpora lutea mit Oxytocin behandelter Tiere signifikant weniger Gestagene als Corpora lutea unbehandelter Tiere. Eine Erklärung für dieses unterschiedliche Verhalten wird nicht gegeben. Da Zusatz des Präcursors Pregnenolon zum Inkubationsmedium in beiden Gruppen zu einem signifikanten Anstieg der Gestagene (aber nicht zwischen den Gruppen) führte, wird angenommen, daß ein Pregnenolon-Mangel nicht die Ursache für die verminderte Gestagensynthese bei Oxytocinvorbehandlung darstellt. H. Grychtolik. 1763.

3-64/02-0049 Cooper, J. B.; Clemson, S. C., Clemson Coll. Ovarian disorder in the domestic turkey. **(Eine Eierstocksabweichung bei der Pute.)** Poultry Sci. **41** (1962) Nr. 6. S. 1976–1978. – 1 Abb., 1 Lit.

Vf. fand bei 2 Bronzeputen, die beide nur sehr wenig Eier gelegt hatten, am Eierstock gegenüber den normalen deutlich vergrößerte Eifollikel, deren Inhalt sich ebenfalls von dem normaler Eier unterschied. Er vermutet, daß die Follikel nach dem Heranreifen der Eier auf Grund einer ungenügenden LH-Sekretion nicht platzten und infolge einer ungestörten FSH-Ausschüttung weiter wuchsen. F. Döcke. 1763.

3-64/02-0050 Hilliard, Jessamine, Archibald, Donna und Sawyer, Charles H.; Los Angeles, Univ. of California, Dep. of Anatomy; Long Beach, Calif., Veterans Admin. Hospital. Gonadotropic activation of preovulatory synthesis and release of progestin in the rabbit. **(Praeovulatorische Aktivierung der Synthese und Freisetzung von Gestagenen beim Kaninchen durch Gonadotropine.)** Endocrinology 72 (1963) Nr. 1. S. 59–66. – 4 Abb., 3 Tab., 17 Lit.

Vff. untersuchten bei Kaninchen die Konzentration von Progesteron und 20-α-Hydroxy-pregn-4-en-3-on im Ovarialvenenblut sowie in den Ovarien selbst nach dem Coitus und der Verabfolgung verschiedener Gonadotropine unter Heranziehung phys.-chem. Methoden. Sowohl nach dem Coitus als auch nach Applikation hypophysärer und placentärer Gonadotropine in ovulationsauslösender Dosis kam es zu einem signifikanten Anstieg der beiden Gestagene. 20-α-Hydroxy-pregn-4-en-3-on wurde gegenüber Progesteron 10mal so viel gebildet. Die vermehrte Gestagenausschüttung ins Ovarialvenenblut war mit einer Erhöhung der Gestagenkonzentration im Ovar verbunden, so daß auf vermehrte Syntheseleistung geschlossen wird. Der Grad der Gestagenfreisetzung durch das Ovar war proportional der Größe und dem Reifezustand des Eierstocks. Da Corpus-luteum-freie Ovarien, bei denen die reifen oberflächlichen Follikel durch Kauterisation zerstört wurden, annähernd gleiche Gestagenmengen ins Ovarialvenenblut abgaben wie Kontrollovarien ohne Follikelzerstörung, wird angenommen, daß das interstitielle Gewebe des Ovars die Gestagene bildet. H. Grychtolik. 1763.

3-64/02-0051 Gorochov, L. N.; Dubrowizy, Gebiet Moskau, Unions-Inst. für Tierzuchtforsch. Nekotorye svojstva cervikal'nogo sekreta korov. **(Einige Eigenschaften des Cervikalsekrets bei der Kuh.)** Vestnik sel'skochozjajstvennoj nauki, Moskva **7** (1962) Nr. 10. S. 117–118. – 2 Tab. Zus. in Engl.

Der Gehalt des Cervikalsekrets an Gesamt-N, Ca und Tr.-Subst. sowie das spez. Gew. lagen bei den trächtigen Tieren (I) am höchsten, es folgten die nichtträchtigen (II), am niedrigsten waren die Werte bei den Tieren im Oestrus (III). Der Gehalt an Glukose war bei III am höchsten, es folgten I und II. Der Aschegehalt war bei II am höchsten, bei III am niedrigsten. Aus der Analyse von Daten mit 0, 33 und 65% Befruchtung ergibt sich, daß in letzterem Falle der Glukosegehalt am höchsten und der Ca-Gehalt am niedrigsten ist. Somit sind für die Fruchtbarkeit der Gehalt des Cervikalsekrets an Glukose und Ca sowie das Verhältnis beider von Bedeutung.

B. Busch. 1764.

3-64/02-0052 Hammer, C. E. und Williams, William L.; Athens, Univ. of Georgia, Dep. of Chem. Effect of the female reproductive tract on sperm metabolism in the rabbit and fowl. **(Einwirkung des weiblichen Genitaltraktes auf den Spermastoffwechsel bei Kaninchen und Huhn.)** J. Reproduct. Fertility **5** (1963) Nr. 2. S. 143–150. – 1 Abb., 6 Tab., 18 Lit.

Im Vergleich zu frisch ejakuliertem Sperma hatte im Uterus (Kaninchen) oder Oviduct (Huhn) inkubiertes einen 4fach (Kaninchen) bzw. 2fach (Huhn) größeren Sauerstoffverbrauch. Das inkubierte Sperma konnte als „gereift" (für „capacitated", d. Ref.) angesehen werden, da es 18% der Eizellen befruchtete. Nicht inkubiertes Sperma befruchtete nicht. Bei Abwesenheit von Licht steigerte Eileitersekret in vitro die Spermarespiration um das 5fache. Die Zunahme des O_2-Verbrauches der Spermien im weibl. Fortpflanzungsorgan wird als bedeutsamer Teil des Reifungsprozesses erachtet.

J. Bergfeld. 1764.

3-64/02-0053 Anderson, L. L., Butcher, R. L. und Melampy, R. M.; Iowa State Univ., Dep. of Animal Sci. Uterus and occurrence of oestrus in pigs. **(Der Uterus und das Auftreten des Oestrus bei Schweinen.)** Nature [London] **198** (1963) Nr. 4877. S. 311–312. – 3 Tab., 7 Lit.

Das Fortbestehen von funktionellen Corpora lutea nach Hysterektomie während der aktiven Gelbkörperphase im Brunstzyklus bei Sau, Färse und Meerschweinchen läßt auf eine funktionelle gegenseitige Abhängigkeit zwischen den Ovarien und dem Uterus schließen. – Bei 28 brünstigen Jungsauen wurden subtotale Hysterektomien an verschiedenen Brunsttagen durchgeführt, die Corpora lutea dabei mit steriler Kohle markiert. Untersucht wurde das Auftreten der Ovulation bei den operierten Tieren. Bei der Mehrzahl der Sauen blieb das Gelbkörpergewebe erhalten, wenn der Eingriff während der späten Gelbkörperphase (Tag 16 der Brunst) erfolgte. Es repräsentieren die Tage 16–18 eine Periode, in der das Vorhandensein von luteolyser oder das Fehlen einer luteotrophen Wirkung die Lebenszeit der Corpora lutea dieser Species ändert. – Ferner wurden bei 9 unreifen Jungsauen Uterus-Autotransplantationen durchgeführt; genaue Beschreibung der Operationstechnik. Das Brunstverhalten jeder operierten Sau wurde tägl. mit vasektomierten Ebern geprüft, die Ovarien und der Uterus beim Schlachten untersucht. – U. a. ergaben die Untersuchungen, daß eine funktionelle vasomotorische Innervation des vasculären Systems bei einem autotransplantierten Uterus vorhanden sei. H. Freye. 1765

3-64/02-0054 Heap, R. B., Allen, D. M. und Lamming, G. E.; Sutton Bonington, Loughborough, Leics., Univ. of Nottingham, School of Agric. Influence of the induction of breeding activity in anoestrous sheep on the levels of some chemical constituents of uterine washings. **(Einfluß der Brunstauslösung bei anoestrischen Schafen auf den Spiegel einiger chemischer Bestandteile der Uterus-Waschlösung.)** J. Reproduct. Fertility **5** (1963) Nr. 2. S. 209 bis 215. — 3 Tab., 9 Lit.

Im Hinblick auf die Ursachenermittlung der im Vergleich zu jungfräulichen (jungfr.) Schafen verminderten Fruchtbarkeit laktierender (lakt.) Tiere wurde der Gehalt der Uteruswaschflüssigkeit an Na, K, P, N und Kohlenhydraten sowie das Einsetzen der äußeren Brunst und der Ovulation nach Progesteron-PMS-Injektionen getestet. Während des induzierten Oestrus sowie 10 Tage danach überwog der P-Gehalt des Uterussekretes laktierender Tiere. Andere Differenzen waren nicht signifikant. Alle 21 Tiere (10 jungfr., 11 lakt.) ovulierten p.i. Es zeigten äußere Brunstsymptome von den jungfr. nur 3, von den lakt. nur 2 Tiere. Bei 12 weiteren lakt., unbehandelten Tieren (6 Wochen p.p.) war die Waschflüssigkeit durch Beimengung von Blut und Gewebsteilen verunreinigt. Diese Erscheinung könnte auch als Ursache für verminderte Fruchtbarkeit in Frage kommen. Die Untersuchungen fanden im März (jungfr.) und im Mai (lakt.) statt. J. Bergfeld. 1765.

3-64/02-0055 Stephan, E.; Gießen, Univ., Inst. für Tierzucht und Haustiergenetik. **Über Zusammenhänge zwischen Kristallisationsformen des Cervicalschleims, Brunst und Fruchtbarkeit beim Schaf.** Zuchthyg., Fortpflanzungsstör. Besam. Haustiere **6** (1962) Nr. 5. S. 263–271. — 7 Abb., 26 Lit.

Bei 12 einjährigen, weibl. Ostfriesischen Milchschaflämmern (davon 4 Kontrolltiere) wurde durch Kunstlichtbestrahlung für Ende Jan. ein 16stündiger Lichttag induziert. Die 8 Versuchstiere kamen ca. 11–17 Wochen nach diesem Termin zur Brunst. Die Zyklusbestimmung erfolgte mit Hilfe der Arborisation (Kristallisationserscheinung in dem auf Objektträger ausgestrichenen und getrockeneten Zervikalsekret). Arborisation trat nur während der Follikelphase auf. Bei schlechtem Kristallisationsbild führte die Bedeckung nicht zur Trächtigkeit. J. Bergfeld. 1765.

3-64/02-0056 Joubert, D. M.; Pretoria, South Africa, Univ., Fac. of Agric. Sex behaviour of purebred and crossbred Merino and Blackhead Persian ewes. **(Geschlechtsverhalten von Reinzuchten und Kreuzungen des Persischen Schwarzkopfschafes und Merinos.)** J. Reproduct. Fertility **3** (1962) Nr. 1. S. 41–49. — 1 Abb., 6 Tab., 23 Lit.

Die angegebenen Daten stammen aus 20jährigen Aufzeichnungen der Versuchsfarm der Univ. Pretoria. Die Kreuzung Dorset Horn × Persian erreichte die Pubertät nach ⌀ 399,7 Tagen. Bei im Herbst gefallenen Lämmern traten die ersten Zeichen der Brunst jedoch 67,2 Tage später auf als bei Lämmern, die im Winter geboren wurden. Die Schafe zeigten in ihrer Geschlechtsaktivität eine allg. jahreszeitliche Abhängigkeit. Die mittlere Dauer des Geschlechtszyklus betrug 16,9 Tage, die Brunst dauerte 29,2 Std. Die Brunstdauer in Reinzuchten war signifikant kürzer als bei den Kreuzungen. Die Trächtigkeitsdauer betrug bei der Kreuzung Dorset Horn × Persian 146,5 Tage (♀ Tiere kamen etwas früher zur Welt als ♂). Bei den Kreuzungen Dorset Horn × Merino und Dorset Horn × Persian treten die ersten Brunstzeichen wieder nach 42 bzw. 51 Tagen nach der Geburt auf. Bei den Reinzuchten betrug diese Zeit hingegen 90,1 (Merino) bzw. 103,3 Tage (Persian). H. Ciharz. 1765.

3-64/02-0057 Wodzicka-Tomaszewska, Manika; Hamilton, New Zealand, Dep. of Agric., Whatawhata Hill Country Res. Stat. Bioassay of œstrogen and recurring œstrus in ovariectomized ewes. **(Biologische Oestro-**

genbestimmung und wiederkehrender Oestrus bei kastrierten Schafen.) Nature [London] 198 (1963) Nr. 4877. S. 299–301. – 1 Abb., 10 Lit.
Vf. gibt eine biol. Methode zur Oestrogenbestimmung bei kastrierten Schafen an, die auf der erhöhten Dehnbarkeit der Vagina beruht. 20 fünf Wochen zuvor kastrierte Schafe erhielten insgesamt 40 mg Progesteron und nach Einteilung in 4 Gruppen 0; 50; 100 und 150 μg Stilboestroldipropionat i.m. injiziert. Die Tiere wurden dann mit 2 mit roter Farbe versehenen Widdern in ein Gehege gesperrt. Innerhalb von 24 Std. nach der Oestrogeninjektion zeigten sie oestrusartiges Verhalten. Es folgte Feststellung der Dehnbarkeit der Vagina (zur Technik wird auf frühere Arbeiten verwiesen). Die Dehnbarkeit der Vagina nahm mit steigender Dosis zu, wobei die Unterschiede in der Reaktion auf ihrem Höhepunkt zwischen den einzelnen Dosen signifikant waren. Im Anschluß an die Phase der gesteigerten vaginalen Dehnbarkeit folgte eine Phase verminderter Dehnbarkeit. Eigenartigerweise kam es nach der einmaligen Oestrogeninjektion zum Auftreten 2. und teilweise sogar 3. Oestren. 11 Mon. später wurden die Tiere der gleichen Behandlung wie o. a. unterworfen. Die Vaginen waren jetzt weniger dehnbar als 1 Jahr zuvor, und die Oestrogenbehandlung führte zu keiner Erhöhung der Dehnbarkeit. Vf. nimmt an, daß die Vagina inzwischen die Fähigkeit der Reaktion auf Oestrogeneinwirkung verloren habe. H. Grychtolik. 1765.

3-64/02-0058 Inskeep, E. K., Oloufa, M. M., Pope, A. L. und Casida, L. E.; Madison, Univ. of Wisconsin. Functional capabilities of experimentally induced corpora lutea in ewes. **(Funktionelle Fähigkeiten experimentell erzeugter Corpora lutea bei Schafen.)** J. Animal Sci. 22 (1963) Nr. 1. S. 159–161. – 1 Tab., 4 Lit.
Vff. untersuchten bei Schafen die Funktionsdauer durch Gonadotropinbehandlung erzeugter Corpora lutea (C.l.) an Hand der Zykluslänge. Diese wurde durch Feststellung des Oestrus mit Hilfe eines vasektomierten Suchbocks bzw. durch Abschätzen des Ovulationstermins bei der Autopsie bestimmt. Aus 33 Schafen wurden 3 Behandlungsgruppen gebildet. Den Tieren in Gr. I wurden die natürlichen C.l. am 5., 9. und 13. Zyklustag entfernt (normale Zykluslänge ⌀ 17 Tage). 2½–3½ Tage nach Entfernung der C.l. kamen sie – unabhängig vom Zyklusstadium bei der Operation – erneut in den Oestrus Die darauffolgenden Zyklen waren normal lang. In der Gr. II erhielten die Schafe 48 Std. vor dem 5., 9. und 13. Zyklustag eine Gonadotropininjektion (Schafshypophysenextrakt). An diesen Tagen erfolgte Laparotomie und Markierung der natürlichen und durch die Injektion erzeugten C.l. Es ergab sich, daß die beobachteten Zyklen von normaler Dauer waren. Die künstlich induzierten C.l. vermochten also nicht den funktionellen Rhythmus der natürlichen zu beeinflussen. In Gr. III endlich wurden 48 Std. nach der Gonadotropininjektion (wieder am 5., 9. und 13. Zyklustag) die natürlichen C.l. entfernt und die experimentell erzeugten markiert und im Ovar belassen. Die C.l., die am 5. und 9. Zyklustag erzeugt waren, erwiesen sich bis auf eine Ausnahme als funktionstüchtig, verlängerten aber den Zyklus nicht. Die am 13. Zyklustage induzierten C.l. jedoch waren bis auf eine Ausnahme funktionslos. Vff. schließen aus ihren Untersuchungen, daß durch exogenes Gonadotropin erzeugte C.l. ihre Funktionsdauer nicht selbst bestimmen, sondern daß ein außerhalb der natürlichen C.l. gelegener Faktor die Lebensdauer der künstlich erzeugten bestimmt, gleichgültig, ob die natürlichen C.l. vorhanden sind oder nicht. Dieser Faktor soll vor dem 4. und bis zum 9. Zyklustage bestimmend sein. H. Grychtolik. 1765.

3-64/02-0059 Flüge, A. und Löliger, H. Chr. **Klinik und Pathologie der segmentalen Aplasie des Nebenhodenkanals (Aplasia segmentalis Ductus Wolffii) beim Bullen.** Zuchthyg., Fortpflanzungsstör. Besam. Haustiere 7 (1963) Nr. 2. S. 89–101. - 8 Abb., Lit.

Im Rahmen von Zuchttauglichkeitsuntersuchungen an 774 Jungbullen auf Körveranstaltungen in Norddeutschland konnten Vff. in 1 Jahr 4 Fälle von Nebenhodenatrophie mit teilweiser Aplasie des Nebenhodenkanals (Aplasia segmentalis Ductus Wolffii) nachweisen. Die klinischen Befunde werden eingehend besprochen. Als mögliche Ursache dieser ein- und zweiseitig auftretenden Atrophie des Ductus epididymis werden Infektions- und Intoxikationsnoxen in Erwägung gezogen, welche während der embryonalen und der ersten postembryonalen Lebensperiode eingetreten sind. Sichere Beweise für eine erbbedingte Aplasie des Ductus Wolffii konnten bisher nicht erbracht werden. Vatertiere, die eine auch nur einseitig bestehende Nebenhodenatrophie aufweisen, sind auf Grund der geltenden Körgesetze von der Zuchtverwendung auszuschließen. W. Schäfer. 1773.

3-64/02-0060 Amann, R. P. und Almquist, J. O.; Pennsylvania State Univ., Dairy Breeding Res. Center, Dep. of Dairy Sci. Reproductive capacity of dairy bulls. VII. Morphology of epididymal sperm. **(Fortpflanzungsleistung von Bullen. 7. Mitt. Morphologie der Nebenhodenspermien.)** J. Dairy Sci. 45 (1962) Nr. 12. S. 1516–1526. – 1 Abb., 4 Tab., 24 Lit. 6. Mitt. vgl. LZ. Abt. III 8 (1963) Nr. 3. S. 456.

Bei sexuell überbeanspruchten Bullen fanden sich im Vergleich zu sexuell nicht beanspruchten Bullen nach dem Schlachten mehr abnorme und weniger lebende Spermien (Eosinfärbung) in den Nebenhoden. Einseitige Vasektomie hatte keinen signifikanten Einfluß auf die Morphologie der Spermien. In den entspr. Abschnitten caput, corpus und cauda epididymis fanden sich ⌀ 44,4; 1,9 und 2,1% Spermien mit proximalen Tröpfchen und 7,5; 29,6 bzw. 67,9% mit distalen Tröpfchen. Der Anteil ungefärbter Spermien betrug 77,0; 51,3 und 72,5%. Verdünnung mit physiol. NaCl-Lösung und Auszählung der beweglichen Spermien ergab fast keine, 5,3 bzw. 32,1% bewegliche Spermien. Die Eosinophilie der Spermien im Nebenhodenkörper ist daher wahrscheinlich eher auf eine veränderte Membranpermeabilität als auf Zelltod zurückzuführen. H. Ciharz. 1775.

3-64/02-0061 Müller, E. und Szilagyi, J. **Untersuchungen über den Einfluß von Alter und Rassen auf die Samenproduktion von Jungbullen.** Zuchthyg., Fortpflanzungsstör. Besam. Haustiere 7 (1963) Nr. 2. S. 111–119. – 3 Abb., 3 Tab., Lit.

Die Entwicklung von Ejakulatvolumen, Spermienkonzentration und Gesamtzahl der Spermien im Ejakulat werden bei 6 Fleckvieh- und 6 Braunviehbullen im Alter von 15–45 Mon. an Hand von 1440 Ejakulaten untersucht. Ejakulatvolumen und damit die Gesamtzahl der Spermien im Ejakulat steigen bei beiden Rassen bis zum Alter von 45 Mon. linear an. Die Spermienkonzentration erhöht sich dagegen nur geringfügig bis zum Alter von 2¾ Jahren. Zwischen den einzelnen Rassen bestehen sowohl hinsichtlich der Ejakulatvolumina als auch der Gesamtzahl der Spermien je Ejakulat, nicht aber in bezug auf die Spermienkonzentration, erhebliche Unterschiede.
W. Schäfer. 1775.

3-64/02-0062 Brooks, Jerry R. und Ross, C. V.; Columbia, Univ. of Missouri. Effect of ambient temperature and thyroxine therapy on semen quality of rams. **(Der Einfluß von Umgebungstemperatur und Thyroxin-Therapie auf die Samenqualität von Schafböcken.)** J. Animal Sci. 21 (1962) Nr. 4. S. 700–705. – 5 Tab., 12 Lit.

Höhere Temperaturen der Umgebung (Klimastall) setzten die Qualität des Samens (Volumen, Beweglichkeit, Dichte, Anzahl lebender und toter Zellen) herab. Eine Temperaturhöhe von 80 °F wird als „kritischer Punkt" angesehen. Tägl. Injektionen von Thyroxin in Mengen von 0,2; 0,3 oder 0,4 mg pro 100 lb. Lgw. hatten, abgesehen von einer leichten Minderungstendenz bei höheren Temperaturen, keinen signifikanten Einfluß auf die Samenqualität. J. Bergfeld. 1775.

3-64/02-0063 Heller, Carl G. und Clermont, Yves ; Washington, Pacific Northwest Res. Foundation; Montreal, Canada, McGill Univ., Dep. of Anatomy. Spermatogenesis in man: an estimate of its duration. **(Spermiogenese beim Menschen. Eine Einschätzung ihrer Dauer.)** Science [Washington] **140** (1963) Nr. 3563. S. 184–185. 1775.

3-64/02-0064 Fallon, G. R.; Brisbane, Queensland, Australia, Univ., Veterin. School. Body temperature and fertilization in the cow. **(Körpertemperatur und Befruchtung der Kuh.)** J. Reproduct. Fertility **3** (1962) Nr. 1. S. 116–123. — 2 Abb., 4 Tab., 31 Lit.

Die Rectaltemperaturen von 934 Jersey- und Australian-Illawarra-Shorthorn-Kühen betrugen (unmittelbar vor der KB gemessen) während der Sommermonate 98,8–105,0 °F (Mittel 101,6 ± 0,9 °F) und standen in direkter Beziehung zum Brunststadium. In einer Versuchsgruppe, in der die Tiere im späten Brunststadium besamt wurden, war der Befruchtungserfolg bei Kühen mit erhöhten Temperaturen besser ($P < 0{,}05$) als bei Tieren mit niedrigen Werten. H. Ciharz. 1792.

3-64/02-0065 Gešev, S. und Petrov, A. Vŭrchu abortite pri svinete majki za ednokratno prasene. **(Über die Aborte der zum einmaligen Abferkeln bestimmten Muttersauen.)** Izvestija na Naučnoizsledovatelskija institut po biologija i patologija na razmnožavaneto na selskostopanskite životni, Sofija **2** (1962) S. 151–160. — 5 Tab., 11 Lit. Zus. in Russ., Engl.

Vff. haben in 22 Betrieben die Ursachen zu Aborten bei 2802 Muttersauen untersucht. Sie beschreiben 3 Abortusarten: 1. Toxische Aborte kommen bei Sauen vor, die mit 18% Baumwollextraktionsschrot enthaltenden Futtermischungen gefüttert werden. Das Verwerfen erfolgt am 5.–8. Tag nach der Anfütterung der trächtigen Sauen mit o. a. Futtermischungen. Nach Einstellung der Fütterung von Baumwollextraktionsschrot wurden keine Aborte beobachtet. Bei 2 von insgesamt 5 Versuchssauen haben Vff. auf diese Weise experimentell Aborte hervorgerufen. 2. Thermische Aborte wurden bei trächtigen Sauen beobachtet, die nach anstrengendem Marsch in Flußwasser von 4–5 °C Temperatur getrieben wurden. Von insgesamt 93 gebadeten Schweinen verwarfen am 7. Tage danach 35 (37,60%). 3. Aborte als Folge schlechter Fütterung und Haltung wurden bei 14,71% von insgesamt 223 Sauen festgestellt. G. Radew. 1797.

3-64/02-0066 Edgar, D. G.; Hamilton, New Zealand, Ruakura Animal Res. Stat. Studies on infertility in ewes. **(Untersuchungen zur Sterilität von Schafen.)** J. Reproduct. Fertility **3** (1962) Nr. 1. S. 50–54. — 6 Tab., 8 Lit.

Die Fruchtbarkeit junger, erstmalig gedeckter Romney-Schafe ist auf den Schaffarmen Neuseelands geringer als diejenige älterer Tiere der gleichen Rasse. Zur Aufklärung der Ursachen wurden 18 Mon. bzw. 5 Jahre alte Tiere 2–4 Tage nach dem Decken geschlachtet und untersucht. Bei den jungen Tieren erreichen die sich teilenden Eier den Uterus früher (wahrscheinlich durch frühere Relaxation der Eileiter-Uterus-Junction infolge geringerer Oestrogensekretion), was offenbar zu einer schlechteren Implantation führt. H. Ciharz. 1797.

3-64/02-0067 Dziuk, P. J. und Baker, R. D.; Urbana, Illinois Agric. Exp. Stat. Induction and control of ovulation in swine. **(Ovulationsauslösung und -kontrolle beim Schwein.)** J. Animal Sci. **21** (1962) Nr. 4. S. 697–699. — 2 Tab., 8 Lit.

Ca. 300 weibl. Jungsauen erhielten über 8; 9 oder 10 Tage 500 mg/Tag 6α-Methyl-17α-hydroxyprogesteron im Futter verabreicht. Den meisten Tieren wurden 5; 6; 7; 8 oder 12 Tage nach Absetzen der Behandlung einmalig 250–2000 IE HCG s.c., i.m. oder i.v. injiziert. Ein Teil der Tiere erhielt allein oder zusätzlich 10–100 mg Diaethylstilboestrol (DAS) am 3., 4. oder 5. Tag s.c. Die meisten Sauen wurden 40–72 Std. nach der HCG-Applikation getötet und ihr Genitaltrakt mit physiol. Salzlösung durchspült, um die Eizellen zu gewinnen. Während der Gestagenbehandlung wurde der Oestrus unterdrückt. Durch die HCG-Injektion wurde bei 94% der Tiere nach einem Intervall von 40 Std. eine Ovulation ausgelöst, die aber nur in 4% der Fälle mit einem Oestrus verbunden war. Zwischen HCG-Dosis und Auftreten einer Ovulation bestand keine Beziehung. Die Verabreichung von DAS rief bei 43% der Sauen einen Oestrus hervor. F. Döcke. 1812.

3-64/02-0068 Greenwald, Gilbert S.; Kansas City, Kans., Dep. of Obstetrics and Gynecol. Coital block to superovulation in the hamster. **(Blockierung der Superovulation beim Hamster durch die Paarung.)** J. Reproduct. Fertility 5 (1963) Nr. 2. S. 217–223.

Weibl. Hamster, die am Morgen des 1. Zyklustages (Metoestrus) 60 IE PMS injiziert erhalten, ovulieren im nächsten Oestrus 60–70 Eizellen. Werden diesen Tieren am 2. oder 3. Zyklustag Männchen zugesetzt, findet eine Paarung statt, und die inaktiven zyklischen Gelbkörper werden zu sezernierenden Copora lutea; d. h., es tritt eine Pseudogravidität ein, die endogene LH-Sekretion wird gehemmt, und eine Ovulation findet nicht statt. Nach dem 3. Tag erfolgt die paarungsbedingte Umbildung der Gelbkörper nicht, da diese dann bereits zu weit rückgebildet sind. Eine Ovulation im nächsten Oestrus kann auch durch Injektion von 5 mg Progesteron am 1. Zyklustag verhindert werden. Die Ergebnisse weisen darauf hin, daß die Ovulationen nach PMS-Behandlung weniger durch das im Präparat vorhandene LH, sondern durch die endogenen Gonadotropine ausgelöst werden.

F. Döcke. 1812.

3-64/02-0069 Wilson, E. D., Runner, M. N. und Zarrow, M. X.; Lafayette, Ind., Purdue Univ., Dep. of Biol. Sci.; Bar Harbor, Me., Roscoe B. Jackson Memorial Lab. Effect of hypothyroidism, diet and litter size on superovulation in the mouse and rat. **(Die Wirkung einer Schilddrüsenunterfunktion, der Nahrung und der Wurfgröße auf die Superovulation bei Maus und Ratte.)** J. Reproduct. Fertility 5 (1963) Nr. 2. S. 233–238. — 3 Abb., 1 Tab., 9 Lit.

Weibl. Mäuse und Ratten erhielten post partum entweder ein Standardfutter oder 60% Standardfutter (flüssig) mit 40% Cellulose oder Standardfutter mit 0,1% (Mäuse) bzw. 0,01; 0,05 oder 0,1% (Ratten) Propylthiouracil (PTU). Die Würfe wurden auf 4 oder 7 Junge bei den Mäusen und auf 8 Junge bei den Ratten reduziert. Bei den weibl. Jungen wurde im Alter von 25 (Mäuse) bzw. 32 Tagen (Ratten) durch PMS und HCG eine Superovulation ausgelöst. Muttertiere und Junge wurden ständig gewogen und am 28. bzw. 35. Tag getötet. Folgende Ergebnisse wurden erzielt: Bei allen 3 Fütterungsarten nahmen die Würfe mit 4 jungen Mäusen besser zu als die mit 7, wobei ihr rel. Ovargewicht unter der Behandlung mit PTU einen signifikanten Anstieg zeigte. Auf die Zahl der freigesetzten Eizellen übten weder die Wurfgröße noch die unterschiedliche Fütterung der Muttertiere einen signifikanten Einfluß aus. Bei den Ratten bewirkten die ansteigenden PTU-Dosen eine Abnahme des Lgw. und der Eizahl. Diese sank von 35 auf 13 bei Zusatz von 0,01% PTU und auf 0 bei 0,05 und 0,1% PTU im Futter.

F. Döcke. 1812.

3-64/02-0070 Wilson, Everett D. und Edwards, R. G.; Mill Hill, London, Nat. Inst. for Med. Res. Parturition and increased litter size in mice after superovulation. **(Geburt und erhöhte Wurfgröße bei Mäusen nach Super-**

ovulation.) J. Reproduct. Fertility **5** (1963) Nr. 2. S. 179–186. – 6 Abb., 2 Tab., 7 Lit.

16–20 g schwere nullipare weibl. Mäuse erhielten 3 oder 6 IE PMS und 40 Std. danach 3 oder 6 IE HCG. Die tragenden Tiere wurden vor der Geburt in 2 Gruppen geteilt, von denen eine während und nach der Geburt keinerlei Unterstützung erhielt, während bei der anderen sowohl bei der Geburt selbst als auch den Jungen bestmögliche menschliche Hilfe gewährt wurde. Trächtigkeitslänge und Geburtsdauer waren bei den superovulierten ähnlich wie bei unbehandelten Tieren. Ohne Hilfe starb ein großer Teil der nach einer Superovulation geworfenen Tiere bei der Geburt. Durch die Hilfeleistung konnte die durchschnittl. Zahl überlebender Jungen von 6,8 auf 10,7 erhöht werden. Auch nach der Geburt war die Mortalitätsrate bei großen Würfen hoch, doch konnte sie durch Aufzucht eines halben Wurfes durch andere Muttertiere auf das Normalmaß reduziert werden. Die Gesamtfruchtbarkeit der superovulierten Mäuse war niedriger als die der Kontrollen, da 11 von 137 Tieren starben und bei mehr als der Hälfte keine Implantationen eingetreten waren. F. Döcke. 1812.

3-64/02-0071 Woody, C. O. und Ulberg, L. C.; Raleigh, North Carolina State Coll., Dep. of Animal Sci. Transfer and viability of one-cell ova in sheep. **(Übertragung und Lebensfähigkeit von Einzelleiern beim Schaf.)** J. Reproduct. Fertility **5** (1963) Nr. 2. S. 203–208. – 5 Abb., 2 Tab., 14 Lit.

Ca. 100 weibl. Schwarzkopfschafe, bei denen z. T. der Oestrus durch Injektion von Progesteron und PMS synchronisiert worden war, wurden 12–36 Std. nach Feststellung der Brunst laparotomiert. Die nach einer beschriebenen Methodik mittels 3 verschiedener Lösungen aus den Tuben ausgespülten Eizellen wurden mikroskopisch untersucht und auf synchronisierte, gedeckte Schafe am Ende des Oestrus übertragen. Gleichzeitig wurden die befruchteten Eier des gedeckten Mutterschafes auf das nicht gedeckte Tier transplantiert. In weiteren Versuchen wurden Eizellen aus den Ovarialfollikeln gewonnen und in die Tuben des gleichen gedeckten Tieres übertragen. Die 24–48 Std. danach durchgeführte Wiedergewinnung der Eier aus den Tuben ergab nur bei 2 von 8 Eizellen Teilung. Nach Transplantation von Tubeneiern wurden dagegen Befruchtungen festgestellt. Am besten bewährte sich ein Spülmedium, das sich aus 25% Serum eines gedeckten Schafes und 75% modifizierter Krebs-Lösung zusammensetzte. F. Döcke. 1814.

3-64/02-0072 Jerome, F. N.; Ontario Agric. Coll., Dep. of Poultry Sci. The transplantation of limb buds from donor to recipient embryos. **(Die Transplantation von Extremitätenanlagen von einem Spender- auf einen Empfängerembryo.)** Poultry Sci. **42** (1963) Nr. 2. S. 527–528. – 1 Abb., 2 Lit.

Zur Frage der Inkorporation von Knochengewebe eines Spenderhühnchens von einer anderen Rasse pfropfte Vf. die Beinanlage von Embryonen im Alter von 96 Std. Bebrütung unmittelbar hinter die Flügelanlage gleichaltriger Embryonen. Bessere Ergebnisse erzielte man, wenn die Flügelanlage entfernt und die Beinanlage auf diese Wundstelle transplantiert wurde, da eine bessere Blutversorgung gegeben war. In allen Fällen war das Bein, das sich entwickelte, rudimentär. – Genaue Beschreibung der technischen Einzelheiten. – Einem Weißen Leghorn-Küken wurde die Beinanlage eines gesperberten Spenderkükens aufgepfropft; es entwickelten sich Teile des Nervensystems; die graue Gefiederfarbe der Spenderrasse blieb erhalten. Bei umgekehrter Transplantation entwickelte die Spenderanlage des Weißen Leghorn dunkles Gefieder. H. Freye. 1816.

3-64/02-0073 Slonim, A. D., Kalašnikov, V. P., Makarova, A. R., Ponugaeva, A. G., Rachimov, K., Uždavini, È. R. und Trubicina, G. I. K fiziologičeskoj charakteristike jagnjat-gibridov archarokarakul'. **(Zur**

physiologischen Charakteristik von Archar-Karakul-Hybridlämmern.) Trudy soveščanija po otdalennoj gibridizacii rastenij i životnych. Sbornik dokladov. Otdalennaja gibridizacija rastenij i životnych, Moskva **1960** S. 416–428.
Vff. führten an reinen und bastardierten Karakullämmern physiol. Untersuchungen durch. Zur Verfügung standen 7 Hybridlämmer (Archar × Graues Karakul) der 1. Generation, 24 Bastarde der II. Generation, 9 Bastarde der III. Generation sowie 34 graue und schwarze Karakullämmer. Außerdem wurde ein Wildlamm des Archars (*Ovis ammon bochariensis* Nasonov) eingefangen. Nach dem 30. Tag war das Gewicht bei der II. Generation und bei schwarzen Karakuls 3mal höher als das Geburtsgewicht, bei der III. Generation 2,6mal und bei grauen Karakuls 2,3mal. Der Gaswechsel war bei den grauen Tieren niedriger als bei den schwarzen und den Bastarden. Nach 1 Mon. sind die physiol. Unterschiede nur noch gering. Die physiol. Reaktionen auf Veränderungen in der Herde sind bei den Bastarden ausgeprägter. Die Bastarde zeigen einen intensiveren Stoffwechsel und nähern sich physiol. dem wilden Archar. W. Sommerfeld. 1820.

3-64/02-0074 Greenwald, G. S.; Kansas City, Univ. of Kansas, Dep. of Obstetrics and Gynecol. Interruption of early pregnancy in the rabbit by a single injection of oestradiol cyclopentylpropionate. **(Unterbrechung der Frühschwangerschaft beim Kaninchen durch eine einzige Injektion von Oestradiolcyclopentylpropionat.)** J. Endocrinol. [London] **26** (1963) Nr. 1. S. 133 bis 138. — 2 Abb., 2 Tab., 16 Lit.
Vf. untersuchte den Einfluß verschiedener Dosen von Oestradiolcyclopentylpropionat (I) auf die Frühschwangerschaft beim Kaninchen. Die Tiere erhielten unmittelbar nach dem Deckakt eine einmalige Injektion von 1; 10; 25; 50; 100 und 250 μg I i.m. Bei der Tötung 8 Tage nach dem Decken zeigte sich, daß 10 μg in 68,9% und 100 μg bereits in 100% der Fälle zum Fruchttod führten. Der Fruchttod ließ sich auf Änderungen im Tempo des Eitransports zurückführen, wobei eine Dosisabhängigkeit bestand. 25 μg I beschleunigten die Eipassage, wobei die Mehrzahl der Eier 48 Std. nach dem Coitus wahrscheinlich in die Vagina ausgestoßen wurde. 50 μg I verzögerten die Eipassage, so daß der Aufenthalt in der Tube 4 Tage betrug. 250 μg I hielten die Eizellen für wenigstens 5 Tage am Isthmus der Tuben zurück, wo sie sich zwar zu kleineren Blastocysten entwickelten, aber später degenerierten. Das Endometrium wurde durch die gesamte Hormonbehandlung — abgesehen von der höchsten verabfolgten Dosis — nur kurzdauernd beeinflußt.
H. Grychtolik. 1830.

3-64/02-0075 Wilson, I. B.; Bangor, Caernarvonshire, Univ. Coll. of North Wales, Dep. of Zool. A new factor associated with the implantation of the mouse egg. **(Ein neuer Faktor in Verbindung mit der Implantation des Mäuseeies.)** J. Reproduct. Fertility **5** (1963) Nr. 2. S. 281–282. — 5 Abb., 2 Lit.
Weibl. Mäuse wurden in 2stündigen Intervallen zwischen 72 und 120 Std. nach der Paarung getötet und ihre Uteri histol. untersucht (H.-E.-Färbung). Die Blastocysten erreichen den Uterus 72 Std. post coitum, verteilen sich zunächst zufällig im ganzen Lumen und ordnen sich zwischen 84 und 96 Std. p.c. im antimesometrialen Gebiet an. Wenn die Blastocysten ihre Implantationsstellen erreichen, erscheinen in der inneren Zellmasse bes. Zellen mit einem eosinophilen, hyalinen Plasma und abgerundeten, dichten, homogenen Kern. Diese Zellen scheinen von der inneren Zellmasse entlang der inneren Oberfläche des Trophoblasten zu wandern, dringen in diesen ein und von dort aus in das zu diesem Zeitpunkt (100 Std. p.c.) intakte Uterusepithel. Bis zu 6 derartige Invasionszellen wurden bei einem Blastocysten beobachtet. Sie fragmentieren beim Eindringen in das Uterusepithel, und die Fragmente scheinen in die Mucosa weiterzuwandern. Die Deciduareaktion des Uterus tritt erst 108–112 Std. p.c. ein. F. Döcke. 1830.

3-64/02-0076 Schnürer, Lars-Bertil. Maternal and foetal responses to chronic stress in pregnancy. A study in albino rats. **(Mütterliche und fetale Reaktion auf chronischen Stress während der Trächtigkeit. Eine Studie an Albino-Ratten.)** Acta endocrinol. [Copenhagen], Suppl. **43** (1963) Nr. 80. S. 1–96. – 28 Abb., 14 Tab., 161 Lit. 1830.

3-64/02-0077 Stephenson, S. K. und Roberts, J.; Armidale, New South Wales, Univ. of New England, School of Rural Sci. Specific gravity changes during the development of the sheep foetus. **(Veränderungen des spezifischen Gewichtes während der Entwicklung von Schaffeten.)** Nature [London] **196** (1962) Nr. 4856. S. 788–789. – 1 Abb., 1 Tab., 4 Lit.

Von austral. Merinoschafen wurden Embryonen untersucht, die man im praenatalen Alter von 50–140 Tagen zu einer Untersuchungsreihe von 10tägigen Intervallen zusammengestellt hatte. Das spez. Gew. des ganzen Fetus wurde durch Wiegen in Luft und in Wasser ermittelt, danach wurden jeweils 6 bestimmte Knochen und 4 Muskeln gewogen und zusätzlich die Tr.-Subst. des Gesamtfetus, Fett und Asche durch chem. Analyse gewonnen. – Das spez. Gew. der Muskeln blieb unverändert. Bei jedem Knochenelement wurde ein Ansteigen parallel dem steigenden fetalen Alter festgestellt. Das spez. Gew. des Knochens war wesentlich höher als das des ganzen Fetus, das des Muskels dagegen geringer. Der Anteil der Tr.-Subst. steigt im Fetus während des praenatalen Lebens von ca. 10% auf 20% an; es steigt auch der Fettanteil an, dagegen fällt der Ascheanteil ab. H. Freye. 1840.

3-64/02-0078 Plecityj, D. F. und Krasnjanskaja, V. G.; Inst. für Normale und Pathol. Physiol. der Akad. der Med. Wiss. der UdSSR. Izmenenie aktivnosti lizocima belka kurinogo jajca v processe ėmbriogeneza. **(Messung der Lysozym-Aktivität im Eiweiß von Hühnereiern im Verlauf der Embryogenese.)** Doklady Akademii nauk SSSR, Moskva **149(31)** (1963) Nr. 2. S. 478–481. – 1 Abb., 3 Tab., 4 Lit.

In 2 Serien wurde das Ei-Eiweiß der Rasse Leghorn vor der Bebrütung und 1 bis max. 11 Tage nach der Bebrütung auf Lysozym-Aktivität untersucht. Übereinstimmend ergab sich, daß die Ausgangsaktivität (1:100000) bis zum 3. Inkubationstag steil ansteigt (1:600000), bis zum 5. Tag etwa wieder auf den Ausgangswert abfällt, um dann noch weiter abzusinken. Der Proteingehalt steigt mit den Bebrütungstagen an, geht daher nicht mit der Lysozym-Aktivität parallel. Im Eidotter ist Lysozym nur in unbedeutenden Mengen enthalten. J. Wünsche. 1840.

3-64/02-0079 Blinkova, T. P. und Bogdanov, O. V. Formirovanie častotnoj charakteristiki serdečnoj dejatel'nosti kak otraženie biologičeskogo prisposoblenija u kur v ėmbriogeneze. **(Die Bildung der Frequenz der Herztätigkeit als Widerspiegelung der biologischen Anpassung bei Hühnern in der Embryogenese.)** Doklady Akademii nauk SSSR, Moskva **149(31)** (1963) Nr. 4. S. 988–990. – 1 Abb., 13 Lit.

Da die Frequenz der Herzschläge als Kriterium für die Dynamik der Entstehung der Herztätigkeit die Besonderheiten auf den einzelnen Etappen der individuellen Entwicklung charakterisiert, haben Vff. an 350 Hühnerembryonen vom 3.–20. Tag der Entwicklung nicht ständige Versuche und Dauerversuche angestellt. Letztere wurden in Spezialwärmekammern durchgeführt, wobei die Biopotenziale des Herzens mit polar ins Herz eingeführten Kupferelektroden (⌀ 0,1 mm) in 3–8 mm Tiefe aufgenommen wurden. Bei dem nicht ständigen Versuch wurde das Ei von der Luftkammer her geöffnet und 0,05–0,1 mm Nichromelektroden eingeführt. Am 3. Tag der Entwicklung wurden 90–100 Herzschläge pro Min. festgestellt. Vom 3.–6. Tag steigerte sich die Zahl der Herzschläge ständig, was der Autor auf das Erscheinen von Nervenelementen in den Geweben des Embryos zurückführt. Vom 6.–9. Tag bleibt die Herztätigkeit bei Embryonen im nicht ständigen Versuch gleich, während sie bei Embryonen im Dauerversuch um noch ca. 30 Schläge anwächst. Im Dauerversuch an einem Embryo während der gesamten Entwicklungsperiode wurde eine um 40–50 Schläge höhere Herztätigkeit als im nicht ständigen Versuch festgestellt. Bei beiden Methoden nimmt das Diagramm der Herztätigkeit ab 10. Tag wellenförmigen Charakter an. Prinzipiell unterscheidet sich die Ausbildung des Rhythmus der Herztätigkeit bei beiden Versuchsmethoden nicht, nur zeigt der Dauerversuch dieselbe genauer auf. Da nach Literaturangaben über Versuche an Fasanen, Gänsen und Tauben gleiche Ergebnisse erzielt wurden, kommt Vf. zu dem Schluß, daß die Ansprüche der Embryonen an das Herz während der Ontogenese, unabhängig von der verschiedenen Ökologie der Vögel, gleich sind. Erst in der postembryonalen Entwicklung wird der Herzrhythmus ökologisch bestimmt.

W. Bonitz. 1840.

3-64/02-0080 Haan, R. L. de; Baltimore, Md., Carnegie Inst. of Washington, Dep. of Embryol. Migration patterns of the precardiac mesoderm in the early chick embryo. **(Wanderungsverhalten des praecardialen Mesoderms beim frühen Küken-Embryo.)** Exp. Cell. Res. 29 (1963) Nr. 3. S. 544–560. — 6 Abb., 56 Lit. 1840.

3-64/02-0081 Kauffold, P.; Dummerstorf, Inst. für Tierzuchtforsch. der Dtsch. Akad. der Landwirtsch.-Wiss. zu Berlin. **Die vitalcytologische Beurteilung der Eizellen von Säugetieren, ein Hilfsmittel für Untersuchungen über die frühembryonale Sterblichkeit.** Arch. Tierzucht 6 (1963) Nr. 5/6. S. 521–530. — 9 Abb., 1 Tab., 14 Lit. Zus. in Russ., Engl. — nach Zus.

3211 intakte und degenerierte Tubeneizellen von 412 superovulierten oder unbehandelten gedeckten geschlechtsreifen Mäusen wurden im ungefärbten Zustand oder nach Vitalfärbung mit Toluidinblau und Acridinorange vergleichend cytologisch untersucht. — Dabei konnte festgestellt werden, daß während der Degeneration der Eier, außer den teilweise bekannten Veränderungen am Zellkern, in der Verteilung der Dottergranula und in der Gestalt der Eizellen auch bei den basophilen cytoplasmatischen Granulationen kennzeichnende Änderungen geschehen. Diese bestehen in Verlagerung, Verklumpung, Verminderung oder nach dem Absterben der Zellen im gänzlichen Schwund der Granula. Die Vitalfärbung mit basischen Farbstoffen, von denen das Acridinorange die Cytoplasmagranula und die Kernstrukturen sehr deutlich anfärbt und daher bes. geeignet ist, stellt eine Ergänzung der Möglichkeiten für die Unterscheidung degenerierter und intakter Eizellen dar. — Die Erhöhung des Prozentsatzes degenerierter, meist nicht befruchteter Eizellen nach induzierter Ovulation und Follikelstimulierung durch reines, hypophysäres FSH auf 46,17% im Vergleich zu 11,15% defekter Eizellen bei normaler Ovulation ist ein Beispiel dafür, daß starke Auswirkungen exogener Faktoren auf die Keime schon in der Tube deutlich werden können. Die vitalcytologische Beurteilung der Eier könnte daher bei Untersuchungen über fruchtbarkeitsmindernde Faktoren zur Feststellung frühembryonaler Schäden von allg. Bedeutung sein. 1844.

3-64/02-0082 Rigor, E. M., Self, H. L. und Casida, L. E.; Madison, Univ. of Wisconsin. Effect of exogenous estradiol-17-β on the formation and maintenance of the corpora lutea and on early embryo survival in pregnant swine. **(Wirkung zugeführten 17-β-Oestradiols auf Bildung und Bestehenbleiben von Corpora lutea und auf die Embryo-Überlebensrate beim trächtigen Schwein.)** J. Animal Sci. 22 (1963) Nr. 1. S. 162–165. — 3 Tab., 14 Lit.

Vff. studierten den Einfluß von kleinen Dosen Oestradiol sowie faserreichem und -armem Futter auf das Fortpflanzungssystem bei 68 trächtigen Sauen. 20 und 100 mg (tägl. vom 9.–24. Tag der Trächtigkeit verabfolgt) hatten, wie sich bei der Tötung am 25. Tag zeigte, keinen Einfluß auf die Überlebensrate der Embryonen (definiert als Zahl der Embryonen zur Zahl der Corpora lutea [C.l.] in Prozent). Das durchschnittl. Gewicht der C.l. war bei den behandelten Tieren geringer als bei Kontrollen. Es ergaben sich signifikante Unterschiede im C.l.-Gewicht bei verschiedenen Rassen. Gegenüber Chester White- und Hampshire-Schweinen hatten Poland-China die schwersten C.l. Säue, die faserarmes Futter erhielten, wiesen signifikant höhere Durchschnittsgewichte ihrer C.l. auf als Tiere, die faserreiches Futter bekamen. Der Gesamtprogesterongehalt der C.l. wurde weder durch die Rasse noch durch den Fasergehalt des Futters sowie Oestradiolbehandlung signifikant beeinflußt.

H. Grychtolik. 1844.

3-64/02-0083 Schmidt, G. H., Chatterton jun., R. T. und Hansel, William; Ithaka, N. Y., Cornell Univ., Dep. of Animal Husbandry. Histological changes during involution of the mammary glands of ovariectomized and intact lactating goats. **(Die histologischen Veränderungen während der Involution der Milchdrüse bei ovariektomierten und intakten laktierenden Ziegen.)** J. Dairy Sci. **45** (1962) Nr. 11. S. 1380–1382. — 1 Abb., 1 Tab., 8 Lit.

Das Euter von intakten und ovariektomierten laktierenden Ziegen wurde verschiedene Zeiten nach der Geburt untersucht, um die histol. Veränderungen während der Involution und nach Ovariektomie festzustellen. Es zeigte sich, daß die alveolare Oberfläche entspr. der Milchmenge zurückgeht, die Korrelation erwies sich als sehr hoch. Die Verkleinerung der Alveolarfläche ist wahrscheinlich die Hauptursache des Absinkens der Milchproduktion. Zwischen den Gruppen und der Zeit der Euterentleerung wurden keine Unterschiede und Abnormitäten beobachtet. Während des Involutionsprozesses fand keine Vermehrung des Bindegewebes statt. R. Neseni. 1862.

3-64/02-0084 Cole, R. David und Hopkins, T. R.; Berkeley, Univ. of California, Dep. of Biochem. A biochemical test of artificial mammogenesis and lactogenesis as models of the natural processes. **(Ein biochemischer Test für die künstliche Mammagenese und Lactogenese als Modell der natürlichen Vorgänge.)** Endocrinology **70** (1962) Nr. 3. S. 375–380. — 6 Abb., 1 Tab. 22 Lit.

Hypophysektomierte und oophorektomierte Ratten wurden mit verschiedenen Kombinationen von Oestron (**I**), Progesteron (**II**), STH, Prolactin (**III**) und Hydrocortison (**IV**) injiziert. Die Mamma dieser Ratten wurde auf N-Gehalt, RNS und DNS sowie auf die Aktivität der alkalischen Phosphatase und verschiedener anderer Enzyme untersucht. Durch Vergleich der Mengen dieser verschiedenen biochem.Faktoren in der künstlich präparierten Milchdrüse und in solchen, deren Mammagenese und Lactogenese natürlich verlaufen ist, war es möglich, die Ausdehnung der künstlichen und der natürlichen Prozesse zu beurteilen. Die Rattenmilchdrüsen, welche mit geeigneten Mengen von **I**, **II**, STH und **III** behandelt worden waren, scheinen Drüsen aus der letzten Hälfte der Trächtigkeit zu gleichen, soweit es die aufgeführten biochem. Faktoren betrifft. Wenn vorbehandelte Ratten Injektionen von STH, **III** und **IV** erhielten, war die Einleitung der Laktation augenscheinlich, und an Hand der biochem. Kriterien gleichen diese Drüsen solchen von Ratten am letzten Tage der Trächtigkeit. Die Menge der Konstituenten ging aber nicht bei jedem hormonalen Versuch parallel, dagegen scheinen die verschiedenen Hormonversuche eine ziemlich spez. Wirkung zu haben. R. Neseni. 1864.

3-64/02-0085 Denamur, Robert; Jouy-en-Josas, Seine-et-Oise, C. N. R. Z., Stat. de Physiol. Animale. Effets chez la lapine de l'ocytocine et de la prolactine sur les acides nucléiques de la glande mammaire. **(Die Wirkung von Oxytocin und Prolaktin beim Kaninchen auf die Nucleinsäuren der Milchdrüse.)** C. R. hebd. Séances Acad. Sci. **255** (1962) Nr. 15. S. 1786–1788. — 1 Tab., 8 Lit.

Oxytocin und Prolactin zeigen bei den in dieser Arbeit verwendeten Mengen eine verschiedene Wirkung auf die Nucleinsäuren der Milchdrüsen von Kaninchen, die am 5. Tage der Laktation abgesetzt wurden. Die Untersuchungen beziehen sich auf das Vorkommen von RNS und DNS. R. Neseni. 1864.

3-64/02-0086 Mielke, H. und Brabant, W.; Leipzig, Karl-Marx-Univ., Veterin.-Physiol. Inst.; Ambulator. und Geburtshilfl. Tierklin. **Über die permanente Störung des normalen unbedingten Milchejektionsreflexes beim laktierenden Rind. 1. Teil.** Mh. Veterinärmed. **18** (1963) Nr. 12. S. 451–457. 1866.

3-64/02-0087 Kanematsu, Shigeto und Sawyer, Charles H.; Los Angeles, Univ. of California, Dep. of Anatomy; Brain Res. Inst. Effects of intrahypothalamic and intrahypophysial estrogen implants on pituitary prolactin and lactation in the rabbit. **(Wirkungen intrahypothalamischer und intrahypophysärer Oestrogenimplantate auf den Prolactingehalt der Hypophyse und die Laktation beim Kaninchen.)** Endocrinology **72** (1963) Nr. 2. S. 243–252. — 11 Abb. 40 Lit.
Vff. untersuchten die Wirkung von in den unteren Hypothalamus und die Hypophyse implantiertem Oestradiolbenzoat auf die Synthese und Freisetzung von Prolactin in der Hypophyse beim Kaninchen. Der Prolactingehalt der Hypophysen wurde im Taubenkropftest bestimmt. Der Prolactingehalt der Hypophysen war nach Oestrogenimplantation in den hinteren Teil der Medianeminenz erhöht, während die Brustdrüsen nicht aktiviert wurden. Gleichzeitig kam es zur Atrophie von Ovarien und Uterus, die Nebennierenrinde jedoch erwies sich als hypertroph. Auf der anderen Seite führte Oestradiolimplantation in den Hypophysenvorderlappen zu einer Verminderung des hypophysären Prolactins, während die Brustdrüsen aktiviert wurden und beginnende Milchsekretion zeigten. Ovarien, Uteri und Nebennieren wiesen hierbei keine signifikanten Veränderungen auf. Aus den Untersuchungsergebnissen wird geschlossen, daß in den Hypothalamus implantiertes Oestrogen Synthese und Anhäufung von Prolactin in der Hypophyse bewirkt, während bei direkter Wirkung von Oestrogen auf die Zellen des Hypophysenvorderlappens eine Freisetzung von Prolactin erzielt wird. H. Grychtolik. 1866.

3-64/02-0088 Turton, J. D. The effect of castration on meat production and quality in cattle, sheep and pigs. **(Der Einfluß der Kastration auf die Fleischproduktion und -qualität bei Rindern, Schafen und Schweinen.)** Animal Breeding Abstr. **30** (1962) Nr. 4. S. 447–456. — 4 Tab., 43 Lit.
Bei Rindern sind Versuche, die mit verschiedenen Rassen in Österreich, Ungarn, Schweden, Italien, in der SU, den USA und der ČSSR durchgeführt wurden, angeführt. In allen Fällen wurden durch die Kastration geringere Lgw.-Zunahmen erzielt. Die Futterverwertung war bei Bullen günstiger als bei Ochsen. Die Schlachtausbeute wurde ebenfalls in der Mehrzahl der Versuche durch die Kastration nicht verbessert. Der Zeitpunkt der Kastration wird kurz behandelt. An Hand mehrerer Resultate wird der Zusammenhang zwischen Kastration und Schlachtqualität dargelegt. Es wird festgestellt, daß die Schlachtqualität von nicht kastrierten Bullen, die intensiv aufgezogen bzw. gemästet und mit 12–15 Mon. geschlachtet wurden, die gleiche ist wie von kastrierten Bullen. — Der Einfluß der Kastration bei Schafen wird an Hand von 4 Versuchsergebnissen, die aus Ägypten, Australien, Neuseeland und den USA stammen, beschrieben. Böcke wiesen danach besseres Wachstum und Hammel höhere Ausschlachtungsprozente auf. — Bei Schweinen wird hauptsächlich der Zeitpunkt der Kastration näher mit den dazugehörigen Mast- und Schlachtleistungen betrachtet. So ergab ein Versuch von Charette, der 1961 mit Large-White-Schweinen vorgenommen wurde, eine durchschnittl. Futterverwertung der Eber von 3,19, während für die kastrierten Vergleichstiere folgende Resultate bei den einzelnen Kastrationszeitpunkten zu verzeichnen

waren: Kastration gleich nach Geburt = 3,53, Kastration mit 6 Wochen = 3,60, 12 Wochen = 3,54, 16 Wochen = 3,56 und 20 Wochen = 3,28. Außerdem wird der Einfluß der Kastration auf das Wachstum und die Schlachteigenschaften bei mehreren Versuchen dargelegt. R. Kürbs. 1870.

3-64/02-0089 Kosych, A. P.; Burjatskaja, Burjat-Mongol. ASSR, Landwirtsch. Inst. Opyt častičnoj kastracii samcov životnych. **(Erfahrungen mit der partiellen Kastration männlicher Tiere.)** Vestnik sel'skochozjajstvennoj nauki, Moskva 7 (1962) Nr. 9. S. 60–68. – 2 Abb., 4 Tab., 10 Lit. Zus. in Engl., Franz., Dtsch.
Vf. führt Vergleichsversuche mit totaler und partieller Kastration bei Schafböcken, Bullen und Ebern durch und kommt zu dem Ergebnis, daß die frühzeitige totale Kastration bei der Jugendmast weniger vorteilhaft ist als die partielle bzw. als die Mast unkastrierter Tiere. In der Entwicklung war bei Schafböcken nach 6 Mon. eine höhere Zunahme von 4 kg, bei Ebern nach 5–6 Mon. um 5–6 kg, bei Bullen nach 3 Mon. um 10 kg, nach 6 Mon. um 20 kg festzustellen. Die besten Zunahmen zeigten die Böcke und Bullen bei der partiellen Kastration im Alter von 3 Mon. Unkastriert entwickelten sich die Tiere besser als bei totaler Kastration. Die Technik der partiellen Kastration ist einfacher und leichter. Die partielle Kastration spart Zeit und Medikamente. Die Tiere überstehen die Operation leicht. Die Wunden heilen schneller ohne wesentliche Komplikationen. Es wird durch diese Methode ein Fleischzuwachs von 25000–30000 dt im Republikmaßstab (Burjat-Mongol. ASSR) errechnet. W. Strack. 1870.

3-64/02-0090 Mignon, M. François. L'insémination artificielle en France en 1962. **(Die KB in Frankreich im Jahre 1962.)** Élevage et Inséminat. **1962** Nr. 71. S. 3–17. – 12 Tab.
1961 hat die Zahl der Erstbesamungen gegenüber 1960 um 14%, d.h. um 2,5% wenigerals im Vorjahre zugenommen. 5270652 Besamungen wurden von 1831 Inseminatoren in 79 Organisationen erledigt. Letztere sind landwirtsch. Genossenschaften. Außerdem werden auf dem Gebiete der Besamung noch eine Produktionsgenossenschaft, 2 Arbeitsgemeinschaften und 2 Privatstationen unterhalten. Die Bullen stehen auf 65 Stationen. Daraus ist ersichtlich, daß in mehreren Stationen die Kuhzahl des Einzugsgebietes die Betriebskosten der Bullenhaltung nicht rentiert. Bisher wurde bei 232 Bullen das Nachkommenprüfungsverfahren abgeschlossen. Per 1. 1. 62 befanden sich 344 andere Bullen in der Prüfung. Auf Grund einer ersten Mitteilung wurden im Berichtszeitraum 12516 Erstbesamungen mit Gefriersperma durchgeführt. Das Normänner Rind, das Französische Schwarzbunte Rind, die Charollais-Rasse und das Limousin-Rind liegen an der Spitze bez. der Zahl der besamten Tiere (26,99%, 20,64%, 15,71 und 12,24%) der insgesamt durchgeführten Erstbesamungen. Im Durchschnitt aller französischen Rinderrassen werden ca. 50% der zuchtfähigen weiblichen Rinder besamt (Schwarzbunte 59%). Mitteilungen über den Befruchtungserfolg bei Anwendung der verschiedenen Spermakonservierungsverfahren fehlen. H. Busse. 1881.

3-64/02-0091 Anonym. Les méthodes employoées pur l'amélioration de l'élevage. **(Die zur Verbesserung der Tierzucht angewandten Methoden. Ein Reisebericht aus der UdSSR.)** Élevage et Inséminat. **1962** Nr. 67. S. 5–11.
Die Vergrößerung der Viehbestände, die Verbesserung der Rassen, die Steigerung der Erträge, die Gewinnung einer soliden Futtergrundlage und die Steigerung der Produktivität sind die Wege zu einer besseren Zuchtleistung. Die zahlreich durchgeführten Kreuzungen stellen zwar einen Weg zur Leistungssteigerung dar. Die Fachleute räumen ein, daß die besseren Selektionsmöglichkeiten bei der Zucht mit reinrassigen Individuen unter Anwendung besserer hygienischer Verfahren (im Hinblick auf die allg. Hygiene und die Ernährung) gegeben sind. Es gibt in der UdSSR 1842 Besamungsstationen, von

denen jede ⌀ 80000 Inseminationen durchführt. Die Betriebsgrößenstruktur der Sowchosen und Kolchosen begünstigt die Anwendung des Verfahrens. 1960 wurden 14,5 Mill. Kühe, 40000 Zuchtsauen und 68% der Mutterschafe besamt. Die Rauhheit des Klimas, die großen Entfernungen und der Zustand der Wege bedingen eine gewisse Autarkie der Betriebe bez. der Versorgung mit Vatertieren. Die Verdünnungs- und Konservierungsmethoden und die Technik werden genau beschrieben. Auf 1 Bullen entfallen ca. 1000 zu besamende Kühe, jeder Bulle wird alle 3–4 Tage zur Samenentnahme herangezogen. Die Konzeptionsrate beträgt 65–70% bei ca. 95% Gesamtträchtigkeit. Im Versuchsinstitut der Ukraine erfolgt eine systematische Trächtigkeitskontrolle 14 Tage p.i. mit Hilfe des Scheidenschleimtestes (Plattenverfahren). Die nach 3–4 Besamungen nicht befruchteten Tiere werden geschlachtet. Zur Verbesserung der Befruchtung werden verschiedene Methoden angewandt. Der Zusatz von 15% Biogen (Extrakt aus embryonalen Lebern) zum Verdünner, die Mischung von Sperma verschiedener Tierarten (nach Milovanov) mit 30% Bock- und 70% Bullensperma und die Mischung des Spermas verschiedener Bullen zur Erzeugung von Kälbern zur Fleischgewinnung werden mit ausgezeichneten Resultaten angewendet. Von 600 Sauen wurden 90–95% tragend bei einer mittleren Wurfstärke von 12 Ferkeln. Die Besamung wird 24 Std. nach Feststellung der Rausche vorgenommen. Pro Dosi werden bei Jungsauen 1,5 Md., bei Alt-Sauen 2,5 Md. Spermien inseminiert. Die Wurfgewichte betragen in Poltawa ⌀ 75 kg mit 4 Wochen und 240 kg mit 8 Wochen.

H. Busse. 1881.

3-64/02-0092 Pukšić, Jozef und Avramović, Ratomir. Osnovna koncepcija rada Jugoslovenskog stočarskog selekcionog centra. **(Die grundlegende Arbeitskonzeption der jugoslawischen Spitzenorganisation für die Selektion der Haustiere.)** Stočarstvo [Zagreb] **16** (1962) Nr. 3/4. S. 65–72. – 2 Abb.

Die 2 Hauptaufgaben des jugoslawischen Selektionsdienstes in der Tierzucht bestehen in der vollen Ausnutzung der Vorteile der KB zur typmäßigen Verbesserung der Rinderbestände und in der Entwicklung der Zuchtbullenproduktion auf den großen sozialistischen Betrieben. Es bestehen in Jugoslawien 41 KB-Stationen mit 559 zuchtwertmäßig sehr guten Bullen (vorwiegend Fleckvieh), mit denen 900000 Kühe im Jahre 1961 erfolgreich besamt wurden (ca. 35% des gesamten Kuhbestandes). Die Erneuerung und Vermehrung des KB-Bullenbestandes wurde bis jetzt meist durch Importe aus Westdeutschland, Österreich, den Niederlanden, Dänemark u.a. besorgt. Vom Jahre 1961/62 an ist man bestrebt, die eigene Bullenproduktion zu entwickeln, weil dazu nunmehr die entspr. Grundlage (zuchtwertmäßig hochwertige Kuhbestände) besteht.

I. Šmalcelj. 1881.

3-64/02-0093 Rutgers, A. Kunstmatige inseminatie bij varkens. **(Künstliche Besamung bei Schweinen.)** Landbouwvoorlichting **20** (1963) Nr. 6. S. 293–297. – 2 Abb.

Die KB bei Schweinen wird in den Niederlanden seit 1958 durchgeführt. Sie erfolgte nicht wegen der Bekämpfung von Deckseuchen, zum Teil aber zur Abwehr von Schweinepest und Viruspneumonie. Außerdem sprechen arbeitstechnische und zuchttechnische Gesichtspunkte für die Besamung. Die Durchführung der KB ist gesetzlich geregelt. Je Eber sind 500 Erstbesamungen je Jahr erlaubt, wenn keine Sonderregelung erfolgt ist. Es bestehen 25 KB-Vereinigungen. Bis 1960/61 ist die Zahl der Erstbesamungen auf 27661 angestiegen und im darauffolgenden Jahr auf ca. 100000. Dieses starke Ansteigen steht im Zusammenhang mit dem Auftreten der Maul- und Klauenseuche. 1960/61 waren 63,9% der besamten Sauen nach einmaliger Besamung tragend. Am Tage nach der Samenentnahme geht die Befruchtungsfähigkeit des Spermas zurück. Da von den Ebern höchstens 3 mal wöchentl. Samen genommen wird, steht nicht an jedem Tag Sperma jedes einzelnen Ebers zur Verfügung.

Von den Ebern soll so früh wie möglich eine Untersuchung des Zuchtwertes erfolgen. Diese umfaßt eine Bewertung der Nachkommen nach Wachstum, Futterverwertung und Schlachtqualität sowie eine Exterieurbeurteilung.
J. K. Hinrichsen. 1881.

3-64/02-0094 Aamdal, John; Oslo, Norges Veterinaerhögskole. Norske forsök med svineinseminasjon. **(Norwegische Versuche mit Schweinebesamung.)** Jord Gröda Djur, Årsbok 18 (1962) S. 145–150. — 1 Abb., 5 Tab.
In Norwegen wurde 1956 mit der Anwendung der Schweinebesamung begonnen. Aus praktischen Gründen wurden die Eberstationen mit den Besamungsstationen für Rinder zusammengelegt. Die Besamung wird von 150 Tierärzten ausgeführt. 1961 wurden 7000 Sauen besamt, was 12–14% des Gesamtsauenbestandes entspricht. In einer Besamungsstation wurde bei 2808 Besamungen ein Trächtigkeitsergebnis von 61,5% nach der Erstbesamung festgestellt. 90% der Besamungen wurden mit Sperma durchgeführt, das am gleichen Tage entnommen wurde. 24–36 Std. altes Sperma bringt einen um ca. 10% geringeren Besamungserfolg. Die Erstbelegung erfolgt mit 7–8 Mon. Die Brunst dauert 36–48 Std. und ist bei Jungsauen etwas kürzer als bei Altsauen. Die Besamung bringt den besten Erfolg, wenn sie in der 1. Hälfte der Brunst erfolgt. Das bedeutet, daß die Besamung an dem Tag durchgeführt werden muß, an dem die Brunst beginnt. Nach dem Absetzen tritt die Brunst meist am 5. Tag ein. Sie kann aber vom 2. bis zum 8. Tag nach der Brunst schwanken. Das Besamungsergebnis bei der ersten Brunst ist mit 70,7% bes. gut. Die stärkste Ausnutzung eines Ebers liegt in Norwegen bei 1000 Besamungen je Jahr. Die Wurfgröße ist bei besamten Sauen die gleiche wie bei belegten. J. K. Hinrichsen. 1881.

3-64/02-0095 Eibl, K. **Schweinebesamung mit Zukunft?** Tierzüchter 14 (1962) Nr. 6. S. 202–203.
Nach Analyse der Anwendung der Schweinebesamung im Ausland wird die Problematik der Einführung umrissen. Dabei werden die Punkte: Technik der Samengewinnung und Aufbereitung des Samens, Sameneinführung und Wirtschaftlichkeit genannt. Als schwierigstes Problem wird die Bestimmung des optimalen Zeitpunktes der Insemination angesehen, von dessen Lösung der Befruchtungserfolg weitgehend abhängt. Vf. kommt zu dem Schluß, daß sich die KB bei Schweinen nicht in dem Maße wie bei Rindern durchsetzen wird, aber in bestimmtem Umfang Bedeutung erlangt. G. Möbius. 1881.

3-64/02-0096 Mašek, N.; Brno, Katedra Obecné Zootechn. VŠZ. Příspěvek k nové technice odběru ejakulátu kanců. **(Beitrag zur neuen Technik der Ejakulatentnahme bei Ebern.)** Sborník Vysoké Školy zemědělské v Brně, Řada A **1962** Nr. 3/4. S. 265–273. — 5 Abb., 36 Lit. Zus. in Russ., Dtsch.
Für die Entnahme des Ejakulats ist eine entspr. Anpassung der Phantomoberfläche, welche aus festem Material bestehen soll, von bes. Wichtigkeit. Der Eber soll nach der Speichelabsonderung von der Oberfläche des Phantoms nicht abrutschen. Zur Samenentnahme eignet sich eine verkürzte Form der bei Bullen verwendeten Vagina. Die optimale Länge beträgt 30–35 cm. Bei langandauernden Ejakulatentnahmen empfiehlt es sich, die Vagina unter Verwendung eines Reglers elektrisch zu erwärmen. Zur Herstellung der Ejakulatsammler eignen sich Kunststoffe und Plexiglas. Bei der Vorbereitung des Ebers zum Sprung ist es nötig, die künstliche Vagina mit Hilfe eines hölzernen Mantels vor Verschmutzung zu schützen. F. Svoboda. 1885.

3-64/02-0097 Duijn, jun., C. van; Zeist, Netherlands, Res. Inst. for Animal Husbandry „Schoonoord“, Biophysics Dep. Velocity characteristics and numbers of bull spermatozoa in relation to ageing, determined by photoelectric methods. **(Die mittels photoelektrischer Methoden bestimmte Beziehung zwischen Geschwindigkeitscharakteristika sowie der Zahl beweglicher**

Bullenspermien und dem Altern.) J. Reproduct. Fertility 4 (1962) Nr. 3. S. 277–290. – 11 Abb., 1 Tab., 16 Lit.
Mit Hilfe der von Rikmenspoel (Thesis, Utrecht Univ. 1957) entwickelten photoelektrischen Methode wurden unter Verwendung eines Eidotter-Citrat-verdünners bei pH 6,75 die mittlere Anfangsgeschwindigkeit (I), die Zahl normal beweglicher Bullenspermien in der Volumeneinheit (II), die Verteilungen der Geschwindigkeitsfrequenzen sowie der Abfall der Geschwindigkeit (III) und der Zahl beweglicher Spermien mit der Zeit untersucht. – Zwischen II und der Spermien-Gesamtkonzentration (IV) bestand eine Korrelation von $r = + 0,43$, zwischen II und der mittleren Geschwindigkeit (V) eine solche von $r = 0,54$. V und IV standen nicht in Beziehung zueinander. Bei 20stündiger oder längerer Aufbewahrung bei ca. +4 °C betrugen III 0,66 ± 0,39 (μ/Sek.)/Std. und die Halbwertszeit von II 60 ± 44 Std. Zwischen III und I bestand eine signifikante Korrelation von $r = 0,57$, nicht aber zwischen der Anfangszahl normal beweglicher Spermien pro Volumeneinheit und der Halbwertszeit von II. Vf. kommt zu dem Schluß, daß eine hohe Anfangsbeweglichkeit der Spermien evtl. für die natürliche Paarung, kaum aber für die KB von Vorteil ist. Zur Beurteilung von Ejakulaten für die KB sollten deshalb der Geschwindigkeitsabfall in der Zeit und die Halbwertszeit der Anzahl normal beweglicher Spermien statt der Anfangsgeschwindigkeit herangezogen werden. F. Döcke. 1886.

3-64/02-0098 Tampion, D. und Gibbons, R. A.; Shinfield, Reading, Nat. Inst. for Res. in Dairying, Dep. of Physiol. Swimming rate of bull spermatozoa in various media and the effect of dilution. **(Einfluß verschiedener Medien und Verdünnungsgrade auf die Wanderungsgeschwindigkeit von Bullenspermien.)** J. Reproduct. Fertility 5 (1963) Nr. 2. S. 259–275. – 1 Abb., 7 Tab., 21 Lit.
Bei einer Verdünnung von 20000 Spermien/μl in physiol. Salzlösung betrug die durchschnittl. Wanderungsgeschwindigkeit nach 5 Min. 155,9 ± 5,0 μ/Sek. und fiel mit fortschreitender Inkubationsdauer bei 37 °C progressiv ab. Der Abfall verstärkte sich weiterhin progressiv mit zunehmenden Verdünnungsgraden. Das gleiche Bild ergab die Bestimmung der prozentualen Anzahl beweglicher Spermien. Dieser Effekt wurde durch Verdünnung mit Spermaflüssigkeit des gleichen Ejakulats, Spermaextrakt oder Bakers-Medium vermindert, aber nicht aufgehoben. Während in den letzten beiden Medien die Geschwindigkeit im Verhältnis zur Salzlösung etwas erhöht war, betrug sie in Spermaflüssigkeit nur ca. $^2/_3$ davon. Die geringste Wanderungsgeschwindigkeit (62,7 μ/Sek.) zeigten Spermien in Schleim aus dem Uterushals. Dabei ergab sich keine Abhängigkeit von der Konzentration. Nach 1 Std. zeigten ca. 50% der Spermien keine Beweglichkeit mehr. H. Cziharz. 1887.

3-64/02-0099 Tampion, D. und Gibbons, R. A.; Shinfield, Reading, Nat. Inst. for Res. in Dairying, Dep. of Physiol. Effect of pH on the swimming rate of bull spermatozoa. **(Einfluß des pH-Wertes auf die Wanderungsgeschwindigkeit von Bullenspermien.)** J. Reproduct. Fertility 5 (1963) Nr. 2. S. 249–258. – 2 Tab., 13 Lit.
Die Messungen der Wanderungsgeschwindigkeit wurden in ungepufferter und in mit 0,014 Mol Phosphat gepufferter (pH 6,5; 7,5 und 8,5) physiol. Salzlösung bei einer Zellkonzentration von 10000/μl durchgeführt. Die Wanderungsgeschwindigkeiten der lebenden Spermien betrugen bei 37 °C entspr. der Reihenfolge der aufgeführten Lösungen 133,0; 126,6; 134,0 und 150,1 μ/Sek., 5 Min. nach Erwärmung auf 37 °C 117,2; 108,7; 105,9 bzw. 80,5 μ/Sek. in 1 Std. Der Prozentsatz der hierbei innerhalb 1 Std. verendeten Spermien betrug 20,3; 18,5; 27,7 und 62,0. Die Bedeutung der Ergebnisse in ihrer Beziehung zur Wanderungsgeschwindigkeit der Spermien im weibl. Genitaltrakt wird diskutiert. H. Cziharz. 1887.

3-64/02-0100 Abraham, K. A. und Bhargava, P. M.; Hyderabad, India, Reg. Res. Lab. Some studies on the trichloroacetic acid-precipitated proteins of seminal plasma in the bull, buffalo and goat. **(Einige Untersuchungen über die mit Trichloressigsäure ausgefällten Proteine des Samenplasmas von Bulle, Büffel und Ziegenbock.)** J. Reproduct. Fertility 5 (1963) Nr. 2. S. 277–280. — 1 Tab., 5 Lit.

Die Dialyse der ausgefällten und gewaschenen Proteine des Samenplasmas ergab 2 nicht dialysierbare (A und B) und eine dialysierbare Fraktion (C). Fraktion A war in Wasser und verdünnten Salzlösungen und Fraktion B nur in letzteren löslich. Die rel. Verhältnisse der 3 Fraktionen betrugen beim Bullen 13,4; 61,4 bzw. 25,3% und beim Büffel 12,2; 61,1 bzw. 26,7%. 3stündige Lagerung des Büffelspermas bei Raumtemperatur (30 °C) veränderte die Gesamtmenge der TCA-ausfällbaren Plasmaproteine nicht, verminderte aber die Fraktion A um 65–80%. Einige Eigenschaften der größten dieser Fraktionen (B) wurden untersucht. H. Ciharz. 1887.

3-64/02-0101 Foote, R. H. Catalase content of rabbit, ram, bull and boar semen. **(Katalasegehalt von Kaninchen-, Schafbock-, Bullen- und Ebersamen.)** J. Animal Sci. 21 (1962) Nr. 4. S. 966–968.

100 Kaninchenejakulate enthielten ⌀ 275 mcg/ml Katalase (70% im Seminalplasma, 30% in der Spermienfraktion), 66 Schafbockejakulate ⌀ 11,8 mcg/ml (34% im Seminalplasma, 66% in der Spermienfraktion), 46 Bullenejakulate 3,1 mcg/ml und 8 Eberejakulate 0,2 mcg/ml. Bei Bullen und Ebern konnte der Gehalt der Seminalplasma- und der Spermienfraktionen wegen der geringen Menge nicht differenziert werden. Auf Grund der signifikanten Unterschiede zwischen Tiergruppen verschiedener Würfe von Kaninchen wird ein genetischer Einfluß auf den Katalasegehalt des Spermas vermutet. Zugabe von Katalase zu Bullensperma vergrößerte die Zahl überlebender Spermien nach 15tägiger Aufbewahrung von 16% auf 44%. J. Bergfeld. 1887.

3-64/02-0102 Lodge, J. R. und Salisbury, G. W.; Urbana, Univ. of Illinois, Dep. of Dairy Sci. Factors influencing metabolic activity of bull spermatozoa. VI. Metabolic CO_2 and fructose. **(Faktoren, die die Stoffwechselaktivität von Bullenspermien beeinflussen. 6. Mitt. Stoffwechsel-CO_2 und Fruktose.)** J. Dairy Sci. 46 (1963) Nr. 2. S. 140–144. — 2 Abb., 2 Tab., 16 Lit.

An 16 Spermaproben und 17 Proben gewaschener Spermien wurden der Einfluß des im Stoffwechsel produzierten CO_2 und von zugesetzter Fructose auf den aeroben Spermienstoffwechsel während einer 4stündigen Inkubation bei 37 °C untersucht. Durch Verwendung von Dixon-Keilin-Flaschen war es möglich, die produzierte und die verbrauchte Kohlensäure gleichzeitig zu bestimmen. In Gegenwart von Seminalplasma bewirkte das gebildete CO_2 einen signifikanten Anstieg im Sauerstoffverbrauch der Spermien, nicht aber, wenn die Spermien in einer Salzlösung suspendiert waren. Zusatz von Fructose senkte die Sauerstoffaufnahme in Gegenwart von Seminalplasma während der gesamten Inkubationsdauer. Bei den gewaschenen Spermien war dies nur während der 1. Std. der Fall, während später— infolge Verbrauchs der endogenen Spermienreserven — Fructose für die Aufrechterhaltung des Stoffwechsels erforderlich war. F. Döcke. 1887.

3-64/02-0103 Hathaway, R. R. und Hartree, E. F.; Cambridge, A. R. C., Unit of Reproduct. Physiol. and Biochem. Observations on the mammalian acrosome: experimental removal of acrosomes from ram and bull spermatozoa. **(Untersuchungen über das Säugetierakrosom: Experimentelle Ablösung der Akrosomen von Schaf- und Bullenspermien.)** J. Reproduct. Fertility 5 (1963) Nr. 2. S. 225–232. — 13 Abb., 2 Tab., 29 Lit.

Die Extraktion bzw. Ablösung des Akrosoms wurde getestet durch Messung der Veränderungen im N-, Kohlenhydrat- und Hyaluronidasegehalt sowie durch mikroskopische Untersuchungen des behandelten und unbehandelten Spermas (Giemsa oder PAS). Die Inkubation des gewaschenen Spermas in 0,0125 n NaOH führte offensichtlich zur Auflösung oder Extraktion, die Behandlung mit Cetyltrimethylammoniumbromid oder Schüttelung mit Glasperlen (⌀ = 150 μ) zur Ablösung des Akrosoms. Schafbockspermaextrakte enthielten 4 Antigene, welche denen im Seminalplasma entsprachen. (Doppelt-Diffusions-Agarplatten). J. Bergfeld. 1887.

3-64/02-0104 Schindler, H. und Nevo, A.; Rehovoth, Israel, Nat. and Univ. Inst. of Agric.; Weizmann Inst. of Sci. Reversible inactivation and agglutination of fowl and bull spermatozoa under anaerobic conditions. **(Reversible Inaktivierung und Agglutination von Hühner- und Bullenspermien unter anaeroben Bedingungen.)** J. Reproduct. Fertility **4** (1962) Nr. 3. S. 251 bis 265. — 10 Abb., 5 Tab., 22 Lit.

Mittels einer beschriebenen Apparatur wurde die mikroskopische Untersuchung von verdünntem Geflügel- und Bullensperma unter anearoben Bedingungen ermöglicht. Dabei zeigte sich, daß eine Inaktivierung der Spermien nach Zeitintervallen eintrat, die in umgekehrter Beziehung zum Produkt aus Beweglichkeitsintensität und Anzahl beweglicher Spermien und in direktem Verhältnis zur Sauerstoff- und Glukosekonzentration im Verdünnungsmedium standen. Durch Schaffung aerober Bedingungen trat sofort wieder eine volle Aktivität ein. An der Grenzfläche zwischen Luft und Flüssigkeit wurde die Beweglichkeit infolge Diffusion von Sauerstoff in das Verdünnungsmedium aufrechterhalten. Auf diese Weise entstanden scharf abgegrenzte Immotilitäts- und Aktivitätszonen. Die Inaktivierung der Geflügelspermien war von einer Agglutination in Form von Spermiensträngen begleitet, die ein Netzwerk durch die gesamte Suspension bildeten. Durch Mischen und Reaktivierung der Spermien wurden die Agglutinationen aufgelöst. Es wird darauf hingewiesen, daß die Bestimmung der Spermienbeweglichkeit und der Inaktivierungszeit in dünnen, flachen Glaszellen Untersuchungen über die Respirationsrate, die anaerobe Glykolyse und die Spermienbeweglichkeit in einem Arbeitsgang ermöglicht. F. Döcke. 1887.

3-64/02-0105 Quicke, G. V. und Tulloch, B. R.; Pietermaritzburg, Univ. of Natal, Fac. of Agric. Estimation from optical density of dry weight and numbers of sperm in suspensions of fowl spermatozoa and the Z_{O_2}–Q_{O_2} relationship. **(Bestimmung von Trockengewicht und Anzahl der Spermien nach der optischen Dichte in Suspensionen von Hühnersamen und die Z_{O_2}–Q_{O_2}-Beziehung.)** South African J. agric. Sci. **6** (1963) Nr. 1. S. 135–140. — 1 Tab., 12 Lit. Zus. in Franz.

Von 10 New-Hampshire-Hähnen wurden die Ejakulate gemischt, zentrifugiert, gewaschen und in physiol. Kochsalzlösung suspendiert. 5 verschiedene Proben davon wurden unterschiedlich mit 3,2% Na-Citratlösung verdünnt und die optische Dichte jeder Suspension mit einem Zeiss-Spektrofotometer bestimmt, nachdem von jeder Verdünnung mit dem Hämocytometer die Anzahl Spermien gezählt wurden. Die Trockengewichte wurden mit 0,25 ml der unverdünnten Samensuspension nach Korrektur für das Suspensionsmittel NaCl bestimmt und Regressionen für die genannten Werte ermittelt. Es wurde gefunden, daß 10^8 Spermien 0,952 mg wiegen, so daß hier $Z_{O_2} = Q_{O_2}$ angenommen werden kann. (O_{O_2} = O_2-Aufnahme/Std./mg Trockengewicht; Z_{O_2} = O_2-Aufnahme/Std./10^8 Spermien). Die beschriebene Technik gestattet eine erhebliche Steigerung der Genauigkeit bei Respirationsuntersuchungen mit Hühnersamen. K. Männel. 1887.

3-64/02-0106 Dickmann, Z.; Cambridge, Univ., A. R. C., Unit of Reproduct. Physiol. and Biochem. Chemotaxis of rabbit spermatozoa. **(Chemotaxis der Kaninchenspermien.)** J. exp. Biol. **40** (1963) Nr. 1. S. 1–5. — 4 Abb., 9 Lit.

Es sollte geprüft werden, ob Kanincheneier in vivo eine attraktive Wirkung auf homologe Spermien ausüben. Zu diesem Zweck wurden Ratten- und Kanincheneier künstlich in die Eileiter von Kaninchen eingesetzt. Die Versuche wurden so ausgeführt, daß die Chance der Kaninchenspermien, mit Ratten- oder Kaninchenspermien zu kollidieren, die gleiche war. Da eine signifikant größere Zahl von Spermien mit Kanincheneiern kollidierte, wird angenommen, daß letztere einen chemotaktischen Einfluß auf Kaninchenspermien ausüben.
H. Ciharz. 1887.

3-64/02-0107 Foote, R. H. und Dunn, H. O.; Ithaca, N. Y., Cornell Univ., Dep. of Animal Husbandry; New York Artificial Breeders' Cooperative, Inc. Motility and fertility of bull semen extended at high rates in yolk extender containing catalase. **(Beweglichkeit und Fruchtbarkeit von Bullensperma, das hochgradig mit Katalase enthaltendem Eidotter-Verdünner verdünnt wurde.)** J. Dairy Sci. 45 (1962) Nr. 10. S. 1237–1241. – 4 Tab., 22 Lit.
Bullensperma wurde mit dem CU- oder CU-16-Verdünner so weit verdünnt, daß eine Konzentration von 5 oder 10 Mill. bewegliche Spermien/ml resultierte. Durch Zusatz von 20 μg/ml Katalase wurde das Spermienüberleben bei 12tägiger Aufbewahrung bei +5 °C in der höheren Verdünnung signifikant stärker verbessert als in der niedrigeren. Die günstige in vitro-Wirkung der Katalase hinsichtlich der Aufhebung des Verdünnungseffektes bestätigte sich aber nicht bei 3 durchgeführten Besamungsversuchen. In 2 Versuchen betrug die Fruchtbarkeit bei Verwendung des CU-Verdünners nach 1–6 Tage langer Aufbewahrung (6913 Erstbesamungen) 71,0 bzw. 76,9% (60–90 Tage NR), beim CU-Verdünner + Katalase (7615 Erstbesamungen) 71,5 bzw. 74,6%. Zwischen der höheren und niedrigeren Verdünnung bestand kein gesicherter Unterschied in der Fruchtbarkeit, denn die entspr. NR-Werte betrugen 74,6 und 75,2 bzw. 76,1 und 76,1% (64930 Besamungen). Vff. schließen daraus, daß der Nutzen genetisch wertvoller Bullen durch Reduktion der Spermienzahl pro Besamungsdosis erhöht werden kann. F. Döcke. 1891.

3-64/02-0108 Harris jun., G. C., Hobbs, T. D., Brown, J. E. und Warren, L. B.; Fayetteville, Univ. of Arkansas, Dep. of Animal Ind. and Veterin. Sci. The storage of turkey spermatozoa in sodium citrate and carbon dioxide extenders. **(Die Konservierung von Truthahnsperma in Natriumcitrat- und Kohlendioxydverdünnern.)** Poultry Sci. 42 (1963) Nr. 2. S. 536–538. – 2 Tab., 3 Lit.
Es wurden Na-Citratverdünner mit einer Gefrierpunktserniedrigung von −0,71, −0,79 und −0,86 °C sowie CO_2-Verdünner aus Na-Citrat, Na-Bicarbonat und Citronensäure mit Δ-0,91, −1,06 und −1,23 °C unter Zusatz von 400 μg Oxytetracyclin und 2000 μg Streptomycin pro ml hergestellt. Die 1:3 verdünnten Spermasammelproben wurden 6 Std. bei +2 °C aufbewahrt und anschließend an 6 Hennen pro Behandlung intravaginal versamt. Zur Kontrolle diente unverdünntes, 20 Min. konserviertes Sperma. Die Fruchtbarkeit wurde mittels Durchleuchtung nach einwöchiger Bebrütung sowie auf Grund des Schlupfergebnisses ermittelt. Es zeigte sich, daß bei beiden Verdünnern die hypertonischen Lösungen (Δ = −0,79 und −0,86 °C bzw. −1,06 und −1,23 °C) ungünstig wirkten. Die beste Fruchtbarkeit, die aber noch unter der des unverdünnten Spermas lag, erbrachte der CO_2-Verdünner mit Δ = −0,91 °C, wobei das Schlupfergebnis von der 1.–4. Woche nach einmaliger Besamung von 86% auf 44% abfiel. F. Döcke. 1891.

3-64/02-0109 Desjardins, C. und Hafs, H. D.; East Lansing, Michigan State Univ., Dep. of Dairy Sci. Motility and fertility during post-thawing storage of bovine spermatozoa frozen concentrated, thawed, and re-extended. **(Beweglichkeit und Fruchtbarkeit von konzentriert eingefrorenen, aufgetauten und wieder verdünnten Bullenspermien während der Aufbewahrung nach dem Auftauen.)** J. Dairy Sci. 45 (1962) Nr. 10. S. 1242–1247. – 4 Tab., 10 Lit.

20 Ejakulate von 17 Bullen wurden mit einem Eidotter(20%)-Citrat- oder einem Vollmilchverdünner so weit verdünnt, daß nach der Zweitverdünnung (7% Glycerinendkonzentration) 200 × 10^6 oder 20 × 10^6 Spermien/ml enthalten waren. Nach dem Einfrieren und einer 24- bis 48stündigen Aufbewahrung bei −79 °C erfolgte das Auftauen im bewegten Wasserbad bei 5 °C. Danach wurde das höher konzentrierte Sperma im Verhältnis 1:9 mit einem Eidotter-Citrat-, Vollmilch-, Magermilch- oder CU-Verdünner nachverdünnt. Die Spermienbeweglichkeit wurde dann während einer 72stündigen Aufbewahrung bei 5 °C durch Schätzung bestimmt. Das in höherer Konzentration eingefrorene Sperma wies, bes. bei den längeren Konservierungszeiten, eine signifikant bessere Beweglichkeit auf. Zwischen den einzelnen Nachverdünnern bestanden gesicherte Unterschiede, wobei es günstiger war, wenn für die Nachverdünnung ein anderes Medium Verwendung fand als für das Einfrieren. 2062 Besamungen innerhalb 24 und 60 Std. nach dem Auftauen erbrachten für das Eidotter-Citrat und CUE auf 15 × 10^6 Spermien/ml nachverdünnte Sperma eine Fruchtbarkeit (60–90 Tage NR) von 51,8 bzw. 63,0%. Die letztere unterschied sich nicht signifikant von der mit unmittelbar nach dem Auftauen verwendeten Sperma erzielten (66,5%). F. Döcke. 1892.

3-64/02-0110 Meryman, H. T. und Kafig, E.; Bethesda, Md., Naval Med. Res. Inst., Biophysical Div. Freeze-drying of bovine spermatozoa. **(Gefriertrocknung von Rinderspermien.)** J. Reproduct. Fertility 5 (1963) Nr. 1. S. 87–94. — 7 Abb., 4 Lit.

Vff. hatten 1959 (vgl. LZ. Abt. III 6 (1961) Nr. 1. S. 35.) eine Methode zur erfolgreichen Lyophilisation von Bullenspermien veröffentlicht. In späteren Versuchen waren aber die günstigen Anfangsergebnisse weder von diesen noch von anderen Untersuchern reproduzierbar, und Vff. geben in der vorliegenden Arbeit einen Überblick über ihre vergeblichen Bemühungen, in Zusammenarbeit mit anderen Laboratorien die rein empirische Methodik auf exakte Grundlagen zu stellen. Als Ursache für die späteren Mißerfolge nehmen sie unbekannte Faktoren an, die einen günstigen Einfluß bei den ersten Versuchen ausübten und später fehlten. Voraussetzung für erneute Erfolge ist nach ihrer Ansicht die Erforschung der durch das Einfrieren und Trocknen entstehenden Spermienschädigungen. F. Döcke. 1893.

3-64/02-0111 Brown, J. E. und Harris jun., G. C.; Fayetteville, Univ. of Arkansas. The influence of glycerol equilibration time on the metabolism, motility and fertility of frozen chicken spermatozoa. **(Der Einfluß der Glycerin-Äquilibrierungszeit auf Stoffwechsel, Beweglichkeit und Fruchtbarkeit eingefrorener Hühnerspermien.)** Poultry Sci. 42 (1963) Nr. 2. S. 377–380. — 3 Tab., 13 Lit.

Mittels der Bauchmassagetechnik wurde von Weißen-Leghorn-Hähnen Sperma gewonnen, gemischt und mit der doppelten Menge eines isotonischen Phosphatpuffers unter Zusatz von Glycerin (Endkonzentration 8%) und Antibiotica auf einmal oder fraktioniert bei Zimmertemperatur verdünnt. Die Äquilibrierung erfolgte in zugeschmolzenen Glasampullen bei +2 °C über 10 bis 150 Min., das Einfrieren im Alkohol-CO_2-Bad und das Auftauen nach 1 Std. im Wasserbad von +20 °C. Die Beweglichkeit wurde geschätzt, die O_2-Aufnahme im Warburg-Apparat und die Fruchtbarkeit an den Eiern bestimmt, die vom 2.–8. Tag nach der Besamung gelegt wurden. — Die Art der Glycerinzugabe übte keinen Einfluß auf die O_2-Aufnahme und die Befruchtungsfähigkeit der Spermien aus. Am günstigsten war eine Äquilibrierungszeit von 90 Min., die die besten Beweglichkeits-, O_2-Aufnahme- und Fruchtbarkeitswerte nach dem Auftauen erbrachte. Bei intrauteriner Besamung mit äquilibriertem Sperma war eine Entfernung des Glycerins vor der Insemination nicht nur unnötig, sondern wirkte sich sogar schädlich aus.

F. Döcke. 1893.

3-64/02-0112 Smyth jun., J. Robert; Amherst, Univ. of Massachusetts, Poultry Sci. Dep. Functional persistency of turkey semen following different reinsemination intervals. **(Die Funktionserhaltung von Truthahnsperma bei verschiedenen Nachbesamungsintervallen.)** Poultry Sci. **42** (1963) Nr. 2. S. 357–362. – 2 Tab., 3 Lit.
Aus früheren Untersuchungen war bekannt, daß Truthahnsperma im Eileiter der Puten seine Befruchtungsfähigkeit trotz späterer Nachbesamung mit frischem Sperma behält. – In 2 Versuchen mit je ca. 150 Large-White-Hennen sollte geprüft werden, in welchem Maße die Erhaltung der Befruchtungsfähigkeit durch die Aufenthaltsdauer der Spermien im Eileiter, durch das Spermavol. bei der Nachbesamung und durch Einzel- bzw. Doppelbesamungen beeinflußt wird. Die 1. Besamung erfolgte mit 0,03 ml Sperma von Großen Weißen, die einfache oder doppelte Nachbesamung nach 2; 3 oder 4 Wochen mit 0,03 oder 0,06 ml Sperma von Breitbrüstigen Bronze-Puten. – Erst wenn der Altersunterschied zwischen dem Large-White- und dem Bronze-Putensperma mehr als 2 Wochen betrug und die Erstbesamung mehr als 6 Wochen zurücklag, war ein leichter Fruchtbarkeitsabfall des Large-White-Spermas festzustellen. Während bei einmaliger Nachbesamung die Spermamenge keinen wesentlichen Einfluß ausübte, führte die doppelte Nachbesamung zur stärksten Fruchtbarkeitsreduktion des Large-White-Spermas, so daß bei einem Altersunterschied des Spermas von 2 Wochen bereits nach 28 bzw. 21 Tagen alle Küken vom Sperma der Bronze-Puten erzeugt wurden.
F. Döcke. 1895.

3-64/02-0113 Novák, M.; Brno, Katedra Obecné Zootechn. VŠZ. Vliv nedělního přerušení cyklu inseminace na výši procenta zabřezávání. **(Einfluß der sonntäglichen Unterbrechung des Zyklus der künstlichen Besamung auf die Höhe des Trächtigkeitsprozentsatzes.)** Sborník Vysoké Školy zemědělské v Brně, Řada A **1962** Nr. 3/4. S. 275–280. – 3 Tab., 9 Lit. Zus. in Russ., Dtsch.
In den durchgeführten Großuntersuchungen betrug in einer 8monatigen Periode bei insgesamt 70427 Erstbesamungen der Trächtigkeitsprozentsatz 59,2%, auch bei den sonntags inseminierten Kühen. An den Wochentagen wurden durchschnittl. tägl. 289 Kühe inseminiert, während die Anzahl der sonntags besamten Kühe ⌀ 142 betrug. Bei Unterbrechung der Besamungen am Sonntag wurden innerhalb eines Jahres am Montag 174 Kühe erstmalig besamt, von welchen 55,1% trächtig wurden. Von den an den anderen Tagen erstmalig besamten 714 Kühen wurden 54,3% trächtig. F. Svoboda. 1897.

3-64/02-0114 *Rothe, Karl.* Hrsg.: Deutsche Demokratische Republik, Deutsche Akademie der Landwirtschaftswissenschaften zu Berlin, Institut für Landwirtschaftliche Information und Dokumentation. **Entwicklung und Stand der künstlichen Besamung beim Schwein.** Berlin. 1963. (74 S. m. Literaturverz.) 8° = Fortschritte für die Landwirtschaft Nr. 3. In der vorliegenden Arbeit wird das in- und ausländische Schrifttum auf dem Gebiet der Künstlichen Besamung (KB) des Schweines zusammengestellt und ausgewertet. Die KB beim Schwein hat sich in den letzten Jahren schnell entwickelt. Die Samengewinnungstechnik mit Phantom und künstlicher Scheide ist nahezu gelöst. Das Problem der Verdünnung und Konservierung des Eberspermas wird z.Z. intensiv bearbeitet, die Lösung dieser Aufgabe wird die Anwendungsmöglichkeit der KB verbreitern. Schwierig gestaltet sich noch die Bestimmung des optimalen Besamungszeitpunktes. Dem Sexualverhalten des Schweines ist deshalb in der Arbeit mehr Beachtung geschenkt. Die Befruchtungsergebnisse bei der Anwendung der KB liegen im Durchschnitt bei 50-60 %, also unter denen des Natursprunges. Bei beiden sind die Wurfgrößen gleich. In Versuchen wurden schon Trächtigkeiten von 80-90 % erzielt.

E. ZÜCHTUNG

3-64/02-0115 Arcularius, H. **Stellungnahme zu: Die Beziehungen zwischen Typ und Leistung beim Rind von E. Krause.** Arch. exp. Veterinärmed. 17 (1963) Nr. 1. S. 105–109. – Vgl. LZ. Abt. III 7 (1962) Nr. 9. S. 1805.
Vf. weist darauf hin, daß bei einem rein orientierenden Charakter der Untersuchungen Krause's gegen seine Arbeit und das Material nichts einzuwenden

sei. Für eine Widerlegung seiner (Arcularius') Thesen sei das Material nicht ganz einwandfrei und nicht umfangreich genug. Zu den einzelnen Punkten wird Stellung genommen. H. Busse. 1940.

3-64/02-0116 Krause, E. **Entgegnung zur vorstehenden Stellungnahme von Arcularius.** Arch. exp. Veterinärmed. **17** (1963) Nr. 1. S. 111–116.
Eine Widerlegung der Thesen von Arcularius sei nie beabsichtigt gewesen. Die Ergebnisse der Arbeit des Vf. hätten jedoch die Befunde der Arbeiten von Arcularius und Mitarb. nicht bestätigen können. Auf die Argumente der Stellungnahme von Arcularius wird eingegangen. H. Busse. 1940.

3-64/02-0117 Lüttig, J. **Aktuelle Probleme der zuchthygienischen Arbeit in sozialistischen Großbetrieben.** Dtsch. Landwirtsch. **14** (1963) Nr. 7. S. 339 bis 342.
Vf. zeigt allg. aktuelle Probleme in der tierärztlichen zuchthygienischen Arbeit in Rindergroßbeständen auf. Neben der Sicherung einer qualitativ ausreichenden und abwechslungsreichen Fütterung, bes. zum Ende der Winterfütterungsperiode, werden Haltung in hellen, sauberen, gut be- und entlüfteten Ställen und eine ordnungsgemäße Betreuung gefordert. Zusätzlich zur herkömmlichen Kennzeichnung der Tiere mit Ohrmarken sollten die weibl. Rinder einen Namen erhalten und außerdem mit Hornbränden oder Fellnummern versehen werden. Die genaue Führung aller züchterisch wichtigen Unterlagen (Kälberregister, Zuchtbuch) sowie lückenlose Aufzeichnungen in der Rindergesundheitskartei (Abkalbe-, Besamungs- und Deckdaten) sind für eine erfolgreiche zuchthygienische Arbeit die wichtigsten Voraussetzungen. H. Tschirschwitz. 1950.

3-64/02-0118 Duzgunes, O. und Tuncay, A.; Ankara, Univ., Agric. Coll.; Bursa, Reg. Agric. School. The amputated condition in Brown Swiss cattle. **(Das amputierte Merkmal beim Schweizer Braunvieh.)** J. Heredity **53** (1962) Nr. 5. S. 226. — 1 Abb., 1 Lit.
1960 wurden in der Türkei in einer Herde von Schweizer Braunvieh 3 amputierte Kälber geboren. Die Tiere sind amputiert an den Ellenbogen und dem Sprunggelenk, sind aber sonst normal gebaut; es konnten weder ein Hydrocephalus noch reduzierte Mandibeln oder Maxillen gefunden werden. — Vergleich mit den 1928 gemeldeten „amputierten" Kälbern bei schwedischen Holsteinrindern. H. Freye. 1950.

3-64/02-0119 Belling jun., Theodore H. Genetic effect of cardiac ventricular septal defect in Hereford cattle. **(Der genetische Einfluß bei einer Herzkammerscheidewandmißbildung bei Hereford-Rindern.)** Veterin. Med. **57** (1962) Nr. 11. S. 965–968. — 2 Abb., 28 Lit.
Die Mißbildungen wurden bei den Tieren einer reinblütigen Hereford-Herde und einer gewöhnlichen Gebrauchsherde in der Versuchsstation Neu-Mexiko festgestellt. Während bei der ersten Herde die Futter- und Haltungsbedingungen äußerst günstig sind, bestehen für die 2. Herde manchmal wegen der Trockenheit Notzeiten. Die hier beschriebene Mißbildung der Herzkammerscheidewand betrifft das Septum membranaceum. Außerdem wurden am Herzen eine Fülle anderer, das Septum, die Aorta, die Arteria pulmonalis, die Venen- und Herzklappen betreffende Mißbildungen festgestellt. Die Anlage wurde von beiden Eltern als nicht geschlechtsbegrenztes Merkmal vererbt. Infolge der bisher angewandten Zuchtmethoden konnte bisher nicht nachgewiesen werden, wo der Fehler herrührt; ob ein oder mehrere Gene beteiligt sind, bleibt auch noch offen. Bei den Jersey wurde ein Septumdefekt und ein offenes For. ovale als eine auf einem autosomalen rezessiven Gen beruhende Mißbildung festgestellt. Eine genetische Deutung der Fehlbildung wird um so einleuchtender, da 2 der beteiligten Bullen in verschiedenen Jahren Kälber mit Herzdefekten brachten. H. Busse. 1950.

3-64/02-0120 Sommer, O. und Richter, F. **Ein Meß- und Zeichengerät zur Reproduktion der Körperformen beim Rind.** VIII. int. Tierzuchtkongr. Hamburg 1961 Hauptber. S. 178. 1990.

3-64/02-0121 Murphy, W. J. B. Branding of cattle. **(Die Kennzeichnung von Rindern durch Brände.)** Agric. Gaz. New South Wales **73** (1962) Nr. 11. S. 579–585. – 7 Abb. 2070.

G. ÖKOLOGIE EINSCHLIESSLICH HALTUNG UND PFLEGE

3-64/02-0122 Pljugačev, V. K. und Bojko, M. S. Zoogigieničeskij režim v korovnike s besprivjaznym soderžaniem životnych. **(Hygiene im Laufstall.)** Veterinarija, Moskva **40** (1963) Nr. 5. S. 53–54. – 1 Tab.

Vff. beschäftigen sich mit dem Mikroklima in Laufstallungen. Sie berücksichtigen dabei die Temperatur, die Feuchtigkeit, den CO_2-Gehalt und den NH_3-Gehalt der Ställe sowie den Puls und die Atmung der Tiere bei Tag und Nacht zu den verschiedenen Jahreszeiten. In den von ihnen untersuchten Stallungen entsprachen die Werte den staatlichen Standards.
W. Plaschke. 2165.

3-64/02-0123 Glick, Bruce und Shuman, Fred L. Leghorns fail to respond to cooler house. **(Leghorn leisten nicht mehr in kühleren Ställen.)** Mississippi Farm Res. **25** (1962) Nr. 7. S. 1. 7. – 4 Tab.

Mit Gruppen zu je 48 Leghornhennen wurde der Einfluß einer Stallklimatisierung und verschiedener Beleuchtungsdauer auf die Legeleistung überprüft. Im Gegensatz zu früheren Ergebnissen mit New-Hamsphire-Hennen hatten Leghornhennen im klimatisierten Stall keine bessere Legeleistung als im nicht klimatisierten. In Hinsicht auf die Legeleistung von Jan. bis Mitte Aug. erwies sich das Beleuchtungssystem als am günstigsten, bei dem das vorhandene natürliche Licht durch künstliches soweit ergänzt wurde, daß konstant insgesamt 13 Std. Beleuchtungsdauer gehalten werden konnten.
W. Rudolph. 2180.

3-64/02-0124 Arutjunjan, R. A. Temperaturnyj režim dlja kur v Armenii. **(Temperaturbereiche für Hühner in Armenien.)** Pticevodstvo, Moskva **1963** Nr. 4. S. 12–13. – 2 Tab.

Bei Temperaturen unter +5 °C in der Herbst-Winter-Periode sank die Legeleistung stark ab. Die höchste Legeleistung war bei Temperaturen zwischen +26 und +30 °C bis zu max. +38 °C zu verzeichnen. Sowohl die untere als auch die obere zuträgliche Temperaturgrenze liegt in Armenien höher als in den mittleren Zonen der Sowjetunion. H. Pingel. 2180.

3-64/02-0125 Langelüddecke, H. und Finsterbusch, H. **Zwingt Strohmangel zur Anbindehaltung der Milchkühe?** Wiss.-techn. Fortschr. Landwirtsch. 4 (1963) Nr. 4. S. 170–172.

Durch Zubauen vorhandener Offenlaufställe zu geschlossenen Anbindeställen ergeben sich Nachteile, weil Offenlaufställe Kaltställe sind, deren Wände eine zu hohe Wärmeableitung haben. Richtiger ist es, strohsparende Maßnahmen einzuleiten und gleichzeitig die Vorteile der Laufstallhaltung zu nutzen. Um die ausreichende Streustrohversorgung zu gewährleisten, ist es notwendig, die Stoppelhöhe beim Mähdrusch nicht über 12 cm zu halten. Durch die Verwendung von Häcksel kann der Einstreubedarf um 30% gesenkt werden. – Erhebliche Verluste treten bei schlecht gesetzten Mieten ein. Weitere Maßnahmen zur Herabsetzung des Streustrohbedarfs sind das Anbringen betonierter Wulste zwischen Liege- und Freßplätzen, die Aufteilung des Stalles in Boxen sowie die Einrichtung von Triftwegen vom Freßgang zum Auslauf.
K. Pilz. 2260.

3-64/02-0126 Horn, Harold H. van und Meyer, V. M. Stalls for dairy calves. **(Boxen für Tränkkälber.)** Iowa Farm Sci. **17** (1963) Nr. 11. S. 431 bis 433. – 3 Abb.

Infolge ungünstiger Haltungsverhältnisse betragen in Iowa die Kälberverluste jährl. ca. 15%. Um die Ausbreitung von Krankheiten unter den Jungtieren zu verhüten und die Aufzuchtverluste unter 4% zu senken, wird die Haltung der Kälber von der Geburt bis zum Alter von 2 Mon. in Einzelbuchten empfohlen und für diesen Zweck die Konstruktion einer transportablen Kälberbox beschrieben. Die 3seitig geschlossene Aufzuchtbox ist 2 ft. 8 in. breit und 4 ft. lang. 1 ft. über dem Boden befindet sich ein Lattenrost, unter welchem ein Blechboden zur Ableitung des Urins angebracht ist. Eine 3teilige Futterkrippe an der Buchtenvorderseite dient der Verabreichung von Futterschrot und Heu und zur Einstellung der Tränkeimer. Fütterungs-, Pflege- und Reinigungsanweisungen ergänzen die Ausführungen. U. a. wird vorgeschlagen, den Kälbern stets frisches Tränkwasser zur ständigen Aufnahme bereit zu halten. Konstruktionszeichnungen und eine Materialbedarfsliste zum Bau der Kälbereinzelboxen sind beigefügt. J. Strecke. 2265.

3-64/02-0127 Wanka, Hans; Meißen, Hochschule für LPG, Inst. für Mechanisier. **Zum Bau von Kälbersammelbuchten.** Wiss. Z. Hochschule LPG Meißen **6** (1963) Nr. 1. S. 33–36. – 4 Abb., 4 Lit. Zus. in Russ., Engl.

Beschrieben wird ein Entwurf für Kälbersammelbuchten, die aus Rundholz errichtet werden und in jeden Altbau eingebaut werden können. Die Buchten sind zur Belegung mit fünf 2–4 Mon. alten Kälbern geplant und in Liegeflächen und Freß-Kotplätze unterteilt. Jedem Tier stehen 2,08 m^2 zur Verfügung, wovon 1 m^2 auf die Liegefläche entfällt. Jede Bucht enthält für die Verabreichung von Kraftfutter, Milch und Wasser einen 35 cm breiten und 200 cm langen Steinzeugtrog, der mit einem schwenkbaren Tränkgitter versehen werden kann. Dieses enthält 30 × 32 cm große Öffnungen, in welche die Tränkeimer eingesetzt werden können. Eine 0,85 m^3 fassende Heuvorratsraufe, an welcher gleichzeitig 4 Tiere fressen können, versorgt je 2 Buchten. Die Entmistung der Liegeflächen ist mit dem Hoftraktor möglich. Konstruktive Einzelheiten sind den beigefügten Zeichnungen zu entnehmen.
J. Strecke. 2265.

3-64/02-0128 Baltzer, K.; Frankfurt/M. **Für und wider den Spaltenboden.** Tierzüchter **14** (1963) Nr. 23. S. 854–855. 2270.

3-64/02-0129 Lenschow, J. und Kaiser, R. **Rinderstallanlage für 400 Kühe in Dummerstorf.** Wiss.-techn. Fortschr. Landwirtsch. 4 (1963) Nr. 4. S. 164 bis 165.

Zur Steigerung der Arbeitsproduktivität ist durch den Übergang zu industriemäßigen Produktionsmethoden in der Rinderhaltung eine Konzentration der Bestände in Verbindung mit einer zweckmäßigen Spezialisierung notwendig. Im Institut für Tierzuchtforschung Dummerstorf wird gegenwärtig eine 400er Milchviehstallanlage gebaut, die aus zwei 200er Anbindeställen mit 4reihiger Kurzstandaufstallung und 3 befahrbaren Futtertischen besteht. Das Melken erfolgt mit 4 Rohrmelkanlagen, die eine Kapazität von je 100 Kühen haben. Der Arbeitsprozeß wird in 3 Gruppen untergliedert: 1. Melken, Pflegen, Sauberhalten der Liegefläche sowie Ausbreiten der Einstreu. 2. Arbeitsgruppe Abkalbestall, die das Abkalben überwacht, die Kühe anmelkt sowie vor und nach dem Abkalben betreut. 3. Futteranfuhr und -verteilung, Entmisten sowie Einstreuanfuhr und -verteilung. – In der neuen Anlage sollen bei 4000 kg Milch Durchschnittsleistung je Kuh und Jahr für die Erzeugung von 1 dt Milch 2 AKh notwendig sein. Der Futteraufwand soll dabei 0,7–0,8 GE betragen. K. Pilz. 2275.

3-64/02-0130 Petersen, Asmus. **Der intensive Weidebetrieb in rindviehstarken sozialistischen Großbetrieben.** Ber. Vortr. dtsch. Akad. Landwirtsch.-Wiss. Berlin **5** (1961) S. 227–252. 2355.

3-64/02-0131 Berge, O. I. und Fisher, E. H. Mechanized fly control for the dairy herd. **(Mechanisierte Fliegenbekämpfung im Milchviehbestand.)** Univ. Wisconsin, agric. Exp. Stat., Circ. **1963** Nr. 604. S. 1–8. — 3 Abb. 2410.

3-64/02-0132 Rosenkranz, Otto. **Ökonomische Probleme der Tierhaltung.** Ber. Vortr. dtsch. Akad. Landwirtsch.-Wiss. Berlin **5** (1961) S. 269–284. 2425.

3-64/02-0133 Baltzer, K.; Frankfurt/M. **Das Wiegen, Verladen und Umtreiben der Schweine.** Tierzüchter **15** (1963) Nr. 4. S. 142–143. — 3 Abb. 2425.

3-64/02-0134 Wagenbach, H.; Oberzeuzheim. **Der Elektrozaun im Schweinestall.** Tierzüchter **15** (1963) Nr. 5. S. 184–185. — 4 Abb. 2425.

3-64/02-0135 **Literatur über die Entmistung in Rinder- und Schweineställen.** Hrsg. Instn.: Inst. für Landtechnik, Abt. Dok., Potsdam-Bornim. (Lit.-Nr.: 91. Titelanzahl: 66. Ber.-Zeit: 1960-1963.)

3-64/02-0136 **Literatur über die Mechanisierung der Innenwirtschaft.** Hrsg. Instn.: Inst. für Landmaschinen- und Traktorenbau, Dokstelle Leipzig (Lit.-Nr.: 16/63. Titelanzahl: 26. Ber.-Zeit: 1961-1962.)

H. NUTZUNG UND QUALITÄT TIERISCHER ERZEUGNISSE

3-64/02-0137 Kirsch, W. **Züchterische Maßnahmen zur Anpassung der tierischen Erzeugung an die Erfordernisse des Marktes.** VIII. int. Tierzuchtkongr. Hamburg **1961** Hauptber. S. 7–28. 2505.

3-64/02-0138 Tolkmitt, Hans Bodo. **Entwicklung des Lebensmittelrechts im nationalen und internationalen Bereich.** Milchwissenschaft **18** (1963) Nr. 8. S. 403–406. — Zus. in Engl. 2505.

3-64/02-0139 Anonym. Report of the European meeting on the microbiology of irradiated foods. Paris, 20–23. April 1960. **(Bericht der Europäischen Konferenz über die Mikrobiologie bestrahlter Nahrungsmittel [Paris 20.–23. April 1960].)** Int. J. appl. Radiat. Isotopes **14** (1963) Nr. 1. S. 1–58. — 7 Tab., 236 Lit.

Die Konferenz wurde von 50 Vertretern aus 13 europäischen Ländern besucht. Obgleich die mikrobiol. Probleme im Vordergrund standen, wurden auch Aspekte der chem. Veränderungen als Ergebnis der Bestrahlung und die sich daraus ergebenden Beeinträchtigungen der Genußtauglichkeit sowie die Methoden ihrer Beeinflussung behandelt. Folgende Themen wurden behandelt und liegen in der Zusammenfassung vor: Dosisforderungen für eine Strahlensterilisation der Nahrungsmittel; Technologische Aspekte der Strahlenpasteurisation der Nahrungsmittel; Strahlenresistenz der Organismen; Beeinflussende Faktoren des Überlebens der Mikroorganismen nach einem Bestrahlungsprozeß; Kombinationsprozesse; der Zustand nach einem Bestrahlungseffekt — Überleben und Erholung der Mikroorganismen; Einige öffentliche Gesundheitsaspekte der Mikrobiologie bestrahlter Nahrungsmittel.

G. Mehlhorn. 2505.

3-64/02-0140 El-Hagarawy, I. S. Studies on heated buffalo milk. **(Zur Kenntnis der erhitzten Büffelmilch.)** Alexandria J. agric. Sci. **10** (1962) Nr. 1. S. 169–181. — 7 Abb., 2 Tab., 22 Lit.

Es wurde der Einfluß der Erhitzung auf die Acidität, den freien Amino-N und das Eiweiß untersucht. Die Milchtemperatur wurde von Zimmertemperatur bis 70°, 80°, 90° und 100 °C variiert. Auch wurde die Milch momentan auf 100 °C erhitzt. Die Resultate zeigen, daß das Erhöhen der Temperatur eine Erhöhung der Acidität und Senkung der pH-Werte verursacht. Auch der Gehalt an freiem Amino-N wurde erhöht. Diese Erscheinung ist in Büffelmilch deutlicher als in Kuhmilch beobachtet worden. Die momentane Erhitzung beeinflußt den Serum-Protein-Gehalt negativ. Die Erniedrigung beginnt bei 72 °C. Der Verlust ist deutlicher in Büffel- als in Kuhmilch.

H. Hamdi. 2512.

3-64/02-0141 Nair, P. G. und Iya, K. K. A new test for the detection of buffalo milk added to cow milk. **(Ein neues Testmittel zum Nachweis von Büffelmilch in Kuhmilch.)** Indian Dairyman **15** (1963) Nr. 4. S. 121–122. 133. – 5 Abb.

Da die sehr billig zu produzierende Büffelmilch in Indien gerne zur Streckung und damit zur Verfälschung von Kuhmilch verwendet wird, wurde nach einem schnell reagierenden, leicht durchführbaren, genügend empfindlichen und nicht zu teuren Testmittel gesucht. Es konnte in folgendem gefunden werden: Auf Grund der Ausflockungsreaktion fremder Eiweißstoffe wurde ein Serum hergestellt, das, Tropfen Milch zu Tropfen Serum, innerhalb von 30–60 Sek. zur Gerinnung der Milch führt, auch wenn der Anteil der zugesetzten Büffelmilch nur $^{1}/_{100}$ der Kuhmilchmenge beträgt. Die Serumherstellung geschieht mit Hilfe von Kaninchen. H. Senger. 2512.

3-64/02-0142 Kahn, B., Straub, C. P. und Jones, I. R. Radioiodine in milk of cows consuming stored feed and of cows on pasture. **(Radioaktives Jod in der Milch von Kühen bei Stallfütterung und bei Weidegang.)** Science [Washington] **138** (1962) Nr. 3547. S. 1334–1335. – 1 Abb., 10 Lit.

Im Verlauf einer 17tägigen Zeitspanne, 2 Mon. nach Beendigung der sowjetischen Nukleartestserie im Jahre 1961, wurde der Gehalt an ^{131}J in der Milch bestimmt. 2 Tage nach Untersuchungsbeginn wurden bei der auf Weide befindlichen Herde 270 pc ^{131}J je l Milch festgestellt. Dieser Wert nahm mit einer Halbwertzeit von 7 $\pm$ 1 Tagen ab. In der Milch von mit vorrätigem Futter gefütterten, im Stalle gehaltenen Tieren wurde kein ^{131}J gefunden.

H. Busse. 2512.

3-64/02-0143 Comberg, G. und Meyer, H.; Hannover, Tierärztl. Hochschule, Inst. für Tierzucht und Vererbungsforsch. **Zur Oestrogenwirkung auf den Mineralstoffgehalt der Kuhmilch.** Dtsch. tierärztl. Wschr. **69** (1962) Nr. 18. S. 506–509.

Nach einer einmaligen Injektion von 25 mg Oestradiolmonobenzoat stieg bei 6 in der 2. Laktation stehenden Kühen der Rasse des Deutschen Schwarzbunten Rindes der Ca-Gehalt der Milch innerhalb von 10 Tagen von ⌀ 115 mg% auf über 130 mg% an, um nach einem langsamen Abfall nach 22 Tagen die ursprüngliche Höhe wieder zu erreichen. Der Mg-Gehalt zeigte ein ähnliches Verhalten. Der P-Gehalt der Milch stieg um ca. 10–15 mg% und fiel nur sehr langsam ab. Beim K-Gehalt kam es nach 4 Tagen zu einem Abfall von ca. 20%, nach 14 Tagen wieder zu einem allmählichen Anstieg und erst nach 26 Tagen zur ursprünglichen Konzentration von 167 mg%. Beim Fett- und Na-Gehalt waren die Veränderungen nicht eindeutig.

S. Willer. 2512.

3-64/02-0144 Camp, H. B., Buttram, J. R., Hays, K. L. und Arthur, B. W.; Alabama, Auburn Univ., Agric. Exp. Stat., Zool.-Entomol. Dep. Sevin residues in milk from dairy cows following dermal applications. **(Sevin-Rückstände in der Milch nach dermaler Behandlung der Kühe.)** J. econ. Entomol. **56** (1963) Nr. 3. S. 402–404. – 2 Tab., 6 Lit. 2512.

3-64/02-0145 Henningson, R. W., Hurst, Victor, Moore, S. L. und Kelly, J. W.; Clemson, S.C., Clemson Coll., Dep. of Dairy Sci. Effect of intrauterine infusion of penicillin-streptomycin and furacin and vaginal deposition of furacin on chemical residue levels in milk. **(Der Einfluß einer intrauterinen Infusion von Penicillin-Streptomycin und Furacin und einer vaginalen Verabreichung von Furacin auf den Gehalt der Milch an chemischen Rückständen.)** J. Dairy Sci. 46 (1963) Nr. 3. S. 195–196. – 10 Lit. 2512.

3-64/02-0146 Marth, E. H., Alexander, F. J. und Hussong, R. V.; Glenview, Ill. Res. and Development Div., Fundamental Res. Lab. Studies on disc assay methods for detection of antibiotics in milk. **(Untersuchungen über Scheibenproben-Methoden zur Bestimmung von Antibiotica in Milch.)** J. Milk Food Technol. 26 (1963, Nr. 5. S. 150–155.

Untersuchungen über das Scheibenproben-Verfahren zur Bestimmung der in Milch befindlichen Antibiotica ergaben, daß dieser Schnelltest regelmäßig 0,05 Einheiten Penicillin pro ml Milch anzeigen konnte, wenn folgendermaßen verfahren wurde: Die Petrischalen wurden mit 5 ml Agar ausgegossen, der mit wenigstens 1 Mill., aber nicht mehr als mit 10 Mill. Sporen von *Bac. subtilis* pro ml vermischt war. Die Bebrütungsdauer betrug zwischen 3–4 Std. (98 °F). Eine Lagerung der gegossenen Agarplatten bei 40 °F für 72 Std. oder eine Verwendung von Plastik- anstatt der Glaspetrischalen beeinflußte die Empfindlichkeit des Testes in keiner Weise. Andere in Milch vorkommende Antibiotica außer Penicillin werden nach folgendem Bestimmungsverfahren ermittelt: 5 ml Agar, der mit 100000 bis 1 Mill. Sporen von *Bac. subtilis* pro ml Agar vermengt ist, wird in die Petrischale gegossen und bei 72 °F 16–18 Std. bebrütet. In beiden Fällen wurden die Agarplatten mit Milch getränkten Papierscheiben (Schleicher & Schüll) beschickt und die Auswertung der Hemmzonen nach der Bebrütung vorgenommen. W. Gimmler. 2512.

3-64/02-0147 Dawson, D. J. und Feagan, J. T.; Werribee, Victoria, School of Dairy Technol. The use of brilliant blue F.C.F. in dihydrostreptomycin intramammary preparations. **(Die Verwendung von Brilliantblau F.C.F. als Farbkomponente für Dihydrostreptomycin zur Euterbehandlung.)** Austral. J. Dairy Technol. 18 (1963) Nr. 1. S. 15–18.

Zur Ermittlung von Antibioticarückständen in Milch sind vielfach Farbstoffe als Markierungssubstanzen den Antibioticapräparaten zugesetzt worden. Da vornehmlich Penicillinpräparate angefärbt wurden und die Gefahr bestand, daß zur Bekämpfung auf andere ungefärbte Präparate ausgewichen wurde, unternahmen Vff. Versuche zur Anfärbung von Dihydrostreptomycinsulfat, das außer Penicillin als weiteres Antibioticum Verwendung findet. Dabei wurde ermittelt, daß sich Dihydrostreptomycin als Euterbehandlungsmittel mit Brilliantblau F.C.F. anfärben läßt. Zufriedenstellend war das Ergebnis bei einem Mischungsverhältnis von 0,125 g Farbstoff auf 100000 γ Dehydrostreptomycin. Bei diesem Verhältnis wurden bei jedem Melken Farbe und Antibioticum in annähernd gleicher Konzentration ausgeschieden und verschwanden in der Milch auch fast zur gleichen Zeit. Die Stabilität des Antibioticums ließ sich durch den Farbstoff nicht beeinflussen.

W. Gimmler. 2512.

3-64/02-0148 Feagan, J. T.; Werribee, Victoria, School of Dairy Technol. A simple presumptive test for dihydrostreptomycin in milk. **(Ein einfacher Wahrscheinlichkeitstest für Dihydrostreptomycin in Milch.)** Austral. J. Dairy Technol. 18 (1963) Nr. 1. S. 19–20.

Die meisten Untersuchungsverfahren zur Bestimmung von Antibioticaresten sind zu kompliziert, erfordern Spezialapparaturen, nehmen zuviel Zeit in Anspruch oder sind nicht genügend empfindlich. Der hier beschriebene Test ist dagegen einfach und gestattet, Dihydrostreptomycin in Milch bis zu 0,03 und 0,04 γ/ml nachzuweisen. Das Bestimmungsverfahren ist jedoch nur ein Wahrscheinlichkeitstest. Ist das Ergebnis der Untersuchung positiv, ist es zweckmäßig, eine Überprüfung des Testes mit den entspr. Testorganismen vorzunehmen. Methodisch beruht der Test auf Hemmung der Methylenblau-Reduktion durch Käsereikulturen (*Strept. cremoris*). 10 ml Milch werden im Reagensglas 3 Min. in kochendes Wasser gebracht, auf 37 °C abgekühlt und mit 1 ml Testflüssigkeit versetzt. Nach kräftigem Schütteln kommt das Reagensglas in ein Wasserbad bei 37 °C. Nach 2 Std. nicht entfärbte Proben sind verdächtig, mit Antibiotica behaftet zu sein. Positive Proben sollten anschließend zur Sicherheit auf die Anwesenheit von Penicillin mit Testorganismen geprüft werden. W. Gimmler. 2512.

3-64/02-0149 Seelemann, M. und Meyer, A. **Über einige Verfahren zur Feststellung des Zellgehaltes in der Milch und ihren Wert für die Diagnose von Sekretionsstörungen.** Kieler milchwirtsch. Forsch.-Ber. **15** (1963) Nr. 2. S. 179–205.

Durch vergleichende Untersuchungen versuchten Vff. zu klären, welche Verfahren am besten zur Feststellung krankhafter Veränderungen einer Milchprobe unter bes. Berücksichtigung durch Sekretionsstörungen geeignet sind. Zur Untersuchung gelangten Einzelgemelksproben und Kannenmilchproben. An Untersuchungsverfahren wurden die Zellschätzung an Hand eines Sedimentausstriches, das direkte Zählverfahren nach Breed, das Zellzählverfahren unter Benutzung einer Türkschen Kammer und die Koagulationsprobe angewandt. Parallel hierzu wurden der Schalm-Test und die Thybromol-Katalase-Probe und ergänzend die Chlorbestimmung durchgeführt. Zum Vergleich wurden die Milchproben vorher erhitzt. I. allg. wurde gute Übereinstimmung bei den direkten und indirekten Zellbestimmungsverfahren erzielt. Der Zentrifugenausstrich roher Milch ist nicht immer sicher, darum wird Erhitzen über 65 °C vor dem Zentrifugieren empfohlen. Auch die Katalaseprobe hat sich nicht in allen Fällen als sicheres Diagnoseverfahren von Sekretionsstörungen erwiesen. Die Befunde der Koagulationsprobe befriedigten keineswegs. Als sicherstes Verfahren zur Beurteilung einer Milchprobe wird neben dem Schalm-Test die mikroskopische Untersuchung bleiben. W. Gimmler. 2512.

3-64/02-0150 Anonym. **Bestimmung des Gesamtstickstoffgehaltes von Milch nach der Kjeldahlmethode. Internationaler Standard FIL/IDL 20-1962.** Milchwissenschaft **18** (1963) Nr. 8. S. 411–412. 2512.

3-64/02-0151 Hoff, Johan E.; Cambridge, Massachusetts Inst. of Technol., Dep. of Nutrit., Food Sci. and Technol. Determination of N-acetylglucosamine-1-phosphate and N-acetylglucosamine in milk. **(Die Bestimmung von N-Acetylglukosamin-1-phosphat und N-Acetylglukosamin in Milch.)** J. Dairy Sci. **46** (1963) Nr. 6. S. 573–574. — 1 Tab., 2 Lit. 2512.

3-64/02-0152 Kosmačev, A. E.; Inst. für Mikrobiol. der Akad. der Wiss. der UdSSR. Termofil'nye aktinomicety v moloke i moločnych produktach. **(Thermophile Actinomyceten in Milch und Milchprodukten.)** Mikrobiologija, Moskva **32** (1963) Nr. 1. S. 136–142. — 1 Abb., 7 Tab., 14 Lit. Zus. in Engl.

Als Versuchsmaterial bedient sich der Vf. pasteurisierter Milch, pasteurisierter Sahne, saurer Milch (in Flaschen aufbewahrt), gewöhnlichen und zerlaufenen Käses, Buttersahne, Milchpulvers und Sahnepulvers. Die Versuche führte er im Winter 1960/61, Frühjahr-Sommer 1961 und im Winter 1961/62 durch. Die Vorbereitung und Verarbeitung der Proben bis zu den mikroskopischen Untersuchungen unter Zusatz von Stärke, Agar-Agar oder anorg. Salzen, basierend auf früheren Untersuchungen, sind beschrieben. Es zeigte sich, daß die thermophilen Actinomyceten sich ständig in der thermophilen Mikroflora der untersuchten Produkte befinden. In roher und pasteurisierter Milch variiert die Zahl zwischen 5–50 pro 1 ml, in Käse und Quark zwischen 60–230 pro 1 g und in Trockenmilchpulver zwischen 150–400 pro 1 g. Die Sporen zeigen eine amylolytische und proteolytische Aktivität, die durch kurzes Erhitzen oder Pasteurisieren stark eingeschränkt werden kann. Die Versuchsergebnisse sind tabellarisch zusammengefaßt. G. Rothe. 2514.

3-64/02-0153 Brandl, Ernst und Sobeck-Skal, Evelyne. **Zur Methodik der Keimzahlbestimmung in Milch mit Chinablau-Laktoseagar.** Milchwiss. Ber. [Wien] 13 (1963) Nr. 1. S. 1–20.
Im Verlaufe des Jahres 1962 wurden an je 40 Proben Rohmilch, kurzzeit- und hocherhitzter Milch Keimzahlbestimmungen nach dem Kochschen Plattenverfahren auf Lactoseagar entweder mit Zusatz von Chinablau oder Anilinblau durchgeführt. Die Untersuchung dieser Proben aus Wiener Molkereibetrieben sollte wöchentl. die durch die verschiedenen jahreszeitlichen Einflüsse bedingte unterschiedliche Keimzusammensetzung der Milch erfassen. Weiteres Ziel war, festzustellen, inwieweit das Ergebnis der Keimzählung durch unterschiedliche pH-Werte und Farbstoffkonzentration des Nährbodens beeinflußt wird. Innerhalb des untersuchten Konzentrationsbereiches von pH 6,6–7,4 trat bei gleicher Nährbodenzusammensetzung bei höheren Aciditätsstufen bei kurzzeiterhitzter Milch eine um $^1/_3$ höhere Keimzahl auf. Bei hocherhitzter Milch erreichte diese Erhöhung das 4fache. Deshalb wird die Forderung erhoben, die Nährböden einer genauen pH-Kontrolle zu unterziehen, wobei die Beeinflussung des pH-Wertes durch Glasgeräte niedriger hydrolytischer Klasse zu berücksichtigen ist. Demgegenüber war der Einfluß des Farbstoffzusatzes bis zu 375 mg Chinablau bzw. 800 mg Anilinblau/l Nährboden nicht signifikant.
W. Gimmler. 2514.

3-64/02-0154 Hofi, A. A. Studies on market raw buffalo's milk. I. The ten minutes and one hour resazurin tests. **(Untersuchungen an roher Büffelmilch. 1. Mitt. Die 10-Minuten und 1-Stunden-Resazurinprobe.)** Indian J. Dairy Sci. 15 (1962) Nr. 4. S. 196–200. – 2 Tab., 14 Lit. 2514.

3-64/02-0155 Cersovsky, H. und Sonntag, S.; Oranienburg, Inst. für Milchforsch. **Probleme der Milchsammlung unter besonderer Berücksichtigung der Milchkühlung.** Dtsch. Milchwirtsch. 10 (1963) Nr. 6. S. 162–166.
In landwirtsch. Großbetrieben ist der mech. Milchgewinnung bes. Bedeutung beigemessen worden. Häufige Unklarheiten über die technol. Gestaltung der Milchbehandlung, der Milchlagerung und des Milchtransportes veranlaßten Vff., die Bedeutung der Milchkühlung beim Erzeuger herauszustellen, damit künftig Schäden durch ungenügende Milchqualitäten vermieden werden. Solche Schäden lassen sich durch Einsatz zweckmäßiger Kälteanlagen in der Landwirtschaft verhindern. Es wird daher nach einer Betrachtung der Kühlung in anderen Ländern auf die Entwicklung im Bereich der eigenen Landwirtschaft verwiesen und die Beziehungen zwischen dem Milchanfall und der Kühlung eingehend untersucht. Vff. schlagen vor, die Milcherzeugung so zu gestalten, daß sämtliche anfallende Milch in Sammelstellen erfaßt, gekühlt und in großen Lagerbehältern bis zum Abtransport zur Molkerei kühl gehalten wird. Entscheidend für eine Verbesserung der Milchkühlung sind nach Ansicht der Vff. die Erhöhung der Leistungsfähigkeit der Vakuumkühler, die Isolierung der Lagerbehälter und die Produktion abdeckbarer Kühlwannen.
W. Gimmler. 2516.

3-64/02-0156 Jörgensen, Knud E. **Anforderungen an die Hygiene bei Erzeugung und Behandlung der Milch in Dänemark.** Molkerei-Ztg., Welt d. Milch 16 (1962) Nr. 35. S. 1138–1139. 2516.

3-64/02-0157 Anonym. **Die Qualitätskontrolle von Milch in Belgien.** Molkerei-Ztg., Welt d. Milch 16 (1962) Nr. 35. S. 1142. 2516.

3-64/02-0158 Anonym. **Standard-Kapazitätstest für die Bestimmung der Desinfektionswirkung von Desinfektionsmitteln in der Milchwirtschaft. Internationaler Standard FIL/IDE 18 1962.** Milchwissenschaft 18 (1963) Nr. 8. S. 406–410. 2516.

3-64/02-0159 Thamm, H., Ihlenburg, H. und Lange, H. **Versuche zur Feststellung der Schädlichkeit bzw. Unschädlichkeit der Milch von Kühen, die mit Harnstoff gefüttert wurden.** Arch. exp. Veterinärmed. **17** (1963) Nr. 3. S. 499–505. – 4 Abb., 4 Lit.

3 Kühe erhielten bei einschleichender Dosierung tägl. 150 g Harnstoff mit dem Kraftfutter. Das Allgemeinbefinden der Versuchstiere war gut, lediglich der Kot etwas dünnbreiiger als der der beiden Kontrollen. Während der gesamten Versuchszeit wurde die Milch der Versuchs- und Kontrolltiere an 5 Ziegen und 11 Katzen verfüttert. Beide Tierarten zeigten als Folge der Verfütterung dieser „Harnstoffmilch" weder klinisch noch pathol.-anatomisch bzw. -histol. Veränderungen, obwohl die gesamte Versuchszeit ca. 6 bzw. 8 Wochen betrug. Hieraus glauben Vff. schließen zu können, daß die Milch von mit Harnstoff gefütterten Kühen vom veterinärhygienischen Standpunkt als unbedenklich angesehen werden kann. E. Wiesner. 2516.

3-64/02-0160 Marshall, R. T. Methylene blue quality of summer produced manufacturing milk. **(Die durch die Methylenblau-Reduktionsmethode qualitätsmäßig eingestufte Sommermilch.)** Univ. Missouri, Coll. Agric., agric. Exp. Stat., Res. Bull. **1962** Nr. 815. S. 1–12.

Zur Untersuchung der Milchqualität in Nord-Missouri wurde während der Sommermonate 1961 die an Molkereien gelieferte Qualitätsmilch untersucht. Als Beurteilungsmaßstab für die Qualität diente die Methylenblau-Reduktionsmethode. Mehr als die Hälfte der Milchlieferanten hatte mech. Milchkühler. Milch dieser Lieferanten hatte gegenüber derjenigen ohne Kühlung entspr. bessere Qualität, im Durchschnitt eine längere Reduktionszeit von 1 Std. Die Milch von 3% der Lieferanten wies eine Reduktionszeit von ½ Std. auf. Solche Lieferungen wurden von der Annahme ausgeschlossen. Mit dem Qualitätsabfall ursächlich im engen Zusammenhang standen die hohen Außentemperaturen, die im Vergleich von gekühlter zu ungekühlter Milch bei Schwankungen von je 10 °F eine Verminderung der Reduktionszeit von 20 bzw. 30 Min. ergaben. Der qualitätsmindernde Einfluß auf gekühlte Milch ist vornehmlich auf hohe Transporttemperaturen zurückzuführen. Außer der Temperatur spielte die gewonnene Milchmenge im Vergleich der Qualitätsbeeinflussung eine Rolle. Die Milch größerer Lieferanten hatte nachweislich bessere Qualität. Die Ergebnisse wurden statistisch gesichert.

W. Gimmler. 2516.

3-64/02-0161 Smith, Grafton J.; Sydney, Dep. of Agric. Distinction between some milk flavours. **(Zur Unterscheidung zwischen einzelnen Geschmacksnuancen der Milch.)** Austral. J. Dairy Technol. 18 (1963) Nr. 1. S. 34–38.

Dem Verbraucher bekannte Geschmacksunterschiede werden oft als sauer oder wässerig bezeichnet. Darüber hinaus gibt es für den Sachverständigen eine Reihe weiterer Geschmacksfehler, mit denen sich vorliegende Untersuchung befaßt. Im wesentlichen handelt es sich hierbei um den Begriff „Ranzig", um den Oxydationsgeschmack und den Lichtgeschmack. Es werden die Ursachen dieser Geschmacksvariationen geklärt und an Hand chem. Reaktionsgleichungen erläutert. Der spontane Oxydationsgeschmack kann z. B. durch Fütterungseinflüsse hervorgerufen und durch Kupfer und Ascorbinsäure begünstigt werden. Metallisches Kupfer war früher vielfach der Grund für den Oxydationsgeschmack. Ranzig kann die Milch schmecken, wenn sie in rohem Zustand längere Zeit bei tiefen Temperaturen gelagert wird. Ebenso ist die Milch altmelkender Kühe oder bei bestimmter Fütterung oft ranzig. Ein Homogenisieren der Milch vor der Erhitzung kann den ranzigen Geschmack verhindern. Im einzelnen gibt Vf. weitere verschiedene Maßnahmen an, wie sich Oxydationsgeschmack bzw. Ranzigkeit der Milch verhindern lassen. W. Gimmler. 2516.

3-64/02-0162 Kolar, C. W. und Mickle, J. B.; Stillwater, Oklahoma State Univ., Dep. of Dairying. Relationships between milk fat acidity, shortchain fatty acids, and rancid flavours in milk. **(Beziehungen zwischen Säuregrad des Milchfettes, kurzkettigen Fettsäuren und ranzigem Geschmack der Milch.)** J. Dairy Sci. **46** (1963) Nr. 6. S. 569–571. – 2 Tab., 10 Lit. 2516.

3-64/02-0163 Astrup, Harald; Osaka Univ., Japan, Dep. of Pharmacol. Thyroxine and the oxidized flavour in milk. **(Thyroxin und der Oxydationsgeschmack der Milch.)** Nature [London] **198** (1963) Nr. 4876. S. 192–193. In vorliegender Versuchsanstellung während 3 aufeinanderfolgender Wochenperioden wurde Thyroxin an 12 Kühe verabreicht, um festzustellen, ob Thyroxin einen Einfluß auf die Entstehung des Oxydationsgeschmackes ausübt. Von den Tieren befanden sich 6 in der 1. und weitere 6 in der 4. oder 5. Laktation. Die Gruppeneinteilung wurde nach dem Laktationsstadium vorgenommen. Die Kühe erhielten oral entweder L-Thyroxin als Na-Salz zu 200 mg 6mal während der ersten 3 Tage der Periode oder Thiouracil in 9-g-Portionen ebenfalls in der gleichen Zeit. Die Futterrationen bestanden aus Heu, alkalibehandeltem Stroh und Kraftfutter. Der Oxydationsgeschmack wurde von 4 Sachverständigen bestimmt, die sich an 6 eigens für diese Bestimmung zubereiteten Milchproben ausrichteten. Die Milchproben wurden nach einem Punktschema beurteilt. Der Oxydationsgeschmack war in der Periode der Thyroxingaben höher als zur gleichen Zeit in der Milch der anderen Versuchs- oder Kontrollgruppe. Vermutlich sind nicht nur Thyroxin, sondern auch die Geschlechtshormone und das Adrenalin-System für die Entwicklung des Oxydationsgeschmackes verantwortlich. W. Gimmler. 2516.

3-64/02-0164 Venkataswami, V., Michael, R. D. und Ernest, J.; Madras, Veterin. Coll. Bacterial and sediment content in farm milk at Madras. **(Bakterien- und Sedimentgehalt der Farmmilch in Madras.)** Indian veterin. J. **40** (1963) Nr. 4. S. 222–228. – 4 Tab., 22 Lit. 2516.

3-64/02-0165 Anonym. **Milchstatistik der Schweiz 1962.** Im Auftrage der Spezialkommission für Statistik der Schweizerischen Milchkommission bearbeitet vom Schweizerischen Bauernsekretariat. Landwirtsch. Jb. Schweiz **77** (1963) Nr. 2. S. 135–192. – 96 Tab. 2518.

3-64/02-0166 Partmann, W.; Karlsruhe, Bundesforsch.-Anst. für Lebensmittelfrischhalt. **Biochemische Vorgänge im Fleisch bei der Lagerung.** Umschau Wiss. Techn. **63** (1963) Nr. 15. S. 465–468. 2522.

3-64/02-0167 Bigbee, D. G. und Dawson, L. E.; East Lansing, Mich., Dep. of Poultry Sci. and Food Sci. Some factors that affect change in weight of fresh chilled poultry. 1. Length of chill period, chilling medium and holding temperature. **(Einige Faktoren, die Gewichtsveränderungen von frischem gekühlten Geflügel beeinflussen. 1. Mitt. Dauer der Kühlperiode, Kühlmedium und Lagerungstemperatur.)** Poultry Sci. **42** (1963) Nr. 2. S. 457–462. – 3 Abb., 1 Tab., 11 Lit.
Ausgeschlachtete 8–10 Wochen alte Fryer (Brathühnchen) wurden sofort in Eis oder anfänglich in Eismatsch (slush ice) und später in Eis gekühlt und gelagert. Die Ergebnisse zeigen, daß die Gewichtszunahmen der Schlachtkörper in Eismatsch und der dann folgende Gewichtsverlust während der bei 35 °F stattfindenden Lagerung in Eis (96 Std.) der Kühldauer proportional sind. Schlachtkörper, die nach dem gleichen Kühlprozeß bei Zimmertemperatur in Eis gelagert wurden, nahmen ständig an Gewicht zu. Die Ergebnisse

deuten darauf hin, daß Gewichtsveränderungen der Schlachtkörper zur Dauer der Kühlperiode, dem Kühlmedium und der Temperatur im Lagerungsraum in Beziehung stehen. W. Rudolph. 2522.

3-64/02-0168 Theloe, G. **Fleischhygiene und technischer Fortschritt.** Mh. Veterinärmed. **18** (1963) Nr. 7. S. 258–262.

Es wird das Aufgabengebiet des zentralen Arbeitskreises (ZAK) Fleischbe- und -verarbeitung dargelegt. Er hat 5 Arbeitsgruppen gebildet, eine davon ist die Arbeitsgruppe Hygiene. Sie ist in einer ganzen Anzahl von Fragen der tierärztlichen Lebensmittelhygiene und der Fleischuntersuchung bei Neubauten und Rekonstruktionen tätig gewesen, die als Entschließungen nach Bestätigung durch das ZAK verbindlichen Charakter für die Industrie haben und auch befolgt werden, obwohl sie oft sehr einschneidende Änderungen geplanter Vorhaben forderten. Die Entschließungen fanden stets die Zustimmung der tierärztlichen Verwaltungsstellen im Ministerium. W. Mathieu. 2524.

3-64/02-0169 Hamm, R.; Kulmbach. **Die Mikrostruktur des Muskels und ihre Beziehung zum Wasserbindungsvermögen des Fleisches.** Fleischwirtschaft **15** (1963) Nr. 4. S. 298–301. – 3 Abb., 1 Tab., 25 Lit.

Vf. beschreibt den histol. Aufbau der Muskelfaser und den chem. Charakter der histol. Bauelemente. Die Art der Einlagerung von immobilisiertem Wasser innerhalb der Muskelstruktur wird im Lichte der Kontraktionstheorie von Huxley diskutiert. Die Menge des in immobilisiertem Zustand gebundenen Wassers dürfte durch die rel. räumliche Verschiebung der Myosin- und Actin-Filamente beeinflußt werden. – Bei Veränderung des Wasserbindungsvermögens während der Lagerung und Verarbeitung des Fleisches handelt es sich wahrscheinlich um eine Verschiebung des Wassers zwischen den intermolekularen Räumen der Fibrillen und dem Sarkoplasma. F. Rathmann. 2524.

3-64/02-0170 McLoughlin, J. V. und Goldspink, G.; Dublin, Agric. Inst., Animal Product. Div. Post-mortem changes in the colour of pig longissimus dorsi muscle. **(Post-mortem-Veränderungen der Farbe des M. long. dorsi bei Schweinen.)** Nature [London] **198** (1963) Nr. 4880. S. 584–585. – 2 Abb., 9 Lit.

In den letzten 10 Jahren sind zahlreiche Arbeiten erschienen, welche die Weichheit, Weißfleischigkeit und Wäßrigkeit von Muskeln behandeln. In Irland wurden jetzt auch Tiere mit dieser „Muskeldegeneration" gefunden. Die Untersuchungen ergaben, daß die blasse Farbe der wäßrigen Muskel durch die schnelle Glykolyse nach dem Tod und nicht durch degenerative Veränderungen beim lebenden Tier verursacht wird. Kurz nach dem Tode hat der Muskel eine normale Farbe, die erst mit dem Einsetzen des rigor mortis verblaßt. Der Verlust der Farbe ist begleitet von einem raschen Abfall des pH-Wertes (5,0–5,6), während der Muskel noch warm ist. E. Otto. 2524.

3-64/02-0171 Leistner, W.; Leipzig, Karl-Marx-Univ., Inst. für Lebensmittelhyg. **Über den Auftauprozeß des Gefrierfleisches im Hinblick auf Qualität und Haltbarkeit.** Mh. Veterinärmed. **18** (1963) Nr. 13. S. 503–505. – 9 Lit.

Zur Bevorratung tierischer Lebensmittel sind bes. Lagermöglichkeiten erforderlich, durch die eine Qualitätsminderung ganz oder nur z.T. vermieden wird. Da die Fleischverbraucher immer wieder behaupten, das Gefrierfleisch sei in seiner Haltbarkeit herabgesetzt, werden 77 Rinderviertel auf Qualität und Haltbarkeit nach schnellem (34%) und langsamem (66%) Auftauen untersucht. Bei schnell aufgetautem Fleisch treten folgende Veränderungen auf: 1. unansehnliches Aussehen durch eine Austrocknungszone an der Oberfläche, 2. Sturz des pH-Wertes, 3. Störung im Ablauf fermentativer Vorgänge, 4. höherer Keimgehalt und schnellere Vermehrung der Keime, 5. kürzere Haltbarkeit. Bei 3- bis 4tägiger Nachkühlung des schnell und langsam aufgetauten Fleisches wird die Qualität verbessert und die Haltbarkeit verlängert. Gefrierfleisch, das in Gefriertunneln unter Einhaltung der Gefrierkette nicht geschädigt ist, kann nur dann schnell aufgetaut werden, wenn es 5 Tage bei Kühlhaustemperatur nachgelagert und alsbald verbraucht wird, wobei es aber ohne Nachlagerung nicht als ein dem Frischfleisch gleichwertiges Produkt angeboten werden kann. E. Tempel. 2524.

3-64/02-0172 Anonym. **Richtlinien für die Beurteilung von tiefgefrorenem Hühnergeflügel.** Schlacht- u. Viehhof-Ztg. **63** (1963) Nr. 5. S. 175–176.
Die Begriffsbestimmungen unterscheiden Hühnergeflügel nach Geschlecht und Alter in 5 Kategorien. Nach ihrem Zustand klassifiziert man in die 3 Qualitätsstufen A, B und C. Die allg. Anforderungen regeln die Bedingungen für die Schlachtung und den Bearbeitungszustand der Tiere, die grundsätzlich völlig ausgenommen sind; Kopf, Füße und Hals sind entfernt. Magen, Herz, Leber und Hals können eingelegt werden. Der notwendige Fremdwassergehalt darf 8% des Körpergewichts nicht überschreiten. Tiefgefrorenes Hühnergeflügel hat den Festlegungen der Richtlinien für tiefgefrorene Lebensmittel zu entsprechen. Die festgelegten Gütemerkmale für die 3 Qualitätsstufen beziehen sich auf Körperbau, Fleisch- und Fettansatz, Federkiele, offene Verletzungen und Schlachtschäden, Verfärbungen und Quetschungen.
F. Schernich. 2524.

3-64/02-0173 Schermerhorn, E. P., Adams, R. L. und Stadelman, W. J. Effects of polyphosphates on water uptake, moisture retention, and cooking loss in broilers. **(Die Polyphosphatwirkung auf die Wasseraufnahme, das Feuchtigkeits-Rückhaltevermögen und die Kochverluste bei Broilern.)** Poultry Sci. 42 (1963) Nr. 1. S. 107–110. — 2 Tab., 4 Lit.
Das Hinzufügen von Polyphosphaten zum Kühlwasser verursachte kein wesentliches Ansteigen der Wasseraufnahme des Schlachtkörpers. Wenn sich die Polyphosphatkonzentration über 4% erhöhte, verminderte sich im Vergleich zur Kontrolle die Wasseraufnahme. Dieser Rückgang in der Wasseraufnahme war sehr ausgesprochen bei der 12%igen Konzentration des Natriumtriphosphates und des verwendeten Handelsphosphates. Polyphosphate senkten die Feuchtigkeitsverluste während einer 16stündigen Aufbewahrungszeit, ebenso die Kochverluste. Beide Polyphosphate zeigten bei der gleichen Konzentration wenig Unterschiede in der Wirksamkeit. Broiler, die bei Verwendung einer 13%igen Eiweißfutterration herangewachsen waren, zeigten ein niedrigeres Ausgangs-Schlachtgewicht und nahmen mehr Feuchtigkeit auf als die Broiler der übrigen Futtergruppen mit 18, 23 und 28% Eiweißgehalt. Jedoch wurde diese aufgenommene Feuchtigkeit nicht so wirksam zurückgehalten wie die in den anderen Gruppen absorbierte. Diese einleitende Studie scheint zu belegen, daß Polyphosphate als Mittel zur Herabsetzung der Feuchtigkeits- und Kochverluste im Kühlwasser für Broiler nutzbringend verwendet werden konnten. W. Greiner-Petter. 2524.

3-64/02-0174 Goertz, Grayce E., Weathers, Barbara, Harrison, Dorothy L. und Sanford, Paul. Tenderness scores and Warner-Bratzler shear values for broilers and Beltsville White turkeys fed different cereal grains. **(Zartheitsbeurteilung und Warner-Bratzler-Scherwerte für Broiler und Weiße Beltsville Puten, die verschiedene Getreiderationen erhielten.)** Poultry Sci. 40 (1961) Nr. 2. S. 488–493. 2524.

3-64/02-0175 Mills jun., W. C., Dawson, L. E. und Larzelere, H. E. A study of word versus letter grading of turkeys. **(Untersuchung zur Frage der Wort- gegenüber der Buchstabeneinstufung von Puten.)** Poultry Sci. 40 (1961) Nr. 2. S. 537–542. 2526.

3-64/02-0176 Miller, B. F. und Moreng, R. E.; Fort Collins, Colorado Agric. Exp. Stat., Dep. of Poultry Husbandry. Studies on turkey body composition. 2. Measuring carcass fat of turkeys by ultrasonic detection. **(Untersuchungen über die Körperzusammensetzung von Puten. 2. Mitt. Messung des Schlachtkörperfettes bei Puten mit Ultraschall.)** Poultry Sci. **42** (1963) Nr. 1. S. 268–273. – 3 Abb., 5 Tab., 4 Lit. 1. Mitt. vgl. LZ. Abt. III 8 (1963) Nr. 12. S. 2493.
In einem mit 198 geschlachteten Breitbrüstigen Bronzeputen ausgeführten Versuch wurden Fettschichtdickenmessungen an 3 Stellen des Schlachtkörpers mit Ultraschall und Millimetermaß vorgenommen. Den Tieren waren z. T. Diaethylstilboestrol-Pellets implantiert worden, um unterschiedliche Meßbedingungen zu schaffen. Die Ultraschallwerte waren mit der tatsächlichen Fettschichtdicke korreliert. Ultraschall läßt sich demnach für Fettschichtdickenmessungen einsetzen. Beim statistischen Vergleich der Ultraschallwerte mit dem Körpergewicht, dem prozentualen Anteil an Fett und Schlachtgewicht ergaben sich keine einheitlichen Beziehungen. Eine Vervollkommnung der Technik wird bei den noch laufenden Versuchen für notwendig erachtet.
W. Rudolph. 2526.

3-64/02-0177 Richards, Allen B. und Biaggi, Peggy J. California and the United States meat-packing industry trends and outlook. **(Entwicklungsrichtungen und Aussichten der Fleischverpackungsindustrie in Californien und USA.)** Calif. agric. Exp. Stat., Circ. **1963** Nr. 518. S. 1–33. – 4 Abb., 10 Tab. 2528.

3-64/02-0178 Nichols, E. L., Marion, W. W. und Balloun, S. L. (unter Mitarb. von Melampy, R. M.) Effect of egg yolk size on yolk cholesterol concentration. **(Der Einfluß der Eigelbgröße auf die Cholesterolkonzentration im Eigelb.)** Proc. Soc. exp. Biol. Med. **112** (1963) Nr. 2. S. 378–380. 2560.

K. TIERPSYCHOLOGIE

3-64/02-0179 Meisel, Ludwig. **Das Verhalten von Rindern unter verschiedenen Haltungsbedingungen.** Dipl.-Arb. Landwirtsch. Fak. Jena **1963** 76 S. – 22 Abb., 19 Lit.
Die vom Inst. für Tierzucht der Friedrich-Schiller Univ. Jena bisher durchgeführten Untersuchungen sowie eigene Beobachtungen erstrecken sich bes. auf das Sexualverhalten, das Verhalten bei der Futter- und Wasseraufnahme, auf die Liegezeit, die Liegeordnung und die Ruhezeit, das Verhalten im Fischgrätenmelkstand und Vorwartehof und das Verhalten bei verschiedenen Witterungsbedingungen. Für die Klärung der Frage nach zukünftigen Haltungsformen sind die getroffenen Feststellungen wertvoll. 2610.

3-64/02-0180 Seidel, Hans-Erich. **Beobachtungen über das Verhalten der Kühe im Offenstall und im Fischgrätenmelkstand der LPG Molau (Brigade Sieglietz).** Dipl.-Arb. Landwirtsch. Fak. Jena **1963** 92 S. – 25 Abb., 3 Tab., 13 Lit.
Die Untersuchungen erstreckten sich in der Hauptsache auf die Liegezeiten der Kühe, auf das Verhalten beim Rindern, bei der Futter- und Wasseraufnahme und auf die Rangordnung. Es wurde festgestellt, daß der Mensch durch seine Arbeit im Offenstall und Fischgrätenmelkstand einen wesentlichen Einfluß auf das Verhalten der Tiere ausübt. Seinem Einfluß ist es zuzuschreiben, daß gute Leistungen erreicht wurden. 2610.

3-64/02-0181 Grötzsch, Immo. **Das Verhalten und die Leistung der Kühe im Boxenliegestand der LPG Thalbürgel.** Dipl.-Arb. Landwirtsch. Fak. Jena **1963** 169 S. – 13 Abb., 34 Lit.
Für die Bewirtschaftungsweise und bauliche Ausführung des Boxenliegestalles werden Schlußfolgerungen angeführt. 2610.

L. MASSNAHMEN ZUR FÖRDERUNG DER TIERZUCHT

3-64/02-0182 Wilflinger, Josef. **Die Beratung im Rahmen der Agrarischen Operationen.** Förderungsdienst [Wien] 11 (1963) Nr. 5. S. 145–148. 2667.

3-64/02-0183 Flückiger, G.; Bern. **100 Jahre internationale Tierseuchenbekämpfung.** Wiener tierärztl. Mschr. 50 (1963) Nr. 8. S. 721–730. 2670.

3-64/02-0184 Fleischer, R. **Aufbau und Ausbau der Schweinegesundheitsdienste. — Eine notwendige Förderungsmaßnahme der Schweinezucht und -haltung.** Tierzüchter 14 (1962) Nr. 7. S. 243–244.
Die Summe aller heute wirtschaftlich notwendigen Leistungsforderungen an das Schwein ergibt einen Leistungsstand, der u.U. bis an die Grenze der physiol. Möglichkeiten herangeht. Die Eckpfeiler der vorbeugenden Maßnahmen gegen die oft symptomlosen und schleichenden Krankheitszustände (bes. die Aufzuchtkrankheiten) sind richtige Fütterung sowie gesunde Stall- und Haltungsverhältnissse. In den letzten 10 Jahren sind außer in Nordrhein-Westfalen in allen westdeutschen Bundesländern staatl. unterstützte Schweinegesundheitsdienste in fester Organisationsform eingerichtet worden; inzwischen haben sie sich auch die Anerkennung der Züchter und Zuchtverbände erworben. Neben den planmäßig und mindestens 2mal jährl. erfolgenden Bestandsuntersuchungen sollten je nach Bedarf zwischenzeitliche Beratungen stattfinden. Der Beratung im Einzelbestand steht die Aufklärung in Fragen der Vorbeugung und Bekämpfung durch Vorträge und Veröffentlichungen gegenüber, wobei bes. Wert auf eine gute Zusammenarbeit mit den praktizierenden Tierärzten gelegt wird. Therapeutische Maßnahmen bleiben i. allg. den Hoftierärzten vorbehalten. Eine künftige Aufgabe erwächst diesen Diensten aus den im Aufbau befindlichen Ferkelerzeuger- und Schweinemastkontrollringen.
W. Fleischmann. 2670.

SPEZIELLE GROSSTIERZUCHT

A. ALLGEMEINES

3-64/02-0185 Candler, W. V.; Palmerston North, Massey Coll. Production economics and problems of animal production. **(Die Betriebslehre und Probleme der tierischen Produktion.)** Proc. New Zealand Soc. Animal Product. 22 (1962) S. 142–153. – 6 Lit.
Ausgehend von den Verhältnissen Neuseelands gibt Vf. einen Überblick über die Aufgaben der Betriebslehre und ihre Lösung. Diese Disziplin hat sich, da die Einführung neuer Technologien in der Landwirtsch. ein ständiger Prozeß ist, vor allem mit den neuen Technologien, ihrer Anwendbarkeit und Auswirkung zu befassen. Die Möglichkeiten dafür sind z. Z. durch zu geringe finanzielle Unterstützung der Betriebslehre begrenzt. Die Kenntnis neuer Technologien kann herrühren aus experimentellen Ergebnissen, Neuerungen in den Farmen und praktischen Experimenten in Versuchsfarmen. Dafür werden Beispiele aus der tierischen Produktion genannt. Es wird dargestellt, wie der wissenschaftlich tätige Betriebswirt zu aussagekräftigen Unterlagen gelangt, dabei werden Zweifel an der Zweckmäßigkeit noch geübter Methoden geübt (Befragungen, bestimmte Statistiken, Produktionsfunktionen). Neue analytische Verfahren (Lineare Programmierung, dynamische Programmierung, Ersetzbarkeitstheorie, quadratische Programmierung, Queuing-Theorie, Inventaranalyse) und die Möglichkeiten ihrer Anwendung auf Probleme der tierischen Produktion werden genannt. Die bedeutende Rolle von Versuchsfarmen wird betont. K. Damm. 3001.

B. PFERDE

3-64/02-0186 Poulain-Josien, Thérèse. Les chevaux gallo-romains découverts à Paris rue Henri-Barbusse (IIIè–IVè siècles). **(Die gallo-romanischen Pferde, entdeckt in Paris, Straße Henri-Barbusse [3.–4. Jh.].)** Z. Tierzücht. Züchtungsbiol. **76** (1962) Nr. 2/3. S. 238–242. – 5 Tab.
An o.a. Fundort war von 101 Tieren der höchste Prozentsatz Pferde (42,6%), gefolgt vom Hund (13,9%). Domestizierte Tiere nahmen den größten Anteil (92,1%) unter den Knochenfunden ein. Sägespuren und Knochenreste, überwiegend distale Knochenenden deuten auf das Bestehen einer Werkstatt (Tischlerei) hin. Vf. nimmt an, daß die gefundenen Pferde einer Rasse angehörten. Die Meßwerte ergaben eine zweigipflige Kurve, die auf Geschlechtsunterschiede hindeutet. Ein Vergleich mit Untersuchungsergebnisssen anderer Autoren zeigt, daß die gallo-romanischen Pferde aus dem 3. und 4. Jh. v.u.Z. größer waren als die bisher bekannten frühgeschichtlichen Pferde.
U. König. 3010.

3-64/02-0187 Pulte; Bonn. **Bäuerliche Traberzucht und ihre wirtschaftlichen Möglichkeiten.** Tierzüchter **15** (1963) Nr. 7. S. 255–257. – 3 Abb. 3015.

3-64/02-0188 Löwe, H. **Ist die deutsche Pferdezucht noch förderungswürdig?** Tierzüchter **14** (1962) Nr. 6. S. 200–202. – 3 Abb.
Die in der BRD vorhandene Anzahl an Fohlen unter 1 Jahr von 13400 Stck. im Dez. 1961 reicht höchstens zur Sicherung eines volljährigen Pferdebestandes von 167000 Stck. aus. Der Anteil des Fohlenjahrganges an der Zahl der volljährigen Pferde (593100) beträgt nur 2,3%. Auf einen Schlepper entfielen 1960 an Ackerland: BRD 11 ha, GB 12 ha, Schweden 21 ha, USA 38 ha. Ungünstige Witterungsbedingungen und bestimmte Arbeiten in der Forstwirtschaft führten zu einer verstärkten Nachfrage nach vollarbeitsfähigen Pferden und einem Anstieg der Deckziffern um mindestens 25% gegenüber dem Vorjahr. Die Reiterei wird als ein wichtiger Gesichtspunkt zur Erhaltung des Pferdes angesehen (z.Z. in der BRD: ca. 1400 Reitervereine mit 90000 Pferden). Das Interesse des Auslandes am deutschen Pferd demonstriert ein Export aus der BRD im Werte von 43 Mill. DM im Jahre 1960. Frankreich versucht, den Rückgang des Pferdebestandes durch Gewährung von Prämien in Höhe von 250 Nfr. (für alle guten Stutfohlen) bzw. 500 Nfr. (für Zuchtfohlen) aufzuhalten. 1961 wurde erstmalig in der BRD für wertvolle Fohlen ein Zuschuß gegeben. U. König. 3015.

3-64/02-0189 Dušek, Jaromír; Slatiňany, Výzkumná Stanice pro Chov Koní. Příspěvek ke stanovení výkonnosti tažných a sportovních koní. **(Beitrag zur Bestimmung der Leistungsfähigkeit von Zug- und Sportpferden.)** Živočišná Výroba **8(36)** (1963) Nr. 3. S. 189–198. – 2 Abb., 1 Tab., 12 Lit. Zus. in Russ., Dtsch.
Die versuchsweise festgestellte Leistung von Pferden in der Landwirtsch. schwankt in den Grenzen von 8–117 kpm/s, d.s. 0,24–1,58 PS. Beim Ackern erreicht die Leistung (ohne unproduktive Zeit) sogar 70–150 kpm/s (0,93–2,0 PS), beim Zug vor dem Wagen in der landwirtsch. Transportarbeit 70–90 kpm/s (0,93–1,20 PS), beim Düngerfahren im Tagesdurchschnitt 29 kpm/s (0,38 PS). Im leichten Gespann wurde bei Pferden im Trabe eine Leistung von 20–63 kpm/s (0,26–0,84 PS) festgestellt. Die Ergebnisse dieser Messungen beweisen, daß die allg. benutzte Skala von Arbeitsleistungen bei Pferden zur Beurteilung der Arbeitsschwierigkeit nicht anwendbar ist. Die Forschungsergebnisse werden durch Erwägungen über die Leistungsfähigkeit von Sportpferden (in kpm/s) ergänzt. Diese Leistungen wurden theoretisch aus dem energetischen Wert der verbrauchten Glukose berechnet.
ČSSR/ÚVTI. 3350.

3-64/02-0190 Cornelius, C. E., Burnham, L. G. und Hill, H. E. Serum transaminase activities of thoroughbred horses in training. **(Die Aktivität der Serumtransaminase bei Vollblutpferden während des Trainings.)** J. Amer. veterin. med. Assoc. **142** (1963) Nr. 6. S. 639–642. – 2 Abb., 1 Tab., 12 Lit.
Die Aktivität der Serum-Glutaminsäure-Oxalessigsäure-Transaminase (SGOT) wurde an Rennpferden bei verschiedenen Graden der Muskelbelastung geprüft. Während einer Ruheperiode lag eine Aktivität von ⌀ 186 ± 52 (120 bis 336) SF-Einheiten vor. Während intensiven Trainings stiegen die Werte auf ⌀ 346 ± 157 (100–950) SF-Einheiten an. Noch stärkere Erhöhungen wurden bei stärkster Muskelbelastung durch Schwimmen in einem Wasserbecken erzielt. 11 Pferde mit den klinischen Zeichen der Myopathie, gekennzeichnet durch muskuläre Spasmen, Steifheit und gelegentlich Myoglobinurie, wiesen stark erhöhte SGOT-Werte zwischen 1090 und 22400 SF-Einheiten (Mittelwert 6430) auf. Die erhöhte Permeabilität der Membranen der Muskelfasern während des Trainings bzw. während der Myopathie werden als Ursache des Anstiegs der SGOT angesehen, die für die Untersuchung von Muskelstörungen beim Pferd in der klinisch-chem. Diagnostik empfohlen wird.
E. Kolb. 3360.

C. RINDER

3-64/02-0191 Rostovcev, N. F. und Čerkaščenko, I. I.; Moskau, Lenin-Akad. der Landwirtsch.-Wiss.; Dubrowizy, Gebiet Moskau, Unions-Inst. für Tierzuchtforsch. Moločnoe skotovodstvo SŠA. **(Die Milchviehzucht in den USA.)** Životnovodstvo, Moskva **24** (1962) Nr. 11. S. 79–84. – 2 Abb., 1 Tab.
Das Hauptaugenmerk bei der Entwicklung der Milchviehbestände in den USA wird nicht auf die Erhöhung der Tierzahl, sondern auf die Leistungssteigerung, bes. die Erhöhung der Milchleistung gerichtet. Der mittlere Milchfettgehalt wurde in den letzten Jahren durch eine Veränderung des Rassengefüges zugunsten der Holstein-Friesian sogar gesenkt. Der Milchkuhbestand betrug **1961** mit **17 Mill.** Stck. 32,5% des Gesamtrinderbestandes. Je 100 ha LN wurden 23 Rinder, davon 8 Milchkühe, gehalten. Je Kopf der Bevölkerung wurden 1960 313 kg und je 100 ha LN 139 dt Milch erzeugt. Die wichtigsten Milchviehrassen sind die Holstein-Friesian (50% des Bestandes), Jersey (20%), Guernsey, das Schweizer Braunvieh und die Ayrshire. Die Herdenstruktur ist konstant. Eine Herde besteht aus 60–65% Kühen, 4–6% Färsen, 15–16% Jungvieh 1–2 Jahre und 17–18% Kälber bis 1 Jahr. Bes. Aufmerksamkeit in der Zucht wird der Selektion nach der Milchleistung und dem Exterieur gewidmet. Zur Bewertung der Milchleistung wurde ein Selektionsindex nach der Eigen- und Verwandtenleistung entwickelt. Das Exterieur wird nach einer Punktskala beurteilt. In Abhängigkeit von der starken Ausbreitung der KB gewinnt die Nachkommenschaftsprüfung der Besamungsbullen, bes. nach der Methode des Töchter-Mütter-Vergleiches, große Bedeutung. Eine vorläufige Beurteilung erfolgt bei Vorhandensein von 5 Töchter-Mütter-Paaren und eine endgültige Beurteilung bei Vorhandensein von 10 Paaren und mehr. Auf eine exakte Milchleistungsprüfung durch verschiedene Vereinigungen, zu einem großen Teil auch durch die Farmer selbst, wird großer Wert gelegt. Zur Zeit werden ca. 50% aller Kühe in Anbindeställen, 35% in Laufställen, 6% ohne Einstreu und 9% unter verschiedenen Bedingungen gehalten. 40% aller Kälber werden mit Vollmilchersatzpräparaten aufgezogen. Die hohen Leistungen in der Milchviehzucht der USA wurden bes. durch eine stabile Futterbasis erreicht. Alle Arbeiten im Stall sind stark mechanisiert. An Melkständen werden der Tandemmelkstand, bes. in Hochleistungsherden, und der Fischgrätenmelkstand verwendet. Die sowjetische Delegation besuchte Milchviehfarmen in den Staaten Iowa und Wisconsin.
G. Häßler. 3410.

3-64/02-0192 Heidhues, T. **Rentabilitätsfragen der Färsenaufzucht, Milcherzeugung und Bullenmast.** Ber. Landwirtsch. [N.F.] 41 (1963) Nr. 1. S. 89 bis 110. – 2 Abb., 18 Tab.

Nach Erläuterung der betriebswirtsch. Voraussetzungen wird die Wettbewerbsfähigkeit verschiedener Produktionsverfahren in der Rindviehhaltung untersucht. Aufzucht, Milcherzeugung und Mast sowie deren Kombinationen werden hinsichtlich ihrer Rentabilität in Lohn- und Familienbetrieben gegenübergestellt. Mit zunehmendem Anfall wirtschaftseigenen Futters je AK wird die Wettbewerbsfähigkeit nicht nur durch optimale Verwertung des Wirtschaftsfutters, sondern auch durch optimale Ausnutzung der vorhandenen AK bestimmt. Mit zunehmender Betriebsgröße wird die menschliche AK knapper, so daß arbeitsextensivere Formen der Rindviehhaltung stärker hervortreten. Von einer bestimmten Grenze ab kann die Einstellung eines Melkers lohnend sein, wodurch die Milchviehhaltung bis zur Auslastung desselben ausgedehnt wird. G. Heidler. 3415.

3-64/02-0193 Karlásek, V. und Dvořáček, M. Výzkum vytvoření vhodného typu červenostraktatého skotu v horských a podhorských oblastech. **(Untersuchungen zur Züchtung eines geeigneten Typs des Rotfleckviehs für Gebirgs- und Vorgebirgsgebiete der ČSSR.)** Vědecké Práce ústředního výzkumného Ústavu Živočišné Výroby v Uhříněvsi **6** (1963) S. 77–106. – 17 Abb., 11 Tab., 41 Lit. Zus. in Russ., Engl., Dtsch.

In 27 Zuchtbetrieben wurden bei 5jährigen und älteren Kühen mit einer rel. Leistung von mindestens 600 kg Milch je 100 kg Lgw. Typuntersuchungen des leichteren Rotfleckviehschlages angestellt. Es wurden die wichtigsten Körpermaße ermittelt, die Korrelationen dieser Maße zur Milchleistung errechnet sowie die Milchsäure-Werte im Blut der Kühe bei Ruhe und nach einer Belastungsprobe durch Bewegung auf einer 2 km langen Strecke festgestellt. Die Kühe wogen ⌀ 564,20 (430–610) kg und wiesen eine durchschnittl. Leistung von 4428,90 (2850–7527) kg Milch pro Jahr auf. Der Durchschnittsfettgehalt war 4,04 (3,66–4,39) %. Eine positive korrelative Beziehung zur Milchleistung haben die rel. und abs. Brustlänge, der Winkel der letzten Rippe und die Schräge des Schulterblatts sowie die Neigung des Brustbeins in bezug auf die Waagerechte in caudaler Richtung, ferner auch die abs. und rel. Maße des Euters. Im Vergleich zu den ursprünglichen Schlägen des Rotfleckviehs in der ČSSR vergrößerten sich beim derzeitigen Typ des Rindes in den Gebirgs- und Vorgebirgslagen die Proportionen des Beckens, erhöhte sich das Lgw. und verbesserte sich der Gesamtrahmen. Bei Kühen mit einer rel. Leistung von 600 kg FCM war der Milchsäurewert im Blut nach der 2-km-Belastungsprobe um 43,191% höher als in der Ruhezeit, bei Kühen des unerwünschten Nutzungstyps war er um 75,133% höher. Aus den Untersuchungen ergab sich, daß der untersuchte Typ der Kühe dem gegebenen Standard und Zuchtziel für die Gebirgs- und Vorgebirgsgebiete der ČSSR entspricht. ČSSR/ÚVTI. 3480.

3-64/02-0194 Todorov, D. und Angelov, K.; Sofia-Kostinbrod, Forsch.-Inst. für Tierzucht. Eksteriorna charakteristika na kravite i bicite ot sofijskoto kafjavo govedo. **(Charakteristik der Sofioter Braunviehkühe und -bullen nach den Körpermaßen.)** Izvestija na Naučnoizsledovatelskija institut po životnovŭdstvo „Georgi Dimitrov" – Kostinbrod, Sofija **15** (1962) S. 143–160. – 4 Abb., 16 Tab., 21 Lit. Zus. in Russ., Dtsch.

Vff. haben die Materialien über die Körpermaße von 2210 Kühen in der 1., 3. und 5. Laktation (aus den Herdbuchzuchten der LPG und Staatsgüter im Zuchtgebiet des Sofioter Braunviehs) und von 45 Bullen (aus den Besamungsstationen des Zuchtgebietes) variationsstatistisch bearbeitet. Die Ergebnisse sind in Tab. angegeben und wie folgt aufgegliedert: durchschnittl. für alle

Kühe; gesondert nach Kühen aus LPG und aus Staatsgütern; gesondert nach Laktationen (1., 3. und 5.); gesondert nach Unterbezirken des Zuchtgebiets. Mittlere Körpermaße aller gemessenen Kühe bei der 3. Laktation (in Klammern Körpermaße der Bullen): Widerristhöhe 128,2 (144,6) cm, Kreuzhöhe 134,6 (146,4) cm, Rumpflänge 149,8 (180,7) cm, Brusttiefe 65,7 (81,8) cm, Brustbreite 42,5 (60,1) cm, Hüftbreite 51,9 (59,6) cm, Beckenlänge 50,5 (59,4) cm, Brustumfang 183,1 (231,8) cm, Röhrbeinumfang 18,8 (26,2) cm. Nach den Körperindexen gehört das Sofioter Braunvieh zum Milch-Fleisch-Typ. Vff. finden, daß die Brusttiefe und Brustbreite sowie die Beckenbreite einer Verbesserung bedürfen. N. Platikanow. 3480.

3-64/02-0195 Barker, J. S. F. und Davey, Gillian P.; Sydney, Univ., Dep. of Animal Husbandry. The breed structure and genetic analysis of the pedigree cattle breeds in Australia. II. The poll Hereford. **(Zuchtstruktur und genetische Analyse der Herdbuchrinderrassen Australiens. 2. Mitt. Das hornlose Hereford-Rind.)** Austral. J. agric. Res. **11** (1690) Nr. 6. S. 1072–1100. – 6 Abb., 18 Tab., 19 Lit. 1. Mitt. vgl. LZ. Abt. III 4 (1959) S. 488.

Die Poll-Hereford-Züchter bildeten 1922 ihre erste Vereinigung, 1933 entstand die Australische Poll-Hereford-Gesellschaft, die 1938 das erste Herdbuch veröffentlichte. Wie in den anderen Mitteilungen dieser Arbeit wird die Zuchtstruktur der Rasse untersucht, bes. der Einfluß und die Entwicklung der Spitzenzuchten. Die Klassifizierung der Herden erfolgte nach Barker. In der genetischen Analyse wird der Einfluß bestimmter Zuchten und Tiere auf den heutigen Genbestand der Rasse ermittelt. Weiterhin wurden der Einfluß importierter und gehörnter Tiere auf die Rasse, der Inzuchtgrad (1949: 1,8% bezogen auf 1920), die effektive Generationsdauer und die Verwendung der Zuchttiere in den verschiedenen Herden untersucht. K. Damm. 3490.

3-64/02-0196 Davey, Gillian P. und Barker, J. S. F.; Sydney, Univ., Dep. of Animal Husbandry. The breed structure and genetic analysis of the pedigree cattle breeds in Australia. III. The Hereford. **(Zuchtstruktur und genetische Analyse der Herdbuchrinderrassen Australiens. 3. Mitt. Das Hereford-Rind.)** Austral. J. agric. Res. **14** (1963) Nr. 1. S. 93–118. – 5 Abb., 19 Tab., 12 Lit. 2. Mitt. vgl. vorst. Ref.

Ein Import im Jahre 1826 war der Beginn der Hereford-Zucht in Australien. Bis 30.4.60 wurden 21878 Bullen und 54961 Kühe in das Herdbuch eingetragen. Die Zuchtstruktur, dargestellt nach Barker, ist neuerdings gekennzeichnet durch eine starke Dynamik, infolge der jüngsten raschen Ausbreitung der Rasse. In ca. 15% aller Herden werden nur die Deckbullen registriert. Die genetische Analyse erfaßte den Anteil der Importtiere am Zuchtbestand, den Anteil und Einfluß der bedeutendsten Herden auf die Rasse, den Verwandtschaftsgrad, den Inzuchtgrad (1949: 2,6% bezogen auf 1880), die effektive Generationsdauer und die Verwendung der Zuchttiere in den Herden in den Jahren 1930, 1941 und 1949. K. Damm. 3490.

3-64/02-0197 Váchal, J. und Teslík, V. Posouzení vhodnosti různých metod kontroly užitkovosti skotu. **(Bewertung verschiedener Methoden der Leistungskontrolle beim Rind.)** Vědecké Práce Ústředního výzkumného Ústavu Živočišné Výroby v Uhříněvsi **6** (1963) S. 261–280. – 5 Abb., 18 Tab., 9 Lit. Zus. in Russ., Engl., Dtsch.

Daten aus insgesamt 140 Laktationen mit tägl. Kontrolle, davon 42 Laktationen von Kühen aus einem Offenstall und 98 aus einem Anbindestall, wurden ausgewertet. An einer kleineren Zahl wahllos entnommener Laktationen wurde die Verläßlichkeit verschiedener Kontrollformen, die sich durch die Anzahl der Kontrolltage und die Länge der Kontrollzwischenräume unterschieden, untersucht. Die Verläßlichkeit der Ergebnisse wurde nach der abs. Abweichung von der tatsächlichen Milchleistung beurteilt. In allen diesen

Fällen wurde der Kontrolltag individuell bei jeder einzelnen Laktation bestimmt. Es zeigte sich, daß mit der Abnahme der Kontrolltage die Verläßlichkeit der Ergebnisse abnimmt, denn die 300-Tage-Laktationen zeigten größere Abweichungen von der tatsächlichen Laktation. Es wurde nachgewiesen, daß Laktationen mit dem 1. Kontrolltag nach dem 40.–50. Laktationstag allg. überbewertet werden. Dabei sind die individuellen Abweichungen sehr bedeutend. Bei Anwendung der Berechnungsmethode von Kwizda waren die Ergebnisse auch einer 60tägigen Kontrolle sehr günstig. Bei einer Gruppe von 140 Kühen waren die nach Kwizda berechneten Ergebnisse einer 300tägigen Laktation bei 60tägiger Kontrolle praktisch fast ebenso zuverlässig wie die Ergebnisse der 300-Tage-Laktation bei 30tägiger Kontrolle und Bearbeitung nach der üblichen Art und Weise. ČSSR/ÚVTI. 3520.

3-64/02-0198 Kwasieborski, Jerzy; Warszawa, Min. Rolnictwa. Wyniki mlecznej wydajności krów za 1961 rok. **(Ergebnisse der Milchleistungskontrolle von Kühen im Jahre 1961.)** Przegląd Hodowlany **30** (1962) Nr. 11. S. 9–19. – 23 Tab.

Im Jahre 1961 umfaßte die Milchleistungskontrolle 388907 Kühe in 6006 VEG, 9709 in 472 LPG und 33889 in 18094 individuellen landwirtsch. Betrieben. Im Vergleich zum Jahre 1960 war die Gesamtzahl der untersuchten Kühe um 36496 höher. Der untersuchte Bestand gehörte folgenden Rassen an: Schwarzbuntes Niederungsvieh (374705), Rotbuntes Niederungsvieh (19947), Polnisches Rotvieh (36449), Dänisches Rotvieh (531), Simmentaler Fleckvieh (679), Jersey (38), rückenscheckiges Rind (46) und sonstige Tiere (110). Die Milchleistung betrug im Durchschnitt 2865 kg mit 3,51% Fett. Die Milchleistung nach Rassen erreichte folgenden Stand (Herdbuchkühe in Klammern): Schwarzbunte 2926–3,48 (3546–3,50); Rotbunte 3083–3,51 (3677–3,51); Polnisches Rotvieh 2555–3,87 (3583–4,19); Jersey 2690–5,39; Simmentaler 2676–4,04 (3056–4,08). – Aufgeführt sind ferner die Milchleistungen in VEG, LPG und in Privatbetrieben sowie Leistungen der besten Herden und von Rekordkühen. A. Ziołecka. 3520.

3-64/02-0199 Anonym. **Mitteilungen des Alpenfleckviehzuchtverbandes Steiermark-Kärnten.** Mitt. Alpenfleckviehverb. Steiermark Zuchtverb. Kärntner Fleckvieh **1963** Nr. 12. 68 S.

1962 erreichten in 1656 Betrieben 9318 Kühe in der Leistungsprüfung einen vollen Abschluß und brachten ⌀ 3674 kg Milch mit 4,06% und 149 kg Milchfett, 5693 Herdbuchkühe erzielten ⌀ 4010–4,09–164, 10 Kühe mehr als 6620 4,46–295. Das Fleckvieh hat das Blondvieh aus dem steirisch-kärntnerischen Grenzraum verdrängt, vor allem in Kärnten. 92% der Kühe des Verbandes haben 1962 lebende Kälber gebracht. Über Absatzveranstaltungen und Schauen des Verbandes wird im einzelnen berichtet. E. Höpler. 3520.

3-64/02-0200 Anonym. **Gelbviehzüchter gaben Rechenschaft.** Kärntner Bauer **113** (1963) Nr. 29. S. 8–9.

Ende Sept. 1962 standen 680 Betriebe mit 5112 Kühen in Leistungsprüfung. 4146 ganzjährige Abschlüsse lieferten einen Verbandsdurchschnitt von 3005 kg Milch mit 4,0% und 120 kg Milchfett, 1876 Herdbuchkühe erreichten 3356–4,05–136. Die Anpaarungen mit importierten Franken-Bullen wirken sich in Verbesserung der Bemuskelung, größerer Frühreife und besseren Milcherträgen aus. E. Höpler. 3520.

3-64/02-0201 Thompson, N. R., Stone, W. K., Graf, G. C., Kramer, C. Y. und Freund, R. J. Errors in estimation of lactational yields of milk, fat, and solids-not-fat from individual cows. **(Fehler in der Bestimmung der Laktationsleistung an Milch, Fett und fettfreier Trockenmasse bei Einzelkühen.)** J. Dairy Sci. **43** (1960) Nr. 7. S. 951–957. 3520.

3-64/02-0202 Searle, S. R. und Henderson, C. R. Judging the effectiveness of age-correction factors. **(Die Beurteilung der Wirksamkeit von Alterskorrekturfaktoren.)** J. Dairy Sci. **43** (1960) Nr. 7. S. 966–974. 3520.

3-64/02-0203 Happ, H.; Münster. **Die Melkbarkeit in praktischer Zuchtarbeit. II.** Tierzüchter **13** (1961) Nr. 22. S. 555–557. — 8 Tab. 1. Mitt. vgl. LZ. Abt. III 7 (1962) Nr. 6. S. 1186.

Vf. berichtet über die Ergebnisse von Melkbarkeitsuntersuchungen an 1245 Schwarz- und 1262 Rotbunten Westfälischen Kühen. Ein durchschnittl. Minutengemelk von mehr als 2,0 kg/Min. zeigten $^2/_3$ des Materials, $^1/_3$ erreichte 2,5 kg/Min. Weniger als 1,5 kg/Min. wiesen nur 13,7% der Schwarzbunten und 7,1% der Rotbunten auf. Das durchschnittl. Minutengemelk wird von der Laktation und auch von der Milchmenge beeinflußt. Höhere Milchmengen weisen höhere durchschnittl. Minutengemelke auf. Mit zunehmenden Milchmengen tritt anfangs eine stärkere Erhöhung als später ein. Ca. $^3/_4$ der Kühe konnten in weniger als 6 Min. ausgemolken werden. Der Leistungsanteil im Vordereuter betrug bei Schwarzbunten 40,1% und bei Rotbunten 41,1%, bei den einzelnen Kühen bestand eine große Variation. Ein Einfluß des Alters auf die Hälftenverteilung liegt nicht vor. Ein Nachgemelk von weniger als 100 cm³ wurde bei 69,4% der Schwarzbunten und bei 50,2% der Rotbunten Kühe gefunden. Die Verteilung der Kühe auf die Melkbarkeitsnoten und durchschnittl. Minutengemelk, Hälftenverteilung und Nachgemelk in den einzelnen Klassen wird angeführt. H. Fiedler. 3546.

3/64/02-0204 Šiler, R. Posouzení vhodnosti různých metod kontroly dědičnosti skotu. **(Bewertung der Eignung verschiedener Methoden der Erblichkeitskontrolle beim Rind.)** Vědecké Práce ústředního výzkumného Ústavu Živočišné Výroby v Uhříněvsi **6** (1963) S. 245–257. — 6 Tab., 26 Lit. Zus. in Russ., Engl., Dtsch.

Die Bearbeitung der aus der Leistungskontrolle im Versuchsbetrieb der Forschungsanstalt für tierische Produktion in Uhříněves zur Verfügung stehenden Belege (1958–1960) ermöglichte den Vergleich verschiedener Methoden der Nachkommenbewertung von Zuchtbullen. Zu diesen Vergleichen wurde als Beispiel der Bulle „Radko" ausgewählt, da er von allen geprüften Vatertieren die größte Anzahl von Töchtern mit bekannten Angaben über die Nutzleistung ihrer Mütter aufwies. Es wurde festgestellt, daß der TMV auf eine Reihe von Hindernissen stößt, die in erster Linie die Veränderungen der Produktionsbedingungen und eine ungenügende Anzahl von Daten über die Leistungen der Mütter betreffen. Auf gleiche Schwierigkeiten stoßen die Bemühungen, diese Methode durch Benutzung weiterer Angaben über die Leistungen der Altersgenossinnen der Mütter und Töchter zu verbessern. Die Ergebnisse dieser Modifizierung der Methode sind aber genauer. Methoden, welche die Leistungen der Töchter mit denen der gesamten Population vergleichen, werden allg. nicht benutzt, und ihre Resultate haben eine nur rel. Geltung nur für die betr. Herde, an welcher der Zuchtwert der Bullen ermittelt wurde. Am vorteilhaftesten ist die Bewertung der Zuchtbullen durch Vergleich der Töchterleistung mit den Leistungen der Töchter anderer Bullen. Dabei ist Nachdruck auf die englische Methode der Altersgenossinnen zu legen, bes. in Hinblick auf die Möglichkeit einer breiten Anwendung dieser Methode und ihre Eignung unter den Bedingungen der KB.

ČSSR/ÚVTI. 3550.

3-64/02-0205 Poutous, M. und Vissac, B. Recherche théorique des conditions de rentabilité maximum de l'épreuve de descendance des taureaux d'insémination artificielle. **(Theoretische Untersuchung der Bedingungen der maximalen Rentabilität der Nachkommenschaftsprüfung bei Besamungsbullen.)** Ann. Zootechnie **11** (1962) Nr. 4. S. 233–256.

Vff. untersuchen das Problem der Nachkommenschaftsprüfung einer Gruppe von Bullen auf einer Besamungsstation von der ökonomischen Seite. Der durch die Ausnutzung der Ergebnisse der Nachkommenschaftsprüfung entstehende Profit für den Züchter wurde als eine Funktion mit genetischen und ökonomischen Parametern dargestellt. Die Variablen entsprechen der Zahl der pro Bulle geprüften Nachkommen und dem Selektionsniveau der Bullen. Es wurden diejenigen Werte der Variablen bestimmt, für die die Profitfunktion ihr Maximum annimmt. Die Extremwerte sind von der Heritabilität des untersuchten Merkmales und von weiteren 2 Parametern abhängig, die die Kosten für die Leistungsermittlung bei den Nachkommen bzw. die Kosten für Fütterung und Haltung der Bullen enthalten.

D. Rasch. 3550.

3-64/02-0206 Burdick, J. M. und McGilliard, Lon D. Interactions between sires in artificial insemination and management of dairy herds. **(Wechselwirkungen zwischen KB-Bullen und der Behandlung der Rinderherden.)** J. Dairy Sci. **46** (1963) Nr. 5. S. 452–458.

20–40% der Variation der Milchleistung kann auf Herdendifferenzen zurückgeführt werden, und nur $^1/_{10}$ davon beruht auf genetischen Unterschieden zwischen den Herden. Die verbleibende Variation ist auf unterschiedliche Umweltverhältnisse in den einzelnen Herden zurückzuführen. Aufgabe der vorl. Arbeit sollte es sein, festzustellen, ob Wechselwirkungen zwischen Töchtern von KB-Bullen und bestinmten Umweltwirkungen in den Herden Michigans auftreten. Es wurden 8638 Holstein- und 1872 Guernseytöchter von 193 bzw. 139 KB-Bullen in 1211 Holstein- und 356 Guernseyherden in die Untersuchungen einbezogen, Die Umweltwirkungen wurden durch Produktionsniveau, Lage, Trockentage, Zwischenkalbezeit und Art der Aufstallung in den Herden erfaßt. Es konnten keinerlei Wechselwirkungen von praktischer Bedeutung zwischen den Bullen und den Umweltwirkungen nachgewiesen werden. Die Rangreihenfolge von Bullen ist damit in allen Herden die gleiche und wird nicht durch Umweltwirkungen verändert.

D. Rasch. 3550.

3-64/02-0207 Tjulenev, V. S.; Omsk, Kirow-Inst. für Landwirtsch. Vlijanie različnoj sočetaemosti roditel'skich par na razvitie teljat. **(Einfluß der verschiedenen Verträglichkeit der Elterntiere auf die Entwicklung der Kälber.)** Žurnal obščej biologii, Moskva **23** (1962) Nr. 6. S. 474–477. — 1 Abb., 5 Tab., 4 Lit. Zus. in Engl.

Für den erfolgreichen Verlauf des Befruchtungsprozesses und die Erreichung einer hohen Lebensfähigkeit der Nachkommen ist der genügende physiol. Unterschied zwischen den männl. und weibl. Geschlechtszellen eine wichtige Bedingung. Die Paarungsergebnisse können in gewissem Grad vorausgesehen werden, wenn die immunbiologischen Besonderheiten der Erythrocyten der Kühe und Bullen berücksichtigt werden. Durch die von A. Ja. Malachovskij erarbeitete Methode der Titrierung einer Erythrocytenemulsion des Blutes durch speziell geschaffenes Immunserum erhielt man eine vergleichende Charakteristik der immunbiologischen Besonderheiten des Blutes der Tiere. Dabei deuteten wesentlich unterschiedliche Bluttitrate der Bullen und Kühe auf eine positive Verträglichkeit und nicht unterschiedliche Titrate auf eine negative Verträglichkeit. Das Ergebnis dieser Untersuchungen war die Feststellung, daß sich die Kälber bei positiver Verträglichkeit der Eltern besser entwickelten, höhere tägl. Zunahmen bei geringerem Futterverbrauch pro 1 kg Gewichtszunahme hatten und einen höheren Gehalt an Hämoglobin und Erythrocyten im Blut aufwiesen. Der erhöhte Hämoglobin- und Erythrocytengehalt im Blut bei positiver Verträglichkeit der Eltern bestätigt eine hohe Sauerstoffbindung des Blutes und eine erhöhte Intensität des Stoff-

wechsels bei den Kälbern. Auch der Prozentsatz an aktiven Leukocyten war höher. Die Auslese der Elterntiere beeinflußt auch die Lebensfähigkeit der Kälber; bei positiver Verträglichkeit der Elterntiere starben weniger Kälber als bei negativer Verträglichkeit. Die Tiere von Eltern mit positiver Verträglichkeit übertreffen nach vorliegenden Angaben die Tiere von Eltern mit negativer Verträglichkeit in der Milchproduktivität um ca. 15–20%.
K. Witt. 3560.

3-64/02-0208 Engeler, W. und Meli, H.; Zug, Schweiz. Herdbuchstelle für Braunvieh. **Ergebnisse von Messungen und Wägungen an Zuchtstieren des schweizerischen Braunviehs.** Schweiz. landwirtsch. Forsch. 2 (1963) Nr. 1. S. 83–95. — 9 Tab., 21 Lit. Zus. in Engl., Franz.

In den Jahren 1960 und 1961 wurden 616 Stiere des schweizerischen Braunviehs, die zu den Verbandszuchtstiermärkten aufgetrieben wurden, gemessen und mit Meßwerten aus den Jahren 1929–36 bzw. 1940–49 verglichen. Bei den ausgewachsenen Stieren ist eine Abnahme der Größe von ca. 6 cm festzustellen. Eine weitere Verkleinerung ist nicht erwünscht. Die im Standard von 1958 festgelegte Widerristhöhe für ausgewachsene Zuchtstiere von 143 cm muß beibehalten werden. Die Brustmaße haben sich bei den jüngeren Altersklassen gegenüber früheren Messungen verbessert. Während die Widerristhöhe und Brusttiefe bei den Stieren mit 4 Jahren ihr Endwachstum erreichen, können Brustumfang und Beckenbreite infolge Fleischbildung und Fettansatz bis zu 5 Jahren zunehmen. Außerdem wurden an 272 Stieren des Schweizerischen Braunviehs im Alter von 10 Mon. Gewichtsbestimmungen vorgenommen und die tägl. Gewichtszunahme sowie die Heritabilität der Tageszunahme ermittelt. Das Durchschnittsgewicht der Stiere im Alter von $^3/_4$ Jahren betrug 339 kg. Die durchschnitt. Gewichtszunahme von der Geburt bis zum Wägetag lag bei 1055 g. Für die Gewichtszunahme wurde eine Heritabilität von $h^2 = 0{,}16$ gefunden. Der Selektionserfolg hinsichtlich der Mastfähigkeit ist nur in Verbindung mit anderen gleichgerichteten Merkmalen wie Frühreife, Frohwüchsigkeit, Gewicht und Futterdankbarkeit aussichtsreich.
H. Kleiber. 3560.

3-64/02-0209 Hodges, John, O'Connor, L. K. und Clark, W. M. The size of dairy heifers. **(Körperform und -größe von Milchviehfärsen.)** Animal. Product. 2 (1960) Nr. 2. S. 187–195. 3560.

3-64/02-0210 Johnson, K. R. und Fourt, D. L. Heritability, genetic and phenotypic correlations of type, certain components of type, and production of Brown Swiss cattle. **(Heritabilität sowie genetische und phänotypische Korrelationen zwischen Typ, bestimmten Typkomponenten und der Leistung beim Schweizer Braunvieh.)** J. Dairy Sci. 43 (1960) Nr. 7. S. 975–981. 3560.

3-64/02-0211 Searle, S. R. Average relationship within a herd. **(Die durchschnittliche Verwandtschaft in einer Herde.)** J. Dairy Sci. 46 (1963) Nr. 5. S. 447–451.

Die durchschnittl. Verwandtschaft in einer Herde könnte durch Mittelwertbildung aus den Verwandtschaftskoeffizienten zwischen allen möglichen Paaren von 2 Tieren der Herde errechnet werden. Diese mühevolle Arbeit umgeht Vf., indem er ein Näherungsverfahren entwickelt, ohne auf Stichprobenverfahren zurückzugreifen, d. h., unter Verwendung der gesamten Information aus der Vorfahrengeneration. Mit dem angegebenen Verfahren lassen sich der durchschnittl. Verwandtschafts- und Inzuchtkoeffizient in einer Herde näherungsweise berechnen. Vf. gibt darüber hinaus an, wie die bei der Anwendung seiner Formeln anfallende Rechenarbeit mit Hilfe von Lochkarten durchgeführt werden kann. Das Verfahren wurde schließlich für die Berechnung der durchschnittl. Verwandtschafts- und Inzuchtkoeffizienten in 17

reinen Jerseyherden angewendet. Es ergaben sich Werte zwischen 0,024 und 0,152 (Verwandtschaft) bzw. zwischen 0,003 und 0,57 (Inzucht).
D. Rasch. 3572.

3-64/02-0212 Hamann, H. K., Wearden, S. und Smith, W. H.; Manhattan, Kansas State Univ. Estimation of genetic and environmental factors affecting weaning weights of creep-fed cattle. **(Schätzung von genetischen und umweltbedingten Faktoren, die die Absatzgewichte von gefütterten Kälbern beeinflussen.)** J. Animal Sci. 22 (1963) Nr. 2. S. 316–319. – 2 Tab., 18 Lit.

Vff. analysierten die Absatzgewichte von 1861 Kälbern, die 210–750 lb. schwer und für Geschlecht, Mutteralter und Jahr korrigiert worden waren. Die Korrelation zwischen väterlichen Halbgeschwistern war 0,12, zwischen mütterlichen Halbgeschwistern 0,24 und die Vollgeschwisterkorrelation 0,37. Daraus ergaben sich Heritabilitäten von 0,47–0,49, aus Intraklasskorrelationen innerhalb der Väter solche von 0,26 bzw. 0,11 für Hereford- bzw. Angusrinder und von 0,08 bzw. 0,69 für ♂ bzw. ♀ Kälber. Diese Werte werden mit solchen aus der Literatur verglichen. A. Schaaf. 3578.

3-64/02-0213 Schwarzer, J. Příspěvek k metodice plánování reprodukce základního stáda krav v ročních plánech JZD. **(Ein Beitrag zur Methodik der Planung der Reproduktion des Grundkuhbestandes in den Jahresplänen der LPG.)** Sborník Vysoké Školy zemědělské Brně, Řada A **1962** Nr. 3/4. S. 225–234. – 3 Lit. Zus. in Russ., Dtsch.

Die mit der Methodik zur Berechnung der geplanten Struktur einer Färsenherde, die die gewünschte Reproduktion der Grundherde sichern soll, verbundenen Hauptprobleme beruhen auf folgenden Aufgaben: 1. Anteilsbestimmung der vozunehmenden Ergänzung der Grundherde durch Färsen verschiedener Altersgruppen für das geplante Jahr plus 1–3 weitere Jahre unter Berücksichtigung der ersten Kalbung der Färsen und der Kalbungsgleichmäßigkeit während des Jahres. 2. Bestimmung der Färsenzahl nach Altersgruppen auf Grund des geplanten Kuhbedarfs zur Ergänzung der Grundherde im geplanten Jahr plus in 1–3 weiteren Jahren. – Der Kuhbedarf wird nach den Merzungsplänen und nach der geplanten Vermehrung der Kuhbestände bestimmt; auch für die einzelnen Färsengruppen muß der Prozentsatz der Ausmerzung festgesetzt werden. Praktisch kann man die komplizierte Berechnung der geplanten Struktur der Färsenherde durch die Anwendung der vorgeschlagenen Reproduktionskoeffizienten ersetzen; die Färsenbestände werden dann durch Multiplizierung der für die Ergänzung der Herde geplanten Färsenanzahl mit den betr. Koeffizienten errechnet.
ČSSR/ÚVTI. 3604.

3-64/02-0214 Gorjašin, V. A.; Puschkin, Gebiet Leningrad, Forsch.-Lab. für Tierzucht. Rezul'taty skreščivanija černopestrogo skota s džerzejskim. **(Resultate der Kreuzung Schwarzbuntes Rind × Jersey.)** Vestnik sel'skochozjajstvennoj nauki, Moskva 7 (1962) Nr. 4. S. 94–104. – 5 Abb., 7 Tab. Zus. in Engl., Franz., Dtsch.

Die Kreuzung Schwarzbunt × Jersey ermöglicht eine schnelle Steigerung des Fettgehaltes der Milch. An Hand von vielen Versuchen wurde festgestellt, daß der Milchfettgehalt in der I. Generation um ca. 0,8–1,0% ansteigt, wobei der Futteraufwand pro Produktionseinheit um 23% gesenkt wird. Dieser gesteigerte Milchfettgehalt bleibt auch in der Nachkommenschaft bewahrt. Für die Festigung des Milchfettgehaltes ist es notwendig, den Tieren reichliche und vollwertige Futterrationen zu geben. Für die Verbesserung einer fettschwachen Herde ist die Verwendung von Bullen, die von jerseygekreuzten Kühen mit hohem Milchfettgehalt stammen, am zweckmäßigsten.
K. Witt. 3606.

3-64/02-0215 Ignatov, Ign.; Sofia-Kostinbrod, Forsch.-Inst. für Tierzucht. Optimalna vŭzrast i živo teglo pri zaploždane na telici ot sofijskata kafjava poroda. **(Optimales Alter und Lebendgewicht für die Zulassung der Sofioter Braunviehfärsen.)** Izvestija na Naučnoizsledovatelskija institut po životnovŭdstvo„ Georgi Dimitrov" – Kostinbrod, Sofija **16** (1962) S. 5–15. – 9 Tab., 23 Lit. Zus. in Russ., Dtsch.

Es wurden die Materialien aus den Herdbüchern von 4 Stammzuchten über 185 Erstlingskühe des Sofioter Braunviehs, die nach 1953 gekalbt haben, bearbeitet. Danach empfiehlt Vf., die Sofioter Braunviehfärsen mit 16–20 Mon., wenn sie ein Gewicht von 70 (60–80)% der erwachsenen Kühe erreicht haben, zuzulassen. N. Platikanow. 3608.

3-64/02-0216 Höppner, Paul. **Die Fruchtbarkeitsverhältnisse der Rinderherden auf den Jenaer Universitätsgütern in den Jahren 1959-1961.** Dipl.-Arb. Landwirtsch. Fak. Jena **1963** 51 S. — 7 Abb., 19 Lit.

Vf. gibt einleitend die wirtschaftlichen Kennzahlen der Universitätsgüter an. Er vergleicht die Zwischenkalbezeit, die Befruchtungsziffer, die durch Erstbesamung erzielten Befruchtungen sowie die Abkalbeergebnisse dieser Betriebe mit früheren Untersuchungen und stellt eine steigende Tendenz fest. Ferner werden die Zeit der höchsten Befruchtungsergebnisse nach dem Kalben und das jahreszeitliche Konzeptionsminimum sowie der Anteil der wegen Sterilität ausgeschiedenen Tiere ermittelt. 3610.

3-64/02-0217 Shannon, P.; Newstead, Hamilton, New Zealand Dairy Product. and Market Board, Artificial Breeding Centre. Dairy herd fertility. **(Die Fruchtbarkeit in Milchviehherden.)** Proc. New Zealand Soc. Animal Product. **22** (1962) S. 139–141.

Fruchtbarkeitsanalysen in Rinderherden, die künstlich besamt wurden, ergaben, daß 50% der Varianz in der Konzeptionsrate zufällig waren, während 17% durch die Techniker und nur 33% durch Herdenunterschiede bedingt waren. Bei guten Besamungsbullen sank die Befruchtungsrate um 6% im Verlauf einer 2tägigen Spermakonservierung, während dieser Abfall bei schlechten Befruchtern 34% betrug. Mittels des nach 3tägiger Konservierung durchgeführten Fructolysetests kann dieses Absinken der Konzeptionsrate, das eine hohe Wiederholbarkeit zeigte, vorhergesagt werden. Durch Einsatz des Spermas schlechter Bullen nur am Tag der Gewinnung konnte die Fruchtbarkeit um 5% erhöht werden. Eine weitere Verbesserung wurde durch Verwendung eines Verdünners erzielt, der Glycerin und Glykokoll enthielt.

F. Döcke. 3610.

3-64/02-0218 Shannon, P. The incidence of fertility problems in dairy herds. **(Das Auftreten von Fruchtbarkeitsproblemen in Milchviehherden.)** New Zealand J. Agric. **105** (1962) Nr. 3. S. 245–246. – 1 Abb.

Die Erstbefruchtungsrate in Herden mit Deckbetrieb liegt bei 63%. Am Ende des Zuchtjahres hatten 7–7,9% der Kühe nicht aufgenommen. Diese waren aber durchaus nicht steril. Auf Grund der Ergebnisse jahrelanger Untersuchungen konzipieren 87% dieser Tiere im nächsten Zuchtjahr. Der Prozentsatz der nach der 1., 2. und 3. Bedeckung tragenden Tiere ist durchaus mit normalen Herden vergleichbar. Auch die Leistung ist nicht allein verantwortlich. Die jährl. Unterschiede in der Fruchtbarkeit unterliegen keinem bestimmten Rhythmus. Alle 5 Jahre muß man jedoch mit einem Jahre minderer Befruchtung rechnen, wobei der Erstbefruchtungssatz unter 50% liegt. Ein Faktor, der zu Variationen in der Herdenfruchtbarkeit beiträgt, ist der zufallsbedingte, von der Methode herrührende Meßfehler. Die Erstbefruchtungsrate weist bei Kühen, die unter gleichen Verhältnissen gehalten werden, beträchtliche individuelle Unterschiede auf. 1958 wurden in Auckland 1035 der KB angeschlossene Herden in 50 Gruppen bei Anwendung

1 Tag alten Gefrierspermas untersucht. Die Konzeptionsrate betrug insgesamt 65% bei einer Variation innerhalb der Gruppen von 45–71%, bei einzelnen Herden von 34–94%. 60% der Differenz waren zufallsbedingt, und nur 40% basierten auf tatsächlichen Herdenunterschieden. Das bedeutet, daß in einer Herdengruppe, die 10% unter dem Durchschnitt liegt, 6% der Differenz zufallsbedingt sind. Wenn die Herden, die 10% unter dem Durchschnitt liegen, als Problemherden angesprochen werden, sind 12 von 100 Herden hierunter zu rechnen. Wird der zufallsbedingte Fehler eliminiert, sind nur 3 von 100 Herden 10% unter dem Durchschnitt und tatsächlich mit Fruchtbarkeitsmängeln behaftet. Will man in der Frage der Herdensterilität zu aussagefähigen Ergebnissen gelangen, muß grundsätzlich zwischen Herden mit zufällig schlechter Befruchtung und solchen mit echter Fruchtbarkeitsminderung unterschieden werden. In einer groß angelegten Analyse über das Umrindern und seine Beziehungen zum regelmäßigen Sexualzyklus sowie der ständigen schlechten Befruchtung wurden die Befruchtungsergebnisse der 10% unter dem Durchschnitt liegenden Herden überprüft. Die Bestände wurden in 2 Gruppen eingeteilt: Gr. 1, in der mehr als $^2/_3$ der Tiere nach einem normalen Zyklus (18–24 Tage) umrinderten, und Gr. 2 mit einem unregelmäßigen Intervall (weniger als 18 Tage oder länger als 24 Tage). In Gr. 1 war die Befruchtung im nächsten Jahr in Ordnung, in der Gr. 2 lagen die Befruchtungsergebnisse 7% unter dem Durchschnitt. Das ist eine Möglichkeit der Differentialdiagnose zwischen zufallsbedingten und tatsächlichen Fruchtbarkeitsdifferenzen. Ihre rechtzeitige Diagnose ermöglicht aber auch die Feststellung von Problemherden vor dem neuen Zuchtjahr und verhindert den Eintritt schwerwiegender Mängel. H. Busse. 3610.

3-64/02-0219 Becze, J., Mátrai, T. und Tóth, S. Az alimentáris eredeti meddőség befolyása a szravasmarha szelekciójára. **(Einfluß der fütterungsbedingten Unfruchtbarkeit auf die Selektion des Rindes.)** Állattenyésztés [Tierzucht] **11** (1962) Nr. 3. S. 373–378. — Aus: Ung. Agrar-Rdsch. **1963** Nr. 3.

Vff. ermittelten in 5 Milchbetrieben, deren Bestände aus Fütterungsursachen teilweise unfruchtbar geworden waren, an insgesamt 595 Kühen den prozentualen Anteil der „güsten" Tiere in den einzelnen Leistungsklassen und untersuchten deren Auswirkungen auf die Zuchtwahl. Als „güst" wurden Tiere betrachtet, die 6 Mon. nach dem Abkalben nicht trächtig wurden sowie jene abgekalbten Kühe, bei welchen eine Erkrankung der Geschlechtsorgane festgestellt werden konnte. Es erwies sich, daß in Betrieben mit niedrigen Befruchtungsprozenten der Nährstoffbedarf — bes. der Eiweiß- und Phosphorbedarf — der einzelnen Tiere ihrer Leistung nach nur ungenügend befriedigt wurde. Dort, wo als Ursache der Unfruchtbarkeit mangelhafte Haltungs- und Fütterungsbedingungen festgestellt werden konnten, stieg die Zahl der „güsten" Tiere parallel mit dem Niveau der Leistung an. Demnach nehmen an der Reproduktion eines Bestandes mit einer geringeren Leistung Tiere mit einer niedrigeren Leistung, die in geringerer Zahl vorhanden sind, und Tiere mit einer entspr. Leistung — das sind heute noch die meisten — in ungefähr gleichem Maße teil. Die ausschlaggebende Bedeutung der fütterungsbedingten Unfruchtbarkeit liegt darin, daß sie die Beurteilung der grundlegenden Vorbedingungen der Zuchtwahl verschleiert. 3610.

3-64/02-0220 Belling, jun., Theodore H.; University Park, New Mexico State Univ., Dep. of Animal Husbandry. Reproduction efficiency in the Hereford cow. **(Zuchtleistung des Hereford-Rindes.)** J. Amer. veterin. med. Assoc. **142** (1963) Nr. 5. S. 494–501. — 4 Abb., 1 Tab., 103 Lit.

Es wurden 1454 Rectaluntersuchungen an 4 Herden, die je 95–189 Tiere umfaßten, durchgeführt. Pathologisch-anatomische Abnormitäten konnten rectal nur in 4 Fällen festgestellt werden. Der Trächtigkeitsprozentsatz schwankte zwischen 46–100% bei einer durchschnittl. Fetalmortalität von 4% (0–11%). Die beste Konzeptionsrate lag zwischen dem 3. und 7. Lebensjahr, weiterhin spielten die Zwischenkalbezeiten (ZKZ) eine Rolle. 60 Tage post partem waren bessere Befruchtungsergebnisse zu verzeichnen als vor diesem Termin. Abgesehen vom Alter der Kühe bestanden signifikante Beziehungen zwischen dem Geschlecht der Kälber und der ZKZ. Bei Färsenkälbern betrug die ZKZ 355 Tage, bei Bullenkälbern 367 Tage, was auf die intensivere Säugetätigkeit der kräftigeren männl. Kälber zurückzuführen sein soll.

G. Becker. 3610.

3-64/02-0221 Goswami, S. K. und Bhattacharya, S.; Mohanpur Post, West Bengal, Centr. Livestock Res. and Breeding Stat. Environmental causes of variation in gestation length of Hariana cattle. **(Umweltbedingte Ursachen für die Variation der Trächtigkeitsdauer beim Hariana-Rind.)** Indian veterin. J. **40** (1963) Nr. 5. S. 289–296. — 6 Tab., 20 Lit.

Vorliegende Untersuchungen werten 2413 Trächtigkeitsperioden bei Hariana-Rindern aus. Die Dauer der Trächtigkeit schwankte zwischen 252 und 323 Tagen. Mehr als 70% der Perioden konzentrierten sich in der Klasse 282 bis 293 Tage. Untersucht wurde die Wirkung folgender Umwelteinflüsse: Geschlecht des Kalbes, Kalbemonat und Zahl der bisherigen Abkalbungen der Mütter. Bei 1282 männl. Kälbern war die durchschnittl. Trächtigkeitsdauer 289,11 ± 0,17, bei 1131 weibl. Kälbern waren es 286,46 ± 0,17 Tage. Der Gesamtdurchschnitt betrug 287,87 ± 0,13 Tage. Die Variation in Abhängigkeit vom Geschlecht des Kalbes und die in Abhängigkeit von der Zahl der bisherigen Kalbungen der Mütter ist statistisch gesichert. Der Kalbemonat hatte keinen signifikanten Einfluß. K. Damm. 3612.

3-64/02-0222 Schmidt, Gudrun. **Vergleichende Untersuchungen zwischen vollmilcharm und mit normalen Vollmilchgaben aufgezogenen Rindern.** Dipl.-Arb. Landwirtsch. Fak. Jena **1963** 45 S. — 5 Abb., 16 Tab., 70 Lit.

Es wurden 2 Gruppen von je 65 Tieren miteinander verglichen. Nachstehende Futtermittel in kg kamen bis zur 16. Lebenswoche je Tier zur Anwendung (Kälpan- bzw. Normalgruppe): Vollmilch 205 bzw. 330, Magermilch 625 bzw. 510, Kraftfutter 75 bzw. 71, Heu 71 bzw. 65 und Trocken-Schnitzel 7,6 bzw. 7,2. Der GE-Verbrauch je kg Zunahme betrug in der Kälpangruppe 4,3, in der Normalgruppe 5,2. Die Zunahme je Lebenstag belief sich in der Kälpangruppe auf 779 g, in der Normalgruppe auf 754 g. 3634.

3-64/02-0223 Small, A. C. Multiple suckling in calf-raising for vealer production. **(Die Verwendung von Ammenkühen für die Aufzucht von Mastkälbern.)** Agric. Gaz. New South Wales **74** (1963) Nr. 3. S. 172–174. 180. — 1 Abb.

Die Aussicht, daß künftig traditionelle Absatzmärkte für überschüssige Molkereiprodukte verloren gehen werden, zwingt dazu, Alternativen zu suchen, um die Stabilität der australischen Milchindustrie zu sichern. Es bieten sich 3 Wege an: Mehrverbrauch im Inland, Erschließung neuer Märkte und eine vielseitigere Produktion in den Milchfarmen. Letztere Möglichkeit scheint am aussichtsreichsten. Vorliegende Arbeit beschreibt praktische Erfahrungen eines Farmbetriebes. Erprobt wurden verschiedene Weidesysteme, bes. hinsichtlich der Beweidung durch Kälber und Kühe. Erreicht wird eine höhere Fleischproduktion durch Aufmast zugekaufter Kälber. Ammenkühe werden zu deren Ernährung verwendet, gleichzeitig erfolgt eine spez. Beifütterung. Diese Methode wird hinsichtlich ihrer Auswirkungen auf die Fleischproduktion und die Kosten im Farmbetrieb dargestellt. Jetzt erzeugen die Milchfarmen Australiens ca. 25% des Gesamtrindfleischaufkommens, in Großbritannien sind es fast 80, in Dänemark und Schweden nahezu 100%.

K. Damm. 3634.

3-64/02-0224 Pšeničnyj, P.; Ukrain. Landwirtsch. Akad. O podsosnom vyraščivanii teljat v moločnom skotovodstve. **(Aufzucht der Kälber mit Ammen.)** Moločnoe i mjasnoe skotovodstvo, Moskva 8 (1963) Nr. 1. S. 35 bis 36. — 3 Lit.

Trotz guter Fütterung sinkt die Leistung der Ammenkühe von Jahr zu Jahr. Die Laktationsperiode ist um 1,5–2 Mon. verkürzt. Durch das Säugen der Kälber oder zu häufiges Melken am Tage wird die Zwischenkalbezeit der Kühe verlängert, da die 1. Brunst nach dem Abkalben verspätet auftritt. Auch die für eine Befruchtung notwendige Anzahl von Besamungen ist ca. 20% höher. Das verstärkte Auftreten des Muttertriebes bei Ammenkühen kann nur durch regelmäßiges Unterbrechen der Säugeperiode unterdrückt werden, indem die Tiere stets ein Jahr um das andere wieder der Milchviehherde angegliedert werden. R. Ihssen. 3634.

3-64/02-0225 Castle, M. E. und Watson, J. N. A comparison between an early weaning and a more conventional system of rearing dairy calves. **(Ein Vergleich zwischen Frühabsetzen und einer mehr traditionellen Form der Kälberaufzucht.)** Animal Product. **1** (1959) Nr. 1. S. 31–36. 3634.

3-64/02-0226 Kumanov, St. und Paliev, Chr.; Sofia-Kostinbrod, Forsch.-Inst. für Tierzucht. Vlijanie na nivoto na chranene na teleta bliznaci vŭrchu rasteža, razvitieto i produktivnostta im. Vtoro sŭobštenie. **(Einfluß des Ernährungsniveaus der Zwillingskälber auf Wachstum, Entwicklung und künftige Leistung. 2. Mitt.)** Izvestija na Naučnoizsledovatelskija institut po životnovŭdstvo „Georgi Dimitrov"-Kostinbrod, Sofija **15** (1962) S. 5–15. — 1 Abb., 9 Tab., 10 Lit. Zus. in Russ., Dtsch. 1. Mitt. vgl. LZ. Abt. III 8 (1963) Nr. 5. S. 958.

Sieben eingeschlechtliche (weibl.) Zwillingspaare wurden in 2 Gruppen geteilt und bis zum 18. Lebensmonat in folgender Weise gefüttert: die Kontrollgruppe nach den Normen des Allunionsinstituts für Tierzucht, Moskau, und die Versuchsgruppe nach denselben, jedoch um 30% gekürzten Normen. Nach dem 18. Lebensmonat waren die Rationen für beide Gruppen gleich. Ergebnisse (in Klammern Kontrollgruppe): Lgw. mit 18 Mon. 318,50 (360,80) kg, mit 30 Mon. 475,71 (475,98) kg; Widerristhöhe mit 21 Mon. 122,4 (125,7) cm, mit 30 Mon. 129,8 (130,3) cm; Rumpflänge im entspr. Alter 137,7 (140,3) bzw. 146,8 (146,7) cm, Brusttiefe 59,4 (61,6) bzw. 65,8 (66,0) cm, Brustbreite 37,4 (40,4) bzw. 42,5 (43,2) cm, Röhrbeinumfang 18,1 (18,6) bzw. 19,5 (19,5) cm. Bis zum 30. Lebensmonat haben sich Lgw. und Körpermaße der beiden Gruppen vollkommen ausgeglichen. N. Platikanow. 3636.

3-64/02-0227 Hofmann, P. und Matzke, P. **Zur Frage der Vorbereitungsfütterung bei Kalbinnen.** Bayer. landwirtsch. Jb. **40** (1963) Nr. 2. S. 198–203.

In einem Fütterungsversuch mit 21 Kalbinnen, die in 3 Gruppen zu je 7 Tieren 42 Tage vor dem vermutlichen Kalbetermin unterschiedliche Futterrationen erhielten, wurde der Einfluß der Fütterung auf die Gewichtsentwicklung der Kalbinnen, die Geburtsgewichte der Kälber, den Geburtsverlauf sowie die Einsatzleistung untersucht. Die 3 Versuchsgruppen erhielten verschieden hohe Energie-, Eiweiß- und Wirkstoffmengen. Die besser gefütterten Kalbinnen hatten ein höheres Lgw. nach der Kalbung als die knapp ernährten. Die Unterschiede im Geburtsgewicht der Kälber waren unwesentlich. Dagegen war die Einsatzleistung der Tiere mit besserer Vorbereitungsfütterung höher. In der Dauer des Geburtsverlaufes ergaben sich zwischen den 3 Gruppen nicht gesicherte Unterschiede. K. Pilz. 3636.

3-64/02-0228 Haring, F. und Weniger, J.-H. **Wirtschaftliche Methoden zur Erzeugung von Kalbfleisch.** Konf. „Ind. Produttori Alimenti Composti" Rom, Ber. **1962** 19 S. — 10 Tab.

Von der z. Z. unrentablen Vollmilchmast ausgehend werden verschiedene Methoden der vollmilcharmen Kälberaufzucht dargestellt. Vff. berichten über die Kälbermast bis 110 kg mit Milchaustauschfutter und aufgewerteter Magermilch. Ferner finden die Methoden der verlängerten Kälbermast Berücksichtigung. Den Ausführungen liegt ein Versuch zugrunde, bei dem 71 Kälber eines Bullen bei 6 verschiedenen Endgewichten geschlachtet wurden. Die Kälber waren mit aufgewerteter Tränke bzw. mit Tränke und Kraftfutter aufgezogen worden. Die Gruppen der Kraftfuttermast erzielten eine höhere durchschnittl. Tageszunahme und erreichten dadurch die Endgewichte früher. Auf Grund der unterschiedlichen Handelsklasseneinteilung konnte allerdings bis zu einem Gewicht von 140 kg bei beiden Mastverfahren ein fast gleich großer Gewinn erzielt werden. Bei der Ausdehnung der Mast über 140 kg hinaus war die Rentabilität nur gewährleistet, wenn neben der Tränke Kraftfutter zum Einsatz kam. G. Heidler. 3652.

3-64/02-0229 Eckhardt, Hilmar. **Untersuchungen über die Beziehungen zwischen dem Erstkalbealter sowie dem Abkalbemonat und der ersten Laktationsleistung bei Deutschem Fleckvieh des Bezirkes Suhl.** Dipl.-Arb. Landwirtsch. Fak. Jena **1963** 52 S. — 9 Abb., 42 Lit.

An 950 Höhenfleckviehherdbuchkühen konnte festgestellt werden, daß nach Abkalbungen im Winterhalbjahr 173,16 kg mehr Milch/Jahr erreicht wurden. Dabei erzielten die Märzkalbungen den höchsten Wert. Der Milchfettgehalt wurde durch den Abkalbemonat nicht beeinflußt. Das Erstkalbealter lag bei 31,18 Mon. Es besitzt zur Milchleistung eine positive Korrelation von $r = 0{,}163^{***}$. Die Mindererträge durch frühere Zulassung (17–20 Mon.) sind gering, da die Rentabilität durch frühe Zuchtbenutzung steigt. Der Milchfettgehalt zeigt zum Erstkalbealter eine Beziehung von $r = 0{,}03$. 3662.

3-64/02-0230 Suchánek, Bohumil; Rapotín, Výskumný Ústav pro Chov Skotu. Dlouhověkost krav a její vztah k mléčné užitkovosti. **(Die Langlebigkeit der Kühe und ihre Beziehung zur Milchleistung.)** Živočišná Výroba **8(36)** (1963) Nr. 3. S. 153–166. — 8 Tab., 10 Lit. Zus. in Russ., Franz., Dtsch.

Nach Untersuchungen in 17 Zuchtwirtschaften des ehemaligen Bezirkes Olomouc in Mähren bei einer Milchleistung der Kühe von ⌀ 3278 kg mit 4,02% Fettgehalt zeigte sich bei den Kühen verschiedener Alterskategorien kein günstiger Einfluß der Selektion auf die Variabilität der Milchleistung. Im Durchschnitt wurden aus den Herden jährl. 20,5% Kühe ausgemerzt. Durch eigene Nachzucht stieg die Anzahl der Kühe jährl. um 4,25%. Das Alter der Kühe bei der Schlachtung betrug ⌀ 7,62 Jahre bei 4,48 Kalbungen. Die häufigsten Ursachen des Ausmerzens waren Sterilität (46,1%), Tbc (12,5%), Notschlachtung (7,5%), Alter (4,7%) und Krankheiten nach der Kalbung (3,3%). Mit der steigenden durchschnittl. Leistung stieg auch die Lebensdauer der Kühe, wobei das höchste Alter Kühe mit einer Leistung von 3500 bis 4000 kg Milch (8,65 Jahre) erreichten. Bei einer durchschnittl. Leistung von über 4500 kg Milch verkürzte sich jedoch das Lebensalter der Kühe bereits wesentlich (6,87 Jahre). ČSSR/ÚVTI. 3662.

3-64/02-0231 Wiener, Gerald. Factors influencing average milk yield of herds at two levels of production. **(Die Milchleistung beeinflussende Faktoren in Herden mit unterschiedlicher Leistungshöhe.)** Animal Product. **2** (1960) Nr. 2. S. 117–130. 3662.

3-64/02-0232 Haring, F. und Langholz, J. **Neue Forschungsergebnisse und Maßnahmen zur Verbesserung der Fleischproduktion bei Zweinutzungsrindern in Deutschland.** Kommiss. Rinderprodukt. europ. Verein. Tierzucht Baden bei Wien, Ber. **1962** 5 S. — Sep.

Vff. behandeln zunächst die Probleme der Fleischerzeugung bei den Zweinutzungsrindern. Versuche haben gezeigt, daß ohne wesentliche Beeinträchtigung der Kalbfleischqualität 140 kg schwere Kälber auch bei Einsatz von Kraftfutter rentabel erzeugt werden können. Die Ochsenmast wird durch die Jungbullenmast immer mehr verdrängt. Eine Intensivmast von Färsen wird wegen geringerer Zunahmen und frühzeitiger Verfettung nicht empfohlen. Die extensive Aufzucht mit einmaliger Kalbung liefert wahrscheinlich das gewünschte junge und magere Schlachtprodukt von 500 kg. — Ferner wird über objektive Maßstäbe der Fleischleistung beim Rind zum Zwecke der Selektion berichtet und darauf hingewiesen, daß die Untersuchungen über die Beschaffenheit des Fleisches immer mehr in den Mittelpunkt rücken. — Eine Nachkommenprüfung auf Mastleistung und Schlachtkörperwert ist erforderlich, um die abs. Höhe der Leistungsveranlagung zu ermitteln und zu einem sicheren Urteil über die genetische Varianz zu kommen. Durch Wägungen der zur Körung vorgestellten Jungbullen und Errechnung der Lebenstagszunahme läßt sich eventuell eine Eigenleistungsprüfung von Jungbullen vor der Zuchtbenutzung durchführen, wobei zur Schätzung des Schlachtwertes eine Ergänzung durch die Messung der Fettauflage und Muskelfläche mit Hilfe des Ultraschall-Echolotes notwendig wäre. Bei Untersuchungen in Kiel und Göttingen ließen sich positive Korrelationen zwischen Milch- und Fleischleistung errechnen. G. Heidler. 3664.

3-64/02-0233 Haring, F. und Langholz, J.; Göttingen, Univ., Inst. für Tierzucht und Haustiergenetik. **Neue Forschungsergebnisse und Maßnahmen zur Verbesserung der Fleischproduktion bei Zweinutzungsrindern in Deutschland.** Tierzüchter **14** (1963) Nr. 22. S. 803–805. — 3 Abb.,

In der Kälbermast ist es notwendig und möglich, bei unwesentlicher Beeinträchtigung der Fleischqualität die Kälber auf 140 kg rentabel zu mästen. Bei Jungbullen wird die Wirtschaftsfuttermast gegenwärtig bevorzugt, wobei jedoch auch die Mast mittels Trockenfutters ohne physiol. Störungen der Tiere verläuft und höchsten Gewichtszuwachs sichert. Infolge um 18% niedrigerer Zunahmen und ebenso hohen Futteraufwandes je kg Gewichtszunahme sowie geringeren Preises ist die Ochsenmast zurückgegangen. Die Färsenmast verspricht nach einmaliger Kalbung der Tiere im Alter von 2 Jahren qualitätsreicheres Fleisch als eine Intensivmast von Färsen ohne vorherige Kalbung. Als Grundlage der Selektion auf Fleischleistung werden die objektiven Wertmesser für die Beurteilung der Muskelfülle, des Verfettungsgrades und der Fleischbeschaffenheit sowie die Methoden der Nachkommenprüfung verbessert. K. Pilz. 3664.

3-64/02-0234 Branaman, G. A., Pearson, A. M., Magee, W. T., Griswold, Ruth M. und Brown, G. A.; East Lansing, Michigan Agric. Exp. Stat. Comparison of the cutability and eatability of beef- and dairy-type cattle. **(Vergleich der Ausschlachtungsergebnisse und Fleischqualität zwischen Rindern des Mast- und Milchtyps.)** J. Animal Sci. **21** (1962) Nr. 2. S. 321–326. — 3 Abb., 16 Lit.

Vff. prüften in 3 Versuchen je 25 Tiere des Mast- und Milchtyps (Holstein), die unter gleichen Bedingungen gemästet und nach einheitlicher Methode ausgeschlachtet wurden. Es erfolgte eine Gegenüberstellung dieser Gruppen hinsichtlich der wichtigsten Schlachtmerkmale. Schließlich wurden in Kochversuchen Kochverlust, Zartheit, Geschmack, Gewebe, Aroma und Saftigkeit getestet. Die Resultate ergaben, daß die Tiere des Masttyps einen höheren Gesamtfleischertrag aufwiesen und demzufolge auch höher eingestuft wurden. Das 3-Rippenstück (9.–11. Rippe) korrelierte mit dem Fleischanteil mit $r = 0{,}87$. Die Ausschlachtungsprozente betrugen beim Masttyp 61,24 gegenüber 58,44 beim Milchtyp, die Differenz ist statistisch signifikant. Bez. der Fleischqualität ergab sich ebenfalls ein hoch signifikanter Unterschied zu

Gunsten der Tiere des Masttyps, im Prozentanteil der Hinterviertel ließen sich jedoch keine Differenzen erkennen. Während die Tiere des Milchtyps in Flanke und Bruststück unterlegen waren, wiesen sie eine stärkere Schulterentwicklung auf. Ebenfalls hatten die Tiere des Milchtyps einen um ca. 1% gesichert höheren Knochengehalt. Obwohl die Bratenstücke von den Tieren des Masttyps während des Kochprozesses eine größere Schrumpfung aufwiesen, wurden sie bez. Geschmack sowie Qualität und Quantität in der Saftigkeit signifikant höher eingestuft. Keine signifikanten Differenzen ergaben sich hinsichtlich Geschmack des Fettes sowie Zartheit und Aroma des Fleisches.
O. Siegl. 3664.

3-64/02-0235 Lofgreen, G. P. und Hull, J. L.; Davis, Univ. of California; Honolulu, Univ. of Hawaii. Estimation of empty body weight of beef cattle. **(Schätzung des Körpergewichtes [leer] bei Rindern.)** J. Animal Sci. **21** (1962) Nr. 1. S. 20–24. – 2 Abb., 2 Tab., 2 Lit.

An 104 Bullen, die im Gewicht zwischen 500 und 1100 lb. geschlachtet wurden und einen Fettgehalt zwischen 4 und 31% aufwiesen, haben Vff. diese Frage geprüft und dabei die Menge der im Verdauungsapparat enthaltenen Futterbestandteile bestimmt. Von dem unmittelbar vor dem Schlachten genommenen Lgw. (voll) wurde die Menge von Magen- und Darminhalt abgezogen und so das Körpergewicht (leer) bestimmt. Die Regressionsanalyse ließ erkennen, daß das Körpergewicht (leer) genau vorauskalkuliert werden kann, und zwar nach folgender Gleichung: $Y = 70 + 1{,}45\,X$. Dabei ist Y das Körpergewicht (leer) in lb. und X das Fleischgewicht (warm) in lb. Der hierfür errechnete Korrelationskoeffizient ist mit $r = 0{,}97$ sehr hoch. Es wurde nachgewiesen, daß diese Methode weit zuverlässiger war als die Bestimmung des Körpergewichtes (leer) nach dem Fettprozentanteil. Der Fettprozentgehalt war mit dem Körpergewicht (leer) nicht signifikant verbunden.
O. Siegl. 3664.

3-64/03-0236 Scheper, J. und Bach, H. **Tägliche Zunahmen, absoluter und relativer Fleisch-, Fettgewebs- und Knochenzuwachs bei Kälbern. 1. Mitt.** Fleischwirtschaft **15** (1963) Nr. 5. S. 430–433.

Bei der Lebendvermarktung entscheidet die Höhe der tägl. Zunahmen über die Wirtschaftlichkeit der Kälbermast, während bei der Fleischvermarktung das Verhältnis von Gesamtzuwachs zum Fleischzuwachs ausschlaggebend ist. Auf Schlachtwert wurden 41 und auf Wirtschaftlichkeit der Mast 64 Kälber geprüft. Die Bedeutung der Fütterung, des Mastanfangsgewichtes und der Rassenzugehörigkeit für die tägl. Gesamtzunahmen und für den abs. und rel. Zuwachs der einzelnen Gewebekomponenten (Fleisch, Fettgewebe, Knochen) wurde untersucht. Es ergab sich, daß die Tageszunahmen nicht in enger Beziehung zu den tägl. Muskelfleischzunahmen stehen. Tägl. Gesamtzunahme und tägl. Fleischzunahme waren am stärksten vom Mastanfangsgewicht und von der Gewichtsspanne beeinflußt. Rassen- und fütterungsbedingte Unterschiede wurden nicht nachgewiesen. Zwischen dem tägl. Fleisch- und Knochenzuwachs besteht eine Parallele. Der Anteil des Fleisch- und Knochenzuwachses am Gesamtzuwachs ist im starken Maße vom Mastendgewicht abhängig. H. Tschirschwitz. 3664.

3-64/02-0237 Smidt, D.; Göttingen, Univ., Inst. für Tierzucht und Haustiergenetik. **Erfahrungen mit der Enthornung erwachsener Rinder verschiedener Rassen.** Dtsch. tierärztl. Wschr. **70** (1963) Nr. 12. S. 322.

Die Erfahrungen mit der Enthornung von 39 z. T. tragenden Rindern verschiedener Rassen im Alter zwischen 1,5 und 3 Jahren werden beschrieben. Die Enthornungen wurden nach der von Rosenberger empfohlenen Methode vorgenommen. Nach beiderseitiger Nervus-cornualis-Anaesthesie wurden die Stirnhaare geschoren und der Hornsaum gereinigt, rasiert und jodiert. Darauf wurden die Hörner mit einem ca. 1 cm breiten Hautring an der Hornbasis mit

Hilfe einer Drahtsäge abgesetzt. Die Blutstillung erfolgte mit einem Thermokauter. Der Heilungsprozeß beim Gelbvieh war schneller abgeschlossen und dauerte nur ca. 3–5 Wochen, während der völlige Verschluß der Stirnhöhle bei den Schwarzbunten ca. 2 Wochen länger in Anspruch nahm. Größere Komplikationen traten — abgesehen von 4 Fällen leichter Sinusitis — nicht auf. O. Dietz. 3671.

3-64/02-0238 Vesper, Imme. **Umfang und Leistung der Jungviehaufzuchtstationen im Bezirk Gera.** Dipl.-Arb. Landwirtsch. Fak. Jena **1963** 67 S. — 11 Abb., 14 Tab., 45 Lit.

Die Entwicklung der gemeinschaftlichen Jungviehaufzuchtstationen im Bezirk Gera wird aufgezeigt und ihre Bedeutung und Leistung am Beispiel der Stationen Tröbnitz und Oßmaritz bes. herausgestellt. 3671.

3-64/02-0239 Gerlach, Günter. **Direkte und indirekte Leistungen einer im kalten Anbindestall gehaltenen Kuhherde. VEG Zöthen.** Dipl.-Arb. Landwirtsch. Fak. Jena **1963** 56 S. — 19 Abb., 27 Tab., 61 Lit.

Direkte und indirekte Leistungen von Schwarzbunten Niederungskühen, in einem durch Umbau aus einem Offenstall entstandenen kalten Anbindestall gehalten, wurden für das Jahr 1962 ermittelt. Es wurde festgestellt, daß während des Winters 1962/63 erhebliche Schwierigkeiten durch Einfrieren der Selbsttränken und durch Versagen der Pulsatoren der Stallmelkanlage eintraten. Über den Einfluß der Haltung der Kühe im kalten Anbindestall und die Leistungen ließen sich keine gesicherten Angaben machen, da die Fütterung unzureichend war. 3673.

3-64/02-0240 Dietel, Erich. **Untersuchungen über den Futterverbrauch sowie direkte und indirekte Leistungen einer im Offenstall gehaltenen Kuhherde.** Dipl.-Arb. Landwirtsch. Fak. Jena **1963** 33 S. — 6 Abb., 16 Tab., 50 Lit.

In einem Zeitraum von 3 Jahren wird der im Offenstall gehaltene Kuhbestand des VEG Ludwigshof untersucht. Neben der allg. Analysierung der Offenstallhaltung erfolgt die Untersuchung der direkten Leistungen (Milch- und Fettgehalt, Geburtsgewicht der Kälber) sowie der indirekten Leistungen (Fruchtbarkeit, Gesundheit, Abgangsursachen). Außerdem wurden Beziehungen zwischen dem verbrauchten Futter und den Leistungen der Herden festgestellt. 3674.

3-64/02-0241 Meyer, F. **Bullenmast im Offen-Anbindestall während des Winters 1962/63.** Mitt. dtsch. Landwirtsch.-Ges. 78 (1963) Nr. 18. S. 616 bis 619.

Zu einem Mastversuch wurden 24 Jungbullen in einem offenen Anbindestall gehalten. Der Ankauf der Versuchstiere erfolgte im Alter von einer Woche im Dez. 1961. Im März 1963 hatten $^2/_3$ der Versuchsgruppe das Mastendgewicht von 450 kg erreicht. Die Tiere erhielten während der 12 Wochen dauernden Aufzuchtperiode 75 kg Voll- und 525 kg Frischmagermilch, 60 kg Kraftfutter und 50 kg Heu. In dieser Periode, an deren Ende die Tiere ⌀ 119,6 kg wogen, betrug die durchschnittl. Tageszunahme 845 g. Von der 12. Woche ab bekam jedes Tier 1% des Lgw. plus 700 g an StE in Form trockener Futtermittel in 2 Mahlzeiten am Tag. Die durchschnittl. Tageszunahme während der 13.–41. Versuchswoche betrug 935 g. Die Zunahmen waren beim Einsetzen der Kälte im Nov. am höchsten und gingen bis Anfang Jan. mit Abnahme der Temperaturen zurück, um dann trotz niedriger Temperaturen wieder anzusteigen. K. Pilz. 3674.

3-64/02-0242 Wagener, K. **Die Tilgung der Rindertuberkulose in ihrer Bedeutung für Landwirtschaft und Veterinärmedizin.** Dtsch. tierärztl. Wschr. 70 (1963) Nr. 7. S. 173–176.

Vf. gibt einen Überblick über die Bekämpfung der Rindertuberkulose in der BRD, die am 27. 1. 63 mit der Tilgung ihren Abschluß fand, und zieht anschließend Bilanz. Er stellt den 2 Md. DM an Passiva, die für die Bekämpfung der Rinder-Tbc aufgewendet wurden, die Aktiva gegenüber. So bedeutet die Tuberkulosetilgung einmal den Wegfall des auf 275 Mill. DM jährl. bemessenen Schadens infolge der Rinder-Tbc. Sie bedeutet ferner einen Wertzuwachs je Rinderbestand um ca. 30% und einen Leistungszuwachs insofern, als die Erzeugung je Rind, gemessen in kg Getreidewert, von 1956–60 beim Rind um 22% und beim Schwein um 20% gestiegen ist. Abgesehen von der fleischhygienischen Wirkung der Tbc-Bekämpfung auf die Volksgesundheit konnten durch die Tilgung die Verluste durch beanstandete tuberkulöse Schlachtrinder und -schweine seit 1950 von 35% auf 0,25% bei Rindern und 0,08% bei Schweinen gesenkt werden. Ferner wird die Tbc-Tilgung günstige volksgesundheitliche Auswirkungen zeigen, da immerhin 30% der Organtuberkulosen und 11% aller Tuberkuloseformen des Menschen durch den Typ bovinus verursacht wurden. J. Otta. 3680.

3-64/02-0243 Schliesser, Th. **Die Bekämpfung der Rindertuberkulose in der Bundesrepublik — Rückblick und Ausblick.** Zbl. Veterinärmed. R. B **10** (1963) Nr. 3. S. 203–208.

Nachdem am 31. 12. 1961 in der BRD 99,7% der Rinderbestände amtlich anerkannt Tbc-frei waren, kann die Rinder-Tbc praktisch als getilgt angesehen werden. Das freiwillige, staatlich geförderte Bekämpfungsverfahren wurde in der Erkenntnis durchgeführt, daß die Tuberkulinprobe das sicherste und leistungsfähigste Verfahren zur Erkennung infizierter Rinder darstellt und daß alle tuberkulinpositiven Rinder mehr oder weniger als Keimausscheider und Ansteckungsquelle anzusehen sind. Aufgabe der Zukunft wird es sein, Reinfektionen zu verhüten, wobei als Infektionsquelle in erster Linie an menschliche Ausscheider zu denken ist. Auch die Bedeutung der Ansteckungen Tbc-freier Rinder durch andere Mycobakterienarten darf nicht unterschätzt, sollte aber auch nicht überschätzt werden. Der erzielte Sanierungserfolg wird durch die jährl. Kontrolle der Tbc-freien Bestände mit Hilfe der Tuberkulinprobe gesichert. J. Otta. 3680.

3-64/02-0244 Little, D. A. The effect of cattle tick infestation on the growth rate of cattle. **(Der Einfluß eines Rinderzecken-Befalles auf die Wachstumsrate der Rinder.)** Austral. veterin. J. **39** (1963) Nr. 1. S. 6–10. — 2 Abb., 3 Tab., 6 Lit.

Die Rinderzecke *Boophilus microplus* ist wahrscheinlich erst im Jahre 1872 mit Zebu-Rindern aus Java nach Australien eingeschleppt worden. Seitdem hat sich dieser Parasit weit ausgebreitet. Im Jahre 1959 betrug der jährl. Schaden allein in Queensland nahezu £ 10 Mill. Die direkten Verluste infolge Zeckenbefalles enthalten Einbußen an Rindfleisch und Milch. Daneben gibt es viele andere Faktoren, die mit dem Zeckenbefall verbunden sind und enorme Geldsummen verschlingen. Vf. kann in seinen Untersuchungen an 19 Hereford- und 10 Friesenfärsen zeigen, daß unbehandelte Färsen gegenüber parasitenfrei gemachten Tieren starke Wachstumsbeeinträchtigungen erleiden, die statistisch hoch gesichert sind. G. Diez. 3680.

3-64/02-0245 Möhlmann, H.; Dessau, Forsch.-Inst. für Impfstoffe. **Verhütung von Infektionskrankheiten des Kalbes durch Kolostralmilch.** S.-B. dtsch. Akad. Landwirtsch.-Wiss. Berlin **12** (1963) Nr. 10. S. 1–43. — 8 Abb., 3 Tab., 106 Lit. Zus. in Russ., Engl. — nach Zus.

Kinder, Affen- und Nagetiersäuglinge haben zur Zeit der Geburt Gammaglobulin im Blutserum. Sie bringen einen passiven Schutz gegen Infektionen mit auf die Welt. Fohlen, Kälber, Ferkel und Lämmer kommen gammaglobulinfrei zur Welt, sie sind bis zur ersten Colostralmilchaufnahme für die in dem Milieu, in das sie hineingeboren wurden, vorkommenden Infektionen voll empfänglich. Der Zustand der Agammaglobulinaemie muß möglichst schnell durch Verabreichung von Colostralmilch überwunden werden. Durch die Mutterschutzimpfung kann eine Immuncolostralmilch erzeugt werden. Diese hilft dem neugeborenen Kalb nur dann, wenn es die Immuncolostralmilch innerhalb der ersten Stunden nach der Geburt auch tatsächlich erhält. Empfohlen wird, den Kälbern bald nach der Geburt 1 l Colostralmilch zu verabreichen, 3–4 Std. später noch einmal 1–2 l. Durch die Hyperimmunisierung institutseigener hochtragender Kühe und Färsen mit einer multipartialen polyvalenten Vaccine wurden Hyperimmuncolostralmilchen erzeugt, die hohe Antikörpertiter gegen alle bei uns epizootologisch wichtigen bakteriellen Krankheitserreger des Kalbes enthalten. Die Titer der Erstgemelke waren bes. hoch. Aus den Colostralmilchen der hyperimmunisierten Kühe und Färsen ist ein Injektionspräparat entwickelt worden, das unter dem Namen „Imkol Dessau“ zur Zeit in der Praxis erprobt wird. 3680.

3-64/02-0246 Heim, W. **Jahresbericht 1962, Pinzgauer Zuchtverband Salzburg-Tirol.** Jb. Pinzgauer Rinderzüchter **1962** 52 S.
Im 1. Teil wird ausgewiesen, daß der Zuchtverband im Jahre 1962 68 Zuchtvereine mit 2658 Mitgliedern und 20985 Kühen (15633 Herdbuchkühen) hatte. Es bestanden 280 Stierhaltegemeinschaften mit 307 Herdbuch-Bullen. Bei ⌀ 7,9 Kühen hielten 36,7% der Mitglieder 6–9 und 20,6% 10–20 Kühe. 30,3% aller Betriebe lagen über 1000 m hoch, 80% aller Kühe mit Standardlaktationen wurden auf 1863 Almen gesömmert, 8% aller Kühe waren 10 Jahre und älter, das Durchschnittsalter betrug 5,5 Jahre. 94,5% der Kühe mit Standardlaktation wurden innerhalb der folgenden Serviceperiode wieder gedeckt, die Zwischenkalbezeit betrug bis 435 Tage. 60,4% aller Kühe wurden innerhalb der ersten 3 Mon. gedeckt. 35% der Kälber wurden geschlachtet. 2989 Tiere wurden bei Absatzveranstaltungen verkauft, für Stiere wurden ⌀ 10158 S erlöst. Korrigiert auf 13 Mon. haben 12–66 männl. Nachkommen von 29 Herdbuchstieren ⌀ 928–1122 g tägl. zugenommen. Im 2. Teil werden die Ergebnisse der Milchleistungskontrolle ausgewiesen. 18196 Kühe lieferten Standardlaktationen mit 3162–3,93–124. 6324 Herdbuchkühe davon erbrachten 3539–3,97–140. Hohe Fettleistungen, Dauerleistungen und Betriebsdurchschnitte werden ausgewiesen. E. Höpler. 3690.

3-64/02-0247 *Rasch, Dieter, Koriath, Gerhard* und *Wessely, Elisabeth Charlotte.* **Zuchtwertschätzung bei Besamungsbullen. 1. Teil.** Hrsg. Deutsche Demokratische Republik, Deutsche Akademie der Landwirtschaftswissenschaften zu Berlin, Institut für Landwirtschaftliche Information und Dokumentation. Berlin. 1963. (68 S. m. Literaturverz.) 8° = Fortschrittsberichte für die Landwirtschaft Nr. 1. Die mit der Zuchtwertschätzung in Zusammenhang stehenden Fragen wurden an Hand der neueren Literatur besprochen. Zunächst wurden die Probleme der Milchleistungsprüfung, deren ordnungsgemäße Durchführung die Voraussetzung für eine zuverlässige Zuchtwertschätzung bildet, behandelt. Das Hauptanliegen der Arbeit ist die Darlegung der Methoden der Zuchtwertschätzung bez. der Milchleistungen. Der Zuchtwertschätzung bez. anderer wichtiger Merkmale wie Fruchtbarkeit und Typ ist ein bes. Abschnitt gewidmet. Auf diesem Gebiet liegen nur rel. wenig Arbeiten vor. Dagegen konnte bei den Milchleistungen ausführlich auf die verschiedenen Methoden (Abstammungsbewertung, Töchter-Mütter-Vergleiche, CC-Test, Stationsmethoden) eingegangen werden, wobei hauptsächlich die Arbeiten erwähnt werden, die neue Gesichtspunkte enthielten. In einem weiteren Fortschrittsbericht (Heft 2) sollen weitere Aspekte der Zuchtwertschätzung beim Rind behandelt werden.

3-64/02-0248 *Rasch, Dieter, Koriath, Gerhard* und *Wessely, Elisabeth Charlotte.* **Zuchtwertschätzung bei Besamungsbullen. 2. Teil. Mastleistung und weitere Gesichtspunkte der Zuchtwertschätzung für die Milchleistung.** Hrsg. Deutsche Demokratische Republik, Deutsche Akademie der Landwirtschaftswissenschaften zu Berlin, Institut für Landwirtschaftliche Information und Dokumentation. Berlin. 1963. (70 S. m. Literaturverz.) 8° = Fortschrittsberichte für die Landwirtschaft Nr. 2. Dieser Fortschrittsbericht stellt eine Fortsetzung und Erweiterung einer Thematik dar, die in Heft 1/1963 der „Fortschrittsberichte für die Landwirtschaft“ behandelt wurde. Im vorliegenden Bericht werden die Arbeiten über die Methodik der Milchleistungsprüfung als bekannt vorausgesetzt und solche Arbeiten besprochen, die sich mit der Frage beschäftigen, von welcher Leistung (alterskorrigiert oder nicht, Jahres- oder Laktationsleistung, Kurzleistung oder Lebensleistung) auszugehen ist. Daneben wurde erörtert, welche Gruppengröße pro Vatertier als optimal anzusehen ist, und ob man nach den Milchleistungseigenschaften

einzeln oder komplex über einen Index selektieren soll. Ein Abschnitt beschäftigt sich mit der techn. Durchführung der Zuchtwertschätzung. Die Methoden der Zuchtwertschätzung bez. der Mast- und Schlachtleistung bilden einen wichtigen Bestandteil dieser Übersicht.

3-64/02-0249 *Engelke, F.* **Mastendgewicht und Fütterungsmethode in ihrem Einfluß auf den Schlachtwert des Mastkalbes. Diss. Göttingen. 1961. (120 S.)**
3-64/02-0250 *Helfferich, B.* **Jahresuntersuchungen über Fütterung und Milchleistung von Kühen unter Berücksichtigung der Fruchtbarkeit in landwirtschaftlichen Betrieben Südhannovers. Diss. Göttingen. 1961. 90 S.**
3-64/02-0251 *Lohse, B.* **Körperentwicklung und Nährstoffverzehr in der Aufzucht weiblicher Kälber. Diss. Göttingen. 1961. (106 S.)**
3-64/02-0252 *Lombard, J. H.* **An investigation of environmental and genetic causes of variation in beef cattle traits. Diss. Pretoria. 1963. (237 S.)**

D. SCHWEINE

3-64/02-0253 Vasilev, Cvjatko; Kolarowgrad, Bulgarien, Forsch.-Inst. für Tierzucht. Vŭprosi na koncentracijata i specializacijata v svinevŭdstvoto. **(Fragen der Konzentration und Spezialisierung in der Schweinezucht.)** Selskostopanska nauka, Sofija **1 (7)** (1962) Nr. 11. S. 1219–1232. — 5 Abb., 8 Tab., 12 Lit.

Auf der Grundlage von Literaturangaben wird auf die Bedeutung der Konzentration und der Spezialisierung der Schweinezucht für die Senkung der Selbstkosten des Erzeugnisses hingewiesen. Es werden die Probleme einer vollwertigen Fütterung der Schweine, ihrer Einteilung nach Kategorien (ungedeckte Sauen, tragende Sauen im 3. Mon., tragende Sauen im 4. Mon., Sauen, die geferkelt haben, säugende Sauen, Absatzferkel u. a.), der Gruppenhaltung, des Bauwesens, der Inneneinrichtung des Schweinestalls und der Buchten für die Sauen, der Mechanisierung der Arbeitsprozesse u. a. betrachtet, die in ihrer Zusammenwirkung eine neue Technologie der Haltung und Fütterung der Schweine darstellen und von deren richtiger Kombination der Erfolg der Schweinezucht bei entspr. Konzentration und Spezialisierung abhängt. NRB/ZSNTI. 3715.

3-64/02-0254 Petersen, W. **Der Weg der Fleischschweinezucht.** Dtsch. landwirtsch. Presse **86** (1963) Nr. 11. S. 103–104.

Vf. begründet die Notwendigkeit der Fleischschweinezucht. Da eine Zuchtselektion aus den verschiedenen deutschen Schweinerassen zu lange Zeit in Anspruch genommen hätte, wurden ausländische fleischwüchsige Rassen eingezüchtet. Die günstigsten Ergebnisse konnten mit den Tieren der niederländischen Landrasse erreicht werden. Neben der von Haring gezeigten Messung der Fleisch- und Fettfläche zwischen der 13. und 14. Rippe ermöglichte vor allem die von Lauprecht entwickelte Methode der Messung der Dicke des langen Rückenmuskels am lebenden Zuchttier mit Hilfe des Echolotes schnellere Zuchterfolge. Vf. weist ferner darauf hin, daß fleischwüchsige Tiere während der Mastzeit einen ca. 53 g höheren Bedarf an verd. E. haben und größere Ansprüche an die Klimatisierung der Stallungen stellen.
E. Ritter. 3740.

3-64/02-0255 Comberg; Hannover, Inst. für Tierzucht. **Zur Züchtung marktgerechter Fleischschweine.** Tierärztl. Umschau **17** (1962) Nr. 3. S. 74–78. — 10 Abb., 4 Tab.

Die rassenmäßige Zusammensetzung des Herdbuchschweinebestandes der BRD hat sich seit 1952 zugunsten der DVL verschoben. Die fettreicheren schwarzen Rassen gingen stark zurück, zum Bedauern der Tierzucht auch die DE. — Vertreter der Fleischschweine sind die Dänische Landrasse und die Belgischen Piétrainschweine. Die deutsche Schweinezucht beschreitet 3 Wege zur Züchtung der Fleischschweine: 1. Selektion des vorhandenen Materials, 2. Import ausländischer männl. und weibl. Zuchttiere und Weiterzüchtung in geschlossenen Herden, 3. Anpaarung von Importebern in Kombinationskreuzung an bodenständiges Sauenmaterial. — Die Ergebnisse der Züchtung können exakt nur durch die Ausschlachtung der Tiere überprüft werden. — Bei den importierten Zuchttieren dänisch-holländischer Blutführung treten Fälle von Hinterbeinerkrankungen, Muskeldegenerationen und Herz- und Kreislaufstörungen auf. Die Piétrain befriedigen in der Fruchtbarkeit häufig nicht. G. Koch. 3740.

3-64/02-0256 Hügli, H. **Moderne Schweinezucht und -produktion.** Landwirtschaft [Wien] **1963** Nr. 8–10. 3 Seiten.

In Österreich werden 1% aller Zuchtsauen in Herdbüchern erfaßt, insgesamt 5 Schweineprüfanstalten dienen ihrer Prüfung. Bis Ende 1962 konnten über 3500 Sauen und 1155 Eber auf ihre erblichen Veranlagungen geprüft werden. Durch Selektion auf die geprüften Tiere konnte die Rückenspeckdicke um ca. 7 mm (6 kg Fett) beim 90 kg schweren Schwein verringert werden. Während 1952 noch 1 kg Zuwachs im Gewichtsabschnitt 30–90 kg mit 3,65 FE erzeugt wurde, benötigte man 1962 nur mehr 3,25 FE. In den 8 Zuchtverbänden wurden folgende Prüfungsergebnisse erhoben: Kontrollierte Sauen: 2195; kontrollierte Würfe: 3428; Würfe/Sau/Jahr: 1,80; aufgezogene Ferkel/Wurf: 10,2, pro Sau/Jahr: 18,3; Vierwochenwurfgewicht: 73,5 kg; Ferkelverluste: 14,3%. — Die wichtigsten Ergebnisse der Mast- und Schlachtleistungsprüfungen in den 4 Anstalten für das Jahr 1961 sind: geprüfte Tiere: 2267; geprüfte Sauen: 602; geprüfte Eber: 236; Rückenspeckdicke: ⌀ 3,02 cm; Futterverwertung: ⌀ 3,25 nordische FE/kg Lgw.-Zuwachs; tägl. Zunahme: ⌀ 711 g; Kotelettfläche: ⌀ 26,4 cm²; Schlachtkörperlänge (os pubis bis Atlas): ⌀ 93,23 cm. E. Höpler. 3815.

3-64/02-0257 Kirsch, W., Fewson, D. und Fender, M. **Prüfungsanstalten als Hilfsmittel für die Selektion in der Schweinezucht. 1. Mitt. Modellrechnungen über die Effektivität verschiedener Prüfungsmethoden und Prüfungssysteme.** Z. Tierzücht. Züchtungsbiol. **76** (1962) Nr. 4. S. 388–407. — 8 Abb., 5 Tab., 17 Lit.

Vff. vergleichen an Hand von Modellrechnungen die Effektivität verschiedener Prüfungsmethoden und Prüfungssysteme bez. des Selektionserfolges je Generation. Für die Zuchtwertschätzung und Selektion der Eber werden die Nachkommenprüfung, die Geschwisterprüfung, die Kombination von Eigenleistungs- und Geschwisterprüfung und die Eigenleistungsprüfung behandelt. Ferner werden das offene (alle Herdbuchbetriebe verwenden gegeprüfte Eber) und das geschlossene Prüfungssystem (nur Hochzuchtbetriebe verwenden geprüfte Eber, in der Herdbuchzucht werden ihre Söhne eingesetzt) gegenübergestellt. Unter Annahme einer Heritabilität von 0,25 für Eigenschaften der Mastleistung und 0,50 für Merkmale der Schlachtkörperzusammensetzung ergaben die Berechnungen, daß die Eigenleistungsprüfung auch bei Heritabilitäten von 0,25 noch der Geschwister- und bes. der Nachkommenprüfung überlegen ist und daß das geschlossene Prüfungssystem bei beschränkter Prüfungskapazität gegenüber dem offenen einen größeren Selektionserfolg ermöglicht. Abschließend werden einige Hinweise für die systematische Ausnutzung der Leistungsprüfung zur züchterischen Verbesserung der Schweinebestände gegeben. A. Schaaf. 3815.

3-64/02-0258 Jonsson, P.; Kopenhagen, Dänemark, Landökon. Versuchslab. **Resultate dänischer Schweinenachkommenprüfungen.** Schriftenr. Max-Planck-Inst. Tierzucht Tierernähr., Vortr. II int. Ferienkurses junge Tierzuchtwissenschaftler in Mariensee, Sonderband **1961** S. 403–445. — 2 Abb., 17 Tab., 21 Lit.

Vf. zeigt nach einem züchterischen Rückblick an Hand einer Analyse der Ergebnisse der Nachkommenprüfungen der dänischen Schweinemastprüfungsanstalten Veränderungen von 20 verschiedenen Leistungseigenschaften der dänischen Landrasse in den 3 Zeitabschnitten 1926–50, 1951–58 und 1957–60 auf. Durch Varianz- und Covarianzkomponentenschätzung wurden die phänotypische Varianz in die 4 Komponenten Hochzuchtumwelt, additive Genwirkung, Wurfumwelt und Restvarianz zerlegt und phänotypische und genetische Beziehungen zwischen Merkmalen untersucht. Das Anfangsalter der Prüfungsschweine bei 20 kg Lgw. ist die am meisten von der Hochzuchtumwelt beeinflußte Eigenschaft (phänotypische Standardabweichung = 9 Tage). Die Futterverwertung hat ebenso wie die Körperlänge bei der dänischen Landrasse ihr Optimum erreicht. Ein großer Teil der Ausführungen ist der Fleischfarbe und ihren Beziehungen gewidmet. A. Schaaf. 3820.

3-64/02-0259 Počernjaev, F. K. Metody povyšenija skorospelosti svinej i ich ispol'zovanie v plemennoj rabote. **(Methoden zur Steigerung der Schnellwüchsigkeit bei Schweinen und ihre Anwendung in der Zuchtarbeit.)** Životnovodstvo, Moskva **25** (1963) Nr. 2. S. 70–74. — 5 Abb., 2 Tab.

Da die Schnellwüchsigkeit vererbt wird, kann sie durch Selektion gefestigt und verbessert werden. Diese erfolgt an Hand der Kontrollmast der Nachkommen von Zuchtebern und Zuchtsauen sowie durch die Kontrollaufzucht der Würfe. Dazu werden 3—4 Ferkel eines Wurfes unter genauer Kontrolle der Zunahmen und des verbrauchten Futters aufgezogen. Gute Ergebnisse bei der Verbesserung der Schnellwüchsigkeit wurden dabei mit Ferkeln aus Würfen mit einem Wurfgewicht von 15–16 kg erzielt, bei denen das Absatzgewicht 20,0 kg und mehr betrug. B. Schenk. 3820.

3-64/02-0260 Gleichmann, Günter. **Untersuchungen über die Auswahl der Prüfungswürfe für die Staatlichen MPA in Thüringen im Hinblick auf die züchterische Wirksamkeit.** Dipl.-Arb. Landwirtsch. Fak. Jena **1963** 27 S. — 21 Tab., 23 Lit.

In Thüringen wurden von 1953–61 859 Gruppen von 334 Züchtern in den MPA Knau und Weimar geprüft. Ab 1958 stieg infolge der Vergünstigungen beim Verkauf von Zuchttieren mit geprüften Vorfahren die Beschickung der MPA. Die erforderliche Anzahl von 3 Prüfungsgruppen je Eber wurde bei einem Großteil der Tiere nicht erreicht. Nur wenige Zuchten beteiligen sich regelmäßig an den Prüfungen. Die Zahl der Herdbuchsauen je geprüfter Gruppe schwankt zwischen 1,0 und 8,3 in den Jahren 1960–61. Vf. bringt abschließend Vorschläge zur Auswahl der zu prüfenden Zuchten. 3820.

3-64/02-0261 Buck, S. F. A comparison of pigs slaughtered at three different weights. I. Carcass quality and performance. **(Ein Vergleich der bei drei verschiedenen Gewichtsklassen geschlachteten Schweine. 1. Mitt. Schlachtqualität und -leistung.)** J. agric. Sci. **60** (1963) Nr. 1. S. 19–26. — 2 Abb., 11 Tab., 5 Lit.

Für diesen Versuch wurden insgesamt 360 Large-White-Schweine von je 50 lb. Anfangsgewicht benutzt. Nach den Richtlinien der engl. Schweinenachzuchtprüfungen wurden die Tiere gefüttert. Die Schlachtungen erfolgten bei 150, 200 und 260 lb. Lgw. der Tiere. Gewichtsentwicklung und Futterverwertung wurden ermittelt. Sie betrugen bei den 3 Gruppen im Durchschnitt: 1,44; 1,51 und 1,54 lb. pro Tier und Tag bzw. 4,16; 4,38 und 4,63. Die Ergebnisse der Ausschlachtung, welche ausführlich beschrieben ist, waren wie folgt (Resultate jeweils in der Reihenfolge 150, 200 und 260 lb.-Klasse): Fleischanteil in %=56,0; 53,1 und 49,9; Länge in mm=74,8; 81,2 und 87,3; durchschnittl. Rückenspeckstärke in mm=26; 32 und 39; Rückenmuskelfläche in cm^2= 20,0; 23,7 und 28,5. Die Gewichte von Schulter, Rücken, Schinken und Speck sind angeführt. Außerdem wurden Geschlechtsunterschiede dabei mit untersucht sowie die Zusammensetzung dieser Teilstücke (Fleisch, Fett, Knochen und Schwarte). R. Kürbs. 3825.

3-64/02-0262 Buck, S. F. A comparison of pigs slaughtered at three different weights. II. Association between dissection results, various measurements and visual assessments. **(Ein Vergleich der bei drei verschiedenen Gewichtsklassen geschlachteten Schweine. 2. Mitt. Beziehungen zwischen Zerlegungsresultaten, verschiedenen Maßen und visuellen Einschätzungen.)** J. agric. Sci. **60** (1963) Nr. 1. S. 27–29. — 2 Abb., 4 Tab., 2 Lit.

Für die mit 150, 200 und 260 lb. geschlachteten Large White sind, getrennt für die Geschlechter, Korrelationskoeffizienten berechnet, so z. B. für Fleisch- und Knochenanteil (+0,41 bis +0,52), Fleischanteil und Durchschnittsspeckdicke (−0,70 bis −0,76) sowie Fleischanteil und Rückenmuskelfläche (+0,33 bis +0,63). Ferner werden die Beziehungen zwischen der Schinkenbewertung und die für die einzelnen Teilstücke der Schlachthälfte ermittelten Resultate angeführt. Schließlich werden die Ergebnisse der Speckbeurteilung mit den Schlachteigenschaften verglichen. R. Kürbs. 3825.

3-64/02-0263 Trulsson, Gunnar. Slaktsvinens köttfullhet och dess bedömning. **(Die Fleischfülle der Schlachtschweine und ihre Beurteilung.)** Svinskötsel **53** (1963) Nr. 5. S. 116. 118–120. — 3 Tab.

Die Qualität von Schlachtschweinen wird nicht nur durch die Fettmenge, sondern auch durch die Fleischfülle ausgedrückt. Die hierzu notwendige vollständige Zerlegung ist wegen der Kosten und aus hygienischen Gründen nicht durchführbar. Bei den Mastleistungsprüfungen in Schweden wurde von 1923–1928 und 1954–1960 eine subjektive Bewertung der Fleischfülle vorgenommen. In ähnlicher Weise wie in den meisten anderen westeuropäischen Ländern werden in Schweden seit 3 Jahren am Querschnitt des Rückenmuskels die Fleischfläche und die Speckdicke gemessen und nach einem Punktsystem bewertet. Dänische Untersuchungen bestätigen, daß zwischen der Querschnittfläche des Rückenmuskels und dem Muskelanteil des Schlachtkörpers ein enger Zusammenhang besteht. Die Ergebnisse der schwedischen Mastleistungsprüfungen zeigen, daß bei Landrasse und Yorkshire zwischen Muskelfläche und der Fläche des darüber liegenden Specks feste Beziehungen bestehen. Die Muskelfläche weist eine große Variation auf. Sie ist bei ♀ größer als bei ♂. J. K. Hinrichsen. 3825.

3-64/02-0264 Clausen, Hj. Fläskets kvalitet och klassificering. **(Qualität und Klassifizierung von Fleisch.)** Svinskötsel **53** (1963) Nr. 5. S. 111–115. — 4 Tab.

Max. Fleischproduktion setzt ausreichende Eiweißversorgung voraus. Über den Bedarf für Erhaltung und Fleischbildung hinaus verabreichtes Futter wird für den Fettansatz verwendet. Die neue dänische Klassifizierungsmethode basiert auf den Messungen am Rückenspeck und auf der Ultraschallmessung der Stärke des Rückenmuskels. Die eingesetzten Eber haben einen sehr großen Einfluß auf die Klassifizierung der von ihnen abstammenden Schlachtschweine. Eine Erhöhung der Gaben an verd. E. von 32 auf 96 g je Tier und Tag bringt bei gleichem Energiegehalt der Ration und bei verhaltener Fütterung eine Erhöhung der Tageszunahmen um 100 g, eine Verringerung der Rückenspeckdicke um 3 mm und eine Vergrößerung der Kotelettfläche um 5,5 cm². Bes. hohe Eiweißgaben bringen bei Normfütterung eine Verringerung der Zunahmen und eine Verschlechterung der Futterverwertung. Bei Sattfütterung hatte die gleiche Anhebung der Eiweißgaben nur wenig Einfluß auf die Futterverwertung und die Zunahmen, die in allen Sattgruppen wesentlich höher als in den Normgruppen lagen. Eine Erhöhung des Eiweißanteils der Ration wirkt sich bei schwach verhaltener Fütterung erheblich mehr zugunsten der Verbesserung des Fleischansatzes aus als bei stark verhaltener Fütterung. Zusätze von Lysin und Methionin bewirkten eine Erhöhung der Zunahmen und eine Verbesserung der Futterverwertung und der Fleischfläche. Überschüsse an Aminosäuren können sich nachteilig auf Wachstum, Futterverwertung und Schlachtqualität auswirken. Bei der Bemessung der Lysin- und Methioningaben muß neben der Zusammensetzung des Eiweißfutters auch die des Grundfutters beachtet werden.

J. K. Hinrichsen. 3825.

3-64/02-0265 Otto, E. und Sieg, G.; Dummerstorf, Inst. für Tierzuchtforsch. der Dtsch. Akad. der Landwirtsch.-Wiss. zu Berlin. **Ultraschallmessungen an lebenden Schweinen.** Arch. Tierzucht **6** (1963) Nr. 5/6. S. 470–480. – 14 Tab., 23 Lit. Zus. in Russ., Engl. – nach Zus.

Nach methodischen Vorversuchen wurden im Inst. die Messungen der Rükkenspeckstärke an lebenden Schweinen aufgenommen. Diese Messungen wurden auch anläßlich von Körungen in den Nordbezirken der DDR an Jungebern durchgeführt. Nach Verbesserung des Gerätes ist es möglich, auch die Fleischstärke zu erfassen. Die Beziehung zwischen der mit Ultraschall in der Mitte des lebenden Tieres 5 cm lateral gemessenen Speckstärke zu der am Schlachtkörper mit Schublehre an dieser Stelle gemessenen Speckstärke beträgt $r = +0,915$***. Die Messung der Speckstärke am lebenden Tier ist damit voll aussagekräftig. Die an den lebenden Jungebern festgestellten Mittelwerte (DE 3,5 cm, DvL 3,7 cm) und die große Variationsbreite eröffnen gute züchterische Möglichkeiten. Es wurden positive Beziehungen von $r = +0,550$ *** zwischen Lgw. der Jungeber und mit Ultraschall ermittelter Speckstärke, zwischen Zuchtwertklasse und Speckstärke von $r = +0,185$***, negative von $r = -0,176$*** zwischen Alter und Speckstärke gefunden. Auffallend ist, daß in mehreren Zuchtwertklassen dieselben Durchschnittswerte des Rückenspeckes auftraten. Die Beziehung zwischen Messung des Muskeldurchmessers am lebenden Tier mit der Kontrollmessung am Schlachtkörper ergibt $r = +0,6$. Auf Grund dieser Korrelation können die Tiere mit extremen Werten ausgelesen werden. 3825.

3-64/02-0266 Horst, P. **Weitere Erfahrungen bei der Anwendung des Ultraschall-Meßverfahrens am lebenden Schwein.** Schweinezucht u. Schweinemast **10** (1962) Nr. 5. S. 92–93. – 3 Abb., 1 Lit.

Vf. berichtet, durch welche Methoden Fehlerquellen bei der Ultraschallmessung ausgeschaltet werden können. Die Beeinflussung der Meßergebnisse durch die Meßperson kann durch Anwendung des sog. Dahlemer Ultraschallmeßbandes ausgeschlossen werden. Der Schallkopf wird dabei zwischen 2 mit Zentimetereinteilungen versehenen Schienen so geführt, daß ein genaues Abmessen verschiedener Durchmesserwerte radial möglich ist. Um die durch Bewegungen des Schweines entstehenden Fehlerkomponenten zu beseitigen, werden die Tiere auf einem eigens für die Ultraschallmessungen entwickelten Schweinebock mit 4 Fußriemen und 2 Rückengurten geschnallt. Zur Bestimmung der gesamten Rückenmuskelfläche wurde ein Zusatzgerät zur Ultraschallapparatur erprobt, mit dessen Hilfe die in Abständen von 5 mm genommenen Durchmesserwerte punktförmig auf eine Photoplatte fixiert und dann zu einem Kotelettquerschnitt zusammengesetzt werden können. Gegenwärtig wird an der Vervollkommnung dieser Meßtechnik gearbeitet. Werner Schlegel. 3825.

3-64/02-0267 Kräußlich, H. **Züchterische Möglichkeiten zur Verbesserung der Fleischleistung beim Schwein.** Bayer. landwirtsch. Jb. **40** (1963) Nr. 1. S. 11–17.

Die biol. Grundlagen der Fleischleistung sind Wachstum und Entwicklung. Bei der Beurteilung der Fleischleistung ist demnach der Zeitfaktor, damit verbunden die Reife zu beachten. Die Fleischleistung ist heute durch einige Maßstäbe ausreichend sicher zu erfassen. Zu nennen sind die Länge des Schlachtkörpers und die Fläche des großen Rückenmuskels verbunden mit der Fettfläche über diesem. Eine Selektion in Richtung fleischwüchsiger Tiere scheint auf Grund ermittelter Heritabilitätswerte aussichtsreich. Vf. erörtert die Möglichkeiten der Selektion auf Fleischleistung und erläutert dies am Beispiel einer einfachen Zuchtplanung. E. Ritter. 3835.

3-64/02-0268 Höges, J.; Bonn. **Organisatorische Maßnahmen der Schweinezucht.** Schweinezucht u. Schweinemast 10 (1962) Nr. 4. S. 59–60. – 2 Abb.
Es wird ein Organisationsschema für die Schweinezucht vorgeschlagen, welches den Gegenwartsforderungen hinsichtlich Qualitätsproduktion und Arbeitsvereinfachung Rechnung trägt. Die bestehenden Formen der Herdbuchzucht werden gleichbleiben. In der Landeszucht wird durch die Bildung von Erzeugerringen, denen geschulte Beratungskräfte zur Verfügung stehen, aufgeschlossenen Landwirten die Möglichkeit gegeben, sich intensiver mit der Schweineerzeugung zu beschäftigen. Durch diese Ringe können folgende Probleme besser als bisher gelöst werden: Einsatz guter Vatertiere, Durchführung von Nachzuchtprüfungen, Anwendung der Besamung und kontrollierte Gebrauchskreuzung. Neben spezialisierten Ferkelproduktionsbetrieben könnten sich aus den angeschlossenen Betrieben anerkannte Vermehrungszuchten entwickeln, denen die Möglichkeit zum Verkauf weibl. Tiere auf den Auktionen gegeben werden sollte. K. Damm. 3840.

3-64/02-0269 Kroes, Y. Stamboeken en selectiemesterijen. **(Herdbuch- und Mastleistungsprüfung.)** Landbouwvoorlichting 20 (1963) Nr. 6. S. 284 bis 292. – 4 Abb.,
Die in den niederländischen Provinzen geführten Herdbücher entstanden zwischen 1900 und 1925. 1961 waren 29460 Mitglieder angeschlossen. Es besteht das Prinzip des geschlossenen Herdbuches. Neben den Angaben über die Abstammung werden die Fruchtbarkeitsleistungen und die Mastprüfungsergebnisse festgehalten. Bei der Beurteilung der Tiere werden Typ, Entwicklung und Konstitution festgehalten. Alle Tiere müssen 12 regelmäßig angelegte Zitzen haben. Sauen müssen im 1. Wurf wenigstens 6 Ferkel bringen oder, wenn es weniger sind, im 2. Wurf mindestens 9. Nach Angaben aus Nord-Brabant und Süd-Holland für 1961 liegt das Mittel der geborenen Ferkel für Landschweine bei 11,9, für Yorkshire bei 11,7 und für Piétrain bei 9,3. Die Auslese auf Zucht- und Aufzuchteigenschaften liegt vornehmlich in der Hand der Züchter. Die Herdbuchorganisationen beteiligen sich an der Entwicklung der Besamungsverbände, schalten sich in die Futterberatung ein und veranstalten Zusammenkünfte. Die Provinzialverbände sind in einem Zentralverband zusammengefaßt, der eine Monatsschrift herausgibt und die Exportförderung durchführt. Mastleistungsprüfungen werden seit 1930 durchgeführt. Es bestehen jetzt 10 Anstalten. Die Landschweine werden bis 90 kg, die Yorkshire bis 125 kg und die Piétrain bis 95 kg gemästet. Der Prüfungsbeginn liegt bei 22 kg. Einzelfütterung erfolgt bisher nur in einer Anstalt. Bei der Erfassung der Schlachteigenschaften wird neben der Messung von Körperlänge und Rückenspeckdicke auch das Gewicht von Kotelett und Schinken festgestellt sowie eine Beurteilung der Bauchspeckdicke, seiner Qualität und von Schinken und Schulter vorgenommen. Bei Yorkshire und Piétrain wird z. T. ein etwas abweichendes Beurteilungsverfahren angewendet. Die Qualität der Schweine hat sich seit Beginn der Prüfungen wesentlich verbessert. In starkem Maße hat hierzu die Bezahlung nach Qualität beigetragen, wobei 4 Preisklassen unterschieden werden. Der Export von Zuchtschweinen hat einen erheblichen Umfang; ausgeführt wurde nach Deutschland, Jugoslawien, Frankreich sowie in zahlreiche andere europäische und überseeische Länder. J. K. Hinrichsen. 3840.

3-64/02-0270 Häseler, F.; Rottenau, Inst. für Geflügelzucht. **Planung und Kontrolle der Sauenbestände.** Dtsch. Landwirtsch. 14 (1963) Nr. 5. S. 246–248.

Die Steigerung der Schweinefleischproduktion verlangt eine systematische Entwicklung der Sauenbestände. Die Größe des Sauenbestandes eines Betriebes ergibt sich aus der geplanten Jahresproduktion, dem Mastendgewicht und der Aufzuchtleistung je Sau und Jahr. Da mit einer Leistungsdauer von 2 Jahren für jede Sau gerechnet wird, müssen jährl. 50% des Sauenbestandes durch Jungsauen ersetzt werden, dazu ist das Doppelte an weiblichen Zuchtläufern erforderlich. In jedem Betrieb sollte ein Jungsauenaufzuchtplan erarbeitet werden. Durch enge züchterische Zusammenarbeit zwischen Läuferlieferbetrieben und Herdbuchbetrieben werden Läuferlieferbetriebe entwickelt, die Jungsauen für die Gebrauchszucht zum Verkauf anbieten. Regelmäßige Bestandszählungen entspr. der Untergliederung des Sauenbestandes nach Hofmann sind zur Kontrolle der Entwicklung der Sauenbestände notwendig. G. Koch. 3904.

3-64/02-0271 Csire, L. und Kertész, F. Magyar fehér hussertés kocák keresztezése holland és svéd lapály fajtáju, valamint angol nagyfehér kanokkal különös tekintettel az előállitott bacon minöségére. **(Kreuzung Ungarischer Yorkshire-Sauen mit Ebern des Holländischen und Schwedischen Landschweins und des englischen Large White, unter besonderer Berücksichtigung der erzeugten Baconqualität.)** Állattenyésztés [Tierzucht] **10** (1961) Nr. 4. S. 317 bis 325. — Aus: Ung. Agrar.-Rdsch. **1962** Nr. 3.

Vff. führten ihre Untersuchungen unter üblichen betriebsmäßigen Haltungs- und Fütterungsbedingungen in 2 Versuchen durch. Im 1. Kreuzungsversuch mit Holländischen Landrasse-Ebern mästeten sie 60 Kreuzungs- und 60 Yorkshire-Kontrollferkel. Im 2. Versuch mit der Schwedischen Landrasse bzw. mit englischen Large White stellte man 45 bzw. 47 Kreuzungs- und 51 Kontrollferkel zur Mast ein. Die aus diesen beiden Kreuzungen stammenden Läufer erhielten 19,5 bzw. 20% ihrer tägl. Eiweißgabe in Form von Magermilch, Molke und Fischmehl. Nach den Versuchsergebnissen erzielten die Läufer in Versuch 1 eine um 23,1% größere durchschnittl. tägl. Gewichtszunahme als die Kontrollen (457 bzw. 371 g) und verbrauchten bis zum Bacongewicht zur Erzeugung von 1 kg Zunahme 6,1% weniger StW (2693 bzw. 2858 g StW). Die Rückenspeckdicke war signifikant (⌀ 2 mm) dünner. Die Körperlänge der Kreuzungsläufer betrug 93,9 cm, die der Kontrolltiere 91,0 cm (signifikant). Die Kreuzungstiere hatten ⌀ 15 Rippen, die Yorkshire 14,7. — Die durchschnittl. tägl. Gewichtszunahme der Nachkommen aus Schwedische Landrasse (♂) mal Ungarisches Yorkshire betrug 447 g, die der Kontrollen 460 g. Je kg Zunahme brauchten die Kreuzungen 3395, die Yorkshire 3119 g StW. Die Schlachtkörperlänge betrug 92,3 cm (Kontrollen 91,2 cm), die durchschnittl. Rückenspeckdicke 37 mm (39 mm), die Rippenzahl 15 (14). — Tägl. Zunahme, Futterverwertung, Körperlänge und Rückenspeckdicke der aus Kreuzungen mit englischen Large-White-Ebern stammenden Nachkommen entsprechen praktisch den Werten der Ungarischen Yorkshire. Die durchschnittl. Rippenzahl betrug bei den Kreuzungen 15,2, bei den Kontrollen 14,4, der Unterschied war weitgehend signifikant, obwohl der Schlachtkörper nicht verlängert war. Der Eiweißbedarf der von Schwedischen Landschweinen und Large-White-Ebern stammenden Nachkommen konnte unter den gegebenen wirtschaftlichen Bedingungen qualitativ nicht befriedigt werden. Die Versuchsergebnisse weisen darauf hin, daß man unter ungünstigen Fütterungsverhältnissen durch Kreuzungen mit leistungsfähigeren Rassen günstigere Ergebnisse hinsichtlich der Gewichtszunahme und der Futterverwertung nicht erhoffen kann. 3906.

3-64/02-0272 Amrachov, A. M. und Kudrjavcev, P. N.; Aserbaidshan. Forsch.-Inst. für Tierzucht. 3,6 kormovoj edinicy na 1 kilogramm privesa. **(3,6 FE/kg Zunahme — der Nutzeffekt der Dreirassen-Wechselkreuzung.)** Živo tnovodstvo, Moskva 25 (1963) Nr. 2. S. 60–66. — 5 Abb., 7 Tab.

Bei der Reinzucht von Großen Weißen (I), Großen Schwarzen (II) und Landrasse-Schweinen (IV) sowie der Kreuzung von Kreuzungs-Sauen aus Große Weiße × Große Schwarze mit Landrasse-Ebern (III) erhielt man folgende Ergebnisse: Wurfzahl 9,4 (I); 9,2 (II); 9,8 (III) und 10,6 (IV); Geburtsgewicht pro Ferkel 1,17; 1,04; 1,41 und 1,52 kg; Absatzgewicht 14,92; 15,02; 15,95 und 16,0 kg; Milchleistung der Sauen 46,22; 48,94; 56,54 und 64,26 kg. Bei einem Mastversuch mit je 20 Läufern aus jeder Gruppe wurde ein Gewicht von 90 kg mit 205, 216, 182 und 196 Tagen erreicht; die Tagesdurchschnittszunahmen während der Mastperiode betrugen 575, 534, 684 und 594 g, der Futterverbrauch je kg Zunahme betrug 3,98; 4,38; 3,60 und 3,81 FE. Beim Schlachten lag die Fleischausbeute von III 15,7% höher als bei I, 21,2% höher als bei II und 0,9% höher als bei IV. B. Schenk. 3906.

3-64/02-0273 Ėktov, V. A. Otkormočnye kačestva svinej, polučennych ot peremennogo dvuch- i trechporodnogo skreščivanija. **(Die Masteigenschaften von Schweinen aus Zwei- und Dreirassen-Wechselkreuzungen.)** Životnovodstvo, Moskva **25** (1963) Nr. 2. S. 67–70. — 4 Tab.
5 Ferkelgruppen (I — Mirgoroder × Mirgoroder, II — Große Weiße × Große Weiße, III — Große Weiße × Mirgoroder × Große Weiße, IV — Große Weiße × Breitowoer × Große Weiße, V — Große Weiße × Mirgoroder × Breitowoer × Große Weiße) wurden bis zum Alter von 10,5 Mon. gemästet. Das Durchschnittsgewicht eines Tieres am Ende der Mast betrug 122,8 (I); 136,8 (II); 135,4 (III); 138,5 (IV) und 147,0 kg (V); die Tagesdurchschnittszunahmen lagen entspr. bei 434; 486; 485; 492 und 527 g, der Futteraufwand bei 6,15; 6,13; 5,94; 5,99 und 5,90 FE/kg Zunahme. In bezug auf das Gewicht der Schlachtkörper, des Fleisches, des Unterhautfettes, des Innenfettes, der Haut und aller inneren Organe sowie die Speckdicke übertraf V alle anderen Gruppen. Histol. Untersuchungen ergaben, daß sowohl der Dmr. der Muskelfasern als auch die Anzahl der Fasern in den Muskelbündeln bei V größer waren als bei den anderen Gruppen. B. Schenk. 3906.

3-64/02-0274 Eibl, K. **Die Brunst beim Schwein.** Tierzüchter **14** (1962) Nr. 7. S. 242–243.
Durch die Anwendung der KB bei Schweinen macht sich eine genaue Kenntnis des Brunstzyklus erforderlich. Vf. teilt die Brunst in Vor-, Haupt- und Nachbrunst ein. Der Befruchtungserfolg ist weitgehend davon abhängig, in welchem Stadium die Bedeckung oder Besamung vorgenommen wird. Die Hauptbrunst ist für beide Methoden der günstigste Zeitpunkt. Während bei der natürlichen Paarung Eber und Sau im Zusammenspiel den optimalen Bedeckungszeitpunkt bestimmen, wird bei der Samenübertragung nur von einem Partner und ohne Zusammenspiel der Zeitpunkt der Bedeckung festgelegt. Versuche zeigten ein Ansteigen des Befruchtungserfolges bei Sauen von 35 auf 70% allein durch die kritische Prüfung des Brunststadiums und der Sameneinführung bei völliger Paarungsbereitschaft. Doppelbedeckung oder Doppelbesamung bringen dann bessere Befruchtungserfolge, wenn sich das Stadium der offenen Paarungsbereitschaft über einen längeren Zeitraum erstreckt. Herbert Winkler. 3908.

3-64/02-0275 Reddy, V. B., Lasley, J. F. und Mayer, D. T. Genetic aspects of reproduction in swine. **(Genetische Gesichtspunkte der Fortpflanzung beim Schwein.)** Univ. Missouri, Coll. Agric., agric. Exp. Stat., Res. Bull. **1958** Nr. 666. S. 1–34. — 31 Tab., 35 Lit.
Zur Untersuchung der Ursachen für kleine Würfe schlachteten Vff. 117 Jungsauen am 55. Tag ihrer Trächtigkeit und untersuchten die Fortpflanzungsorgane. Sie fanden deutliche Variationen in der Ovulationsrate, der pränatalen Sterblichkeit, der Wurfgröße und der uterinen Kapazität zwischen den Familien. Normalfruchtbare Eber hatten keinen Einfluß auf die Leistung der angepaarten Sauen. Eine 2. Belegung ca. 20 Std. nach Beginn des Oestrus

verminderte das Auftreten pränataler Sterblichkeit und erhöhte das embryonale Überleben am 55. Trächtigkeitstag signifikant. Von 10 untersuchten phänotypischen Merkmalen zeigten Alter und Gewicht der Sauen bei Zuchtbenutzung eine signifikante Korrelation zur Ovulationsrate. Intrauterine Wanderung der befruchteten Eier wurde bei 30,9% der untersuchten Sauen festgestellt, und zwar doppelt so oft vom linken zum rechten Uterushorn wie umgekehrt. Morphol. Abnormitäten des Fortpflanzungstraktes waren selten. Das Gesamtgewicht aller Gelbkörper je Sau war hoch korreliert mit der Ovulationsrate (0,511) und der Wurfgröße (0,427). Zahl der abgestoßenen Eier, lineare Uteruskapazität und pränatale Sterblichkeit sind auf die Wurfgröße von Einfluß. Die physiol. Komponenten der Fruchtbarkeit sind weitgehend genetisch bestimmt. A. Schaaf. 3910.

3-64/02-0276 Kašpar, František; Kostelec n. Orl., Výzkumný Ústav pro Chov Prasat. Vliv podílu škrobové hodnoty a obsahu stravitelných bílkovin v krmné dávce a aplikace SBK na reprodukční funkci prasnic. **(Der Einfluß des Anteils an Stärkewerten und verdaulichem Eiweiß sowie einer Applikation von Serum trächtiger Stuten auf die Reproduktionsfunktion bei Sauen.)** Živočišná Výroba **8(36)** (1963) Nr. 4. S. 213–220. — 3 Tab., 15 Lit. Zus. in Russ., Dtsch.

In 2 Vergleichsversuchen mit insgesamt 24 Jungsauen des Weißen Edelschweins zeigte sich, daß weder ein höherer kalorischer Wert noch ein höherer Gehalt an verd. E. des Futters die nach der Anzahl der ovulierten Eizellen, der intrauterinen Verluste und der Anzahl der lebenden Embryonen am 25. Tage der Trächtigkeit beurteilte Fruchtbarkeit der Jungsauen wesentlich beeinflußten. Eine einmalige Applikation (am 18. Tag der Trächtigkeit) von 25 ml PMS verursachte im 1. Versuch eine Tendenz zur Steigerung der Anzahl der ovulierten Eizellen, im 2. Versuch war diese Erhöhung statistisch signifikant. Die durch den Anteil an freigewordenen Eizellen ausgedrückten intrauterinen Verluste waren in beiden Gruppen der Jungsauen, denen PMS verabreicht wurde, ebenso hoch wie bei den Jungsauen der Kontrollgruppen. In abs. Werten ausgedrückt, waren diese Verluste in den Versuchsgruppen höher. Die Anzahl der lebenden Embryonen war in den Versuchsgruppen höher als in den Kontrollgruppen. Im 1. Versuch war der Unterschied nicht, im 2. Versuch dagegen war er statistisch signifikant. ČSSR/ÚVTI. 3910.

3-64/02-0277 Schaetz, F. und Busch, W. **Zum Stand der Trächtigkeitsdiagnose beim Schwein.** Mh. Veterinärmed. 18 (1963) Nr. 13. S. 499–503. — 2 Abb., 54 Lit.

Die klinische Trächtigkeitsdiagnose ist beim Schwein unsicher. Die Bestimmung der Blutsenkungsgeschwindigkeit und der Serumeiweißzusammensetzung hat diagnostisch keinen Wert. Das Vorhandensein von Oestrogenen im Harn läßt sich durch biol. Verfahren nur in der 3.–4. und nach der 12. Trächtigkeitswoche ermitteln. Aus dem Blut gelingt der Nachweis von Gonadotropin und Oestrogenen nicht. Die Möglichkeit, Oestrogene chem. festzustellen, ist auf die Zeit vom 20.–30. und nach dem 80. Trächtigkeitstage beschränkt. Dagegen erlaubt die histol. Untersuchung des Scheidenepithels vom 21. Tage nach der Bedeckung ab bei 97% der trächtigen und 100% der nichttragenden Sauen eine sichere Diagnose. J. Jürgens. 3912.

3-64/02-0278 Sergeev, N. I.; Dubrowizy, Gebiet Moskau, Unions.-Inst. für Tierzuchtforsch. Rezul'taty iskusstvennogo osemenenija svinej s ispol'zovaniem oksitocina i nejrotropnych veščestv. **(Ergebnisse der künstlichen Besamung der Schweine unter Anwendung von Oxytocin und neurotropen Stoffen.)** Životnovodstvo, Moskva **25** (1963) Nr. 2. S. 76–79. — 3 Tab.

Beim Zusatz von 5 E. Oxytocin, 6 E. Pituitrin P, 5 E. Pituitrin M, 1 mg Karbocholin bzw. 3 mg Proserin zum Sperma wurden bei der KB die gleiche Stärke und Häufigkeit der Gebärmutterkontraktionen hervorgerufen wie beim natürlichen Deckakt (Kontraktion aller 4–5 bzw. 1–2 Sek. gegenüber 18 bis 19 Sek. bei Sperma ohne Zusatz). Bei Verabreichung von 25 ml Sperma mit 1 Md. Spermien und den obigen Zusätzen lebten am 45. Trächtigkeitstag 88,6% Embryonen von den am 3. Tag befruchteten Eizellen, während es in der Kontrollgruppe (Sperma ohne Zusatz) nur 35,3% waren. Beim Zusatz von Oxytocin bzw. Pituitrin P zu 25 ml Sperma mit 2,5 Md. Spermien wurden 92% Sauen befruchtet (Kontrolle 72%), und die Wurfzahl betrug 10,1 Ferkel (7,6). Beim Zusatz von Pituitrin M, Karbocholin oder Proserin zu 100 ml Sperma mit 1 Md. Spermien betrugen die Befruchtung 86,6% (gegenüber 74,6%) und die Wurfzahl 11,6 Ferkel (gegenüber 10). B. Schenk. 3918.

3-64/02-0279 Boer, F. de. Stand en ontwikkeling van de varkensvoeding. **(Stand und Entwicklung der Schweinefütterung in den Niederlanden.)** Landbouwvoorlichting **20** (1963) Nr. 6. S. 308–312. — 3 Tab.
75% des niederländischen Jahresverbrauches an Schweinefutter werden für Mast-, 25% für Zuchttiere verwendet. Der Magermilchverbrauch in der Schweinezucht ist rückläufig. An seiner Stelle finden Heringsmehl, Fischmehl und Tierkörpermehl Eingang. Gleichzeitig breitet sich auf Grund fütterungstechnischer und betriebsorganisatorischer Überlegungen die Verwendung von Fertigfutter aus. Der Übergang von einer Futtermischung zur anderen muß vorsichtig erfolgen. An den mit 25% angegebenen Ferkelverlusten sind aber noch andere Ursachen beteiligt, vornehmlich Mängel in der Sauenhaltung und -fütterung. Fütterungsfehler bei Mastschweinen wirken sich ungünstig auf die Rentabilität aus, da der Futterverbrauch erhöht und die Schlachtqualität verschlechtert wird. Im staatlich unterstützten Beratungsdienst hat sich ein wirksames Mittel zur Förderung der Schweinefütterung, aber auch der Krankheitsbekämpfung und der Haltung entwickelt. Die Diskussion über die Zweckmäßigkeit der Verwendung gepreßten Futters ist noch in Gang. Das frühe Absetzen mit 2 Wochen hat keine allg. Zustimmung gefunden. Die Verabreichung von Aminosäuren ist davon abhängig, ob billige Herstellungsverfahren gefunden werden. Nur eine techn. hochstehende Schweinehaltung kann lohnend sein, aber auch einfache Maßnahmen können hierzu beitragen. J. K. Hinrichsen. 3931.

3-64/02-0280 Kozłowski, Marian; Olsztyn, Zakład Hodowli Trzody Chlewnej, WSR. Wczesne odsadzanie prosiąt. **(Das frühe Absetzen der Ferkel.)** Nowe Rolnictwo 12 (1963) Nr. 3. S. 21–22. — 1 Abb., 2 Tab.
Einer der wichtigsten Faktoren, welcher die Kosten der Schweinehaltung verringert, ist die Vergrößerung der Zahl der jährl. von einer Sau anfallenden Ferkel. Hierzu trägt die Häufigkeit des Ferkelns bei, das vom frühen Absetzen der Ferkel und vom Decken der Sau in der Zeit ihres Säugens abhängig ist. Die Rausche tritt ca. 10 Tage nach dem Absetzen der Ferkel ein, unabhängig vom Zeitpunkt, an dem dies geschieht. Falls die Ferkel 6 Wochen bei der Sau verbleiben, ließen sich 2,2 Würfe im Jahre erzielen. Dies würde sich auf den Organismus der Sau nicht nachteilig auswirken, denn Säugen ist anstrengender als Trächtigkeit. In angestellten Versuchen unterschieden sich nach 6 und 8 Wochen abgesetzte Ferkel in ihrer Entwicklung kaum voneinander. Der Futterverbrauch je kg Zunahme war bei zeitiger abgesetzten Ferkeln um ein weniges größer. 6 Wochen hindurch säugende Sauen hatten einen geringeren prozentualen Lebendgewichtsverlust und verbrauchten weniger Futter. Dagegen ist die Gesamtmenge der von den Ferkeln und Sauen während des Säugens verbrauchten Hafereinheiten und verd. E. je kg Lgw.-Zunahme bei früh abgesetzten Ferkeln etwas geringer. Der Fortpflanzungszyklus der kürzere Zeit säugenden Sauen war um 20 Tage kürzer, was den Erhalt von 2,25 Würfen jährlich ermöglichte. Bei intensiver Ernährung ist das Absetzen der Ferkel nach 6 Wochen vorteilhafter.
PRL/CBR, übersetzt v. R. Hüffer. 3936.

3-64/02-0281 Behrens, H. **Erfahrungen mit Eisendextrin-Cyanamid beim Eisenmangel der Saugferkel.** Tierärztl. Umschau 18 (1963) Nr. 2. S. 91 bis 96. 98. – 6 Abb., 4 Tab., 9 Lit.

70 Ferkel aus 7 Würfen erhielten je zur Hälfte am 3.–4. Lebenstag prophylaktisch 2 mg Eisendextrin-Cyanamid (200 mg Eisen) oder ein Eisendextran-Präparat (150–200 mg Eisen). Bei weiteren 3 Würfen mit 30 Ferkeln, die eine Eisenmangelanämie aufwiesen, wurden die beiden Medikamente in der gleichen Dosierung therapeutisch eingesetzt. Bei der prophylaktischen Anwendung wurde das Absinken des Hb-Spiegels verhindert; bei der therapeutischen Anwendung wurde ein schneller Anstieg der Hb-Werte erreicht, wobei gleichzeitig die klinischen Symptome der Ferkelanämie verschwanden. Beide Medikamente zeigten gleiche Wirksamkeit. Ein weiterer Versuch an 30 Ferkeln aus 3 Würfen ergab, daß sich das Eisendextrin-Cyanamid sowohl bei i. m. als auch s. c. und intraabdominaler Injektion als wirksam und verträglich erwies. W. Wittig. 3936.

3-64/02-0282 Barber, R. S., Braude, R. und Mitchell, K. G. Floor v trough feeding. **(Boden- gegenüber Trogfütterung.)** Pig Farming 11 (1963) Nr. 3. S. 57–61. – 2 Abb., 2 Tab.

In den letzten Jahren gingen einige Schweinehalter in England bei Läuferschweinen von der Trog- zur Bodenfütterung über, weil dadurch 1. mehr Schweine pro Flächeneinheit gehalten, 2. Kosten für die Troganschaffungen eingespart und 3. die Trogsäuberungen weggelassen werden können. Um den Erfolg dieser Fütterungsmethode festzustellen, wurde in Shinfield ein Versuch mit 140 Large-White-Läuferschweinen, die auf je 10 Versuchs- und Kontrollgruppen aufgeteilt waren, im Gewichtsabschnitt 44–203 lb. durchgeführt. Die Fütterung erfolgte 2mal tägl. mit Trockenfutter in beiden Gruppen. Wasser wurde den Tieren mittels Selbsttränken zur beliebigen Aufnahme angeboten. Durch diese 2 unterschiedlichen Fütterungsverfahren wurde keine sichtbare Beeinflussung der Mast- und Schlachtleistungen erzielt, was aus folgenden Durchschnittsergebnissen (Trog-/Bodenfütterung) hervorgeht: 1,39/1,39 lb. tägl. Zunahme; 3,26/3,28 Futterverwertung; 75,0/74,4 Ausschlachtungsprozente; 781,8/782,2 mm Schlachtlänge; 52,0/51,3 mm Schulter- und 29,8/28,4 mm Lendenspeckstärke. R. Kürbs. 3954.

3-64/02-0283 Peter, W. **Gitterartige Trogabschlüsse erhöhen die Wirtschaftlichkeit der Schweinemast bei der Großbuchtenhaltung.** Wiss.-techn. Fortschr. Landwirtsch. 4 (1963) Nr. 4. S. 186–188.

In Versuchen im VEB Mast von Schlachtvieh Karl-Marx-Stadt wird nachgewiesen, daß durch gitterartige Trogaufsätze das Futter rationeller ausgenutzt wird. Der Futterverbrauch lag bei der Versuchsgruppe (Trog mit Gitter) um ca. 8% niedriger und die Tageszunahme um 5% höher gegenüber der Kontrollgruppe (Trog ohne Gitter). Die Gruppengröße betrug 36 bzw. 37 Tiere. Ein Gitterabstand von 30 cm wird empfohlen. G. Möbius. 3954.

3-64/02-0284 Bolz, W.; Hohenheim, Landwirtsch. Hochschule, Inst. für Tierheilkunde; Tierklin. **Seuchenfreie Ferkelaufzucht. Vorl. Bericht.** Tierärztl. Umschau 18 (1963) Nr. 5. S. 213–216. – 10 Lit.

Zur Geburt wird die Sau nach Waschung mit einer warmen Desinfektionslösung in einen gereinigten und desinfizierten Abferkelstand gebracht, der Mastdarm wird entleert und tamponiert. Vor Eintritt der Geburt wird die Scheidenumgebung desinfiziert. Die Ferkel werden bei der Geburt in einer 50 cm hohen und an der Öffnung 11,5 cm weiten desinfizierten Glasflasche aufgefangen, dann in einen Transportbehälter entleert und sofort in den Vorraum des Aufzuchtraumes gebracht, dort werden sie mit Schwamm und Desinfektionslösung gebadet und mit Zellstoff unter der Heizsonne trockengerieben. Es folgt eine s. c. Injektion von 5 ml Schweineserum und 2 ml Myofer

(Hoechst). Danach werden die Ferkel einzeln in Aufzuchtkästen aus Zinkblech gebracht und so 1 Woche lang gehalten, dann wird der ganze Wurf zusammen aufgezogen. Die Fütterung erfolgt mit einer Kunststoffkrippe, zuerst werden 50, dann 100–150 g Milch oder eines Aufzuchtpräparates verabreicht. Vom 10. Lebenstag an erhalten die Ferkel über Nacht Pellets von kleinem Format, am 14. Lebenstag wird die Milch völlig durch Pellets und angewärmtes Wasser ersetzt (Verwendung von Automaten). Gefüttert wurde sechsmal in der Zeit von 7–22 Uhr. Die 8-Wochengewichte lagen bei 6 Würfen zwischen 14 und 18, die 6-Wochengewichte zwischen 4,9 und 14,2 und die 7-Wochengewichte zwischen 8,5 und 21,5 kg. Klinisch und bei der Fleischbeschau konnten bei den Versuchstieren für die enzootische Viruspneumonie charakteristische Erscheinungen nicht nachgewiesen werden. Vf. ist der Ansicht, daß das angewendete Verfahren (Sterilgeburt, Applikation von Schweineserum, Aufzuchthygiene) zur Tilgung der Ferkelgrippe geeignet ist.
B. Busch. 3985.

E. SCHAFE

3-64/02-0285 Burgkart, M. **Ergebnisse der Nachkommenschaftsprüfung auf Mastleistung beim Schaf.** Bayer. landwirtsch. Jb. **39** (1962) Nr. 8. S. 951 bis 964. — 1 Abb., 10 Tab.
Es werden die Ergebnisse der durchschnittl. tägl. Zunahme von 39 Nachkommengruppen des Merinolandschafes von 3 Jahrgängen aus Bayern mit insgesamt 385 Tieren erläutert. Für das gesamte Untersuchungsmaterial wurde eine durchschnittl. tägl. Zunahme je Gruppe zwischen 156,9 und 280,9 g ermittelt. Neben der Beschaffung des Untersuchungsmaterials und der Methodik werden die Untersuchungsergebnisse getrennt nach Einlings- und Zwillingslämmern, nach Jahrgängen, Jahreszeit, Geschlecht und Nachkommengruppen bzw. verwandten Nachkommengruppen ausgewertet. S. Mertins. 4117.

3-64/02-0286 Dekov, Andel. Neki podaci o rezultatima i ekonomiskim efektima merinizacije u NRM. **(Einige Angaben über die Resultate und ökonomischen Erfolge der Merinosation in Mazedonien.)** Stočarstvo [Zagreb] **15** (1961) Nr. 9/10. S. 462–467. — 2 Tab.
Von 1958–60 wurden insgesamt 2,4 Mill. Schafe mit Sperma von Merinoböcken besamt (z. B. 1960 mit 394000 Tieren ca. 25% des gesamten Schafbestandes). Im Jahre 1960 gab es ca. 124000 Schafe im Merinokreuzungstyp (ca. 10% des Schafbestandes), was auf eine starke Schlachtung der Merinokreuzungslämmer hindeutet. Man schätzt, daß Merinokreuzungslämmer 1,5 kg höhere Lgw. aufweisen und die adulten „merinosierten" Schafe ca. 0,7 kg mehr Schurwolle als die einheimischen Schafe geben. Man verfügt nicht über eine genügende Zahl von Merinoböcken, so daß auch F_1-, F_2- und F_3-Böcke verwendet werden müßten, was die Kreuzungsresultate etwas verschlechtert. Die Merinosationskosten betrugen von 1948–60 insgesamt ca. 500 Mill. Dinar (2,67 Mill. DM), die höhere Woll- und Fleischproduktion erbrachte bis 1960 ca. 588 Mill. Dinar (ca. 3,10 Mill. DM). Die Milchproduktion wurde nicht diskutiert. Die mit Merinosation bezeichnete Verdrängungskreuzung wird fortgesetzt. I. Šmalcelj. 4164.

3-64/02-0287 Tanev, Ivan; Sofia-Kostinbrod, Forsch.-Inst. für Tierzucht. Vprŭskvane na krŭv ot iztočnofrizijska poroda v ovce-krŭstoski s ednorodna nežna i polunežna vŭlna. **(Bluteinmischung von Ostfriesen bei Kreuzungsschafen mit schlichter feiner und mittelfeiner Wolle.)** Selskostopanska nauka, Sofija **1(7)** (1962) Nr. 10. S. 1117–1124. — 5 Tab. Zus. in Russ., Engl.
Aus der Kreuzung von 15 fein- und mittelfeinwolligen (Wollqualität 56–60 nach Bradford) Schafen (Produkt einer Mehrrassen-Kombinationskreuzung) mit einem Ostfriesischen Bock (Wollqualität 46) wurden 17 Mutterlämmer erhalten und 15 davon als Zuchtschafe aufgezogen. Ergebnisse des

Töchter-Mütter-Vergleichs (die Angaben in Klammern beziehen sich auf die Mütter): Geburtsgewicht 4,688 (4,450) kg, Sechsmonategewicht 36,088 (33,160) kg; Laktationsleistung 93,7–312,8, ⌀ 194,8 l (83,5–234,3, ⌀ 154,0 l); Wollleistung 3,20–7,20, ⌀ 5,073 kg (3,00–6,30, ⌀ 4,753 kg); Wollqualität nach Bradford 50–60 (56–60); Wollhaarlänge 10–17 (7–15) cm; Wolleistung des Ostfriesischen Bocks 8,200 kg; Wollhaarlänge des Bocks 19 cm.

N. Platikanow. 4164.

3-64/02-0288 Stephenson, S. K. Pre-natal growth in Romney × Southdown cross and Australian Merino sheep. II. Carcass conformation in the two breed groups. **(Das pränatale Wachstum bei Romney — Southdown-Kreuzungen und australischen Merinoschafen. 2. Mitt. Die körperliche Entwicklung bei beiden Zuchtrichtungen.)** Austral. J. agric. Res. **13** (1962) Nr. 4. S. 733–766. — 12 Abb., 4 Tab., 26 Lit. 1. Mitt. vgl. LZ. Abt. III **6** (1961) Nr. 9. S. 1566.

Die Untersuchungen erstreckten sich auf den Zeitraum vom 50.–140. Tage nach der Konception und bezogen sich auf lineare Messungen an der Körperoberfläche. Die durchschnittl. Längenmaße und deren Wachstumsrate wurden mit zunehmendem Alter des Fetus ermittelt und die bei den Romney-Southdown-Kreuzungen sowie den Australmerinos gefundenen Werte miteinander verglichen. Ebenso wurden die Meßwerte der männl. und weibl. Tiere innerhalb der Rassengruppen vergleichend untersucht. Die Beziehungen zwischen dem Alter des Fetus und der Gesamtkörperlänge waren in beiden Gruppen ähnlich. Die Längenwachstumsrate einzelner Körperteile im Verhältnis zur Wachstumsrate der Gesamtkörperlänge wurde ebenfalls geschätzt, wobei das Alter des Fetus als unabhängige Variable vor der Gesamtkörperlänge rangierte. Bockfeten beider Gruppen hatten während des frühen embryonalen Lebens längere Kopf- und Genickmaße. Der Hauptunterschied zwischen den Rassen beruht auf der größeren Breite und dem Umfange des Nackens und Rumpfes bei den Romney-Southdown-Kreuzungen. Weiterhin sind die Kopfbreite und die Nasenlänge bei den Kreuzungen größer. Das Caput humeris ist bei dieser Gruppe cranioventral verlagert, weshalb der Rumpf länger und tiefer und das Genick kürzer als bei den Merinos erscheint. Die allometrischen Wachstumsgradienten sind denen anderer Säugetiere weitgehend ähnlich und stimmen mit den Meßwerten anderer Autoren bei Schaffeten überein. Ob und in welchem Maße die rassenbedingten Unterschiede auf den Veränderungen der allometrischen Wachstumsrate oder auf Veränderungen der Dimensionen der einzelnen Teile während der Morphogenese beruhen, kann noch nicht endgültig beurteilt werden. Die Meßergebnisse deuten darauf hin, daß die Veränderungen der früh abwachsenden Teile (wie des Kopfes) teilweise oder völlig auf Veränderungen der Initialmaße beruhen, während die Änderungen in der allometrischen Wachstumsrate scheinbar die Differenzen in der Genick- und der Rumpfbreite sowie den Umfangsmaßen der beiden Meßstellen bedingen. Die letztere Wirkung kann auch in einem rel. stärkeren Ausmaß auf maternellen Einflüssen beruhen.

H. Busse. 4169.

3-64/02-0289 Mitić, N., Živković, A. und Vidanović, M.; Zemun, Univ., Fac.; Pirot, Agric. Exp. Stat. for Animal Husbandry. Uticaj različitih načina organizacije veštačkog osemenjavanja na broj oplodenih ovaca i na troškove osemenjavanja. **(Einfluß verschiedener Methoden der Organisation der Künstlichen Besamung auf die Zahl der befruchteten Schafe und die Besamungskosten.)** Veterinaria [Sarajevo] **11** (1962) Nr. 1. S. 61–68. — 1 Tab., 14 Lit. Zus. in Engl.

In 64 Zentren für KB in der Gegend von Pirots (Serbien) wurden 64082 Schafe in den Jahren 1957 und 1958 nach 2 Organisationssystemen besamt. Bei den Schafen, die tägl. von den Besitzern in den Zentren vorgeführt wurden, war der Befruchtungsprozentsatz um 3% höher, die Besamungskosten lagen im Laufe der 2 Jahre um 55 bzw. 27% niedriger als bei den Schafen, die in den Zentren mit einer gemeinsamen Herde während der ganzen Besamungsperiode gehalten wurden. Daher wurde in den folgenden Jahren die erstgenannte Organisationsform allg. angewendet. D. Ilančić. 4174.

3-64/02-0290 Meyer, J. H. Removing sources of error in lamb feeding experiments. **(Die Ausschaltung von Fehlerquellen bei Fütterungsversuchen mit Lämmern.)** J. Animal Sci. **21** (1962) Nr. 1. S. 127–131. 4192.

3-64/02-0291 Rhodes, Robert W. und Woods, Walter. Influence of frequent feeding on the performance of growing and fattening lambs. **(Der Einfluß häufiger Fütterung auf die Leistung wachsender Mastlämmer.)** J. Animal Sci. **21** (1962) Nr. 1. S. 108–111. 4198.

3-64/02-0292 Calder, J. W. Pastures for intensive fat lamb. **(Weiden zur intensiven Lämmermast.)** Agriculture [London] **70** (1963) Nr. 4. S. 177–181. 4198.

3-64/02-0293 Slee, J. und Carter, H. B. Fibre shedding and fibre-follicle relationships in the fleeces of Wiltshire Horn × Scottish Black-face sheep crosses. **(Haarung und Wollfaser-Follikel-Beziehungen in den Vliesen von Kreuzungstieren aus Wiltshire Horn und Schottischen Schwarzkopfschafen.)** J. agric. Sci. **58** (1962) Nr. 3. S. 309–326. 4234.

3-64/02-0294 Nagarcenkar, Ratnakar. Shedding of fibres in sheep. **(Haarung bei Schafen.)** Naturwissenschaften **50** (1963) Nr. 5. S. 162–163. 4234.

3-64/02-0295 Grünbaum, E.-G. **Ein Beitrag zur Behandlung der infektiösen Klauenentzündung (Moderhinke) der Schafe.** Mh. Veterinärmed. **18** (1963) Nr. 2. S. 63–70. – 3 Tab., 200 Lit.
5 Merino-Schafherden aus Wasserlandschaften mit feuchtem Klima und anmoorigen Weiden wurden behandelt. Die Standortverhältnisse vor und nach der Behandlung waren die gleichen. Die angewandte Behandlungsmethode blieb konstant. – Die Moderhinkesalbe „Bernburg" hatte einen Heilerfolg von 98,4%, die Moderhinkesalbe „Knoll" einen solchen von 96,0%. Beide weisen aber den Nachteil einer schlechten Haftung auf blutigen Wundflächen auf. Der Heilerfolg bei „Lotagen" betrug 64,8%. Es ist leicht applikabel sowie gut in der Schorfbildung und der Blutstillung. Eine Haftung der Salbe wurde durch Mullstreifen, die an den trockenen Stellen der Klauen angeklebt waren, vorteilhaft unterstützt. Bei $CuSO_4$-Behandlung (10%ige Lösung) betrug der Heilerfolg 59,2 und bei Xanthocillin-Lösung (0,5%) 30,4%. Hygienischen Maßnahmen kommt bes. Bedeutung zu. H. Busse. 4280.

SPEZIELLE KLEINTIERZUCHT

B. ZIEGEN

3-64/02-0296 Matthäi, Gerhard. **Zwölf Jahre Untersuchungen der in Thüringen vorgestellten Jungziegenböcke auf Unfruchtbarkeit.** Dipl.-Arb. Landwirtsch. Fak. Jena **1963** 55 S. – 14 Abb., 13 Tab., 46 Lit.
Die an 5559 untersuchten Ziegenböcken gewonnenen Befunde wurden bez. der Fruchtbarkeit ausgewertet. Im Durchschnitt der Jahre 1950–61 hatten 10% aller Tiere Samenstauung. Die Größe der veränderten Herde am Nebenhoden schwankte zwischen Erbsen- und Pflaumengröße. Verschiebungen des Nebenhodenschwanzes beeinflußten, wie der Geburtsmonat der Tiere, die Fruchtbarkeit nicht. 4566.

3-64/02-0297 Bonfert, A. und Thier, L. **Beitrag zur Kenntnis der Faktoren, welche das Besamungsergebnis bei Ziegen beeinflussen.** Zuchthyg., Fortpflanzungsstör. Besam. Haustiere **7** (1963) Nr. 1. S. 48–56.

Nach einer Betrachtung über die Entwicklung der Ziegenbesamung im Saarland werden die in der Besamungsperiode 1960 gesammelten Erfahrungen beschrieben. Der Besamungserfolg ist nach dem Non-return-Verfahren ständig überprüft worden. Es zeigte sich, daß in der Befruchtungsfähigkeit einzelner Böcke deutliche Unterschiede bestehen. Der von verschiedenen Inseminatoren erzielte Besamungserfolg schwankte zwischen 66,33 und 77,45%. Zwischen Zuführungsbesamung und Besamung im Stall bestanden hinsichtlich der Befruchtungsergebnisse keine Unterschiede. Ausgeprägte äußere Brunst sowie die Insemination 13–16 Std. nach Brunstbeginn bei gut geöffnetem Muttermund brachten die besten Erfolge. Spätere Besamungen — vor allem bei rahmig-käsigem Scheidenschleim — hatten geringe Befruchtungsaussichten. Erstlingsziegen zeigten eine kürzere Brunstdauer als Alttiere und können daher früher besamt werden. K. Löhle. 4574.

C. GEFLÜGEL

3-64/02-0298 Sonderegger, H. **Die Eingliederung der landwirtschaftlichen Geflügelhaltung in eine Gesamtplanung der schweizerischen Geflügelwirtschaft.** Grüne [Zürich] **91** (1963] Nr. 25. S. 771–787. 4601.

3-64/02-0299 Cook, J.; London. **Entwicklungen in der britischen Geflügelwirtschaft.** Tierzüchter **15** (1963) Nr. 9. S. 330–331. — 2 Abb. 4601.

3-64/02-0300 Wegner, Rose-Marie; Bonn, Univ., Inst. für Tierzucht und Tierfütter. **Bericht über die Vorträge der Sektion E „Haltung und Verschiedenes“ auf dem Weltgeflügelkongreß in Sydney.** Dtsch. Geflügelwirtsch. **15** (1963) Nr. 15. S. 197. 199–201.
In 15 Arbeiten wurden Fragen des Stallbaues, der allg. Beratung, der Haltung von Geflügel unter verschiedenen klimatischen Bedingungen als auch der Züchtung und Vermehrung von bestimmten einheimischen Rassen, des geschlechtlichen Verhaltens von Hähnen sowie der Dotterfärbung und Antibiotica-Potenzierung behandelt. Während Esmay über eine „Grundlegende Analyse der Geflügelstall-Ventilation“ berichtete, hielten Moreng und Helbig das Referat „Ein Stall mit kontrollierter Umwelt für die Eiererzeugung“. McHenry sprach über Aufgaben und Lehrmethoden in der Geflügelberatungsarbeit, und Smetnev berichtete über „Methoden der Ausbildung von Studenten in der Geflügelhaltung in Rußland“. Nikulitsky referierte über die „Erzeugung von Eiern und Geflügelfleisch in der Bratsevo Geflügelfabrik“ und Pigarev über „Studien zur Verbesserung der Leistungsfähigkeit von Legehennen in großen Geflügelfabriken“. Über die „Haltung von Legehennen unter subtropischen Bedingungen“ gab Ben-Adam einen anschaulichen Bericht. Kheireldin und Mitarbeiter referierten über „Die Geflügelwirtschaft in Ägypten mit bes. Berücksichtigung der einheimischen Brütereien“, während Ghany über „Lege- und Brutleistung der Fayoumi, einer einheimischen ägyptischen Hühnerrasse“ berichtete. Mit dem Thema „Grob-pathologische Überwachung des Brutvorganges als Hilfsmittel zur Verbesserung der Brutleistung“ befaßte sich Otriganyev. Guiton und Wood-Gush teilten ihre Beobachtungen über das „Geschlechtsverhalten von Junghähnen im Hinblick auf frühe Erfahrung“ mit. Smith und Hare referierten über „Antibiotica-Potenzierung und Legeleistung“ und Thumin über „Eidotterpigmentierung“. Über „Tageslichtmenge und Länge der schnellen Wachstumsphase der Eizelle beim Haushuhn“ berichtete Lacassagne, und Panda und McArdle teilten „Ergebnisse bei der Anwendung verbesserter Geflügelhaltungsmethoden in Orissa“ mit. U. Hofmann. 4601.

3-64/02-0301 Nassal, J. **Die Tuberkulose des Geflügels und ihre Bedeutung für Mensch und Tier.** Zbl. Veterinärmed., R. B **10** (1963) Nr. 3. S. 209–215.

Die Bedeutung des *Mycobakterium avium* für die tuberkulöse Erkrankung von Mensch und Tier ist in letzter Zeit in zunehmendem Maße in den Vordergrund des medizinischen Interesses getreten. Von über 3000 mit Hilfe der Kehllappenprobe erfaßten bäuerlichen Hühnerbeständen mit einem Bestand von ca. 70000 Hühnern erweisen sich 50% der Bestände und 8% der Hühner als infiziert. Bei Tuberkulinisierungen von 73000 Hühnern in 187 Wirtschaftsgeflügelbetrieben wurden 30% der Bestände und 0,6% der Hühner als infiziert erkannt. Von 563 Mycobakterienstämmen, die von tuberkulösen Menschen isoliert wurden, wurde in 7,6% der Fälle *Mycobacterium avium* als alleiniger Erreger differenziert. Bei landwirtsch. exponierten Personen fanden sich die aviären Mycobakterien zu 8,4%, bei nichtlandwirtsch. exponierten zu 6,6%. Die aviären Infektionen erfolgen bei der Landbevölkerung aerogen und alimentär, in der Stadt dagegen überwiegend alimentär. — Auch für das Rind und Schwein stellt die Geflügeltuberkulose eine ständig zunehmende Gefahr dar. Für die Veterinärmedizin ergeben sich daher zum Schutze der Gesundheit von Mensch und Tier Konsequenzen, die in der Ermittlung der tatsächlichen Verbreitung der Geflügeltuberkulose, in der baldigstmöglichen Tilgung der Geflügeltuberkulose und in der Bekämpfung der aviären Infektion, wo auch immer sie auftritt, bestehen. J. Otta. 4601.

3-64/02-0302 Wight, P. A. L.; Edinburgh, King's Buildings, A. R.C., Poultry Res. Centre. Lymphoid leucosis and fowl paralysis in the quail. **(Lymphoide Leukose und Mareksche Hühnerlähmung bei der Wachtel.)** Veterin. Rec. **75** (1963) Nr. 27. S. 685–687. — 6 Abb., 12 Lit.

Die lymphoide Leukose ist außer bei Hühnern auch bei Puten, Fasanen, Tauben, Enten, Gänsen, Kanarienvögeln ermittelt worden. Einzelne Fälle Marekscher Hühnerlähmung werden von Fasanen, Puten, einer Gans, einem Schwan und Enten mitgeteilt. Vf. beschreibt die bei 5 Wachteln (*Coturnix coturnix japonica*) nachgewiesenen pathologisch-anatomischen Veränderungen. Die Ursache der Infektion der Wachtel ist nicht mit Sicherheit zu ermitteln. Wenn sie als Versuchstier verwendet wird, ist es notwendig, sie gut zu solieren. E. Tempel. 4601.

Hühner

3-64/02-0303 Anonym. **Hat die schweizerische Schlachtgeflügelproduktion noch eine Chance?** Geflügelhof [Zollikofen-Bern] **26** (1963) Nr. 16. S. 259 bis 261.

Vf. führt eine Kalkulation für einen Mastbetrieb mit einer Kapazität von 4000 Tieren und einer 5maligen Belegung pro Jahr durch. In Zukunft sind nur noch Betriebe existenzfähig, denen es möglich ist, die Produktionskosten unter einem gewissen Niveau zu halten. Sollte der Pouletpreis auf durchschnittl. sfr 2,95 sinken, können nur noch jene Betriebe weiter produzieren, die die Produktionskosten auf 2,95 oder darunter senken können. U. Hofmann. 4608.

3-64/02-0304 Grosman, P. N. Uproščennyj otbor kur. **(Vereinfachte Selektion der Hennen.)** Pticevodstvo, Moskva **1962** Nr. 2. S. 17–19. — 1 Abb., 3 Tab.

In Legebetrieben genügt Selektion nach äußeren Merkmalen. Schlechte Leger setzen früher mit dem Legen aus und haben eine längere Legepause. Daher erfolgt die Selektion der schlechten Leger am besten gegen Ende der Legeperiode, während kranke und schlecht entwickelte Tiere ständig gemerzt werden. Selektiert wird nach: 1. Abstand zwischen Schambeinen und Abstand zwischen Schambein und hinterem Brustbeinende; 2. Zustand des Legebauches (eingezogen, klein); 3. Kamm (runzlich, blaß); 4. Kloake (eng, trocken, wenig elastisch); 5. starker Pigmentierung an Kloake, Augenlidern,

Ohrscheiben, Schnabel und Läufen; 6. frühem Eintritt und langsamem Verlauf der Mauser. Zum 2. Legejahr bleiben nur Hennen, die keine oder nur eine kurze Legepause machen. H. Pingel. 4655.

3-64/02-0305 Anonym. 42nd annual egg laying test held at Gwebi college of agriculture. **(42. Legeleistungsprüfung Rhodesiens im Gwebi-College.)** Rhodesia agric. J. **59** (1962) Nr. 2. S. 96–101. — 8 Tab.
Abschlußbericht über Leistungsfeststellungen an 20 Prüfungsgruppen (13 schwerer, 7 leichter Rassenzugehörigkeit) je 10 Hennen vom 1. 3. 61 bis 30. 1. 62 (=48 Wochen). 15% Abgänge, davon $^1/_3$ an Leukose. Durchschnittsleistung überlebender Hennen 223,55 (Vorjahr 201,60) Eier, je eingestallte Henne 190,02 (Vorjahr 148,40) Eier. Darstellung der individuellen und Gruppenrangfolge für Winter- (1. 3.–20. 6.) und Gesamtleistung. Futteraufwand je Dtzd. Eier 5,38 lb. für schwere Rassen, 4,82 lb. für leichte Rassen. Ein Preisträgerverzeichnis ist angeführt. A. Schaaf. 4656.

3-64/02-0306 McArdle, Allan A., Jones, M. D. und Lowe, A. G.; Parafield Poultry Stat. Commercial leads from the Second Random Sample Test 1960–61, South Australia. **(Gebrauchskreuzungen führen im 2. Stichprobentest 1961–62 in Südaustralien.)** J. Dep. Agric. South Australia **66** (1962) Nr. 1. S. 37–40.
Vff. belegen in einem Leistungsvergleich die Überlegenheit der Kreuzungen über die reinrassigen Leghorn und Australorp, die auf der Basis von 200 Bruteiern bzw. je 4×10 Legehennen auf Tiefstreu geprüft wurden.

	Australorp	Kreuzungen	Weiße Leghorn
Schlupf-%	71,1	79,2	75,0
Aufzucht-%	95,8	97,5	96,9
Futter bis 21½ Wochen	23,8	22,1	20,2
Gewicht bei 19 Wochen	4,0	3,6	3,2
Wintereier (1. 3.–30. 6.)	68	78	57
Eier März–Mitte Dez.	160	190	160
Futter in 12 Mon.	88	86	76
Futter je Dtzd. Eier (24 oz.)	5	4,2	4,6
Gewicht nach 462 Tagen	6,1	5,1	4,3

A. Schaaf. 4656.

3-64/02-0307 Stanhope, W. Crossbreds top in random sample laying tests. **(Kreuzungen führen in Stichprobenlegeleistungsprüfungen.)** J. Agric. [Melbourne] **60** (1962) Nr. 10. S. 461–462. — 1 Abb., 1 Tab.
In den Stichprobenleistungsprüfungen in Victoria übertraf in den letzten Jahren die Kreuzung Weiße Leghorn×Australorp regelmäßig die Leistung der reinen Ausgangsrassen. Im 4. Test erreichte sie in einer 14,5 Mon. währenden Legeperiode (ohne Zusatzbeleuchtung) 281,3 Eier. Diese Überlegenheit der Kreuzung in den Leistungsprüfungen erklärt ihre Popularität: 1962 waren über 90% aller Legehennen in Victoria derartige Kreuzungsprodukte.
A. Schaaf. 4656.

3-64/02-0308 Merat, Ph.; Jouy-en-Josas, Seine-et-Oise, Centre Nat. de Rech. Zootechn., Stat. de Rech. Avicoles. Proportion des sexes („Sex-ratio") chez les volailles. I. Résultat global et considérations théoriques. **(Geschlechtsverhältnis beim Geflügel. 1. Mitt. Globalergebnis und theoretische Betrachtung.)** Ann. Zootechnie **11** (1962) Nr. 3. S. 225–229. — 10 Lit.
Vf. untersuchte das Geschlechtsverhältnis (GV) von ca. 150000 Küken verschiedener Rassen aus mehreren Herden im Alter von 8 Wochen (tertiäres GV) und

fand keine signifikante Abweichung von 1:1. Aus einer theoretischen Analyse leitet er her, daß das GV beim Schlupf für solche Familien, die 100% Schlupf haben, eine unverzerrte Schätzung des sekundären GV der Population ist und nicht des primären. A. Schaaf. 4660.

3-64/02-0309 Mehner, A. und Torges, H. G. **Ergebnisse von diallelen Kreuzungs-Versuchen bei Masthühnern.** Z. Tierzücht. Züchtungsbiol. **78** (1963) Nr. 2. S. 97–138. — 4 Abb., 25 Tab.
Vff. beschreiben Untersuchungsergebnisse dialleler Paarungen von Leghorn, White Rock und Cornish. Es zeigte sich, daß die Leghorn und Cornish eine größere Befiederungsgeschwindigkeit aufwiesen als die White Rock. Bei Kreuzungen war teils intermediäres Verhalten, teils Luxurieren dieses Merkmals zu beobachten. In der gewichtsbezogenen Befiederung waren die Leghorn den Cornish stärker überlegen als in der abs. Befiederung. Bei diallelen Paarungen von Leghorn und White Rock ergab sich dominanzähnliches Verhalten der den Leghorn eigenen geringeren Wachstumsfähigkeit und der besseren Futterverwertung der White Rock. Es wurde festgestellt, daß 1250 g schwere Tiere der White Rock, Cornish und Kreuzungen aus Cornish × White Rock und Cornish × Leghorn eine um 1–1,5% bessere Bratgewichtsausbeute hatten als Leghorn und Leghorn × White Rock-Kreuzungen. Diese Tatsache war in erster Linie durch den geringeren Feder- und Blutanteil bedingt. Die Form des Brustmuskelquerschnittes wurde wesentlich intermediär, hohe Tibiagewichte wurden bei den durchgeführten Kreuzungen dominant vererbt. Die Flächengröße des Brustmuskelquerschnittes blieb bei den Kreuzungen in der Regel hinter der beider Elternrassen zurück. Auf das unterschiedliche Verhalten von Vollbrüdern der Rasse Cornish wurde hingewiesen, diese Erscheinung liegt darin begründet, daß diese Rasse noch recht jung und z. T. unausgeglichen ist. K. Löhle. 4669.

3-64/02-0310 Azimov, S. G.; Sagorsk, Gebiet Moskau, Unions-Forsch.-Inst. für Geflügelzucht. Biologičeskie i chozjajstvennye osobennosti pomesej kur, vyraščivaemych na mjaso v uslovijach Uzbekistana. **(Die biologischen und wirtschaftlichen Besonderheiten bei Hühnerkreuzungen, die unter den Bedingungen Usbekistans zu Fleischhühnern herangezüchtet werden.)** Sbornik rabot molodych učenych. Doklady na naučnoj konferencii aspirantov. Vsesojuznyj naučno-issledovatel'skij institut pticevodstva, Moskva 4 (1961, hrsg. 1962) S. 42–57. — 3 Abb., 14 Tab., 9 Lit. 4669.

3-64/02-0311 Fomin, A. I., Gal'pern, I. L. und Duchno, Z. I.; Puschkin, Gebiet Leningrad, Forsch.-Lab. für Tierzucht. Polovaja aktivnost' i produktivnye kačestva pticy. **(Die geschlechtliche Aktivität und die Leistungseigenschaften beim Geflügel.)** Vestnik sel'skochozjajstvennoj nauki, Moskva 8 (1963) Nr. 2. S. 78–82. — 5 Tab., 6 Lit. Zus. in Engl., Franz., Dtsch.
Vff. untersuchten die geschlechtliche Aktivität beim Geflügel. Hähne, die 20- bis 25mal am Tage begatteten, wogen 5–8% weniger als passive Tiere. Die Legeleistung ihrer Mütter war 16–21% höher. Läßt man die geschlechtlich aktiven Hähne in die Herde, so werden sie durch Überbeanspruchung in ihrer Leistung zurückgehen. Besser ist es, sie in Käfigen zu halten und gezielt zu paaren. Letzteres Verfahren führt zu einer Verbesserung der Nachkommenschaft. W. Plaschke. 4672.

3-64/02-0312 Masliev, I. T. und Konopleva, V. I. Zola — istočnik mikroėlementov. **(Asche enthält Spurenelemente.)** Pticevodstvo, Moskva **1963** Nr. 4. S. 10–11. — 1 Abb., 2 Tab.
Ein Zusatz von 0,25% Steinkohlen- bzw. Holzkohlenasche zum Mischfutter erhöht die Gewichtszunahme bei Küken. Dies wird auf eine günstige Zusammensetzung der Spurenelemente in der Asche zurückgeführt.
H. Pingel. 4682.

3-64/02-0313 Nieschulz, Adolf; Bonn. **Legeleistung der Hennen und Eiererzeugung 1962.** Dtsch. Geflügelwirtsch. **15** (1963) Nr. 14. S. 175–180. – 10 Tab.
Die aus den monatl. Meldungen der Berichterstatterbetriebe errechnete Jahreslegeleistung je Henne läßt erkennen, daß die Legeleistung weitgehend von der Intensität der Hühnerhaltung abhängt. Ca. 30% der Hennen werden in Beständen von 250 und mehr Tieren gehalten. In den norddeutschen Betrieben wurde eine höhere Legeleistung je Henne festgestellt. Die Jahresleistungen sind allg. um ca. 4% angestiegen, was jedoch weitgehend durch die Konzentrierung in Intensivbetrieben herbeigeführt wurde. Hinsichtlich der Entwicklung der Hennenbestände haben die Intensivhaltungen in den Frühjahrsmonaten starke Bestandsrückgänge und in den Sommermonaten infolge der Frühbruten den höchsten Tierbestand aufzuweisen. Der Eierpreis lag im Jahre 1962 um Dpf. 1,4 je Ei niedriger als im Vorjahr, dabei ergab sich im 1. Halbjahr ein Unterschied von Dpf. 1,9 und im 2. Halbjahr ein solcher von Dpf. 0,6 je Ei. U. Hofmann. 4700.

3-64/02-0314 Burckhardt, I.; Frankfurt/M., Land- und Forstwirtschaftskammer Hessen-Nassau. **Möglichkeiten zur Senkung der Produktionskosten bei Eiern.** Dtsch. Geflügelwirtsch. **15** (1963) Nr. 13. S. 161–165.; Nr. 14. S. 182 bis 184. – 8 Tab.
Vf. weist darauf hin, daß die Hühnerhaltung ein kapitalintensiver Betriebszweig mit erheblichem Risiko und großer Preisunsicherheit ist. Zur Senkung der Produktionskosten werden der Einfluß der Leistungen auf die Produktionskosten und die Möglichkeiten zur Senkung der Futterkosten je Ei untersucht. Um die Kosten für Wertminderung zu senken, werden folgende Hinweise gegeben: Erhöhung der Jahreseierleistung, Senkung der Aufzuchtkosten und bessere Verwertung der Suppenhennen. Die Kosten für die Unterbringung und der Einfluß der Höhe der Abgänge innerhalb eines Legejahres auf Legeleistung, Kosten und Wirtschaftlichkeit werden mit Hilfe von Zahlen aus der Praxis erläutert. U. Hofmann. 4700.

3-64/02-0315 Szklarzewicz, J. Opłacalność produkcji jaj na fermach podmiejskich i miejskich. **(Die Rentabilität der Eierproduktion auf stadtnahen und städtischen Farmen.)** Hodowca drobnego Inwentarza **11** (1963) Nr. 3. S. 12 bis 13. – 3 Tab. 4700.

3-64/02-0316 Schmidt, L.; Breitbrunn/Chiemsee. **Ei und Ei — ist zweierlei!** Dtsch. Geflügelwirtsch. **15** (1963) Nr. 15. S. 192–196.
Schalenfarbe, Schalenhärte, Eigewicht, Geschmack, Gehalt an Blutflecken, Eiweißkonsistenz und in beschränktem Maße auch die Dotterfarbe werden durch die Züchtung beeinflußt. Das Futter wirkt sich auf Gewicht, Geschmack, Eiweiß und bes. auf die Dotterfarbe aus. Unter dem sauberen Ei wird unbedingt das ungereinigte Ei verstanden, mit dem Eireiber oder mit laufend erneuertem Wasser gereinigte Eier sollten als zweitklassig deklarierte Eier rasch verwertet werden. Die einheitliche Schalenfarbe hat nur optische Bedeutung. Eine dichte Schalenstruktur und auch eine günstige Eiform fördern die Bruchfestigkeit. Dünne Schalen liegen nicht nur an der Umwelt, sondern auch am Tier selbst; Krankheiten können ebenfalls zu dünnen Schalen führen. Als allg. Maßstab für die inneren Eiqualitäten gilt die Frische des Eies, die an der Höhe der Luftkammer und an der Stärke des dicken Eiweißes erkennbar ist. Der Geschmack des Eies wird durch die umgebende Luft beeinflußt, Blut- und Fleischflecken lassen sich beim Durchleuchten feststellen. Die erbmäßige Beeinflussung der Dotterfarbe ist nicht geklärt.
U. Hofmann. 4700.

3-64/02-0317 Lockhart, William C., Schipper, I. A. und Bryant, Reece L. Eggs not contaminated by drugs in feed. **(Eier werden durch**

Therapeutika im Futter nicht geschädigt.) North Dakota Farm Res., bimonthly Bull. 22 (1962) Nr. 7. S. 11. – 2 Lit.

Es wurden vorläufige Untersuchungen über den Einfluß von therapeutischen Dosen Penicillin G (50 g/t) und Oxytetracyclin (100 g/t) im Futter auf den Antibioticagehalt von Hühnereiern angestellt. In dem mit 8 Hennen in 3 Gruppen ausgeführten Versuch ergab sich nach einer 42tägigen Fütterungsperiode, daß sowohl Penicillin G als auch Oxytetracyclin weder im Weißei noch im Dotter der untersuchten Eier nachzuweisen waren.

W. Rudolph. 4700.

3-64/02-0318 Büttner, Gisela. **Untersuchungen über die Fleischqualität bei Broilern.** Dipl.-Arb. Landwirtsch. Fak. Jena **1963** 33 S. – 11 Abb., 9 Tab., 29 Lit.

Vf. bestimmte das Wasserhaltevermögen der Muskulatur bei 200 Tieren (White Rock, Cornish × White Rock). Es ergaben sich keine Unterschiede bei Brust- und Schenkelmuskulatur. Männl. Tiere wiesen einen höheren Anteil am lockeren Wasser auf als Hennen. Die Brustmuskeln hatten stärkere Muskelfasern als die Schenkel. 4700.

3-64/02-0319 Spange, Edelgard. **Untersuchungen über die Farbe des Brust- und Schenkelmuskels bei Hühnern und Tauben und ein Beitrag über die Schlachtausbeute bei Tauben.** Dipl.-Arb. Landwirtsch. Fak. Jena **1963** 34 S. – 11 Abb., 14 Tab., 33 Lit.

Die Untersuchungen wurden an 373 Tieren verschiedener Hühnerrassen sowie an 65 Tauben vorgenommen. Die Rasse White Rock verfügte über die hellste Fleischfarbe, während die Leghorn die dunkelste Muskulatur aufwies. Es konnte kein Einfluß des Geschlechtes auf die Muskelfarbe festgestellt werden. Die Hühner hatten helle Brustmuskeln und eine dunkle Beinmuskulatur, bei Tauben war es umgekehrt. 4700.

3-64/02-0320 Querner, H.; Krefeld-Großhüttenhof. **Einrichtung von modernen Intensivställen für Legehennen.** Mitt. dtsch. Landwirtsch.-Ges. 78 (1963) Nr. 8. S. 223–225.

Geräte zur Klimaregelung sind nur wirtschaftlich, wenn der Stall in seiner Wärmedämmung den heutigen Erkenntnissen entspricht. Für eine ausreichende Lichtintensität sind 3 Watt/m^2 Stallgrundfläche nötig, als Beleuchtungskörper haben sich Leuchtstoffröhren in Warmton-Lichtfarbe durchgesetzt. In wärmetechnisch unzulänglichen Ställen werden Glühbirnen empfohlen. Bei 3,5 m^3/h Luft je 1 kg Lgw., 10–20 °C Stalltemperatur und 65 bis 75% rel. Feuchtigkeit fühlt sich das Huhn am wohlsten. Bei einer Besatzstärke über 4 Hennen/m^2 Stallgrundfläche ist eine mechanische Lüftung unerläßlich, deren Steuerung in der Praxis sowohl von Hand als auch automatisch über Thermo- und Hygrostaten erfolgt. Als Kotkastenmaß bei einer Belegung von 5–7 Hennen/m^2 Stallfläche hat sich ein Kotkastenmaß von 50% des Stallbodens bewährt, auf dem Kotkasten werden Futter- und Tränkgefäße angebracht. Die Kotkastenhöhe soll ca. 70 cm betragen. Die Spezialgitter haben eine Maschenweite von 25 × 50 mm und eine Drahtstärke von 2,5 mm. Für eine Legehenne werden 10–15 cm Futterfläche und 2,5 bis 3 cm Tränkfläche benötigt. Der Einsatz automatischer Fütterungsanlagen läßt sich bei mindestens 1000 Legehennen wirtschaftlich vertreten, gegenüber Handfuttertrögen werden 60–80% Arbeit eingespart. Als Nestfläche sollen für jeweils 100 Hennen 20 Einzelnester oder ein Gemeinschaftsnest mit einer Bodenfläche von 1,5 m^2 bereitstehen. U. Hofmann. 4707.

3-64/02-0321 Reuter, Hubert und Praße, Karl; Bonn, Landwirtschaftskammer Rheinland. **Was halten Sie von Batterien?** Dtsch. Geflügelwirtsch. **15** (1963) Nr. 20. S. 261–268. – 22 Abb.

Ein wirklicher Vorteil der Käfighaltung liegt bei begrenzt zur Verfügung stehendem Stallraum darin, daß bei 3etagiger Batterie 16–18 Hennen/m² Stallbodenfläche gehalten werden können. Die Investitionskosten sind i. allg. nicht viel niedriger als bei der normalen Stallhaltung mit weitgehender Mechanisierung. Für die Lage des Stalles wird die Ost-West-Lage mit am Ostgiebel gelegener Kotplatte günstig beurteilt. Lange und schmale Ställe verdienen den Vorzug, es lohnt sich, mehrere voneinander unabhängige Abteile zu schaffen. Die Belichtung erfolgt am besten durch künstliches Licht. Das Lüften muß zugfrei durch einen bis 40maligen Luftwechsel erfolgen, für jeden Stall und den vorhandenen Besatz ergibt sich eine spez. Berechnung, die sowohl Förderleistung der Ventilatoren wie die Größe der gut verteilten Lüftungsöffnungen berücksichtigt. Der Fußboden muß aus einem Zementestrich bestehen, Wände und Decken können aus neuzeitlichen Verbundplatten wie auch aus massiven Baustoffen bestehen, der Mindest-K-Wert soll 0,7 betragen. Eine Dampfsperre begünstigt die Klimatisierung. Die Kotbeseitigung kann entweder durch Abrutschluken mit federnder und selbstschließender Klappe oder mittels Querförderband auf eine Kotplatte oder besser auf einen bereitstehenden Wagen erfolgen. Der Kot kann auch mit Wasser versetzt und in eine bes. Güllegrube gebracht werden. Aufbau und Arbeitsweise der verschiedenen Batterieanlagen, betriebs- und arbeitswirtschaftliche Probleme und das Verhalten des Huhnes selbst werden von den Vff. besprochen. Gegenüber einer guten Bodenhaltung auf Tiefstreu bietet die Batteriehaltung bislang nicht mehr Vorteile. Deshalb kann man sie nicht allg. empfehlen. U. Hofmann. 4707.

3-64/02-0322 Wassermann, J. C.; Glen Coll. of Agric. and Res. Inst. Laying batteries and the quality of eggs. **(Legebatterien und die Eiqualität.)** Farming South Africa **38** (1962) Nr. 8. S. 33. 35–36. — 1 Abb., 4 Tab.

In 2 Versuchen, bei denen die Leistungen von Hennen in Bodenintensiv- und Batteriehaltung verglichen wurden, zeigte sich, daß Batterien bessere Ergebnisse im Hinbick auf Legeleistung und Eigewicht ergaben. Schalendicke und Bruchfestigkeit der Eier waren ohne Unterschied. Eier von Batteriehennen hatten eine verminderte Albumin-Qualität, die jedoch die Haltbarkeit der Eier (bis 24 Wochen) nicht ungünstig beeinflußte. Die Batteriehaltung wird im Hinblick auf die höhere Legeleistung, das bessere Eigewicht, das leichtere Merzen unproduktiver Hennen und das in diesem Versuch etwas bessere Futterverwertungsvermögen sowie die vergleichsweise nicht höhere Sterblichkeit der Hennen als für die Eiproduktion bes. geeignet empfohlen. W. Rudolph. 4707.

Truthühner

3-64/02-0323 Meyer. **Hygiene der Putenhaltung.** Garten u. Kleintierzucht, Ausg. B **2** (1963) Nr. 6. S. 6–7. — 1 Abb.

Putenküken haben einen höheren Bedarf an Eiweiß, Mineralstoffen und Vit. als Hühnerküken. Die Futtergemische für Putenküken sollten bis zur 8. Woche 28% und von der 10.–16. Woche 20% Eiweiß enthalten, für den letzten Monat wird ein Mastfuttergemisch empfohlen. In der ČSSR werden die Putenküken bis zur 8.–10. Woche intensiv aufgezogen, wobei an die Aufzuchtställe mit der gleichen Bodenfläche des Stalles sog. Sonnenbalkons angebaut werden. Die Latten- oder Drahtböden der Balkons vermindern die Ansteckungsgefahr. U. Hofmann. 5105.

3-64/02-0324 *Lacza, Béla.* **Lúdtenyésztés.** (Gänsezucht.) Budapest: Mezögazdasági kiadó. 1962. (153 S.) 8°. (1962 A 1645)

D. KANINCHEN

3-64/02-0325 Herman, W. Pielęgnowanie królic kotnych i karmiących. **(Die Pflege tragender und säugender Kaninchen.)** Hodowca drobnego Inwentarza **11** (1963) Nr. 2. S. 19–20. 5262.

3-64/02-0326 Anonym. **Richtiges Schlagen und Abbalgen der Kaninchen.** Geflügelhof [Zollikofen-Bern] **26** (1963) Nr. 33. S. 581. – 1 Abb. 5262.

3-64/02-0327 Kettner, Brigitte; Halle/S., Martin-Luther-Univ., Inst. für Kleintierzucht. **Untersuchungen über den Einfluß von Umweltfaktoren auf Wolleistung und Wollstruktur bei Angorakaninchen verschiedener Zuchtgebiete.** Kühn-Arch. **76** (1962) Nr. 3/4. S. 424–491. – 12 Abb., 21 Tab., 49 Lit. Zus. in Russ., Engl., Franz.

Da 1957 die Durchschnittserträge in der Angorakaninchenleistungsprüfung (ALP) Celle um 100–200 g höher lagen als in der von Halle, wurde durch Austausch von Tiermaterial aus beiden Zuchtgebieten an beiden Prüfungsanstalten bei 16 Würfen mit insgesamt 64 Tieren nach den Ursachen für diese Differenzen geforscht. Die für das Wollwachstum wichtigsten Klimafaktoren zeigten an beiden Standorten keine wesentlichen Unterschiede. Bei den Untersuchungen konnten keine signifikanten Unterschiede hinsichtlich der Wollerträge beider Zuchtgebiete festgestellt werden, es zeigten sich jedoch erhebliche Unterschiede qualitativer Art bes. zwischen den Geschlechtern: Die Rammler wiesen einen höheren Filzanteil auf, der Nährstoffverbrauch je g Angorawolle lag bei ihnen bei 9,23 g Eiweiß und 44,0 g StE, während die Häsinnen nur 8,43 g Eiweiß und 39,94 g StE dafür verbrauchten. Die durchschnittl. Feinheit der Rammlerwolle betrug 11,84 μm, die der Häsinnenwolle 12,06 μm. Während bei beiden Geschlechtern die feinste Wolle an den Schultern zu finden war, wies bei den Rammlern die Rückenwolle, bei den Häsinnen die Bauchwolle die durchschnittl. stärksten Haare auf. Sowohl bei den Feinheits- als auch bei den Längenmessungen der Wolle zeigte sich aber, daß die Unterschiede zwischen den Körperstellen eines Tieres und die jahreszeitl. bedingten größer waren als die zwischen den einzelnen Tiergruppen. Die Rammlerwolle war in der Regel länger als die Häsinnenwolle (⌀ 6,37 cm : 6,11 cm), dagegen war die Wollkräuselung bei den Häsinnen besser ausgeprägt als bei den Rammlern (7,80 Bogen : 5,99 Bogen je cm). Hierbei zeigten die Rammler des Kieler Zuchtgebietes durchweg eine bessere Wollkräuselung. Der mittlere Grannengehalt der Wolle betrug bei den Rammlern 2,26%, bei den Häsinnen 3,55%. Es wurde festgestellt, daß die besseren Prüfungsergebnisse in Celle auf besser vorselektiertes Tiermaterial und nicht auf unterschiedliche Prüfungsbedingungen zurückzuführen sind. H. Kettner. 5270.

3-64/02-0328 *Kelemen, Aurél* unc *Csikváry, László.* **Házinyúltenyésztés.** (Die Hauskaninchenhaltung.) Budapest: Mezögazdasagi kiadó. 1962. (130 S.) 8°. (1962 A 1636).

E. PELZTIERE

3-64/02-0329 Leoschke, William L. How to cut feed costs by really trying. **(Senkung der Futterkosten durch richtige Überlegung.)** Amer. Fur Breeder **36** (1963) Nr. 6. S. 8–10.

Untersuchungen der Pelztierstationen der USA und Kanadas zeigen, daß 2 Punkte wichtig sind: 1. Futterverbrauch und Kaloriengehalt, 2. Kosten der Futtermittel. Je Fell werden 100–130 lb. Futter benötigt. Durch überlegte kalorisch ausgewogene Ernährung scheint es möglich, 15–20% einzusparen. Die ökonomischste Kalorienquelle in der Nerzfütterung ist Fett. Protein ist am teuersten und kostet 15–75 cent/lb. Die typische Farmration hat einen hohen Proteingehalt und einen niedrigen Kalorienwert. Während der Hauptwachstumszeit von Mai–Aug. sind darin 39–41% Protein enthalten,

28–30% Kohlenhydrate (N-freie E.) und 20% Fett. Die Folge sind übermäßiger Futterverbrauch und geringes Wachstum der Welpen. Besser wären in dieser Zeit 38% Protein, 24–26% N-freie E. und 26–28% Fett. Eine Farmration, die 15–20% Cerealien enthält, der man 2–3% tierisches oder pflanzliches Fett zufügt (vor der Zugabe von Wasser), steigt in ihrem Fettgehalt um 5–7% auf Tr.-Subst. berechnet und zeigt 10–15% geringeren Futterverbrauch. (1% Fettzugabe bewirkt einen Rückgang des Futterverbrauchs um 5%). Vf. zeigt an Rechnungsbeispielen der verwendeten Futtermittel die Einsparungsmöglichkeiten. G. Bendrat. 5302.

3-64/02-0330 Anonym. Fettberikad torrmjölksprodukt till mink. **(Mit Fett angereicherte Magermilchprodukte für Nerze.)** Våra Pälsdjur **34** (1963) Nr. 8/9. S. 189–190.

Das Futtermittel „Farmex“ besteht aus 69% sprühgetrocknetem Magermilchpulver, 26% stabilisiertem tierischem Fett, 5% Fischmehl mit 66–72% Rohprotein. Es hat einen Gehalt von 26,3% verd. Rohprotein und von 24,8% verd. Fett. Eine Beimischung von „Farmex“ zur Ration kann von guter Wirkung sein, bes. wenn die Ration Schlachtabfälle oder fettarmen Fisch enthält und niedrig im Energiegehalt ist. Bes. wichtig ist dies in der Säugezeit und während des frühen Jugendwachstums.

J. K. Hinrichsen. 5302.

3-64/02-0331 Aulerich, Richard J. und Schaible, Philip J. Skip-feeding' mink — does it pay? **(Macht sich ein Fastentag beim Nerz bezahlt?)** Amer. Fur Breeder **36** (1963) Nr. 6. S. 14–15. — 1 Abb., 2 Tab., 6 Lit.

Die Ergebnisse von 2 Versuchen zeigten, daß die Gewichte der Nerze, die jeden 7., 10. oder 14. Tag gefastet hatten, keine statistisch gesicherte Differenz zu den tägl. gefütterten Tieren aufwiesen. Der Gewichtsrückgang der Gruppen mit Fastentag trat bes. bei den Rüden hervor. Eine größere Anzahl von Tieren ist notwendig, um die beobachteten Differenzen genau zu prüfen. Ein Fastentag in verschiedenen Zeitabständen wirkt sich günstig auf die Freßlust aus und verhütet eine Überfütterung. G. Bendrat. 5302.

3-64/02-0332 Anonym. Väghållningen i minkgården — några grundläggande principer. **(Die Unterhaltung von Wegen auf der Nerzfarm — einige grundlegende Prinzipien.)** Våra Pälsdjur **34** (1963) Nr. 8/9. S. 193–195. — 3 Abb.

Mit der Mechanisierung der Nerzfarmen steigt der Bedarf an festen Wegen, von denen der Regen abfließen soll. In das ausgehobene Wegebett wird eine Verstärkungslage gebracht, darüber die Traglage und schließlich die Bedeckung. Die Feststellung der Bodenbeschaffenheit erfolgt mit Hilfe der Siebanalyse. Die Verarbeitung zu Makadam beruht auf der Vermischung von natürlichen Steinen oder Sprengsteinen verschiedener Korngröße. Zur Vermeidung von Frostschäden muß vermieden werden, daß sich Kapillaren bilden, in denen das Wasser aufsteigt. Das geschieht durch eine Schicht grobkörnigen Materials unter Berücksichtigung der Beschaffenheit des Untergrundes. Um eine ebene und genügend feste Decke zu erhalten, wird die Verwendung von Straßenbaustoffen oder Beton empfohlen. Dieser muß wenigstens 12 cm stark sein. Die notwendigen Fugen werden je nach Untergrund in 2–10 m Entfernung angebracht. Bes. wichtig ist die Drainierung des Wegebettes. Die einzelnen Ställe müssen genügend weit voneinander entfernt sein, wenigstens 6–7 m. Bei Verwendung von Lastwagen erhöhen sich die Anforderungen an die Festigkeit und die Breite der Wege. J. K. Hinrichsen. 5302.

3-64/02-0333 Löliger, H.-Ch.; Celle, Bundesforsch.-Anst. für Kleintierzucht. **Beitrag zur Klinik und Pathologie der Aleutenkrankheit der Nerze.** Kleintier-Prax. 8 (1963) Nr. 4. S. 89–93. — 5 Abb., 11 Lit.

Da die Aleutenkrankheit, deren Auftreten wegen der schweren Verluste die Fortführung von Nerzzuchten gefährden kann, vornehmlich Nerze mit homozygotem Aleutengen betrifft, wurde sie lange Zeit als Erbkrankheit angesehen. Infolge gelungener Übertragungsversuche auch auf andere Mutationen und Standardnerze wird jetzt als Erreger ein Virus vermutet. Die Krankheit verläuft in der Regel subakut bis chronisch, doch kommt gelegentlich auch ein akuter Verlauf vor. Als Symptome sind Blutungen aus der Maulhöhle und der Nase, schwarzroter bis teerfarbener Kot, gesteigerter Durst, Appetitstörungen und Abmagerung zu beobachten. Weiterhin kommt es zu einem starken Anstieg des Gammaglobulingehaltes im Blutserum. Mit Hilfe des Jod-Jodkali-Testes läßt sich die Gammaglobulinämie nachweisen, so daß krankheitsverdächtige Tiere rechtzeitig erkannt und vor der Zuchtperiode ausgemerzt werden können. Pathologisch-anatomisch zeigen sich Leberschwellung, dunkelrote bis graurote unscharf begrenzte Bezirke in der Leber, diffuse Hyperplasie der roten Milzpulpa, Vergrößerung der Nieren, graugelb gefleckte Oberfläche der Nieren, in akuten Fällen Nierenblutungen, während die Lungen makroskopisch unverändert sind. Der histol. Befund ist gekennzeichnet durch aus Plasmazellen und Lymphoidzellen bestehende Infiltrationen in Leber und Nieren, die bei protrahiertem Krankheitsverlauf in allen Organen vorwiegend im periarteriellen Gewebe zu finden sind. Eine wirkungsvolle Behandlung ist nicht bekannt. Es kann versucht werden, durch Anwendung von Leberextrakten, Vit. C und K sowie durch Antibiotica-Gaben die Tiere bis zur Fellreife am Leben zu erhalten. Erfahrungen über den Erfolg des Einsatzes von Organvaccinen zur prophylaktischen Schutzimpfung stehen noch aus. H. Zimmermann. 5302.

3-64/02-0334 Szuman, J. und Skrzydlewski, A. **Der Verlauf des Geburtsaktes beim Sumpfbiber.** Dtsch. Pelztierzüchter **37** (1963) Nr. 7. S. 125 bis 129. — 8 Abb., 6 Lit.

In einem spez. für diesen Zweck konstruierten Gehege wurde der Geburtsakt beim Sumpfbiber genau beobachtet und fotografiert. In den beiden ausgewerteten Fällen betrug die Dauer vom Einsetzen der ersten Wehen bis zum Erscheinen der letzten Nachgeburt ca. 4 Std. Die 4 bzw. 6 Jungtiere erschienen in einem Intervall von 5–95 Min., die Ausscheidung der jeweils zugehörigen Nachgeburt dauerte 4–135 Min. Durch die große Beweglichkeit der ca. 250 g schweren Jungtiere riß die Nabelschnur, ohne von der Metze abgebissen zu werden. Die Nachgeburt im Gewicht von ca. 23 g wurde von der Metze verzehrt. Eine Wasseraufnahme erfolgte von der Metze weder vor noch während des Geburtsablaufes. Die frisch geborenen Jungtiere konnten sich fast ohne Schwierigkeiten auf dem 25 × 25 mm Drahtgeflecht-Boden des Versuchsgeheges fortbewegen. H. Zimmermann. 5310.

3-64/02-0335 Shiota, Gizo. Inheritance of silver and platinum characters in the fox. **(Die Vererbung des Silber- und Platincharakters beim Fuchs.)** Jap. J. Genetics **37** (1962) Nr. 3. S. 248–252. — 3 Abb., 4 Tab., 4 Lit. Orig.: jap., Ausz.: engl.

Auf Grund der vor 10 Jahren (1951–60) zusammengetragenen Angaben der folgenden 3 verschiedenen Kreuzungen des Fuchses: Silber × Silber, Platinum × Platinum, Silber × Platinum, wurden die Wurfgröße, das Verpaarungsverhältnis und die Aufspaltung der Fellfarbe der Welpen beobachtet. Der Platinumcharakter ist dominant über Silber. Die Tiere mit homozygotem Platinumgen sind letal. Die Kreuzung von Platinum × Platinum erbringt Silber- und Platinumtiere wie 1:2. Die Wurfgröße ist je nach Kreuzungsart unterschiedlich. Bei der Kreuzung Silber × Platinum ist die Wurfgröße sehr gering und annähernd gleich der Kreuzung Platinum × Platinum. Es scheint an der Tatsache zu liegen, daß die Feten aus der Verpaarung Silber ×

Platinum vor der Geburt absterben. Das Verpaarungsverhältnis ist genau bei jeder Kreuzung untersucht worden. Es zeigt, daß beide, Silber und Platinum, autosomen Charakter haben. G. Bendrat. 5315.

3-64/02-0336 Schiel. H.; Lohnweiler, Pfalz, Südwestdeutscher Pelztierzüchterverband e. V. **Monogam-, Polygam- oder Koloniezucht bei Chinchillas?** Dtsch. Pelztierzüchter **37** (1963) Nr. 8. S. 151–153. – 3 Abb. 5318.

3-64/02-0337 Schiel, Helmut; Lohnweiler, Pfalz, Südwestdtsch. Pelztierzüchterverband e. V. **Mutationszucht bei Chinchillas.** Dtsch. Pelztierzüchter **37** (1963) Nr. 9. S. 169–170. – 3 Abb. 5318.

G. BIENEN

3-64/02-0338 Eickwort, G. C. und Fischer, R. I.; Michigan State Univ. A morphological study of the tibial spurs of bees of the subfamily Halictinae (Hymenoptera: Halictidae) of Eastern North America. **(Eine morphologische Studie über die Tibiensporne bei Bienen der Subfamilie Halictinae [Hymenoptera: Halictidae] des östlichen Nordamerikas.)** Ann. entomol. Soc. America **56** (1963) Nr. 3. S. 348–354. – 20 Abb., 1 Tab., 5 Lit.

Bienen der Subfamilie Halictinae besitzen 2 Paar Sporne an den hinteren Tibien, wovon das innere Paar verzweigt ist. Innerhalb der Halictinae konnten 5 morphol. Gruppen von Spornformen festgestellt werden, die den Gattungsgruppen entsprechen. Genera und natürliche Subgenera können auf Grund der Spornformen unterschieden werden. Die Spornform ist zur Unterscheidung von Arten innerhalb der Genera nicht brauchbar außer bei Halictus. M. Biedermann. 5425.

3-64/02-0339 Morse, Roger A. und Gary, Norman E.; Ithaka, N. Y., Cornell Univ., Dep. of Entomol.; Davis, Univ. of California, Dep. of Entomol. and Parasitol. Further studies of the responses of honey bee (Apis mellifera L.) colonies to queens with extirpated mandibular glands. **(Weitere Studien über die Reaktionen von Honigbienen [Apis mellifera L.]-völkern auf Königinnen mit exstirpierten Mandibeldrüsen.)** Ann. entomol. Soc. America **56** (1963) Nr. 3. S. 372–374. – 2 Tab., 11 Lit.

Die Versuche wurden mit 39 Königinnen in normal starken Völkern durchgeführt. Bei 13 Königinnen waren die Mandibeldrüsen exstirpiert, 13 waren scheinoperiert, 13 dienten als Kontrolle. Nach 52 Tagen zeigten sich in den Völkern keine Reaktionen. Tests über das Anziehungsvermögen der Königinnen auf Arbeitsbienen und anatomische Kontrolle nach 63 Tagen erwiesen, daß die Mandibeldrüsen nicht regeneriert worden waren. Es ist anzunehmen, daß die Mandibeldrüsen keine unentbehrliche Quelle von Stoffen sind, die den Bau von Weiselzellen hemmen. M. Biedermann. 5430.

3-64/02-0340 Pohler, A. **Wärmemessungen in der Bienenwohnung.** Bienenwelt [Graz] **5** (1963) Nr. 9. S. 213–215. – 2 Abb. 5435.

3-64/02-0341 Rope, C. G.; Auckland, New Zealand, Dep. of Agric. First attempts at queen rearing. **(Erste Königinnenzuchtversuche.)** New Zealand J. Agric. **106** (1963) Nr. 2. S. 147. 149. – 2 Abb.

Es wird eine einfache Methode beschrieben, mit deren Hilfe Königinnen von hoher Qualität gezüchtet werden können. 1. Die Zuchtmutter kommt mit ihren Bienen, zwei Brutwaben und Futterwaben in eine Zarge. 2. Sie wird veranlaßt, frischen Wabenbau zu bestiften, den man in einer der mitgegebenen Waben hat aufführen lassen, nachdem ein Stück der Altwabe herausgeschnitten worden ist. 3. Nach dem Ausschlüpfen der Larven, die für die Zucht vorgesehen sind, gelangt die Brutwabe mit ihnen in eine andere Zarge, in der sich Pflegebienen in genügender Menge befinden. Offene Brut darf nicht vorhanden sein. 2 Std. zuvor muß diese Zarge entweiselt werden. Es

werden in kurzer Zeit Weiselzellen angeblasen. 4. 8 Tage nach dem Schlüpfen der Zuchtlarven muß man kontrollieren, ob sich auf den Brutwaben keine unerwünschten Weiselzellen befinden. 5. Nach weiteren 2 Tagen werden die verdeckelten Weiselzellen einzeln weisellosen Kernvölkchen zugegeben.
R. Bährmann. 5460.

3-64/02-0342 Jordan, R.; Wien, Bundesanst. für Bienenkunde. **Zur Entwicklung der Königin.** Dtsch. Bienenwirtsch. **14** (1963) Nr. 6. S. 153–157. – 2 Abb., 1 Tab.

Unter natürlichen Umständen (stille Umweiselung, Schwarm) werden die Königinnen aus triebbedingtem Verlangen des Volkes herangezogen. Bei wilder Weiselzucht (Nachschaffungszucht) werden die Bienen durch den Entweiselungsschock zu raschem Handeln verleitet, um möglichst schnell wieder eine Königin zu haben. Sie ziehen dann auch aus älteren Larven Königinnen, die dann nachweisbar eine geringere Zahl von Eischläuchen besitzen und minderwertig sind. Das oft beobachtete vorzeitige Deckeln der Weiselzellen bei entweiselten Völkern braucht noch nicht nachteilig zu sein, wenn die Larven von Anfang an Weiselfutter erhielten und genügend Futtersaft vorhanden ist, den sie dann nach der Verdeckelung noch aufnehmen können. Die Entwicklungszeiten lassen sich nur bei natürlicher Weiselzucht verfolgen. Sie betragen: 3 Tage Eizeit, 5 Tage Rundmadenzeit in offener Zelle und 8 Tage bis zum Schlupf. Sie sind gewissen Streuungen unterworfen. Aus der mengenmäßig verschiedenen Versorgung der Weiselzellen mit Futtersaft ist die Verschiedengewichtigkeit der Königinnen zu erklären. Wenn die Maden vom ersten Augenblick an mit Weiselfutter versorgt wurden, sind die leichten Königinnen org. nicht minderwertiger als die schweren.
G. Droege. 5460.

3-64/02-0343 Meier, Rud.; Regensdorf. **Unser Punktiersystem.** Schweiz. Bienen-Ztg. [N. F.] **86** (1963) Nr. 7. S. 319–323. – 1 Abb.

Rassenzucht kann nur Erfolg haben, wenn regelmäßig und korrekt über die Leistungen und Eigenschaften jedes Volkes und seiner Vorfahren Buch geführt wird. Bis heute haben sich 2 Punktiersysteme herausgeschält, wovon das eine, das Körverfahren, in Deutschland und Österreich angewandt wird, während das wesentlich einfachere in der Schweiz Anwendung findet. Vf. hält die Beurteilung der Körpermerkmale, wie dies beim Kören durchgeführt wird, für zu zeitaufwendig. Man züchtet in der Schweiz zunächst vorwiegend nach Leistung und trägt nach einem bestimmten Punktiersystem, das vom Vf. nicht angegeben wird, den Honigertrag, Volkstärke, Brutanlage, grobsinnliche Beurteilung des Aussehens der Arbeitsbienen, Königinnen und Drohnen, Abstammung und Vererbung sowie Ruhe und Sanftmut in die Zuchtkarte ein. Erst wenn man eine gewisse Leistungshöhe erreicht haben wird, will man auch zur Beurteilung der Rassereinheit auf Grund der Merkmalsuntersuchung übergehen. Vf. weist darauf hin, daß die Bewertung der Honigerträge manchmal ungerecht sein kann, wenn die Ausgangsbedingungen nicht gleich sind. G. Droege. 5470.

3-64/02-0344 Linder, J. Genetic factors of brood mortality in colonies of the honey bee in Israel. **(Genetische Faktoren als Ursache für das Absterben der Brut bei Bienenvölkern in Israel.)** Refuah Veterinarith [Jerusalem] **19** (1962) Nr. 4. S. 231–226. – 5 Abb.

Bei Bienenvölkern der Italienischen Rasse in Israel wurde ein Absterben der Brut (Eier und junge Larven) beobachtet. Dadurch entstand ein Mosaikbild auf den Brutwaben. Die Absterberate hatte eine Höhe von 5–50% der gesamten Brut. Infektiöse Brutkrankheiten konnten ausgeschlossen werden. Das Absterben ist das Ergebnis einer letalen Genkombination (geschlechtsbestimmende Allele) als Folge der Inzucht. W. Fritzsch. 5472.

3-64/02-0345 Anonym. You — a beekeeper! **(Du — ein Bienenzüchter!)** North Carolina agric. Exp. Stat., Extens. Circ. **1962** Nr. 334. S. 1–31. — 19 Abb., 1 Tab.

Wer eignet sich zum Bienenzüchter? Jeder der genügend Energie besitzt, die Bienen genau zu beobachten, einige Stiche zu ertragen und über die entspr. Mittel für die notwendigen Anschaffungen verfügt. Vf. gibt Hinweise auf Anschaffungskosten. Danach werden folgende Fragen beantwortet: Was versteht man unter einem Bienenvolk, wie sieht eine Bienenwohnung aus? Über die Zusammensetzung einer Bienenwohnung (Magazin) wird an Hand einer mit Maßangaben versehenen Figur berichtet. Wissenswertes über Waben, Wachs, Honig, Pollen und die Bedeutung der Königin, der Drohnen und der Arbeitsbienen sowie einiges über deren typische Verhaltensweisen werden weiterhin dargestellt. Beim Durchsehen der Völker ist auf folgendes bes. zu achten: 1. ob genügend Futter vorhanden ist, 2. ob Eier vorhanden sind (Weiselrichtigkeit), 3. ob Weiselzellen angeblasen sind, 4. ob genügend Raum für die Erweiterung des Brutnestes und für die Ablagerung des Futters da ist, 5. ob Waben, Bienen und Brut normal aussehen. Die wichtigsten Zeiten im Bienenjahr, denen bei der Besprechung bes. Aufmerksamkeit geschenkt wird, sind die Wochen der Volksentwicklung und die Zeit des Schwärmens. In bes. Kapiteln wird über die Honigernte, Paketbienen, die Königinnenerneuerung, über das Füttern, über Bienenfeinde und -krankheiten berichtet. Den Abschluß des Bändchens bilden Hinweise auf Bienenliteratur und Bienenfilme.

R. Bährmann. 5480.

3-64/02-0346 König, Karl; Kradolf. **Das Zeichnen und Zusetzen von Bienenköniginnen.** Schweiz. Bienen-Ztg. [N. F.] **86** (1963) Nr. 5. S. 216 bis 221.

Das Zeichnen sollte immer im geschlossenen Raum geschehen, weil junge Königinnen sehr lebhaft sind. Die Königin wird an den Flügeln gefaßt und in den Zylinder befördert, so daß sie günstig unter dem Netz liegt. Mit einer feinen Nadel wird etwas Leim auf den Brustschild gebracht und das vorher ausgestanzte Staniolplättchen in der Jahresfarbe aufgesetzt und leicht angedrückt. Die Königin bleibt noch 5 Min. im Zylinder, damit der Leim antrocknet und den Geruch verliert. Nach diesen Hungerminuten setzt man sie auf eine Wabe mit offenem Futter, wovon sie sich sogleich selbst ernährt. Nach kurzer Zeit wird sie von den Bienen gefüttert. Will man die Königin in ein weiselloses Volk einweiseln, so bricht man, wenn vorhanden, alle Weiselzellen aus und setzt sie im Ausfreßkäfig zu. Ist nur offene Brut vorhanden, läßt man das Volk erst Zellen ziehen und gibt nach 8 Tagen die Königin zu, ohne die Zellen auszubrechen. Völker ohne Brut wird man meist abschwefeln. Beim Zusetzen muß immer auf Volkstärke eingeengt werden, am besten abends nach ruhigem Tag. Nicht sogleich füttern. Das Auswechseln einer Königin im weiselrichtigen Volk kann nach dem Entweiseln entweder sofort, nach 1–2 Std. oder nach 8 Tagen geschehen. Es kommt hier auf die Geschicklichkeit des Imkers an. G. Droege. 5480.

3-64/02-0347 Rope, C. G.; Aukland, New Zealand, Dep. of Agric. Summer management of domestic beehives. **(Sommerbehandlung der Hausbienenstöcke.)** New Zealand J. Agric. **115** (1962) Nr. 6. S. 495–496. — 3 Abb.

Praktische Ratschläge für den Imker. Das Zusetzen einer neuen Königin wird beschrieben. Eine Königin wird nicht angenommen, wenn das Volk nicht weisellos ist oder noch Weiselzellen hat, wenn es zu lange weisellos ist, wenn Eier legende Arbeitsbienen vorhanden sind, wenn Räuber auf dem Bienenstand auftreten. Zum Vereinigen von Völkern wird empfohlen, mit Hilfe eines zwischen die Völker gelegten Zeitungspapieres zu arbeiten. Vor der Tracht sollen die schwachen Völker mit den starken vereinigt werden.

Die Völker müssen genügend Raum haben. Die Fluglöcher sind im Sommer weit zu öffnen. Der Honig soll erst geerntet werden, wenn er verdeckelt ist. M. Biedermann. 5480.

3-64/02-0348 Mathis, Maurice. Technique pour marquer individuellement des milliers d'Apis mellifica: abeilles-ouvrières, et faux-bourdons. **(Die Technik der individuellen Kennzeichnung von mehreren Tausend Honigbienen Apis mellifica: Arbeitsbienen und Drohnen.)** C. R. hebd. Séances Acad. Sci. **253** (1961) Nr. 22. S. 2594–2596. 5480.

3-64/02-0349 Drescher, W.; Bonn, Inst. für Bienenkunde. **Die instrumentelle Besamung und ihre Anwendung in der Züchtung der Honigbiene.** Westf. Bienztg. **76** (1963) Nr. 7. S. 201–204.

Vf. beschreibt die drei Möglichkeiten einer systematischen kontrollierten Kreuzung von Königin und Drohn, ihre geschichtliche Entwicklung und ihre Anwendungsgrenzen. Eine Paarung im Flugkäfig gelang erst, als eine Königin in einem solchen schlüpfte. Sie legte aber nur kurze Zeit. In USA konnte die Paarung bei Königinnen beobachtet werden, die an Fäden an Ballons befestigt waren. Bei der Begrenzung des Flugraumes ist die Besamung unzulänglich. Bei der Methode der Handbesamung wird die Königin auf einer geeigneten Unterlage fixiert und in die mit Häkchen geöffnete Stachelkammer das ausgestülpte Begattungsorgan des Drohns eingeführt. Nach Untersuchungen von Trjasko wird die Samenblase dabei maximal nur zu 2% gefüllt. Diese Methode ist deshalb abzulehnen. Die instrumentelle Besamung gelang, nachdem 1933 von Laidlaw die Bedeutung der Scheidenfalte erkannt worden war und Mackensen die CO_2-Narkose entdeckte, womit die Königin ohne Schäden fixiert werden kann. Durch die CO_2-Behandlung beginnt die Königin außerdem schneller mit der Eiablage, auch wenn sie dabei nicht begattet wird, wodurch es möglich ist, letztere mit dem Sperma ihrer eigenen Söhne zu besamen. Der so erzielte hohe Inzuchtgrad ist für genetische und züchterische Arbeiten sehr vorteilhaft. G. Droege. 5493.

3-64/02-0350 Stempel, Th. **Die Bedeutung der organischen Säuren im Bienenfutter.** Westf. Bienenztg. **76** (1963) Nr. 9. S. 269. 5494.

3-64/02-0351 Rope, C. G.; Aukland, New Zealand, Dep. of Agric. Harvesting and preparing honey. Seasonal notes for the domestic beekeeper. **(Das Ernten und Bearbeiten des Honigs. Zeitgemäße Anmerkungen für den einheimischen Bienenzüchter.)** New Zealand J. Agric. **116** (1963) Nr. 1. S. 5–7. — 3 Abb.

Bei der Honigentnahme wird die Bienenflucht empfohlen, die nachmittags angebracht werden soll. Am anderen Morgen ist der Honigraum dann bienenfrei. Die Bienenflucht versagt, wenn die Nächte, in der sie Anwendung findet, bes. heiß sind oder wenn sich eine Königin im Honigraum befindet. Es sollte nur verdeckelter Honig geschleudert werden, da der Wassergehalt des unverdeckelten Honigs so hoch ist, daß er dessen Haltbarkeit beeinträchtigen kann. Bewahrt man Honig nach dem Schleudern in einem warmen Raum auf, entweichen Luftblasen, und die noch in ihm enthaltenen Wachsteilchen steigen zur Oberfläche, wo sie leicht entfernt werden können. Honig bleibt monatelang flüssig, wenn er nach dem Abfüllen in einem Wasserbad schnell auf 160 °F erwärmt und danach so schnell wie möglich abgekühlt wird. Will man Honig feinsteif erhalten, soll er bei etwa 45 °F gerührt, abgefüllt und aufbewahrt werden. Bei luftdichter Verpackung kann Honig seine Konsistenz 12 Monate und länger behalten. R. Bährmann. 5496.

3-64/02-0352 Perkiewicz, Ernst. **Beuten und Betriebsweisen. 8. Folge.** Dtsch. Bienenwirtsch. **14** (1963) Nr. 5. S. 143–145. — 7. Folge vgl. LZ. Abt. III 8 (1963) Nr. 11. S. 2321.

Vf. beschreibt die Schröpfbetriebsweise von Großimker Paul Koch in Haldensleben, Bez. Magdeburg. Koch war Urzüchter des Stammes Mittelland. Tracht: Frühtracht mäßig, Volltracht aus Klee und Linde. Teilweise Wanderung in die Heide. Beute: Warmbau-Hinterlader in stehendem und liegendem Normalmaß. (Genaue Beschreibung) Betriebsweise: Überwinterung auf 8 Waben mit 7–8 kg Futter. Keine Frühjahrsnachschau, erste Erweiterung, wenn die letzte Wabe voll besetzt ist. Der Honigraum wird mit 7 ausgebauten, honigfeuchten Ganzwaben gegeben, wenn im Baurahmen gebaut wird. Nach einigen Tagen werden 6 Brutwaben gegen Mittelwände ausgetauscht und in den Honigraum gegeben. Völker, die den Baurahmen ausgebaut bzw. schon bestiftet haben, werden geschröpft. 2–3 verdeckelte Brutwaben werden mit Bienen herausgenommen, der Baurahmen ausgeschnitten und Mittelwände gegeben. Bis Mitte Juli wird das alle 10–12 Tage wiederholt. Das Schröpfmaterial dient zur Verstärkung schwacher Völker, zur Bildung von Brutablegern und zur Königinnenzucht. G. Droege. 5520.

3-64/02-0353 Perkiewicz, Ernst; Marburg/Lahn. **Beuten und Betriebsweisen. 9. Folge. Die holländische Aalster Betriebsmethode im Einheitsstock.** Dtsch. Bienenwirtsch. **14** (1963) Nr. 6. S. 157–158. — 8. Folge vgl. vorst. Ref.

Geimkert wird in einer Oberlader-Beute mit 10 Ganzwaben im Brut- und Honigraum etwa in der Größe des liegenden Normalmaßes. Das Flugloch ist ein 8 mm hoher Schlitz über der ganzen lichten Kastenbreite in 3 cm hoher Nische mit Scharnierflugklappe. Es werden je ein Hauptvolk und ein Ableger nebeneinander in Freiaufstellung überwintert. Eine Woche vor der Wanderung in den Raps wird der Ableger in den Honigraum des Hauptvolkes gegeben und die alte Königin abgedrückt. Zur Schwarmverhinderung wird einen Monat vor der Sommertracht ein Königinnenableger gemacht. Bis zur Sommertracht hat das Hauptvolk eine neue Königin gezogen. Man läßt ihm zu Beginn der Tracht die Flugbienen des Ablegers zufliegen und verstärkt es eventuell mit einer Brutwabe. Zur Heidetracht wird dem Hauptvolk ein halbhoher Honigraum aufgesetzt, man läßt wieder Flugbienen des Ablegers zufliegen und versorgt diesen gut auf dem Heimatstand. Diese Betriebsweise ist zu empfehlen, wenn man die Haupttrachten zeitlich genau kennt. Für magere Trachten ist sie weniger geeignet. G. Droege. 5520.

3-64/02-0354 Free, J.B. und Spencer-Booth, Yvette. The foraging areas of honey-bee colonies in fruit orchards. **(Weidegebiete für Honigbienenvölker in Obstplantagen.)** J. horticult. Sci. **38** (1963) Nr. 2. S. 129–137. — 4 Abb., 4 Tab., 16 Lit.

Untersucht wird der Einfluß der in unterschiedlich großen Gruppen in Plantagen konzentrierten Völker auf die Anzahl von Bienen pro Baum bei wachsender Entfernung von den Gruppen. Die erhaltenen Werte werden diskutiert. Um eine gleiche Verteilung von Bienen pro Baum zu sichern, sind die Völker in kleinen, gleichentfernten Gruppen (4–5 Völker) über die ganze Plantage zu verteilen. D. Stump. 5530.

3-64/02-0355 Hrdý, Ivan und Hůrková, Johana; Praha, Czechoslov. Acad. of Sci. Inst. of Entomol. Toxicity of DDT to worker honey bees. **(DDT-Toxizität für 2 Arbeitsbienenstämme in der ČSSR.)** Věstník českoslov. Společnosti zool. **27** (1963) Nr. 1. S. 43–45. — 1 Tab., 6 Lit. Zus. in Tschech.

Durch Laboratoriumsversuche wurde die Empfindlichkeit von nützlichen Insektenarten gegenüber den üblichen Insekticiden, im vorliegenden Falle der Bienen gegenüber DDT, verfolgt. Nach der Methode der topikalen Applikation von DDT in Acetonlösung auf den Thorax wurden LD 50- und LD 70-(24 Std.)-Gaben festgesetzt, und zwar für den Stamm Valtice (Jungbienen) LD 50 — 7,171 γ pro Biene, LD 70 — 12,395 γ, für den Stamm Prostějov (Jungbienen) LD 50 — 17,298 γ und LD 70 — 21,598 γ pro Biene und für den

Stamm Prostějov (Flugbienen) LD 50 — 17,739 γ und LD 70 — 23,949 γ pro Biene. ČSSR/ÚVTI. 5570.

3-64/02-0356 *Örösi, Pál Zoltán.* Méhek között. (Unter Bienen.) 6., erw. Aufl. Budapest: Mezögazdasági kiadó. 1962. (672 S.) 8°. (1962 A 1658)

H. SEIDENRAUPEN

3-64/02-0357 Vaidya, Murarji Jadavji. Publicity and teaching media employed in the Indian sericultural industry. **(Die in der indischen Seidenbau-Industrie verwendeten Werbe- und Lehrmittel.)** Rev. Ver à Soie [N. S.] **13 (3)** (1961) S. 227–234. 5652.

3-64/02-0358 Bakuniak, Edmund und Kremky, Jerzy. Possibilité d'acclimatation du ver à soie du chêne (Antheraea pernyi Guer.) en Pologne et de son application dans l'industrie. **(Die Möglichkeit der Akklimatisierung des Eichenseidenspinners [Antheraea pernyi Guer.] in Polen und seiner Verwendung in der Industrie.)** Rev. Ver à Soie [N. S.] **13 (3)** (1961) S. 237–249. 5652.

3-64/02-0359 Schenk, André. Nouveaux essais d'élevage de vers à soie sauvages en France et plus particulièrement d'Antheraea pernyi Guer. **(Neue Versuche in der Züchtung von wilden Seidenspinnern in Frankreich unter besonderer Berücksichtigung des Eichenseidenspinners [Antheraea pernyi Guer.].)** Rev. Ver à Soie [N. S.] **13 (3)** (1961) S. 283–298. 5652.

3-64/02-0360 Baganyč, M. I.; Inst. für Zool. der Akad. der Wiss. der Ukrain. SSR. Fotoperiodyčna reakcija gusenyć šovkovyčnogo šovkoprjada (Bombyx mori) zaležno vid temperaturnych umov ïch rozvytku. **(Fotoperiodische Reaktion der Seidenspinnerraupen [Bombyx mori] in Abhängigkeit von der Temperatur während ihrer Entwicklung.)** Dopovidi Akademiï nauk Ukraïnśkoï RSR, Kyïv **1962**! Nr. 11. S. 1518–1519. — 2 Abb., 11 Lit. Orig.: ukrain. 5656.

3-64/02-0361 Kojoukharov, M. Ivan. L'effet des basses températures sur les oeufs de Philosamia ricini. **(Der Einfluß niedriger Temperaturen auf die Eier von Philosamia ricini.)** Rev. Ver à Soie [N. S.] **13 (3)** (1961) S. 279–281. 5656.

3-64/02-0362 Froehly, André; Alès, France, Stat. de Rech. Séricicoles, Lab. Technol. Textile. Mise au point et application d'une méthode d'analyses des cocons polyhybrides en filature industrielle. **(Darstellung und Anwendung einer Methode zur Analysierung polyhybrider Kokons in der industriellen Haspelei.)** Rev. Ver à Soie [N. S.] **14 (1)** (1962) Nr. 1. S. 51–66. — 1 Abb. Zur Festlegung der für die verarbeitende Industrie wichtigen Eigenschaften bestimmter Kokonpartien sind spezielle Untersuchungs- und Prüfungsmethoden entwickelt worden, über die Vf. zusammenfassend berichtet. Diese Übersicht bezieht sich auf das Probenehmen, die Auswahl, die Vorbereitung der Kokons zum Haspeln nach einem neuen Verfahren und verschiedene Phasen der Haspeltechnik. Die Haspelfähigkeit der Kokons, der Prozentsatz der Fadenrisse, die Häufigkeit des „Anhängens" neuer Fadenanfänge beim Haspeln u. a. m. bilden die Grundlagen für Berechnungen über den Seidenreichtum, die Ergiebigkeit, die Haspelrendite usw. Alle diese Daten sind besonders beim Einsatz automatischer Haspelanlagen von großer Wichtigkeit. Die Ausführungen werden durch Beispiele sowie durch ein Muster einer „Analysenkarte" ergänzt. H. Rost. 5672.

3-64/02-0363 Schenk, André und Froehly, André. Premières analyses filature élémentaire de cocons d'Antheraea pernyi Guer. **(Erste Untersuchungen zur primären Verarbeitung von Kokons des Eichenseidenspinners [Antheraea pernyi].)** Rev. Ver à Soie [N. S.] **13 (3)** (1961) S. 299–302. 5672.

TIERERNÄHRUNG

C. UNTERSUCHUNGS- UND VERSUCHSMETHODIK

3-64/02-0364 Skulmowski, J.; Puławy, VR Polen. **Zur Vereinheitlichung der Futtermittelanalyse.** S.-B. dtsch. Akad. Landwirtsch.-Wiss. Berlin **11** (1962) Nr. 1. S. 7–18. – 6 Tab.

Es wird über einige Probleme berichtet, die bei dem Bemühen um Vereinheitlichung der Futtermittelanalytik im Rahmen der internationalen Arbeitsgemeinschaft „Futterbewertung und Methoden der Futterwertmessung" auftraten, und es wird das Ergebnis einiger Vergleichsuntersuchungen zur Bestimmung verschiedener Inhaltsstoffe der Futtermittel mitgeteilt. Eine komplexometrische Methode zur Zuckerbestimmung brachte keine Vorteile gegenüber der von Bertrand. Bei der K-Bestimmung war die Perchloratmethode der Methode nach Mitscherlich überlegen. Die Phosphorsäurebestimmungen nach Lorenz, Gericke und Zinzadze sind als gleichwertig zu betrachten. Die Pentosanbestimmung nach Tollens brachte gute Ergebnisse, diejenige nach Reeves und Munro eignet sich nur für geringe Konzentrationen. Ausführliche Arbeitsvorschriften werden für folgende Bestimmungsmethoden angegeben: Zucker mit Dinatrium-Versenat; K, Na und Ca flammenphotometrisch aus einer Lösung; Pentosane nach Reeves und Munro.

F. Weißbach. 7460.

3-64/02-0365 Imanaga, Yujiro; Nara, Nara Women's Univ., Fac. of Sci., Dep. of Chem. The differential determination of D-glucosamine and D-galactosamine. **(Die Differential-Bestimmung von D-Glucosamin und D-Galactosamin.)** J. Biochemistry [Tokyo] **53** (1963) Nr. 1. S. 80–83. – 3 Abb., 2 Tab., 11 Lit. Orig.: engl. 7485.

3-64/02-0366 Moore, Francis B. und Diehl, Harvey; Ames, Iowa State Univ., Dep. of Chem. Action of perchloric acid and perchloric acid plus periodic acid on ammonia and amino nitrogen. **(Die Wirkung von Perchlorsäure und Perchlorsäure plus Perjodsäure auf Ammoniak- und Aminostickstoff.)** Analyt. Chem. **34** (1962) Nr. 12. S. 1638–1642. – 1 Abb., 5 Tab., 9 Lit.

Es wird über methodische Untersuchungen zum Kjeldahlaufschluß mit $HClO_4$ berichtet. Die auf das entstehende Chlor zurückgeführten Fehler lassen sich vermeiden, wenn für eine schnelle Entfernung desselben gesorgt wird. Ammoniak ist dagegen weder durch kochende $HClO_4$ noch durch eine kochende Mischung aus Perchlorsäure, Perjodsäure und Vanadinsäure oxydierbar. N-Bestimmungen durch Aufschluß mit Perchlorsäure und Perjodsäure führten bei verschiedenen Substanzen zu guten, bei anderen, so z. B. bei Leinsaatextraktionsschrot und Nylon zu ungenügenden Ergebnissen.

F. Weißbach. 7495.

3-64/02-0367 Brandon, A. L.; St. Louis. Nitrogen in drum-dried yeast by the Kjeldahl method. **(Stickstoffbestimmung in trommelgetrockneter Hefe nach der Kjeldahl-Methode.)** J. Assoc. off. agric. Chemists **45** (1962) Nr. 3. S. 629–638. – 8 Tab., 5 Lit.

Die Auswertung einer Enquête mit 4 Trockenhefeproben zwischen 11 Laboratorien führte zu folgenden Ergebnissen: Der Unterschied im gefundenen N-Gehalt zwischen den Parallelbestimmungen ist nicht signifikant, jedoch die Differenzen zwischen den einzelnen Laboratorien, woraus der Schluß gezogen wurde, daß die Nichtübereinstimmung auf die Unterschiede in der angewendeten Methode oder einzelner Teile derselben zurückzuführen ist. Eine genaue Beschreibung der Kjeldahlmethode mit Verwendung von Hg und HgO zum Aufschluß wird gegeben. F. Weißbach. 7495.

3-64/02-0368 Halverson, A. W.; Brookings, South Dakota State Coll., Agric. Exp. Stat. Alfalfa fractionation. Effects of various procedures in laboratory processing of fresh alfalfa on separation of nitrogen and solids from fiber. **(Luzernefraktionierung. Die Wirksamkeit verschiedener laboratoriumsmäßiger Bearbeitungsverfahren bei frischer Luzerne zur Abtrennung von Stickstoffverbindungen und Feststoffen vom Faserrückstand.)** J. Agric. Food Chem. **10** (1962) Nr. 5. S. 419–422. — 1 Abb., 4 Tab., 9 Lit.

Es werden Versuche zur Gewinnung einer eiweißreichen Fraktion aus grüner Luzerne durch Naßzerkleinerung in einem Mixgerät, durch Filtration und Auspressen des faserigen Rückstandes beschrieben. Bei Kleinansätzen wurden auf diese Weise 66% des N und 45% der Feststoffe ohne Wiederholung des Verfahrens im Extrakt erhalten. Etwa $^2/_3$ des extrahierten N war hitzefällbar. Die Ausbeute eines auf veränderte Weise durchgeführten Großansatzes war jedoch wesentlich geringer. Die hitzefällbare Fraktion des Extraktes enthielt 54,6% Rohprotein in der Tr.-Subst. F. Weißbach. 7495.

3-64/02-0369 Broome, J.; Newmarket, Suffolk, Animal Health Trust, Equine Res. Stat. A rapid method of disk electrophoresis. **(Eine schnelle Methode der Scheibenelektrophorese.)** Nature [London] **199** (1963) Nr. 4889. S. 179–180. — 1 Abb., 5 Lit.

Vf. berichten über ein modifiziertes scheibenelektrophoretisches Verfahren zur Trennung von Blutplasmaproteinen (vgl. Ornstein, L. und Davis, B. J.: Disc. Elektrophoresis, Distillation Products Industries, Eastman Kodak Co, 1962). Für die in 70 Min. durchführbare Trennung wird Sephadex G-200 (**I**) verwandt. Gewaschenes (**I**) wird in 20%ige Sucrose-Lösung suspendiert. Die Herstellung der Arbeitsmischung erfolgt durch Verdünnen von 2 Vol. des sedimentierten (**I**) mit 1 Vol. von Tris-chloridpuffer (pH 6,7). 30 μl des Blutes werden mit 0,5 ml desselben Tris-chloridpuffers verdünnt, die Zellen durch Zentrifugieren sedimentiert und zum aliquoten Teil des Überstandes 2 Vol. der (**I**) -Suspension zugegeben. Die resultierende Mischung wird in ein Gelröhrchen bis zu einer Säulenhöhe von 8 mm eingefüllt. Die unvollständigen Angaben werden durch Lit. ergänzt. I. Schröder. 7500.

3-64/02-0370 Martin, W. G., Tattrie, N. H. und Cook, W. H.; Ottawa, Canada, Nat. Res. Council, Div. of Appl. Biol. Lipid extraction and distribution studies of egg yolk lipoproteins. **(Lipidextraktion und Verteilungsstudien von Eigelblipoproteinen.)** Canad. J. Biochem. Physiol. **41** (1963) Nr. 3. S. 657–666. — 2 Abb., 2 Tab., 25 Lit.

Nach beschriebener Methodik isolierten Vff. die 3 Lipoproteine des Eigelbs und untersuchten ihre Lipidzusammensetzung. α- und β-Lipovitellin enthalten 22–26% Lipide, wovon 61% Phospholipide, 35% Triglyceride, 4% Cholesterin und seine Ester darstellen. Die dritte Fraktion niederer Dichte enthält 89% Lipide, bestehend aus 27% Phospholipiden, 69% Triglyceriden, 4% Cholesterin und -estern. Die Phospholipide der 3 Lipoproteine sind ähnlich: 74% Lecithine, 18% Kephaline und 8% niedere Phospholipide. Die Fettsäurezusammensetzung der neutralen Lipide, Lecithine und Kephaline von den α- und β-Lipovitellinen ist sehr ähnlich. I. Schröder. 7500.

3-64/02-0371 Stanley, P. G.; Sydney, New South Wales, Roy. North Shore Hospital, Unit of Clin. Investigation, Wellcome Lab. Interference by ammonium sulphate with the estimation of proteins by the biuret reaction. **(Störung der Proteinbestimmung durch Ammoniumsulfat bei der Biuretreaktion.)** Nature [London] **197** (1963) Nr. 4872. S. 1108. — 1 Tab., 3 Lit.

Vf. untersuchte quantitativ den störenden Einfluß von NH_4-Ionen auf die Proteinbestimmung. Bei konstantem Proteingehalt (2 mg Protein) wurde die $(NH_4)_2SO_4$-Konzentration von 0–6% in der Endreaktionsmischung (entspr. 0–0,24 mol.) getestet. Nach der Anfärbung mit dem Biuretreagens erfolgte die Messung der Extinktion bei 540 mμ. Die Ergebnisse zeigen, daß eine

Konzentration von 0,08 m (2%) $(NH_4)_2SO_4$ in der Endreaktionsmischung bereits wahrnehmbar mit dem Proteingehalt interferiert.
I. Schröder. 7500.

3-64/02-0372 Stark, George R. und Smyth, Derek G.; New York, N. Y., Rockefeller Inst. The use of cyanate for the determination of NH_2-terminal residues in proteins. **(Die Verwendung von Cyanat für die Bestimmung von NH_2-endständigen Resten in Proteinen.)** J. biol. Chemistry **238** (1963) Nr. 1. S. 214–226. — 6 Abb., 10 Tab., 68 Lit.

Die ausführlich beschriebene Methode zur Bestimmung von NH_2-endständigen Resten mit Cyanat erfolgt in 6 Stufen: 1. Carbamylierung der NH_2-Verbindung (über Nacht), 2. Trennung der Carbamylverbindung vom Reagens (nicht erforderlich, wenn kein denaturierendes Lösungsmittel verwandt wurde), 3. Bildung des Hydantoins in heißer 6 m HCl (1 Std.), 4. Isolierung des Hydantoins aus der Mischung durch Ionenaustausch an Dowex 50-X (ca. 5 Std.), 5. Hydrolyse des Hydantoins (20 Std. in 0,2 m NaOH oder 96 Std. in 6 m HCl bei 110°), 6. Identifizierung und Bestimmung der resultierenden Aminosäuren. Die Methode wurde an einer Anzahl von Proteinen und Peptiden getestet. Vff. geben Spezialverfahren zur Bestimmung von endständigem Tryptophan, Cystin und Cystein an. Die Cyanatmethode wird mit der Dinitrofluorbenzol- und Phenylisothiocyanatmethode verglichen.
I. Schröder. 7500.

3-64/02-0373 Meienhofer, Johannes; Hannover, Inst. für Mehl- und Eiweißforsch.; Aachen, TH, Dtsch. Wollforsch.-Inst. **Über das Haferprotein.** Z. Lebensmittel-Unters. u. -Forsch. **119** (1963) Nr. 4. S. 310–318. — 3 Abb., 5 Tab., 27 Lit.

Das von Hess (8 Lit.) an Weizenprotein entwickelte Fraktionierungsverfahren (Schwere-Sink-Verfahren), das auf dem Dichteunterschied von Eiweiß und Stärke beruht, wurde vom Vf. auf das Haferprotein angewandt. Es wurden die beiden Fraktionen „Zwickelprotein" (**ZP**) (das im Endosperm in den von den sphärischen Stärkekörnern begrenzten Räumen enthaltene Protein) und „Haftprotein" (**HP**) (das durch mechanische Operationen nicht von der Oberfläche der Stärkekörner abtrennbare Protein) auf die Aminosäurenzusammensetzung untersucht und mit der Zusammensetzung des Gesamtproteins (**GP**) verglichen. Die nach Moore und Stein durchgeführten Analysen ergaben im Aminosäurengehalt zwischen **ZP**, **HP** und **GP** keine wesentlichen Unterschiede. Einige der Hypothesen von Hess werden kritisch diskutiert.
I. Schröder. 7500.

3-64/02-0374 Nummi, Martti; Helsinki, Finland, Lab. of Brewing. Fractionation of barley globulins on dextran gel columns. **(Fraktionierung der Gerstenglobuline an Dextrangel-Säulen.)** Acta chem. scand. **17** (1963) Nr. 2. S. 527–529. — 4 Abb., 8 Lit.

Die Isolierung der Globuline erfolgte durch Extraktion mit Wasser aus Gerstenmehl, Zentrifugieren, Extrahieren mit 2,5%iger NaCl-Lösung und Ultrafiltration (Filter Lsg-60). Die so gereinigten Globuline wurden der Gelfiltration an Sephadex G100 und G-200-Gelen in gepufferter Salzlösung unterworfen. Die erhaltenen Fraktionen wurden anschließend papier- und scheibenelektrophoretisch untersucht. Mit Hilfe der beschriebenen Methoden zeigte Vf., daß bei pH 7,5 die Globuline an Sephadex G-100 in 10 Gruppen von Verbindungen mit absteigendem Molekulargewicht aufgetrennt werden. Die Elutionskurve von Sephadex G-200 zeigt 5 Gruppen. Eine papier- und scheibenelektrophoretische Untersuchung ergab eine weitgehende Heterogenität der einzelnen Gruppen. Die Sephadex-Gruppen mit verschiedener Molekülgröße enthalten 8 papierelektrophoretische Fraktionen und 25 durch Scheibenelektrophorese trennbare Fraktionen. Die wirkliche Anzahl an

Komponenten, die nach dieser Methode aufgetrennt werden kann, liegt zwischen 22 und 43. I. Schröder. 7500.

3-64/02-0375 Scopes, R. K.; Cambridge, Low Temperature Res. Stat. Starch-gel electrophoresis of pig serum proteins. **(Stärkegel-Elektrophorese von Schweineserumproteinen.)** Nature [London] **197** (1963) Nr. 4873. S. 1201. 7500.

3-64/02-0376 Belitz, H.-D.; Berlin, TH, Inst. für Lebensmittelchem. und Lebensmitteltechnol. **Eidotterproteine und ihre Spaltprodukte. 1. Mitt. Fraktionierung von Phosvitin.** Z. Lebensmittel-Unters. u. -Forsch. **119** (1963) Nr. 4. S. 346–350. 7500.

3-64/02-0377 Kendall, P. A.; London, Univ., King's Coll., Dep. of Zool. Use of the ninhydrin reaction for quantitative estimation of amino groups in insoluble specimens. **(Die Verwendung der Ninhydrinreaktion für die quantitative Bestimmung von Aminogruppen in unlöslichen Proben.)** Nature [London] **197** (1963) Nr. 4874. S. 1305–1306. – 6 Lit.

Das beschriebene Verfahren ist eine Erweiterung der Methode von Moore und Stein (vgl. J. biol. Chemistry 211 [1954] S. 907.) 1–4 mg der getrockneten Proben werden in 15 ml Zentrifugengläser eingewogen und 1 ml gepuffertes Ninhydrinhydrindantin-Reagens zugefügt. Die Gläser werden mit Al-Folie verschlossen und bei 200–500 Schwingungen/Min. in einem kochenden Wasserbad 15 Min. geschüttelt. Nach dem Abkühlen der Gläser in einem kalten Wasserbad werden 5 ml 50%iges Äthanol zugegeben. Es wird wieder umgeschüttelt. Bei Gewebeproben wird durch 6fache Verdünnung des Überstandes eine günstige Farbdichte zur colorimetrischen oder spektrophotometrischen Auswertung erreicht. Das Endverdünnungsverhältnis kann auch bei einigen anderen Materialien unterschiedlich sein, so bei denaturierten Proteinen, die besonders reich oder arm an Lysin sind. Eine Blindprobe ist für jede Gruppe von Analysen erforderlich. I. Schröder. 7500.

3-64/02-0378 Tunger, L. und Borchmann, W. **Zur Methodik der Klebrigkeitsbestimmung von Brot.** Ernährungsforschung 8 (1963) Nr. 1. S. 70–76. 7500.

3-64/02-0379 Blackburn, S. und Lee, G. R.; Leeds, Wool Ind. Res. Assoc. A method for the examination of enzymic hydrolysates of proteins and its application to α-keratose. **(Eine Methode zur Untersuchung von enzymatischen Proteinhydrolysaten und ihre Anwendung auf α-Keratose.)** Biochem. J. 87 (1963) Nr. 1. S. 1 p–2 p.

Hochspannungselektrophoretisch wurden auf Whatman 3 MM Papier in enzymatischen Hydrolysaten die Peptide bestimmt. 100–400 μl (entspr. 1–4 mg Protein) wurden auf 2 Parallelstreifen aufgetragen. Nach der Entwicklung und Trocknung der Streifen wurde einer mit Cadmiumacetat-Ninhydrin-Reagens angefärbt, wodurch Peptide und Aminosäuren sichtbar werden. Die Position der Peptidbanden auf dem nicht angefärbten Streifen wurden durch Vergleich mit dem Angefärbten markiert, die Peptide mit Wasser eluiert und bei verschiedenen pH-Werten weiter fraktioniert. Die Peptide wurden weiter durch Hydrolyse mit HCl, durch enzymatische Hydrolyse und auf Endgruppen untersucht. Die Untersuchung eines tryptischen Hydrolysates von α-Keratose auf Peptide zeigte 250 verschiedene Peptide. Der Nachweis großer Mengen von freiem Arginin beweist die Anwesenheit basischer Reste in der α-Keratosestruktur. I. Schröder. 7500.

3-64/02-0380 Sjöquist, Inga und Sjöquist, John; Lund, Sweden, Univ. of Lund, Dep. of Physiol. Chem. The detection of peptides on paper with phenyl isothiocyanate. **(Der Nachweis von Peptiden auf Papier mit Phenylisothiocyanat.)** Biochim. biophysica Acta [Amsterdam] **71** (1963) Nr. 1. S. 210 bis 212. – 1 Abb., 9 Lit.

Phenylisothiocyanat (I) reagiert mit den freien α- und ε-Aminogruppen von freien oder peptidgebundenen Aminosäuren unter Bildung von Phenylthiocarbamylderivaten (II). Die Reaktion ist quantitativ und führt nicht zur Zerstörung der Peptide. Die (II) haben eine hohe Absorption im UV-Licht, wodurch der Nachweis sehr geringer Mengen dieser Derivate auf dem Papier unter Verwendung eines Fluoreszenzschirms möglich ist. Methodik: Whatman No. 1 oder No. 3 MM Papier wird 12 Std. in 0,5 m NaCl-Lösung eingeweicht, anschließend mit H_2O, 50%igem Äthanol und Aceton gewaschen und an der Luft getrocknet. Nach der Peptidtrennung wird das Papier zunächst mehrere Std. bei 60 °, zuletzt 30 Min. bei Raumtemperatur getrocknet. Die Umsetzung der Peptide mit (I) erfolgt in einem geschlossenen Glaskasten mit einem frisch hergestellten Puffer folgender Zusammensetzung: Pyridin-Wasser-Triäthylamin-(I) (150:50:6:2) bei gesättigter Atmosphäre. Die Umsetzung erfolgt 3 Std. bei Raumtemperatur. Nach dem Waschen mit Benzin und Äthylenchlorid wird das Papier 30 Min. bei Raumtemperatur getrocknet und die (II) mit UV-Licht unter Verwendung eines Fluoreszenzschirms sichtbar gemacht. Die Herstellung eines Schirms wird beschrieben. Die (II) können mit 50%igem Äthanol eluiert und spektrophotometrisch bei 243 mμ gemessen werden. Es werden zum Vergleich 2 Chromatogramme eines tryptischen Hydrolysates von Humanhämoglobin wiedergegeben, die mit Ninhydrin und (I) entwickelt wurden. I. Schröder. 7500.

3-64/02-0381 Doboszyński, T. und Wierzchowski, J. J.; Gdansk, Med. Akad. **Bewertung ausgewählter Methoden zur quantitativen Papierchromatographie essentieller Aminosäuren.** Mitt. Gebiete Lebensmittelunters. Hyg. [Bern] **54** (1963) Nr. 1. S. 3–26. – 10 Abb., 4 Tab., 44 Lit.

Nach Behandlung der Problematik der Aminosäurenanalytik (insbesondere der Farbreaktion der Aminosäuren mit Ninhydrin) werden von den zahlreichen Bestimmungsmethoden die Methoden von Fischer und Dörfel (vgl. Biochem. Z. **324** [1953] S. 544.) und Bode (vgl. LZ. Abt. III **1** [1956] Nr. 6. S. 996.) zur Bewertung ausgewählt. Die Methoden sind durch die Anwendung der 1 dimensionalen, absteigenden Chromatographie der Aminosäuren und durch die nachfolgende chromatographische Bestimmung des Ninhydrin-Cu-Komplexes gekennzeichnet. Die Untersuchungen wurden mit Aminosäuremischungen und Fischproteinhydrolysaten durchgeführt. Zur Anwendung kamen die Papiere Whatman No. 1 und Schleicher-Schüll No. 2043a sowie folgende Lösungsmittel: n-Butanol-Eisessig-Wasser (4:1:5) (Partridge), n-Butanol – mit Puffer (pH 8,4) gesättigter Benzylalkohol, o-Kresol-Puffer (pH 6,2), Phenol-Puffer (pH 12,0). Ergebnis: Von den beiden Methoden erwies sich die von Bode als die geeigneteste. Mit der modifizierten Bode-Methode (die Modifizierung besteht in der Auftragung, der kombinierten auf-absteigenden Technik, sowie dem 3fachen Laufen der Chromatogramme) konnten 9 essentielle Aminosäuren auf einem Chromatogramm und mit einem Lösungsmittel (Partridge) quantitativ bestimmt werden. Die Genauigkeit der Bestimmung ist vor allem von der Trennung sowie der Menge der zu bestimmenden Aminosäuren abhängig. Die besten Ergebnisse wurden bei Lysin, Arginin und Leucin (ca. ±5%) erzielt. Dann folgen Valin und Phenylalanin (ca. ±7%), Methionin und Isoleucin (ca. ±9%), Histidin und Threonin (ca. ±15–20%). Die verhältnismäßig einfache Arbeitsweise, sowie die Ergebnisse der statistischen Analyse gestatten eine positive Beurteilung der modifizierten Bode-Methode. I. Schröder. 7505.

3-64/02-0382 Saners, F. und Thompson, E. O. P.; Cambridge, Great Britain, Med. Res. Council, Lab. of Molekular Biol. Halogenation of tyrosine during acid hydrolysis. **(Halogenierung von Tyrosin während der Säurehydrolyse.)** Biochim. biophysica Acta [Amsterdam] **71** (1963) Nr. 2. S. 468 bis 741. – 2 Abb., 1 Tab., 9 Lit.

Zur Ermittlung der Tyrosinverluste während der Hydrolyse untersuchen Vff. nach der „Hydrolyse" von ^{14}C-Tyrosin mit HCl verschiedenen Reinheitsgrades die gebildeten Tyrosinderivate. Sie zeigen, daß sowohl Chlortyrosine als auch Bromtyrosine während der Hydrolyse gebildet werden können. Auf den Radioautogrammen werden 4 Tyrosine bzw. Derivate unterschieden: Tyrosin-Tyrosin-y, Tyrosin-yy und 3-Chlortyrosin. 7 Halogenderivate werden ionophoretisch getestet und die Beweglichkeit mit der des Tyrosins verglichen. Durch Zugabe von kleinen Mengen leicht oxydierbarer Verbindungen wie Thioglykolsäure, Phenol oder Hydrazin ist es möglich, Tyrosinverluste zu verhindern. I. Schröder. 7505.

3-64/02-0383 Orchard, B.; Harpenden, Herts., Rothamsted Exp. Stat. Rapid estimation of amino-acids. **(Die schnelle Bestimmung von Aminosäuren.)** Nature [London] **198** (1963) Nr. 4881. S. 688. – 1 Abb., 1 Lit.
Für eine sehr schnelle Bestimmung der Aminosäurenkonzentration erfolgt die übliche Ninhydrinreaktion zu langsam. Vf. ermittelt daher nicht die Gesamtmenge des Ninhydrinkomplexes, sondern bestimmt die für das Auftreten einer wahrnehmbaren Menge des Farbkomplexes erforderliche Zeit. Als Test diente eine Phosphatpufferlösung mit einer bekannten Menge Ninhydrin und Glycin im kochenden Wasserbad. Es ergab sich eine lineare Beziehung zwischen der erforderlichen Reaktionszeit und dem reziproken Wert des Produktes der Ninhydrin- und Aminosäurekonzentration. Methodik: 1 ml einer unbekannten Glycinlösung (0,05–0,25 mg/ml) wird zu 1 ml einer Standardlösung von Ninhydrin (2 mg/ml) in einem $\frac{m}{15}$ Posphatpuffer, pH 7,0, in einem $^5/_8$-in. Teströhrchen gegeben. Wenn die Färbung zu langsam oder zu schnell erscheint, wird der Test mit einer stärkeren oder schwächeren Ninhydrinlösung wiederholt. Vf. hält die Anwendung dieser Methode dann für nützlich, wenn die Geschwindigkeit der Durchführung wichtiger ist als die Genauigkeit.
I. Schröder. 7505.

3-64/02-0384 Moore, Stanford; New York, N. Y., Rockefeller Inst. On the determination of cystine as cysteic acid. **(Über die Bestimmung von Cystin als Cysteinsäure.)** J. biol. Chemistry **238** (1963) Nr. 1. S. 235–237. – 1 Tab., 18 Lit.
Vf. modifizierte das Oxydationsverfahren von Schram, Moore und Bigwood (vgl. Biochem. J. **57** [1954] S. 33.) Nach der Oxydation mit Perameisensäure wird vor der Hydrolyse mit HCl der Überschuß des Oxydationsmittels durch reduzierendes HBr zerstört. Die Ausbeute an Cysteinsäure und Methioninsulfon beträgt nach diesem Verfahren 94 ± 2% bzw. 100 ± 2%. Das Verfahren wurde mit gereinigten Proteinen und mit Mischungen, die bis 94% Kohlenhydrate enthalten, getestet. Methodik: Zu 2–5 mg Protein (0,1 mg Cystin) werden 2 ml Perameisensäurelösung (1 ml 30%iges H_2O_2 + 9 ml 88%ige Ameisensäure bleiben 1 Std. bei Raumtemperatur stehen und werden dann auf 0° abgekühlt) gegeben. Die Reaktionsmischung bleibt bei löslichen Proteinen bei 0° 4 Std. stehen oder bei in Perameisensäure unlöslichen Proteinen über Nacht. Dann werden 0,3 ml 48%iges HBr unter Umrühren im Eisbad zugegeben und bei 40° eingeengt. Der Rückstand wird mit 3 ml 6 n HCl 18 Std. bei 110° hydrolysiert. I. Schröder. 7505.

3-64/02-0385 Blackburn, S. und Lee, G. R.; Leeds, Wool Ind. Res. Assoc. A micro method for the estimation of amino acids. **(Eine Mikromethode für die Bestimmung von Aminosäuren.)** Biochem. J. 87 (1963) Nr. 1. S. 1p. 7505.

3-64/02-0386 Stanford, F. G.; Amersham, Bucks., Great Britain, Radiochem. Centre. Apparatus for extraction of compounds from paper chromatograms. **(Eine Apparatur zur Extraktion von Verbindungen aus Papier-**

chromatogrammen.) J. Chromatogr. [Amsterdam] **11** (1963) Nr. 1. S. 125–126. — 2 Abb., 2 Lit.
Zur weiteren Untersuchung von papierchromatographisch aufgetrennten Verbindungen ist eine anschließende Extraktion erforderlich. Der Fleck wird zu diesem Zweck auf dem Chromatogramm ausgeschnitten, zu einem kleinen Papierkügelchen geformt und an einem Papierdocht befestigt. Der Docht taucht in einem Röhrchen mit dem anderen Ende in ein Lösungsmittel, saugt es an und führt es durch einen dem Röhrchen fast rechtwinklig aufgesetzten Rezipienten zum angehefteten Kügelchen. Wenn 2–3 Tropfen Lösungsmittel in die ausgezogene Kollektorspitze des Rezipienten gefallen sind, kann die Extraktion als abgeschlossen betrachtet werden. I. Schröder. 7505.

3-64/02-0387 Blackburn, S. und Lee, G. R.; Leeds, Wool Ind. Res. Assoc. A micro method for the estimation of amino acids. **(Eine Mikromethode zur Bestimmung von Aminosäuren.)** Biochem. J. **87** (1963) Nr. 1. S. 1p. — 3 Lit.
Eine schnelle Mikromethode mit Hilfe einer entwickelten Hochspannungselektrophoreseapparatur wird beschrieben. Die Ionophorese wird mit Whatman 3 MM Papierstreifen und Ameisen-Essigsäure-Puffer, pH 1.85, bei 10 KV in 1–1,5 Std. durchgeführt. Nach der Entwicklung werden die Streifen getrocknet und mit Cadmiumacetat-Ninhydrin-Reagens angefärbt (20 Std.). Die Flecken werden ausgeschnitten, mit Methanol eluiert und die Extinktion bei 505 mμ bestimmt. Gewisse Aminosäuren wie Phenylalanin und Asparaginsäure sowie Serin und Valin können sich überlappen, jedoch ist diese Trennung stark abhängig von der Temperatur des Streifens, die wiederum von der Temperatur des Kühlwassers und der elektrischen Leitfähigkeit des Elektrolyten abhängig ist. Die optimalen Trennungen werden bei der Kühlwassertemperatur von 11° erhalten. Die Genauigkeit der in Mengen von 0,01 μm bestimmten Aminosäuren beträgt 5%. I. Schröder. 7505.

3-64/02-0388 Potts, T. J.; St. Louis, Ralston Purina Co. Colorimetric determination of urea in feeds. **(Colorimetrische Bestimmung von Harnstoff in Futtermitteln.)** J. Assoc. off. agric. Chemists **45** (1962) Nr. 3. S. 587–589. — 1 Tab., 1 Lit.
Vergleichsuntersuchungen mit einer colorimetrischen Harnstoffbestimmungsmethode (p-Dimethylaminobenzaldehyd als Farbreagens) und der offiziellen, enzymatischen AOAC-Methode in 7 Laboratorien mit jeweils 2 getrennten Analytikern an 3 Futtermitteln führten zwar im Durchschnitt zu gut übereinstimmenden Ergebnissen für beide Methoden. Die statistische Auswertung ergab jedoch eine größere Sicherheit der Einzelergebnisse nach dem offiziellen Verfahren. F. Weißbach. 7510.

3-64/02-0389 Karmen, Arthur, Walker, Thomas und Bowman, Robert L.; Bethesda, Md., Nat. Heart Inst., Lab. of Technol. Development. A sensitive method for quantitative microdetermination of lipids. **(Eine empfindliche Methode zur quantitativen Mikrobestimmung von Lipiden.)** J. Lipid Res. 4 (1963) Nr. 1. S. 103–106. 7515.

3-64/02-0390 Brett, R. A.; Teddington, Middlesex, Paint Res. Stat. Analysis of partial glyceride mixtures. **(Analyse von Partial-Glyceridmischungen.)** Nature [London] **197** (1963) Nr. 4866. S. 484–485. — 1 Tab., 10 Lit. 7520.

3-64/02-0391 Jover, Antonio; Washington, Hospital Center. A technique for the determination of serum glycerides. **(Eine Technik für die Bestimmung von Serumglyceriden.)** J. Lipid Res. 4 (1963) Nr. 2. S. 228–230. 7520.

3-64/02-0392 Franklin, W. J. und Keyzer, H.; Sydney, New South Wales, Austral. Museum of Appl. Arts and Sci. Semimicro and micro steam distillation. The estimation of the essential oil content of small plant samples.

(Halbmikro- und Mikrodampfdestillation. Die Bestimmung des Gehaltes an ätherischen Ölen in kleinen Pflanzenproben.) Analyt. Chem. **34** (1962) Nr. 12. S. 1650–1653. – 4 Abb., 2 Tab., 7 Lit.
Es wurde die Eignung von einer Halbmikro- und 2 verschiedenen Mikrodestillationsapparaturen zur Bestimmung kleiner Mengen ätherischer Öle überprüft. Die Genauigkeit der Ergebnisse befriedigte und war nicht geringer als die mit der konventionellen Makromethode erzielbaren. Die gemessene Menge betrug z. T. nur wenige Mikroliter, weshalb oft einzelne Blätter für eine Bestimmung ausreichen. F. Weißbach. 7520.

3-64/02-0393 Eneroth, Peter; Stockholm, Sweden, Karolinska Inst., Dep. of Chem. Thin-layer chromatography of bile acids. **(Dünnschichtchromatographie von Gallensäuren.)** J. Lipid Res. **4** (1963) Nr. 1. S. 11–16. 7530.

3-64/02-0394 Avigan, Joel, Goodman, DeWitt S. und Steinberg, Daniel; Bethesda, Md., Nat. Inst. of Health; Nat. Heart Inst., Lab. of Cellular Physiol. and Metabolism. Thin-layer chromatography of sterols and steroids. **(Dünnschichtchromatographie von Sterolen und Steroiden.)** J. Lipid Res. 4 (1963) Nr. 1. S. 100–101. 7530.

3-64/02-0395 Goodman, Joseph R., Jarnagin, Leland P., Meier, Rita M. und Shonley, Irma A.; San Francisco, Calif., Veterans Adm. Hospital. Determination of free and esterified cholesterol by a modified digitonin-anthrone method. **(Die Bestimmung von freiem und verestertem Cholesterin durch eine modifizierte Digitonin-Anthronmethode.)** Analyt. Chem. **35** (1963) Nr. 6. S. 760–763. – 5 Abb., 4 Lit. 7530.

3-64/02-0396 Ramsey, H. A.; Urbana, Univ. of Illinois, Dep. of Dairy Sci. Separation of organic acids in blood by partition chromatography. **(Trennung von organischen Säuren im Blut durch Teilungschromatographie.)** J. Dairy Sci. **46** (1963) Nr. 5. S. 480–483. – 3 Abb. 7540.

3-64/02-0397 Kirby, K. S., Hastings, J. R. S. und O'Sullivan, M. A.; London, Roy. Cancer Hospital, Inst. of Cancer Res. Countercurrent distribution of ribonucleic acids. IV. **(Gegenstromverteilung von Ribonucleinsäure. 4. Mitt.)** Biochim. biophysica Acta [Amsterdan] **61** (1962) Nr. 6. S. 978 bis 979. – 1 Tab., 6 Lit. 2. Mitt.: vgl. LZ. Abt. III **8** (1963) Nr. 11. S. 2336.
Vff. beschreiben eine neue Methode der Gegenstromverteilung zur Fraktionierung von phenolextrahierter RNS. Aus Rattenleber und Hefe werden je 5 und aus Drosophila 6 RNS-Fraktionen gewonnen. Die Basenzusammensetzung jeder einzelnen Fraktion ist untersucht worden und wird angegeben. Die RNS mit einem höheren molaren Guaninanteil bleibt in der wäßrigen Phase, dagegen wandert eine adeninreiche Fraktion mit dem org. Lösungsmittel. Die Fraktionen mit höherem molaren Guaningehalt enthielten allgemein auch mehr Cytosin, dagegen war das Uracil dem Adenin proportional. H. Bergner. 7540.

3-64/02-0398 Palamaru, E.; Bukarest. **Bestimmung des Gehaltes an Vitamin E in Futtermitteln sowie sonstigen biologischen Materialien.** S.-B. dtsch. Akad. Landwirtsch. -Wiss. Berlin **11** (1962) Nr. 1. S. 31–38.
Die kritische Einschätzung der bisher angewandten Vit.-E-Bestimmungsmethoden führte zu dem Schluß, daß bei großen Vorteilen der chemischen Gesamttocopherol-Bestimmungen hinsichtlich Zeitaufwand und Einfachheit der Durchführung die Ergebnisse nur geringe Aussagekraft haben, weil der Anteil des biol. bei weitem wirksamsten α-Tocopherols großen Schwankungen unterliegt (bei Leinkuchen 0, bei Weizenkörnern 50 und bei Sonnenblumenschrot und den meisten Futtermitteln tierischer Herkunft 100%). Es ist deshalb die Ausarbeitung einer für Serienuntersuchungen geeigneten α-Tocopherol-Bestimmungsmethode erforderlich. 4 ausführliche Arbeitsvor-

schriften für die Gesamttocopherol-Bestimmung in Pflanzenmaterial und Blutserum werden angegeben. F. Weißbach. 7566.

3-64/02-0399 Birk, Yehudith, Gertler, A. und Khalef, Shulamith; Rehovot, Israel, Hebrew Univ., Fac. of Agric. A pure trypsin inhibitor from soya beans. **(Ein reiner Trypsininhibitor aus Sojabohnen.)** Biochem. J. **87** (1963) Nr. 2. S. 281–284. – 3 Abb., 10 Lit.

Vff. berichten über Reinigungsverfahren zur Isolierung des Trypsininhibitors und über die Charakterisierung. Die Reinigung an Carboxymethylcellulose und die Trennung von der aktiven Amylase wird beschrieben. Die Reinheit des Inhibitors wird durch Rechromatographie an Carboxymethyl- und Diäthylaminoäthylcellulose sowie durch Ultrazentrifugalanalyse bewiesen, die Nichtidentität des reinen Inhibitors mit dem kristallinen Sojabohnen-Trypsininhibitor durch die höhere spez. Aktivität (13-fache) gegenüber Chymotrypsin und bei Abwesenheit von Tryptophan. Der isoelektrische Punkt liegt bei pH 4,2, das Molekulargewicht beträgt 24000. I. Schröder. 7580.

3-64/02-0400 Charles, M., Rovery, M., Guidoni, A. und Desnuelle, P.; Marseille, France, Fac. des Sci., Inst. de Chim. Biol. Sur le trypsinogène et la trypsine de porc. **(Über Schweinetrypsinogen und -trypsin.)** Biochim. biophysica Acta [Amsterdam] **69** (1963) Nr. 1. S. 115–129. – 6 Abb., 3 Tab., 27 Lit. Zus. in Engl.

Vff. beschreiben ein chromatographisches Verfahren zur gleichzeitigen Reinigung von Schweinetrypsinogen und eins der Schweinechymotrypsinogene mit Carboxymethylcellulose bei pH 5,0. Die Ausbeute beträgt 45% der mit verdünnter H_2SO_4 aus der Drüse extrahierten Menge bei 2–3 facher Reinigung. 1 kg frische Pankreasdrüse liefert 2,8 g der reinen Verbindung. Die Aminosäurenzusammensetzung von Rinder- und Schweinetrypsinogen zeigt einige Ähnlichkeiten. Das Molekulargewicht beider Proteine liegt in derselben Größenordnung. Aus den Unterschieden in der Zusammensetzung wird auf strukturelle Differenzen bestimmter Molekülregionen geschlossen. Hinsichtlich der Autaktivierung und der dadurch erreichten max. spez. Aktivität ergeben sich zwischen beiden Trypsinogenen keine Unterschiede. Ca-Ionen haben keinen unterschiedlichen Einfluß. Schweinetrypsinogen und -trypsin haben dieselbe C-endständige Sequenz: Thr-(Ileu, Glu (NH_2))-Ala-Asp (NH_2). Weitere Untersuchungen beschäftigen sich mit der Bestimmung bestimmter freigesetzter Peptide. I. Schröder. 7580.

3-64/02-0401 Rackis, J. J., Sasame, H. A., Mann, R. K., Anderson, R. L. und Smith, A. K.; Peoria, Ill., Northern Regional Res. Lab. Soybean trypsin inhibitors: isolation, purification and physical properties. **(Sojabohnen-Trypsininhibitoren: Isolierung, Reinigung und physikalische Eigenschaften.)** Arch. Biochem. Biophysics **98** (1962) Nr. 3. S. 471–478. – 7 Abb., 3 Tab., 21 Lit.

Aus wäßrigen Sojabohnenproteinlösungen werden direkt durch Chromatographie an DEAE-Cellulosesäulen unter Verwendung von 0,01 m K-Phosphatpuffer pH 7,6 mit stufenweise von 0,034 m auf 0,25 m ansteigender NaCl-Konzentration 2 Sojabohnentrypsininhibitoren, $SBTIA_1$ und $SBTIA_2$, isoliert. Beide Inhibitoren unterscheiden sich in physikalischen Eigenschaften, im N-Gehalt und in der Inhibitoraktivität. Aus Molekulargewichtsbestimmungen und Aktivitätsmessungen folgt, daß beide Inhibitoren einen Trypsin-Trypsininhibitor-Komplex im Verhältnis von 1:1 bilden. Für handelsübliche Präparate 5fach kristallisierter Sojabohnen-Trypsininhibitoren, die häufig größere Mengen an Verunreinigungen enthalten, wird eine säulenchromatographische Reinigung durchgeführt, bei der die Elutionspufferlösung (0,01 m K-Phosphatpuffer pH 7,6) einen NaCl-Gradienten von 0–0,3 m aufweist. Die verschiedenen erhaltenen Inhibitoren werden in ihren Eigenschaften verglichen und gewisse Übereinstimmungen festgestellt. H. Kreienbring. 7580.

3-64/02-0402 Roth, Jay S.; Storrs, Univ. of Connecticut, Inst. of Cellular Biol. Ribonuclease. IX. Further studies on ribonuclease inhibitor. **(Ribonuclease. 9. Mitt. Weitere Untersuchungen über den Ribonuclease-Inhibitor.)** Biochim. biophysica Acta [Amsterdam] **61** (1962) Nr. 6. S. 903–915. — 3 Abb., 5 Tab., 35 Lit.

Ribonuclease-Inhibitor wurde in der Leber von Ratten, Mäusen, Hamstern, Meerschweinchen und Kaninchen gefunden, jedoch nicht in der Leber von Hühnern und Fröschen. Eingehende Untersuchungen von Hühnerleberhomogenat und verschiedenen subcellularen Fraktionen unter verschiedenen Bedingungen lieferte keinen überzeugenden Beweis für das Vorhandensein des Inhibitors in diesem Lebergewebe. Einige Faktoren, die die Ribonuclease-Inhibitoraktivität beeinflussen, wurden untersucht. Es wurde gezeigt, daß der Ribonuclease-Inhibitor aus Rattenleber die Hydrolyse cyclischer Cytidylsäure durch Pankreas-Ribonuclease verlangsamt. Diese Reaktion ist aber für eine Prüfung auf diesen Inhibitor ungeeignet, weil durch Gewebeenzyme Störungen erfolgen, die das cyclische Nucleotid hydrolysieren.

H. Kreienbring. 7580.

3-64/02-0403 Bielorai, Rachel und Bondi, A.; Rehovot, Israel, Nat. and Univ. Inst. for Agric. Relationship between 'antitryptic factors' of some plant protein feeds and products of proteolysis precipitable by trichloroacetic acid. **(Beziehung zwischen „Antitrypsin-Faktoren" einiger pflanzlicher Eiweißfuttermittel und durch Trichloressigsäure präzipitierbare Proteolyseprodukte.)** J. Sci. Food Agric. **14** (1963) Nr. 2. S. 124–132. — 2 Abb., 7 Tab., 13 Lit.

Handelsprodukte von Fischmehl (**I**), Fleischmehl (**II**), rohem (**III**) und getoastetem Sojabohnenmehl (**IV**), Baumwollsamenmehl (**V**) und Sonnenblumenmehl (**VI**) wurden gemahlen, entfettet, bei Raumtemperatur getrocknet und mit Pankreatin oder Trypsin inkubiert. Die Filtrate wurden auf Aminogruppen und auf die mit Trichloressigsäurepräzipitierbare Fraktion (N-Gehalt) untersucht. Es wurde eine Korrelation zwischen der Höhe an „Antitrypsin-Faktoren" in pankreatischen Hydrolysaten und der Menge an präzipitierbarem N gefunden. Während große Mengen an präzipitierbarem N in Hydrolysaten von (**III**), mittlere von (**IV**) und (**VI**) erhalten werden konnten, mangelte es in tierischen Protein-Futterstoffen und (**V**) an dieser Fraktion. Starke Trichloressigsäurepräzipitate wurden auch aus dem Darminhalt von Küken erhalten, die mit (**III**) gefüttert worden waren, im Gegensatz zu der Verfütterung von (**I**) (**IV**), (**V**), oder (**VI**). Die Ergebnisse werden diskutiert.

I. Schröder. 7590.

3-64/02-0404 Reisfeld, Ralph A., Hallows, Barbara G., Williams, Donald E., Brink, Norman G. und Steelman, Sanford L.; Rahway, N. J., Merck Sharp and Dohme Res. Lab. Purification of human growth hormone on 'Sephadex G-200'. **(Reinigung von Human-Wachstumshormon an „Sephadex G-200".)** Nature [London] **197** (1963) Nr. 4873. S. 1206–1207. 7595.

3-64/02-0405 Höyem, Tore; Oslo, Veterin. Coll. of Norway, Dep. of Microbiol. and Hyg. Separation, identification, and estimation of aromatic food preservatives and sorbic acid by paper chromatography and ultraviolet spectrophotometry. **(Trennung, Identifizierung und Bestimmung von aromatischen Nahrungs-Konservierungsmitteln und Sorbinsäure durch Papierchromatographie und Ultraviolett-Spektrophotometrie.)** J. Assoc. off. agric. Chemists **45** (1962) Nr. 4. S. 902–907. — 2 Abb., 2 Tab., 3 Lit.

Mit dem beschriebenen Verfahren lassen sich papierchromatographisch Benzoesäure, Methyl-, Äthyl-, Propyl- und Butylester der p-Hydroxybenzoesäure sowie Sorbinsäure trennen und quantitativ bestimmen. Die Lage der einzelnen Verbindungen auf dem Chromatogramm wird durch Kontaktabzüge im UV-Licht ermittelt. Für die weitere Identifizierung und zur quantitativen

Bestimmung können die Ausschnitte eluiert und die Absorption im Spektrophotometer gemessen werden. Die Schärfe der Trennung der 4 Ester befriedigte jedoch für eine quantitative Auswertung nicht. F. Weißbach. 7610.

3-64/02-0406 Bock-Werthmann, Werner; Berlin, Hahn-Meitner-Inst. für Kernforsch. **Ein neues universelles Entwicklungsreagens für die Papierchromatographie von Kationen.** Analyt. chim. Acta [Amsterdam] 28 (1963) Nr. 6. S. 519–523. 7620.

3-64/02-0407 Kudahl, J. N.; Birmingham, Univ., Dep. of Physics. Measurement of small quantities of calcium by radiometric precipitation. **(Die Bestimmung kleiner Mengen Calcium durch radiometrische Präzipitation.)** Nature [London] **197** (1963) Nr. 4873. S. 1199. 7630.

3-64/02-0408 Nehring, K.; Rostock. **Versuchsmethodik zur kontinuierlichen Bestimmung der Verdaulichkeit von Grünfutter und von Grünfutterkonservaten.** S.-B. dtsch. Akad. Landwirtsch.-Wiss. Berlin **11** (1962) Nr. 1. S. 85–94. — 2 Abb., 1 Tab.

Es wird eine ausführliche Beschreibung des Prinzips, der technischen Durchführung sowie der mathematischen Auswertung von Versuchen zur Bestimmung der Veränderungen in der Verdaulichkeit von Grünfutter im Verlaufe der Vegetation gegeben. Das Prinzip der Methode besteht darin, daß die Einzelwerte von zahlreichen, aufeinanderfolgenden 3- bzw. 2tägigen Versuchsperioden für die Futteraufnahme und Kotausscheidung durch gleitende Mittelwerte dreigliedrig ausgeglichen und aus diesen die VK für den jeweiligen Punkt der Kurve berechnet werden. Dabei findet die durchschnittliche Futterverweildauer in den Verdauungsorganen der Versuchstiere durch eine 3- bzw. 2tägige Verschiebung der Kotausscheidung gegenüber der Futteraufnahme Berücksichtigung. Auf diese Weise kann der Verlauf der Verdaulichkeit durch zahlreiche Meßwerte bei zumutbarem Aufwand fixiert werden, ohne die Sicherheit gegenüber den aus klassischen Verdauungsversuchen gewonnenen Ergebnissen wesentlich zu vermindern. F. Weißbach. 7755.

3-64/02-0409 Stevenson, Audrey E.; Hamilton, Ruakura Animal Res. Stat., Dep. of Agric. Measurement of feed intake by grazing cattle and sheep. VIII. Some observations on the accuracy of the chromic oxide technique for the estimation of faeces output of dairy cattle. **(Messung der Futteraufnahme durch weidende Rinder und Schafe. 8. Mitt. Einige Beobachtungen über die Genauigkeit der Chromoxydtechnik zur Bestimmung der Kotausscheidungen von Milchkühen.)** New Zealand J. agric. Res. **5** (1962) Nr. 3/4. S. 339–345. — 1 Abb., 2 Tab., 11 Lit. 7. Mitt. vgl. LZ. Abt. III **6** (1961) Nr. 10. S. 1777.

In Versuchen an 3 Paar nicht laktierenden Zwillingskühen, in denen die eine Gruppe eine begrenzte, etwa den Erhaltungsbedarf deckende Grasfütterung, die andere eine ad libitum-Fütterung erhielt, wurde die Chromoxydtechnik zur Bestimmung der Verdaulichkeit überprüft. Die Tiere erhielten das Cr_2O_3 tägl. 2mal in Kapseln. Bei der Kotsammlung nach dem klassischen Verfahren wurden während einer 13wöchigen Sammelperiode im Durchschnitt der begrenzt gefütterten Gruppe 97,6% und im Mittel der ad libitum-Gruppe 97,2% des verabreichten Cr_2O_3 im Kot wiedergefunden. Bei tägl. 2maliger Kotprobenahme aus dem Mastdarm zur gleichen Zeit, in der die Cr_2O_3-Gabe erfolgte, betrug die im Kot wiedergefundene Cr_2O_3-Gabe nur 92,5 resp. 92,7%. Die Cr_2O_3-Verluste bei der Kotsammlung nach dem klassischen Verfahren werden hauptsächlich auf Mahlverluste zurückgeführt, während bei der nicht aliquoten Probenahme die hohen Indikatordefizite mit tageszeitlichen Verschiebungen der Cr_2O_3-Konzentration im Kot erklärt werden. Es wird vorgeschlagen, entsprechende Korrekturfaktoren zu verwenden. Ferner wird eine Modifikation der Cr_2O_3-Bestimmung beschrieben. R. Schiemann. 7760.

3-64/02-0410 Platikanow, N.; Sofia. **Über die Cr_2O_3-Indikatormethode zur Bestimmung der Verdaulichkeit von Futtermitteln.** S.-B. dtsch. Akad. Landwirtsch.-Wiss. Berlin **11** (1962) Nr. 1. S. 67–81. — 10 Tab.
Umfangreiche methodische Untersuchungen zur Cr_2O_3-Indikatormethode führten u.a. zu folgenden Ergebnissen: Die optimale Tagesdosis an Cr_2O_3 beträgt bei Schafen 10 g und ist in 3 Teilgaben zu verabreichen, bei Schweinen genügen 8 g Cr_2O_3 in 2 Teilgaben. Die Verabreichung sollte in Form von gut homogenisierten Nudeln mit 25% Cr_2O_3-Gehalt, bei Schafen kann sie aber auch in Gelatinekapseln erfolgen. Bei Schafen ist 3× täglich je 70 g Kot und bei Schweinen 2× täglich je 100 g Kot zu entnehmen. Die Dauer der Hauptperiode sollte bei Schafen nicht weniger als 6 und bei Schweinen nicht weniger als 4 Tage betragen. Vollständiger Futterverzehr und Vorkehrungen zur Vermeidung von Verlusten an Cr_2O_3 beim Mahlen der Proben sind notwendig.
F. Weißbach. 7760.

3-64/02-0411 Deinum, B., Immink, H. J. und Deijs, W. B.; Wageningen, Agric. Univ., Dep. of Grassland Husbandry. The excretion of chromium sesquioxide in faeces by cows after administration of Cr_2O_3-containing paper. **(Die Ausscheidung von Chromoxyd im Kuhkot nach Verabreichung von Cr_2O_3-haltigem Papier.)** Inst. biol. scheikund. Onderzoek Landbouwgewassen Wageningen, Meded. **1962** Nr. 188. S. 123–129. — 4 Tab., 6 Lit.
In 2 Versuchen an jeweils 2 Kühen wurde in ca. 14tägigen Sammelperioden 97,4–98,6% des verabreichten Cr_2O_3 wiedergefunden. Jedes Tier erhielt 2 mal tägl. 25 g zerschnittenes Cr_2O_3-haltiges Papier (⌀ 33,8% Asche, diese besteht zu ca. 98% aus Cr_2O_3). Die chemische Bestimmung des Cr_2O_3 erfolgte volumetrisch nach Christian und Coup (vgl. New Zealand Sci. Technol., Sect. A **36** [1954] S. 328.) und colorimetrisch nach Stevenson und de Langen (vgl. LZ. Abt. III **6** [1961] Nr. 10. S. 1777.). Beide erbrachten übereinstimmende Ergebnisse. Am Versuchsende wurde 1 Kuh geschlachtet. Es konnten mit Sicherheit in verschiedenen Organen Spuren von Cr_2O_3 gefunden werden, was auf eine Resorption in geringem Umfang zurückgeführt wird.
B. Piatkowski. 7760.

3-64/02-0412 Palamaru, E.; Bukarest. **Beitrag zur Cr_2O_3-Indikatormethodik zur Verdaulichkeitsbestimmung bei Hammeln.)** S.-B. dtsch. Akad. Landwirtsch.-Wiss. Berlin **11** (1962) Nr. 1. S. 83–84.
In methodischen Untersuchungen zur Cr_2O_3-Indikatormethode erwies sich die Verabreichung des Indikators in Pulverform als ungeeignet. Durch Binden des Cr_2O_3 an Weizenmehl und Formen von 3–5 mm großen Körnern ließ sich die Menge des im Kot wiedergefundenen Indikators von 80,9–91,5% auf 90,7 bis 96,5% und durch Anwendung von Gelatinekapseln auf 91,8–97,3% erhöhen. Außerdem verbesserte sich die Cr_2O_3-Bilanz durch Verlängerung der Kotsammelperiode. F. Weißbach. 7760.

3-64/02-0413 Nehring, K.; Rostock. **Methodik der N-Bilanzversuche zur Ermittlung der biologischen Wertigkeit des Eiweißes von Futtermitteln.** S.-B. dtsch. Akad. Landwirtsch.-Wiss. Berlin **11** (1962) Nr. 1. S. 103–111. — 1 Abb., 2 Tab.
Die Bestimmung der biol. Wertigkeit des Eiweißes nach Thomas und Mitchell wird in den vom Vf. vorgenommenen Modifikationen für Albinoratten und Schweine ausführlich besprochen. Aus der zusammenfassenden Darstellung einiger Ergebnisse sind folgende Schlüsse zu ziehen: Das Eiweiß der Getreidearten erreichte bei Ratten eine BW von meist 70 und darüber, während bei Schweinen der Durchschnitt nur 55 beträgt. Von 20 an Schweinen und Ratten parallel geprüften Proteinen stimmt die Wertigkeit in 13 Fällen befriedigend bis gut überein. Die Verbesserung der BW verschiedener Futtermittel durch Zusätze von DL-Methionin bzw. DL-Methionin-DL-Lysinsulfat-Mischungen war signifikant. F. Weißbach. 7785.

3-64/02-0414 Barnes, M.McM. und Wodham, A. A.; Bucksburn, Aberdeen, Rowett Res. Inst. Prediction of quality in protein concentrates by laboratory procedures involving determination of soluble nitrogen. **(Vorhersage der Proteinqualität durch Laborverfahren auf Grund der Bestimmung des löslichen Stickstoffs.)** J. Sci. Food Agric. **13** (1963) Nr. 2. S. 109–120. – 3 Abb., 12 Tab., 13 Lit.

Durch Anwendung verschiedener Lösungsmittel wurde aus einer Reihe von Eiweißfuttermitteln der lösliche N (Kjeldahl-Methode) bestimmt und die Korrelation mit dem jeweiligen „Gross Protein Value" (GPV) ermittelt. Die Untersuchungen erstreckten sich auf folgende Futter- und Lösungsmittel: Verschiedene Fleischmehle, Fischmehle, Walfischmehle, Erdnußmehle, Baumwollsamenmehle, Sojabohnenmehle, Sonnenblumensamenmehle; 6 n HCl, 0,02 n NaOH, 0,5 m NaCl, Äthanol, Äthanol-Wasser-Mischungen und Aqua dest. Der „Protein Quality Index" korrelierte gut mit dem GPV bei Walfischmehlen, aber nicht bei Fleisch- und Fischmehlen. Einige Korrelationen ergaben sich bei den Ölsamenmehlen, die besten bei den Löslichkeitstesten in 0,02 n NaOH im Falle der Baumwollsamenmehle. I. Schröder. 7790.

3-64/02-0415 Chevallier, F., Brière, M., Serrell, F. und Cornu, M.; Saclay, Seine-et-Oise, Centre d'Études, Dép. de Biol. Mesure en continu de la radioactivité spécifique du gaz carbonique expiratoire d'un animal après administration de composés marqués au carbone^{14}. Recherche d'équilibres isotopiques. **(Kontinuierliche Messung der spezifischen Radioaktivität des ausgeatmeten CO_2 von mit ^{14}C-markierten Substanzen behandelten Tieren. Untersuchung des Isotopengleichgewichtes.)** J. Physiol. [Paris] **54** (1962) Nr. 5. S. 701–710. – 6 Abb., 1 Tab., 9 Lit. Zus. in Engl.

Es wird eine Apparatur zur kontinuierlichen Messung des ausgeatmeten CO_2 sowie der spez. Aktivität des Atmungs-CO_2 bei Verwendung von mit radioaktivem C behandelten Versuchstieren im Detail beschrieben und die Leistungsfähigkeiten verschiedener Typen der Apparatur behandelt. An einer Reihe von Beispielen wird die Brauchbarkeit der Apparatur demonstriert. Die Beispiele betreffen die Messung der spez. Aktivität der Atmungs-CO_2 von Ratten nach Gaben von ^{14}C-markiertem Acetat (i.p., im Trinkwasser, oder auch mit dem Futter). R. Schiemann. 7830.

D. ERNÄHRUNGSPHYSIOLOGIE

Verdauung und Resorption

3-64/02-0416 Wilson, A. D.; Melbourne, Univ., School of Agric. The influence of diet on the development of parotid salivation and the rumen of the lamb. **(Der Einfluß der Ration auf die Entwicklung von parotidalem Speichelfluß und Pansen des Lammes.)** Austral. J. agric. Res. **14** (1963) Nr. 2. S. 226 bis 238. – 5 Tab., 31 Lit.

Gleichaltrige Lämmer erhielten in 4 Gruppen folgende Rationen: **I** nur Milch, **II** Milch + Heu, **III** Milch + Hobelspäne und **IV** Milch + Stärke, Trockenvollmilch sowie 3% $NaHCO_3$. Die Aktivität der Parotis wurde in g Sekret/g Drüsenmasse/Min., die Pansenentwicklung (PE) anhand des Wachstums von Mucosa sowie Papillen und am Pansenvolumen ermittelt. Parotisfunktion (PF): **II** und **III** waren **I** und **IV**, mit ihren Müttern weidende Lämmer (**V**) ebenfalls **I** signifikant überlegen. Ein mechanischer Reiz scheint demnach PE und PF zu stimulieren. Eine Rückkehr zu **I** wirkte deprimierend. Pansenentwicklung: **II**, **V** und **IV** waren am günstigsten, die Umstellung auf **I** übte einen degenerierenden Einfluß aus. H. H. Budzier. 7862.

3-64/02-0417 Sutton, J. D., McGilliard, A. D. und Jacobson, N. L.; Ames, Iowa State Univ., Dep. of Animal Sci. Functional development of rumen mucosa. I. Absorptive ability. **(Funktionelle Entwicklung der Pansen-**

Mucosa. 1. Mitt. Resorptionsfähigkeit.) J. Dairy Sci. **46** (1963) Nr. 5. S. 426 bis 436. – 5 Abb., 7 Tab., 37 Lit.
Im Alter von 2 bis 4 Tagen gefistelte Bullenkälber wurden in 2 Gruppen geteilt. I erhielt Vollmilch (12% des Körpergewichtes) und Vitamin-Mineralstoff-Mischung, **II** dagegen Luzerne-Pellets und Kälberaufzuchtfutter im Verhältnis 1:2 ad libitum sowie eine begrenzte Vollmilchmenge. **II**-Kälber erhielten außerdem wöchentlich von 4 Tagen Alter bis zu 3 Wochen eine Pansenbeimpfung mit 200–300 ml Inokulat filtrierter Pansenflüssigkeit adulter Ochsen. Die Resorption einer Essigsäure (ES)-Testlösung (pH 6,6) **III**, die via Fistel in den entleerten Pansen gegeben wurde, galt als Maß der ruminalen Resorptionsfähigkeit. Die maximale Resorptionsrate (mg ES/100 ml III/Std.) betrug im Alter von 1, 4, 8 und 13 Wochen für **I** 21, 26, 22, 22, für **II** 30, 163, 179, 402. Bis zu 34 Wochen Alter veränderten sich die Werte für **I** praktisch nicht. Fütterungsumstellung von **I** auf **II** erhöhte die Resorption bald. Langkettige flüchtige Fettsäuren wurden stärker als kurzkettige resorbiert, die Resorptionsrate lag bei pH 5,0–5,5 höher als bei pH 7,5–8,0.
H. H. Budzier. 7862.

3-64/02-0418 Waldern, D. E., Johnson, V. L. und Blosser, T. H.; Pullman, Washington State Univ., Dep. of Dairy Sci.; Dep. of Veterin. Physiol.; Dep. of Pharmacol. Cardiac output in the bovine and its relationship to rumen and portal volatile fatty acid concentration. **(Herzleistung beim Rind und ihre Beziehung zur Konzentration flüchtiger Fettsäuren im Pansen und der Pfortader.)** J. Dairy Sci. **46** (1963) Nr. 4. S. 327–332. – 4 Tab., 17 Lit.
Mit 4 verschiedenen Rindern wurden insgesamt 22 Testungen der Herzleistung vorgenommen, und zwar 4 mit Hilfe von ^{131}J-Serumalbumin und 18 unter Verwendung von „Evans Blau (T-1824)". Gleichzeitig wurde die Konzentration an flüchtigen Fettsäuren (FFS) im Pfortaderblut und im Pansen ermittelt. Die Herzleistung betrug im Durchschnitt 42,6 l/Min. oder 129,6 ml/Min./kg. Das Maximum der Herzleistung lag synchron mit dem Maximum der FFS-Resorption. Es wird die Schlußfolgerung gezogen, daß die Höhe der ruminalen FFS-Konzentration auf die Intensität der Herzleistung und damit die Durchflußrate in der Pfortader einen Einfluß haben muß.
H. H. Budzier. 7862.

3-64/02-0419 Dehority, B. A.; Wooster, Ohio Agric. Exp. Stat., Dep. of Animal Sci. Isolation and characterization of several cellulolytic bacteria from in vitro rumen fermentations. **(Isolation und Charakterisierung mehrerer cellulytischer Bakterien aus in vitro-Pansengäransätzen.)** J. Dairy Sci. **46** (1963) Nr. 3. S. 217–222. – 3 Tab., 28 Lit.
Mit Inokulaten aus dem Pansen eines auf Heuration gesetzten jungen Ochsen wurden 3 in vitro-Gäransätze durchgeführt, von denen insgesamt 25 Stämme cellulolytischer Bakterien isoliert werden konnten. Von diesen wurden 5 einer weitergehenden Prüfung unterzogen, 2 konnten zu *Bacteroides succinogenes* und 3 zu *Ruminococcus flavefaciens* gestellt werden. Einige Unterschiede gewisser Stämme bezüglich ihrer biochemischen Leistungen und Eigenschaften im Vergleich zu in der Literatur zitierten Angaben wurden festgestellt. So war für einige Stämme Caseinhydrolysat im Nährmedium essentiell.
H. H. Budzier. 7862.

3-64/02-0420 Hoshino, Sadao und Hirose, Yoshitsune; Sapporo, Japan, Hokkaido Univ., Fac. of Agric., Dep. of Animal Nutrit. Aspartic acid deamination by bacteria found in the rumen of sheep. **(Desaminierung von Asparaginsäure durch im Schafpansen gefundene Bakterien.)** J. Dairy Sci. **46** (1963) Nr. 4. S. 323–326. – 6 Abb., 11 Lit.
Hinsichtlich des Proteinabbaues im Pansen wurde von Sirotnak u. a. festgestellt, daß von 22 getesteten Aminosäuren nur 6 durch Pansenmikroorganismen in vitro desaminiert wurden, von letzteren Asparaginsäure (A)

besonders intensiv. Es konnte ermittelt werden, daß die A-Desaminierungsaktivität (ADA) proportional der Konzentration an Bakterien-N war. Der ADA-Faktor (ADAF) ist thermolabil und wird durch Kochen unwirksam. Der Verlauf der Temperaturkurve des ADAF war der einer typischen Enzymkurve. Das pH-Optimum lag bei 7,0, das Temperaturoptimum war 39 °C, die Michaelis-Konstante beträgt offenbar 2×10^{-3}. Augenscheinlich ist der ADAF enzymatischer Natur und eine Art Asparaginase. H. H. Budzier. 7862.

3-64/02-0421 Scott, T. W., Ward, P. F. V. und Dawson, R. M. C.; Babraham, Cambridge, A.R.C., Inst. of Animal Physiol., Biochem. Dep. Formation of aromatic fatty acids from amino acids by rumen micro-organisms. **(Bildung aromatischer Fettsäuren aus Aminosäuren durch Pansenmikroorganismen.)** Biochem. J. 87 (1963) Nr. 1. S. 3p–4p. — 1 Lit.

Bisher hat nur einmal Tappeiner (1886) etwas über ein Vorkommen aromatischer Fettsäuren (AFS) im Panseninhalt berichtet. Nun konnte mittels modernster biochemischer Methoden 3-Phenylpropionsäure (I) in einer Konzentration von etwa 0,3 mM/l nachgewiesen werden. Auch fanden sich Phenylessigsäure (**II**) sowie Benzoesäure (**III**) in noch viel geringeren Mengen an. Sehr kleine Konzentrationen AFS wurden ebenfalls im Blut festgestellt. Im Harn waren nur **II** und **III**, nicht aber **I** nachweisbar. Mit Hilfe markierter Vorstufen wurde die Bildung AFS aus Aminosäuren durch die Pansenmikroorganismen in vitro und in vivo untersucht. In vitro waren nach 1 Std. Inkubation 13% der Tyrosinaktivität in der Fraktion freier Fettsäuren (FFFS), von letzterer wiederum 33% in **I** und 48% in vermutlich p-Hydroxyphenylpropionsäure wiedergefunden worden, nach 3 Std. Inkubation sogar 82% in **I**. Aus Phenylalanin gingen 31% in die FFFS über, hiervon aber das meiste in **II**, nur sehr wenig in **I**. Mit Tryptophan zeigte die FFFS nur 3% der Radioaktivität, nahezu vollständig war diese in der Indolylessigsäure konzentriert. Die in vivo-Versuche erbrachten ähnliche Resultate.

H. H. Budzier. 7862.

3-64/02-0422 Matsumoto, Tatsuro und Shimoda, Yoshitaka; Sendai, Japan, Tohoku Univ., Fac. of Agric., Dep. of Animal Husbandry. The influence of feed and feeding upon the ruminal gas formation. XI. Hydrogen sulfide in the rumen gas. **(Der Einfluß von Futter und Fütterung auf die Gasbildung im Pansen. 11. Mitt. Schwefelwasserstoff im Pansengas.)** Tohoku J. agric. Res. **13** (1962) Nr. 2. S. 135–140. — 3 Abb., 3 Tab., 14 Lit. Orig.: engl.

Die ätiologische Bedeutung von H_2S bei Todesfällen infolge möglicher Vergiftung während vorliegender Tympanie ist noch unklar, zumal der Umfang und die Bedingungen der Reduktion von im Futter vorhandenem S zu H_2S weitgehend unbekannt sind. Speziell wurde deshalb die ruminale H_2S-Produktion bei frischer Leguminosen-Grasfütterung (**I**) an einer ♀ Ziege von 35 kg untersucht. Der H_2S-Gehalt war vor der Fütterung sehr gering und stieg nach derselben stets an. Unter morgendlichem Weidegang und abendlicher gleichartiger Stallfütterung lagen die H_2S-Gehalte, bezogen auf die Gesamtmenge des gebildeten Pansengasgemisches, zwischen 0,000% und 0,148%. Die Kontrollration ohne **I** erbrachte Werte von 0,000% bis 0,062%. Obwohl durch **I** der H_2S-Gehalt sich mehr als verdoppeln konnte, blieb die maximal ermittelte Konzentration doch relativ sehr gering.

H. H. Budzier. 7862.

3-64/02-0423 Bowen, J. M.; Ithaca, N.Y., Cornell Univ., New York State Veterin. Coll., Dep. of Physiol. Effects of insulin hypoglycemia on gastrointestinal motility in the sheep. **(Die Auswirkungen einer Insulin-Hypoglykämie auf die Bewegungen des Magendarmkanals beim Schaf.)** Amer. J. veterin. Res. **23** (1962) Nr. 96. S. 948–954. — 7 Abb., 1 Tab., 17 Lit. Zus. in Interlingua.

Nach einer i.v. und s.c. Injektion von Insulin an Schafe mit Pansen-, Labmagen- und Duodenalfisteln konnte zunächst eine vorübergehende Hemmung und anschließend eine Periode einer Stimulation der Pansenkontraktionen beobachtet werden. Es konnte nachgewiesen werden, daß zwischen Amplitude und Frequenz der Pansenbewegungen und dem Plasmaglukosespiegel keine Korrelationen bestehen, so daß die normalen Schwankungen des Glukosespiegels ohne Bedeutung für die Regulation der Pansenbewegungen sein dürften. H. Gürtler. 7862.

3-64/02-0424 Williams, V. J.; Armidale, New South Wales, Univ. of New England, Dep. of Physiol. Rumen function in the camel. **(Pansenfunktion beim Kamel.)** Nature [London] **197** (1963) Nr. 4873. S. 1221. – 1 Tab., 11 Lit.

Während die Rinder die 7jährige Dürreperiode im Alice-Springs-Gebiet nur mit großen Verlusten und schlechter Kondition überstanden, wurden die dort gehaltenen und über Generationen akklimatisierten (letzter Import 1886) Kamele kaum beeinflußt. Gemäß der botanischen Analyse des Pansen-inhaltes (PI) bestand die Hauptnahrung der Kamele aus *Eucalyptus gamophylla*- (ca. 1% N) und *Acacia aneura*- sowie *A. rempeura*-Blättern (beide ca. 1,5% N). Der PI war relativ trocken, der Gehalt an flüchtigen Fettsäuren (FFS) im Durchschnitt von 25 Proben 133,8 mM/l, der Gesamt-N-Gehalt 726 mg/l, der pH-Wert 6,4. Die Relation der FFS zueinander war der bei Rind und Schaf ähnlich. Die Pansenmikroorganismenpopulation glich morphologisch der von Rind und Schaf unter rauhfutterreicher, N-armer Futterration. Offenbar gelang es den Kamelen auf Grund ihrer den Rindern überlegenen Körpergröße immer noch ausreichend Laub der Hauptweidepflanzen zu finden, um die langjährige Dürre besser zu überstehen.
H. H. Budzier. 7862.

3-64/02-0425 Kay, R. N. B. und Hobson, P. N.; Bucksburn, Aberdeen, Rowett Res. Inst. Reviews of the progress of dairy science. Section A. Physiology. Part 1. The physiology of the rumen. Part 2. Rumen microbiology. **(Überblicke über den wissenschaftlichen Fortschritt in der Milchwirtschaft. 1. Mitt. Pansenphysiologie. 2. Mitt. Pansenmikrobiologie.)** J. Dairy Res. **30** (1963) Nr. 2. S. 261–313. 7862.

3-64/02-0426 Poljakov, I. I. Metodika naloženija fistuly na piščevod u sel'skochozjajstvennych ptic. **(Methodik der Anlegung einer Fistel beim landwirtschaftlichen Geflügel.)** Izvestija Timirjazevskoj sel'skochozjajstvennoj akademii, Moskva **1962** Nr. 1. S. 208. 7872.

3-64/02-0427 Sibbald, I. R., Sinclair, D. G., Evans, E. V. und Smith, D. L. T.; Guelph, Ontario, Agric. Coll., Dep. of Nutrit.; Veterin. Coll., Dep. of Pathol. and Bacteriol. The rate of passage of feed through the digestive tract of the mink. **(Die Futterdurchgangszeit bei Nerzen.)** Canad. J. Biochem. Physiol. **40** (1962) Nr. 10. S. 1391–1394. – 1 Tab., 4 Lit.

In umfangreichen Untersuchungen bei feuchter und Trockenfütterung und verschiedenen Abständen der einzelnen Mahlzeiten wurde das Futter der Nerze mit Karmin rot gefärbt und die Zeit zwischen der Futteraufnahme und dem ersten Ausscheiden des gefärbten Kotes gemessen. Die Durchgangszeit lag im Mittel der insgesamt 502 Beobachtungen bei 142 Min. mit Schwankungen von 62 bis zu 215 Minuten. Ein gerichteter Einfluß der Fütterung oder des Geschlechtes der Tiere auf die Futterdurchgangszeit konnte nicht ermittelt werden. W. Laube. 7876.

3-64/02-0428 Buysse, F.; Gontrode, Stat, de Rech. de l'État pour l'Alimentation du Bétail. L'influence de quantités croissantes de matières grasses sur la digestibilité des éléments nutritifs, en particulier de la cellulose brute, chez les ruminants (moutons). **(Der Einfluß steigender Mengen von Fetten auf**

die Verdaulichkeit der Nährstoffe, insbesondere der Rohfaser, bei Wiederkäuern [Hammeln].) Rev. Agric. [Bruxelles] **15** (1962) Nr. 3. S. 343–350. – 1 Abb., 4 Tab., 8 Lit.

In 2 Versuchsserien wurde der Einfluß steigender Zusätze von Rindertalg allein wie auch zusammen mit Erdnußöl zur Ration von Hammeln auf die Verdaulichkeit der Nährstoffe, insbesondere der Rohfaser, geprüft. Bei Verabreichung einer Grundration in Mehlform erniedrigte die Zugabe der Talgmenge, die einen Fettgehalt der Ration von 2,6–8,1% bewirkte, die Verdaulichkeit der Rohfaser um 6,9–14,8%, während die der übrigen Nährstoffe nur unbedeutend verringert wurde. Talgzugaben zu einer mehr üblichen Ration aus Heu und gemahlenen Komponenten bis zu einem Gesamtgehalt von 6–7% Fett erhöhten im Gegenteil die Verdaulichkeit der Rohfaser leicht, während darüber hinaus gehende Zusätze von Talg wie auch von Erdnußöl sie erniedrigten. Auch die Verabreichung der hohen Fettgaben in emulgierter Form konnte den ungünstigen Einfluß auf die Verdaulichkeit nicht eliminieren. L. Sperling. 7888.

Intermediärer Stoffwechsel

3-64/02-0429 Carroll, K. K.; London, Ontario, Canada, Univ. of Western Ontario, Collip Med. Res. Lab. Levels of radioactivity in tissues and in expired carbon dioxide after administration of 1-C^{14}-labelled palmitic acid, 2-C^{14}-labelled erucic acid, or 2-C^{14}-labelled nervonic acid to rats. **(Höhe der Radioaktivität in Geweben und im ausgeatmeten Kohlendioxyd nach Gaben von 1-^{14}C-Palmitinsäure, 2-^{14}C-Erucasäure oder 2-^{14}C-Nervonsäure an Ratten.)** Canad. J. Biochem. Physiol. **40** (1962) Nr. 9. S. 1229–1238. – 2 Abb., 4 Tab., 28 Lit.

Vf. applizierte 12 Tage alten und ausgewachsenen Ratten peroral oder i.v. in Stellung 1 mit ^{14}C markierte Palmitinsäure (**I**) bzw. in Stellung 2 markierte Erucasäure (**II**) oder Nervonsäure (**III**) und maß die Aktivität des ausgeatmeten CO_2 sowie die Aktivitätsverteilung in verschiedenen Körpergeweben und -flüssigkeiten in Abhängigkeit von der Zeit. Nach 6½ Std. waren noch ca. 20% der peroral gegebenen **I** und **II** und ca. 30% der **III** im Darm. Die Resorption erreichte nach 24 Std. mehr als 95%. Die verschiedenen Gewebelipoide zeigten sowohl nach 6½ als auch nach 24 Std. Versuchszeit nach der oralen Applikation der Fettsäuren bei **I**-Gaben die höchste Aktivität; bei **I**-Gaben war auch die Aktivität der respiratorischen CO_2-Ausscheidung höher als bei **II**- und **III**-Gaben. Die Gehirnlipoide hatten bei allen 3 verabreichten Fettsäuren nur eine geringfügige Radioaktivität. Bezüglich der Aktivität der Gewebelipoide ergaben sich bei i.v. Injektion ähnliche Abstufungen wie bei oraler Gabe. Dagegen war die Aktivität im respirierten CO_2 bei **II**- und **III**-Gaben bei i.v. Injektion höher als bei entsprechenden **I**-Gaben. Im Stoffwechsel der untersuchten Fettsäuren bestehen demnach bestimmte Differenzen, die ausführlich diskutiert werden, ohne daß eine genaue Bilanz aus den Messungen abgeleitet werden kann. R. Schiemann. 7910.

3-64/02-0430 Hardesty, Boyd A. und Mitchell, Herschel K.; Pasadena, California Inst. of Technol., Div. of Biol. The interaction of fatty acids with mammalian cytochrome c. **(Die Wechselwirkung von Fettsäuren mit Säugetier-Cytochrom c.)** Arch. Biochem. Biophysics **100** (1963) Nr. 1. S. 1–8. 7910.

3-64/02-0431 Kohn, Bernice D., Hoffmann, Rita C. und Kohn, Paul; Argonne, Ill., Argonne Nat. Lab., Div. of Biol. and Med. Res.; Chicago, Univ. of Illinois, Coll. of Med., Dep. of Biol. Chem. A study of the mechanism of conversion of galactose to glucose in the intact rat. **(Untersuchung des Mechanismus der Umwandlung von Galactose in Glucose in der intakten Ratte.)** J. biol. Chemistry **238** (1963) Nr. 4. S. 1193–1195. 7910.

3-64/02-0432 Popják, G.; London, Hammersmith Hospital, Exp. Radiopathol. Res. Unit. Some aspects of lipid biochemistry. **(Einige Aspekte der**

Biochemie der Fette.) Proc. Roy. Soc. [London], Ser. B **156** (1962) Nr. 964. S. 376–387. – 14 Abb., 1 Tab., 22 Lit.

Es wird ein historischer Überblick über die Erkenntnisse in der Fettbiochemie gegeben und auf die Fettsynthese aus Essigsäure und die β-Oxydation der Fettsäuren eingegangen. Durch die Anwendung markierter Substanzen wurde die Oxydation der Fettsäuren zu Buttersäure und schließlich Acetessigsäure gefunden. Die Verbindungen zwischen Fettsäureoxydation (gekoppelt mit der Bildung von ATP), Citronensäurecyclus und Atmungskette konnten hergestellt werden. Die Reaktion von Oxalacetat und Acetyl-CoA zu Citronensäure und freiem CoA-SH wird beschrieben. Die Verbindung zwischen Citronensäurecyclus und Fettsäureoxydation, der Fettsäurecyclus, die Stoffwechselwege des Acetyl-CoA und die Bildung von Mevalonsäure werden schematisch dargestellt. Isopentenyl- und Dimethylallylpyrophosphat sind der Schlüssel für den neuen Mechanismus der Bildung von C–C-Bindungen. Die Bedeutung von Geranyl- (**I**) und Farnesylpyrophosphat (**II**) wird erläutert und die Synthese von **I** und **II** als Vorläufer von Squalen beschrieben. Ein hypothetisches Schema der Squalensynthese wird angegeben. W. Jentsch. 7920.

3-64/02-0433 Nestel, P. J., Bezman, A. und Havel, R. J.; San Francisco, Calif., Univ., School of Med., Cardiovascular Res. Inst., Dep. of Med. Metabolism of palmitate and linoleate in intact dogs. **(Der Stoffwechsel von Palmitat und Linoleat in gesunden Hunden.)** Amer. J. Physiol. **203** (1962) Nr. 5. S. 914–918. – 4 Abb., 7 Tab., 10 Lit.

Gesunden Hunden wurde gleichzeitig 9,10-^{3}H-Palmitinsäure (**I**) und 1-^{14}C-Linolsäure (**II**) i.v. injiziert. Die albumingebundene Linolsäure wurde schneller vom Plasma wegtransportiert und umfassender in Triglyceride und Lipoproteide der Plasmafraktion sehr niedriger Dichte inkorporiert als Palmitinsäure. Linol- und Palmitinsäure wurden langsamer in Triglyceridfettsäuren der Fraktion niedriger Dichte und Lipoproteide der hoher Dichte eingebaut als in Lipoproteide der Fraktion sehr niedriger Dichte. Wurde Hunden ein Chylusgemisch von Hunden injiziert, die **I** in Milchfett und **II** in Maisöl erhalten hatten, so waren Unterschiede im Abtransport der Triglyceride und Phospholipoide im Blut vorhanden, die unabhängig von der chemischen Zusammensetzung zu sein schienen. Linolsäure der Triglyceride des Chylus verschwand aus den Triglyceriden und Phospholipoiden der Leber schneller als Palmitinsäure und wurde umfassender in Plasmafette eingebaut. In die zirkulierenden freien Fettsäuren wurden beide Fettsäuren in äquivalenten Mengen eingebaut, aber im Depotfett wurde mehr Linolsäure gefunden. W. Jentsch. 7920.

3-64/02-0434 Degkwitz, E. und Lang, K.; Mainz, Univ., Physiol.-Chem. Inst. **Untersuchungen zur Veränderung des Körperfettes von Ratten bei Fütterung von autoxydierten Sojaölen.** Fette, Seifen, Anstrichmittel **64** (1962) Nr. 10. S. 893–900. – 7 Tab., 15 Lit. Zus. in Russ., Engl., Franz.

Vff. stellten von unbehandeltem Sojaöl 2 Autoxydationsstufen her (Durchblasen von Luft durch das erhitzte Öl), verfütterten die 3 Ölproben (unbehandelt und 2 Autoxydationsstufen) 10 Tage lang neben Stärke, Casein und Cellulose an je 10 Ratten (mit und ohne zusätzlicher Vit.-E-Gabe) und bestimmten anschließend Menge und Zusammensetzung der Körperfettfraktionen der Tiere. Durch das autoxydierte Sojaöl entstand in allen Körperfettfraktionen ein höherer Gehalt an Oxydationsprodukten ungesättigter Fettsäuren. Diese vom Vit.-E-Mangel her bekannte Wirkung ließ sich durch Vit.-E-Gaben nicht wesentlich mindern. Der Gehalt des Körperfettes an 2- und 3fach ungesättigten Fettsäuren ging bei Verfütterung des autoxydierten Sojaöles erheblich zurück. Diese Wirkung konnte durch Vit.-E-Gaben teilweise aufgehoben werden. W. Laube. 7920.

3-64/02-0435 Lingrel, Jerry B. und Webster, George; Columbus, Ohio State Univ., Dep. of Biochem; Madison, Univ. of Wisconsin, Inst. for Enzyme Res.; Dep. of Biochem. Factors affecting the microsomal incorporation of amino acids into non-particulate proteins. **(Faktoren, die den mikrosomalen Aminosäureeinbau in nicht an Partikel gebundene Proteine beeinflussen.)** Biochim. biophysica Acta [Amsterdam] **61** (1962) Nr. 6. S. 942–952. – 7 Abb., 4 Tab., 14 Lit.

Aus Markierungsversuchen von mikrosomalen und nicht partikelgebundenen Proteinen mit verschiedenen ^{14}C-markierten Aminosäuren ergibt sich, daß in Mikrosomensuspensionen von Rattenlebern in Anwesenheit von löslichen Proteinen und einer Reihe von Cofaktoren und Substratzusätzen die Proteinsynthese nach etwa 20 Min. bei 37 °C erlischt. Die Ursache für das Aufhören der Proteinsynthese dürfte auf der Inaktivierung wenigstens zweier Komponenten beruhen: eine schnelle, mit dem Einbau der Aminosäuren in die Mikrosomenproteine verbundene Inaktivierung der Mikrosomen und eine langsamere Inaktivierung oder Verbrauch eines nicht partikelgebundenen Faktors (oder mehrerer Faktoren), die bei der Ablösung des an den Mikrosomen synthetisierten Proteins mitwirken. Denn die Synthese der nicht an Partikel gebundenen Proteine läßt sich durch Zusatz neuer Mikrosomen, ferner durch Ersatz der Mikrosomen durch Ribosomen sowie durch Zufuhr frischer löslicher Supplemente nach bestimmten Reaktionszeiten wieder in Gang setzen. Die optimalen Bedingungen für den Aminosäureeinbau in Protein sind gewöhnlich auch für die Ablösung der synthetisierten Proteine von den Mikrosomen optimal. R. Schiemann. 7930.

3-64/02-0436 Segal, Stanton, Thier, Samuel, Fox, Maurice und Rosenberg, Leon; Bethesda, Nat. Inst. of Health; Nat. Cancer Inst.; Nat. Inst. of Arthritis and Metabolic Diseases; Metabolism Serv., Clin. Endocrinol. Branch; Metabolic Diseases Branch. Inhibitory effect of sugars on amino acid accumulation by slices of rat kidney cortex. **(Inhibitorwirkung von Zuckern auf die Aminosäureakkumulation durch Schnitte von Rattennierenrinde.)** Biochim. biophysica Acta [Amsterdam] **65** (1962) Nr. 3. S. 567–568. – 1 Tab., 10 Lit.

Nicht nur D-Galactose, sondern auch D-Glucose und D-Fructose vermindern die Fähigkeit der Zellen von Rattennierenrindenschnitten Aminosäuren entgegen einem Konzentrationsgradienten zu akkumulieren. Zur Versuchsdurchführung werden 3 Schnitte von zusammen 80–100 mg Gewicht aerob (95% O_2, 5% CO_2) 90 Min. bei 37° in 2 ml Krebs-Ringer-Bicarbonatpuffer (pH 7,4) inkubiert bei einer Zuckerkonzentration von 300 mg%. Für die Untersuchung werden ^{14}C-markierte Aminosäuren benutzt. Die Verhältniszahlen der intracellularen Aminosäurenkonzentration zur Konzentration im Inkubationsmedium in Abhängigkeit der Anwesenheit der genannten Zucker werden tabellarisch zusammengefaßt. 300 mg% D-Glucose, D-Galactose und D-Fructose hemmen die Akkumulation von α-Aminobuttersäure, Glycin, Cycloleucin und L-Valin, beeinflussen jedoch nicht die Aufnahme von L-Histidin, L-Lysin und L-Phenylalanin. Raffinose, Saccharose, D-Xylose, D-Ribose, 3-O-Methylglucose, 2-Desoxy- und 3-Desoxyglucose sind keine Inhibitoren. H. Kreienbring. 7930.

3-64/02-0437 Christensen, Halvor N. Transport of amino acids. **(Der Transport von Aminosäuren.)** Nutrit. Rev. **21** (1963) Nr. 4. S. 97–99. 7930.

3-64/02-0438 Alford, M. A., Brotman, M., Chudy, M. A. und Fraser, M. J.; Winnipeg, Univ. of Manitoba, Med. School, Biochem. Dep. The activation of glutamic acid and glutamine in mammalian tissues. **(Die Aktivierung von Glutaminsäure und Glutamin in Säugetiergeweben.)** Canad. J. Biochem. Physiol. **41** (1963) Nr. 5. S. 1135–1145. 7930.

3-64/02-0439 Abadom, P. N. und Scholefield, P. G.; Montreal, Quebec, McGill Univ., Montreal Gen. Hospital, Res. Inst. Amino acid transport in brain cortex slices. I. The relation between energy production and the glucose dependent transport of glycine. **(Aminosäurentransport in Hirnrindenschnitten. 1. Mitt. Die Beziehung zwischen Energieproduktion und dem Glucoseabhängigen Transport des Glycins.)** Canad. J. Biochem. Physiol. **40** (1962) Nr. 11. S. 1575–1590. – 8 Tab., 38 Lit.

Vff. bestimmten die Aufnahme von Glycin-1-^{14}C in Hirnrindenschnitten von Ratten sowie seinen Einbau in Proteine unter den verschiedensten, die Energieproduktion beeinflussenden Substratbedingungen (verschiedene Glucosekonzentrationen, verschiedene Stoffwechselinhibitoren sowie Entkopplungsreagenzien, differierende Ca^{++}- und Mg^{++}-Konzentrationen, Anaerobiosis, verschiedene Glutamatkonzentrationen, Adenin- und Adenosinzusätze, Röntgenbestrahlung, Alter der Versuchstiere). Der aktive Glycintransport in die Gehirnzellen war dem ATP-Gehalt in den Schnitten proportional.

R. Schiemann. 7930.

3-64/02-0440 Abadom, P. N. und Scholefield, P. G.; Montreal, Quebec, McGill Univ., Montreal Gen. Hospital, Res. Inst. Amino acid transport in brain cortex slices. II. Competition between amino acids. **(Aminosäurentransport in Hirnrindenschnitten. 2. Mitt. Konkurrenz zwischen Aminosäuren.)** Canad. J. Biochem. Physiol. **40** (1962) Nr. 11. S. 1591–1602. – 7 Tab., 33 Lit. 1. Mitt. vgl. vorst. Ref.

Vff. untersuchten den Einfluß einer großen Anzahl von natürlichen sowie in der Natur nicht vorkommenden Aminosäuren in verschiedenen Konzentrationsstufen auf die Aufnahme von Glycin-1-^{14}C (in geringerem Umfang auch von markiertem DL-Methionin, L-Serin bzw. L-Prolin) durch Hirnrindenschnitte von Ratten unter gleichzeitiger Erfassung der ATP-Konzentration. Der ATP-abhängige Glycintransport in die Schnitte wurde in ganz verschiedener Weise durch die einzelnen Aminosäuren beeinflußt, woraus vermutet wird, daß eine Reihe von Aminosäurentransportsystemen existieren muß. Der inhibierende Einfluß vieler Aminosäuren kann einmal dadurch verursacht sein, daß sie mit Glycin um den Bindungsplatz im Transportsystem oder auch um das energieliefernde System konkurrieren. Ein Vergleich der Ergebnisse mit Literaturangaben über den Aminosäurentransport in Ehrlichschen Carcinomzellen ergibt wesentliche Differenzen in der gegenseitigen Transportbeeinflussung der einzelnen Aminosäuren.

R. Schiemann. 7930.

3-64/02-0441 Balis, M. Earl und Samarth, Kumud; Rye, N.Y., Cornell Univ., Med. Coll., Sloan-Kettering Div.; Sloan-Kettering Inst. for Cancer Res., Div. of Nucleoprotein Chem. Influence of age on glycine and purine metabolism. **(Einfluß des Alters auf den Glycin- und Purinstoffwechsel.)** Arch. Biochem. Biophysics **99** (1962) Nr. 3. S. 517–521. – 1 Abb., 7 Tab., 7 Lit.

Hamstern verschiedenen Alters wurden i.p. ^{14}C-markiertes Adenin bzw. Glycin injiziert; nach 24 Std. wurden die Tiere getötet und aus Darm, Leber, Niere und Milz die Ribonucleinsäuren (**RNS**) isoliert und die Höhe der Markierung der Purinbasen gemessen. Weiterhin wurde der Gehalt an freiem Glycin in den verschiedenen Geweben bestimmt. Es ergab sich eine höhere Verwertung von exogenen Vorstufen der RNS-Purine bei den älteren Tieren (10–15 Mon. alt) als bei den jüngeren (2–6 Mon. alt). Der Pool an freiem Adenin wurde bei den ausgewachsenen Tieren zu 0,6 mmol/kg bestimmt, während bei den jüngeren Tieren die Poolgröße von Organ zu Organ wechselte. Der Glycinpool ist vom Alter unabhängig; jedoch ist die Umsatzgeschwindigkeit bei den jüngeren Tieren größer als bei älteren, worauf der beobachtete geringere Einbau einer einmaligen Glycingabe in das Adenin der RNS bei jüngeren Tieren gegenüber älteren zurückgeführt wird. R. Schiemann. 7930.

3-64/02-0442 Hirokawa, Ryoji und Ogata, Kikuo; Niigata, Univ., School of Med., Dep. of Biochem. In vivo evidence for albumin biosynthesis in rat liver ribosomes. **(In vivo-Beweis für die Albuminbiosynthese in Rattenleberribosomen.)** J. Biochemistry [Tokyo] 52 (1962) Nr. 5. S. 377–378. – 2 Abb., 9 Lit., Orig.: engl.
Ratten wurde i.p. eine ^{14}C-Aminosäuremischung injiziert und der Einbau des ^{14}C in die Albumine verschiedener Zellfraktionen der Leber in Abhängigkeit von der Zeit untersucht. Die max. Markierung des ribosomalen Albumins wurde nach 5 Min. festgestellt. Das mikrosomale Albumin zeigte nach 30 Min. die max. Markierung und in der Albuminfraktion des Überstandes sowie in der Serumalbuminfraktion ergab sich ein kontinuierlicher Anstieg der Markierung bis zur Versuchszeit von 70 Min. Demnach ist das ribosomale Albumin die Vorstufe des mikrosomalen und des Serumalbumins.
R. Schiemann. 7930.

Energiewechsel

3-64/02-0443 Dingle, J. T., Heath, J. C., Webb, M. und Daniel, Mary; Cambridge, Strangeways Res. Lab. The biological action of cobalt and other metals. II. The mechanism of the respiratory inhibition produced by cobalt in mammalian tissues. **(Die biologische Wirkung von Cobalt und anderen Metallen. 2. Mitt. Der Mechanismus der Atmungsinhibierung in Säugetiergeweben durch Cobalt.)** Biochim. biophysica Acta [Amsterdam] 65 (1962) Nr. 1. S. 34–46. – 5 Abb., 5 Tab., 20 Lit.
Vff. untersuchten den Einfluß von Co^{2+} auf die Atmungsintensität von Rattengeweben (in vivo und in vitro), von Gewebshomogenaten und isolierten Mitochondrien. Sowohl in den intakten Geweben als auch in zerkleinerten Geweben und Mitochondrien bewirkte Co^{2+} eine Inhibierung der Atmung. Aus den umfangreichen Messungen unter den verschiedensten Substratbedingungen leiten Vff. ab, daß diese Inhibitorwirkung des Co auf einer Komplexbildung mit der Dithiolform der Liponsäure beruht, wodurch auf Grund der Coenzymwirkung der Liponsäure bei der Dehydrierung der α-Ketosäuren der Umsatz dieser Intermediärprodukte des Tricarbonsäurecyclus gehemmt wird.
R. Schiemann. 8008.

3-64/02-0444 Rossi, C. R., Rossi, C. S., Sartorelli, L., Siliprandi, D. und Siliprandi, N.; Padua, Italy, Univ. of Padua, Inst. of Biol. Chem. Protective action of phosphorylcholine on mitochondrial oxidative phosphorylation. **(Schutzwirkung von Phosphorylcholin auf die mitochondriale oxydative Phosphorylierung.)** Arch. Biochem. Biophysics 99 (1962) Nr. 2. S. 214 bis 221. – 4 Abb., 4 Tab., 22 Lit.
Vff. isolierten Lebermitochondrien von normalen und verfetteten Ratten und prüften den Einfluß von Phosphorylcholin (PC) auf die oxydative Phosphorylierung der Mitochondrien unter verschiedenen Substratbedingungen. Die Mitochondrien der Fettlebern zeigten einen schnelleren Abfall der P/O-Quotienten als die von Normallebern. Dieser Abfall war durch Veränderungen in der Lipoidzusammensetzung der Mitochondrien begleitet. Zusatz von PC übte bei beiden Mitochondrienarten eine Schutzwirkung auf die oxydative Phosphorylierung aus. Die P/O-Quotienten von gealterten Mitochondrien wurden durch PC-Zusatz wieder auf normale Werte frisch bereiteter Mitochondrien erhöht. Die Bestimmung der ATPaseaktivität ergab keine signifikanten Differenzen zwischen den Mitochondrienarten. Zusatz von Phospholipase A führte jedoch zu einem starken Abfall der oxydativen Phosphorylierung. In Anwesenheit von PC hatte der Lipasenzusatz keinen Einfluß auf den P/O-Quotienten. Daraus leiten Vff. ab, daß PC die Hydrolyse der Phospholipoide durch eine Inhibitorwirkung auf die Aktivität der mitochondrialen Phospholipase weitgehend verhindert. R. Schiemann. 8008.

3-64/02-0445 Brown, W. O. und Badman, H. G.; Belfast, Northern Ireland, Queen's Univ., Dep. of Agric. Chem. The respiration rate and alkaline phosphatase activity of the regions of the avian oviduct. **(Die Respirationsrate und Alkali-Phosphatase-Aktivität in der Gegend des Vogeleileiters.)** Poultry Sci. **41** (1962) Nr. 2. S. 654–657. — 1 Tab., 12 Lit.
An 6 Legehennen wurde die Alkali-Phosphatase-Aktivität und die Respirationsrate verschiedener Organteile in der Gegend des Eileiters ermittelt; dabei waren diese in der Uterus-Gegend am größten. Die gefundenen Unterschiede werden im Zusammenhang mit der Lage des Eies diskutiert.
M. Zausch. 8015.

Eiweißstoffwechsel

3-64/02-0446 Platt, B. S. und Stewart, R.J.C.; Mill Hill, London, Nat. Inst. for Med. Res., Human Nutrit. Res. Unit. The thyroid glands of protein-malnourished pigs. **(Die Schilddrüsen von Schweinen bei Eiweißmangel.)** Proc. Nutrit. Soc. **21** (1962) Nr. 1. S. V–VI. — 4 Lit.
Durch Verabreichung von Futter mit niedrigem Eiweißgehalt mit oder ohne Zusatz von Kohlenhydraten wurde bei Schweinen ein Eiweißmangelzustand erzeugt. In den Schilddrüsen dieser Tiere wurden eine Zunahme der Länge und eine Abnahme der Höhe der Follikelzellen, eine Reduktion der Aaron-Vakuolen und eine intensivere Eosinfärbung des Kolloids festgestellt. Das mikroskopische Bild ähnelte also dem beim einfachen Kolloid-Kropf, doch fehlte die Umfangsvermehrung. Nach Verabreichung eiweißreicher Nahrung setzte ein Kolloidschwund ein. Es ist noch nicht bekannt, ob Eiweißmangel indirekt (über die Hypophyse) oder direkt auf die Schilddrüse einwirkt.
F. Döcke. 8042.

3-64/02-0447 Ericson, L.-E., Larsson, S. und Rubarth, S.; Stockholm, Roy. Veterin. Coll., Roy. Inst. of Technol., Dep. of Physiol.; Dep. of Pathol., Div. of Food Chem. The effect of supplementation of wheat bread with amino acids and proteins on liver and muscle composition. **(Die Wirkung der Ergänzung von Weißbrot mit Aminosäuren und Proteinen auf die Zusammensetzung von Leber und Muskelgewebe.)** Acta Agric. scand. **12** (1962) Nr. 3. S. 234–250. — 1 Abb., 12 Tab., 24 Lit.
Eine Weißbrot-Grunddiät, die durch Lysin, Threonin, Magermilchpulver, Fischeiweiß, Sojaeiweiß oder deren Kombinationen ergänzt war, wurde an insgesamt 360 Ratten verfüttert und anschließend der Wasser- und Fettgehalt der Leber und des Magenmuskels bestimmt. Bei letzterem war mit wachsender Lysinzugabe eine Tendenz zur Abnahme des Fettgehaltes festzustellen. Der im allgemeinen niedrige Fettgehalt der Leber war abhängig vom Zuwachs, bedingt durch die verschiedenen Diäten, so daß eine Zunahme über bestimmte Werte hinaus einen niedrigeren Fettgehalt ergab. Die für einen optimalen Wachstumseffekt notwendige Lysinbeigabe hatte in den meisten Fällen eine Abnahme des Fettgehaltes der Leber zur Folge. In bezug auf die Verhinderung der Fettinfiltration der Leber war kein Unterschied zwischen dem Zusatz von Lysin und dem von Proteinen und ebenso auch nicht hinsichtlich der Transaminase- und Transferaseaktivität der Leber festzustellen. Auch der N-Gehalt der Leber änderte sich bei den verschiedenen Diäten kaum.
L. Sperling. 8042.

3-64/02-0448 Waterhouse, H. N. und Scott, H. M. Effect of sex, feathering, rate of growth and acetates on the chick's need for glycine. **(Die Wirkung von Geschlecht, Befiederung, Wachstumsrate und Acetaten auf den Glycinbedarf bei Küken.)** Poultry Sci. **41** (1962) Nr. 6. S. 1957–1960. — 5 Tab., 11 Lit.
In Versuchen an Küken konnte kein Beweis dafür erbracht werden, daß das geschlechts- und die schnellere Befiederung bestimmende Gen bei Hennen-

küken einen höheren Glycinbedarf bewirkt. Weiterhin führten weder Ammonium- noch Na-Acetatzusätze im Futter zu einer Erhöhung der Lebendgewichtszunahme bei Küken, wenn diese Substanzen einer Glycinmangelration beigegeben wurden. Die Ergänzung bzw. Anreicherung der Futtermischungen mit 2% Ammoniumacetat bzw. mit noch höheren Dosen wirkte bei Küken toxisch. G. Göbel. 8042.

3-64/02-0449 Fisher, Hans und Griminger, Paul; New Brunswick, N.J., State Univ., Dep. of Poultry Sci., Nutrit. Lab. Muscle creatine: its possible relationship to inherited differences in the growth potential on arginine deficient diets. **(Muskelkeratin: Seine mögliche Beziehung zu erblichen Unterschieden im Wachstumsvermögen bei Futtermischungen, die an Arginin verarmt sind.)** Poultry Sci. **42** (1963) Nr. 2. S. 540–541. — 1 Tab., 5 Lit.
Der Argininbedarf kann bei verschiedenen Stämmen einer Rasse ebenso unterschiedlich sein wie das Wachstum von Küken mehrerer, argininarm ernährter Mütter. Vff. bestimmten den Gehalt an Muskelkeratin bei Küken, die von derart argininarm gefütterten Hennen stammten und sich a) gut, b) schlecht entwickelten. Letztere wiesen die höheren Werte auf (2,68:2,47 mg/g FS). Es blieb noch ungeklärt, ob das Ergebnis auf einer vorrangigen Verwertung des Arginins zum Kreatinaufbau beruht — dann stünde für die Eiweißsynthese nicht genug Arginin zur Verfügung. Die genetischen Unterschiede spiegeln wohl Aktivitätsunterschiede zwischen den verschiedenen Enzymsystemen wider. C. Engelmann. 8042.

3-64/02-0450 Adams, R. L., Andrews, F. N., Rogler, J. C. und Carrick, C. W. The sulfur amino acid requirement of the chick from 4 to 8 weeks of age as affected by temperature. **(Der Bedarf an schwefelhaltigen Aminosäuren bei Küken im Alter von 4–8 Wochen in Abhängigkeit von der Temperatur.)** Poultry Sci. **41** (1962) Nr. 6. S. 1801–1806. — 4 Tab., 26 Lit.
Nach den durchgeführten Versuchen an Küken wurde das Wachstum und die Futterverwertung vermindert, wenn die Umgebungstemperatur von 70 °F auf 85 °F anstieg. Ein Gehalt im Futter von 0,50% an S-haltigen Aminosäuren erwies sich für maximales Wachstum bei einer Temperatur von 70 °F bis 80 °F bei 4 Wochen alten Küken als ausreichend. Die verminderte Gewichtszunahme bei höherer Umgebungstemperatur scheint nach Meinung der Vff. nicht allein die Folge einer geringeren Aufnahme an S-haltigen Aminosäuren zu sein. G. Göbel. 8042.

3-64/02-0451 Wilson, Robert G., Wortham, Joseph S., Benton, D. A. und Henderson, L. M.; Stillwater, Oklahoma State Univ., Agric. Exp. Stat., Dep. of Biochem. Effect of threonine-induced amino acid imbalance on the distribution of isotope from DL-tryptophan-5-C^{14}. **(Einfluß der Threonininduzierten Aminosäureimbalanz auf die Isotopenverteilung von DL-Tryptophan-5-^{14}C.)** J. Nutrit. [Philadelphia] **77** (1962) Nr. 2. S. 142–148. — 1 Abb., 3 Tab., 20 Lit.
Zur Prüfung der Frage, ob eine durch zusätzliche Threoninzugabe zu einer synthetischen Diät (Niacin-frei und Tryptophan-arm) verursachte Wachstumsverminderung auf eine schlechtere Verwertung des Tryptophans auch hinsichtlich der Umwandlung in Niacin zurückzuführen ist, wurden Versuche an 8 Ratten durchgeführt. 4 Tiere erhielten während 3 Wochen eine Zugabe von 0,2% DL-Threonin zu der sonst bilanzierten Aminosäurediät, die deutlich zu Wachstumsverminderungen führte. Sodann wurden durch Zwangsfütterung die Rationen mit Zugabe von in Stellung 5 ^{14}C-markiertem Tryptophan verabreicht, die Radioaktivität von Kot, Harn und Atemluft während 12 Std. gemessen, die Tiere getötet und in der Leber die spez. Aktivität von Tryptophan und Niacin bestimmt. Die spez. Aktivitäten des Tryptophans und des Niacins der Leber waren nicht wesentlich durch die Höhe der Threoningabe in der Diät beeinflußt. Auch die Oxydation des Tryptophans war unabhängig

von der Art der Verfütterung. Es wird geschlossen, daß die durch Threonin induzierte Wachstumshemmung nicht durch eine schlechtere Verwertung des Tryptophans als Eiweißbaustein bzw. als Vorstufe des Niacins verursacht wird. Andere mögliche Ursachen der Threonin-induzierten Imbalanz werden diskutiert. R. Schiemann. 8042.

3-64/02-0452 Masters, C. J. und Horgan, D. J. Some functional manifestations of the protein depletion of sheep tissues. **(Einige funktionelle Angaben über den Eiweißverlust im Körpergewebe des Schafes.)** Austral. J. agric. Res. **13** (1962) Nr. 6. S. 1082-1091. – 2 Abb., 30 Lit.
In Queensland haben die Weidetiere eine kurze Zeit ein N-Überangebot, wonach eine längere Zeit der N-Verknappung folgt. Es galt daher, die physiol. Folgeerscheinungen zu klären. Nach einer 3wöchigen Vorperiode mit Luzernespreufütterung erhielten 3–4 Jahre alte Merino-Mutterschafe 8 Wochen lang eine protein- und energiearme, aus Weizenspreu (0,5% verdauliches Rohprotein) bestehende Versuchsdiät. In der klinischen Labordiagnose wurde der Bromsulphthaleintest, die Serum-Glutaminoxalessigsäure-Transaminase, die Glutaminpyruvin-Transaminase, das Gesamtcholesterol, die Cholesterolester, das Gesamtprotein, die Serumeiweißfraktionen elektrophoretisch, der Serumharnstoff, die Harnmenge, der Harnkreatin- und -kreatiningehalt und der Harnstoffgehalt im Urin bestimmt. Die vergleichende Betrachung der gefundenen Werte ergibt, daß die Leber bei langdauerndem Eiweißmangel als Proteinspeicher am stärksten betroffen wird. Im Vergleich zu dem durch s.c. Applikation von CCl_4 künstlich gesetzten Leberschaden kam es im Endstadium des alimentären Eiweißmangels zu einer beträchtlichen, jedoch nicht vollkommenen Störung der Leberfunktionen beim Schaf. Die funktionellen Leistungen der Nieren und der Muskulatur wiesen keine signifikanten Veränderungen auf. H. Busse. 8042.

3-64/02-0453 Barej, Wiesław; Warszawa, SGGW, Katedra Fizjol. Zwierząt. Wpływ skarmiania mocznika na zawartość związków azotowych w żwaczu i w dwunastnicy owiec. **(Die Auswirkung der Verfütterung von Harnstoff auf den Gehalt von Stickstoffverbindungen im Pansen und Zwölffingerdarm der Schafe.)** Roczniki Nauk rolniczych, Ser. B 80 (1962) Nr. 2. S. 135-157. – 8 Abb., 11 Tab., 83 Lit. Zus. in Russ., Engl.
Der Versuch erfolgte in 2 Serien an je 4 Schafen. Bei den ersten 4 Versuchstieren wurden am Zwölffingerdarm etwa 15–20 cm vom Magenpförtner entfernt Fisteln eingesetzt, bei Versuchstieren der 2. Serie am Pansen und am Zwölffingerdarm. Die Futterrationen waren unterschiedlich, nämlich – Serie I; 1) eine Grundfutterration mit niedrigem N-Gehalt, 2) eine Ration mit hohem N-Gehalt, 3) wie zu 1) mit Zugabe von 9 g Harnstoff. Die Versuchstiere der Serie II erhielten Futterrationen, die denen von 1) und 3) unter Zugabe von 12 g Harnstoff angenähert waren. Die Zugabe von Harnstoff zu Futterrationen mit niedrigem N-Gehalt hatte eine Steigerung des Gesamt-N- und Protein-N-Gehalts im Pansen und Zwölffingerdarminhalt zur Folge, ferner eine Herabsetzung der Konzentration von freien Aminosäuren sowie eine Erhöhung des Gehalts von Peptiden im Zwölffingerdarm. Nach Ergänzung der Futterration mit niedrigem N-Gehalt durch Zugabe von Kraftfutter, dessen Gehalt an verdaul. N dem der zugegebenen Harnstoffmenge gleichkam, ergab sich im Zwölffingerdarm ein höheres Niveau von Gesamt-N und Protein-N als bei Zugaben von Harnstoff.
H. Hoffmannowa. 8050.

3-64/02-0454 Modjanov, A. V., Riza-zade, N. I. und Lichonosova, N. D. Kormovoe desteinstvo karbamida raznych form. **(Der Futterwert des Harnstoffes in seinen verschiedenen Formen.)** Trudy Vsesojuznogo naučno-issledovatel'skogo instituta životnovodstva, Moskva 24 (1962) S. 182-199. – 3 Abb., 7 Tab., 11 Lit.

Es wurden die Verdauungs- und Stoffwechselprozesse an erwachsenen Schafen bei Einführung von feinkristalligem und granuliertem Harnstoff mittels des Periodenverfahrens untersucht. Gegenstand der Untersuchung waren 3 Schafe, von denen 2 operiert worden waren, mit Anlage einer Pansenfistel nach Bassow, das 3. hatte eine duodenale Anastomose. Bei Carbamidgaben in granulierter und feinkristalliger Form traten im dynamischen Harnstoff- und Ammoniakgehalt des flüssigen Teiles des Panseninhalts Unterschiede auf. Im 1. Falle nimmt der Harnstoff- und Ammoniakgehalt in der 1. Stunde langsamer zu und verringert sich sodann allmählich. In den Dünndarm tritt im 1. Falle etwa 30% weniger Harnstoff und Ammoniak ein als bei einer Gabe von feinkristalligem Carbamid. In wissenschaftlich-ökonomischen und physiologischen Versuchen an Fleischwoll-Junghammeln und Jungrindern wurde eine vergleichende Schätzung des Futterwertes von feinkristalligem und granuliertem Carbamid durchgeführt. Die Versuchsergebnisse haben gezeigt, daß beide Carbamidformen als teilweiser Ersatz für Futterprotein mit guter Wirkung verwertet werden können. Granuliertes Carbamid zeigte im Laufe der 9monatigen Prüfung zum Unterschiede von feinkristalligem Carbamid keine Ballenbildung. M. Tomme. 8050.

3-64/02-0455 Verwertung von Amidstickstoff durch den Wiederkäuer. Berlin, Inst. Tierernährungslehre Landwirtsch.-Gärtner. Fak. Humboldt-Univ. Plan-Nr.: 2151 16 2-06/0 Z. 45 S. Abschlußber: (19/4. 1963). — 3 Anlagen.
In der Fütterungspraxis wird stets darauf hingewiesen, daß ureasehaltige Futtermittel bei gleichzeitiger Harnstoff-Fütterung zu einer Ammoniakvergiftung der Tiere führen sollen. Fütterungsversuche mit ausgewachsenen Hammeln (30 g Harnstoff pro Tier und Tag + Urease) haben dies nicht bestätigt. Der Harnstoffgehalt des Blutes stieg mit steigendem Rohproteingehalt der Ration, unabhängig vom Harnstoffgehalt derselben. Es wurde festgestellt, daß gasförmiger Ammoniak durch die Galacturonsäure des Pektins von Futtermitteln amidartig gebunden wird. Für die Verfütterung an Wiederkäuer (Lämmer) erwies sich dieser amidartig gebundene Stickstoff als sehr geeignet. 8050.

Stoffwechsel stickstofffreier Nährstoffe

3-64/02-0456 Cordiez, E., Bienfait, J. M. und Mignon, J. L'amidon et ses produits d'hydrolyse dans l'alimentation du veau. **(Die Stärke und ihre Hydrolysate in der Ernährung des Kalbes.)** Ann. Méd. vétérin. [Bruxelles] **106** (1962) Nr. 4. S. 205–235. — 1 Abb., 9 Tab., 46 Lit.
Die ältesten Untersuchungen (Hanson, 1907), (Fingerling, 1909 und Wellmann, 1914) hatten zumindestens bezüglich der Verträglichkeit der verschiedenen Stärkeerzeugnisse für den Verdauungstrakt des Kalbes unterschiedliche Ergebnisse gebracht. Verhältnismäßig günstig schnitten die Untersucher ab, die die Stärke einer enzymatischen Behandlung (Malz) oder sonst einem diastatischen Aufbereitungsprozeß unterwarfen, um dem beim Kalbe wahrscheinlich vorhandenen Mangel an Diastase und seiner dadurch geringen Fähigkeit, Stärkeerzeugnisse zu verdauen, zu begegnen. In neueren Untersuchungen (Huber, Jakobson, 1960 und Huber et al. 1961) wurden Maltose und Glukose Kälbern verschiedenen Alters in einer Dosis von 4,40 g/kg Körpergewicht in einer wässerigen Lösung in den Psalter-Labmagen infundiert. Mit zunehmendem Alter trat eine Verschlechterung der Resorption ein. Wie bei der Maltose lag auch bei der Glucose der Zeitpunkt der optimalen Verwertung zwischen der 6. und der 8. Lebenswoche. Anscheinend ist in diesem Alter auch das Maltasebedürfnis des Kalbes am größten. Im Pansen finden zwar schon fermentative Vorgänge statt, aber ihre Leistung ist noch gering. Daher gelangt stets ein Teil der Stärke nur unvollständig abgebaut vom Pansen in den Darm, wo er der vollständigen Hydrolyse anheimfällt. Diese Hypothese

wird durch die Feststellung gestützt, daß bei der Verabreichung von Glucose an 7 bis 10 Wochen alte Kälber die Kurve des Blutzuckergehaltes 2 Gipfel aufweist. Der erste ist eine Folge der Absorption durch die Pansenwand, der 2. entsteht durch die Resorption im Dünndarm. Bei älteren Wiederkäuern hat die besagte Kurve nur einen Gipfel, der ausschließlich bei der Resorption im Pansen zustandekommt. Die Zeitspanne zwischen der Stärkeingestion und der Resorption wird für Maltose mit 30 Minuten und für Glukose mit 15 Minuten angegeben. H. Busse. 8062.

3-64/02-0457 Lami, Gy. Adatok a dextrán májbeli tárolódásához. **(Beiträge zur Ablagerung von Dextran in der Leber.)** Magyar Állatorvosok Lapja [Ung. veterinärmed. Bl.] **17** (1962) Nr. 12. S. 454–459. – Aus: Ung. Agrar-Rdsch. **1963** Nr. 3.

Vf. untersuchte die Änderungen im Plasmaspiegel, in der Leberkonzentration und die abs. Mengen des abgelagerten Dextrans in Kaninchen nach einer einmaligen intravenösen Verabfolgung von 1 g/kg Lgw. Dextran (Intradex). Das intravenös verabfolgte Dextran konnte chem. eine Woche nach dem Einspritzen im Blutplasma nicht mehr nachgewiesen werden, und innerhalb dieser Zeitspanne verschwand es gänzlich aus dem Blukreislauf. In der Leber konnte es bereits 2 Std. nach der Verabfolgung nachgewiesen werden. Nach einem stufenweisen Anstieg erreichte es nach einer Woche Höchstwerte von 865 mg %. Da man das Gewicht der Kaninchenleber kennt, bedeutet dies, daß 451,9 mg Dextran oder 19,1% der injizierten 2,400 mg gespeichert wurden. Nach 10 Wochen konnten nur mehr Spuren des injizierten Dextrans in der Leber (PAS-Färbungsmethode) der Kaninchen nachgewiesen werden. 8062.

3-64/02-0458 Tove, S. B. und Matrone, G.; Raleigh, North Carolina State Coll., Dep. of Animal Ind. Effect of purified diets on the fatty acid composition of sheep tallow. **(Die Wirkung von gereinigter Nahrung auf die Fettsäurezusammensetzung von Schaftalg.)** J. Nutrit. [Philadelphia] **76** (1962) Nr. 3. S. 271–277. – 2 Abb., 3 Tab., 11 Lit.

Nach Fütterung mit einem Spezialfutter, das reich an löslichen Kohlenhydraten ist, war der Talg von Schafen flüssig und und enthielt weniger Stearat und mehr Oleat im Vergleich zum festen Talg der Kontrolltiere nach Heu-Korn-Futter oder Weidegang. Hierbei war die Art des Nahrungsfettes (Pflanzenfett oder Schmalz) nicht von Bedeutung, dagegen spiegelte der Gehalt an einfach ungesättigten C_{18}-Säuren deren Anteil im Nahrungsfett wider. Ein hoher Gehalt an Trans-Säuren im Nahrungsfett führte zur Erhöhung dieser Säuren im Depotfett. Aus der Analyse der Lipide des Panseninhaltes wird geschlossen, daß durch das unterschiedliche Futter die Mikroflora und -fauna des Pansens und damit die Hydrierungskapazität für ungesättigte Fettsäuren der Cis-Konfiguration verändert wird. Die Untersuchungen erfolgten an Lämmern, denen 6, 9 und 12 Wochen nach Versuchsbeginn inguinales subcutanes und nach Versuchsschluß mesenteriales Fettgewebe entnommen wurde. W. Goldbach. 8066.

3-64/02-0459 Notevarp, Olav, Holmboe, Oddrun Sande und Cyvin, Bjørg Nygaard; Trondheim, Norway, Techn. Univ. Effect of the feed fat on the content of polyunsaturated fatty acids in pig fat. **(Die Wirkung von Futterfett auf den Gehalt von mehrfach ungesättigten Fettsäuren im Fett von Schweinen.)** Acta polytechn. scand. Symposium **3** (1962) Nr. Ch. 21. S. 96–99. – 4 Tab.

Um die Ablagerung von vielfach ungesättigten Fettsäuren im Depotfett von Schweinen zu untersuchen, wurde ein Versuch mit 13 Ferkeln aus 2 Würfen im Alter von 10 Wochen durchgeführt. Die in 3 Gruppen geteilten Tiere erhielten neben einer Grundmischung in Gruppe I Casein, in Gr. II Heringsmehl und in Gr. III Casein + Lebertran. Nach 8 Wochen Versuchsdauer wurden alle 3 Gruppen auf eine gleiche Ration ohne tierisches Eiweiß umgestellt. An Fleischproben, die bei Beginn und am Ende des Versuches sowie 3, 7 und 13 Wochen später mit dem Schlachten eines Tieres aus jeder Gruppe entnommen wurden, konnte festgestellt werden, daß das Futterfett auf den Gehalt an den verschiedenen vielfach ungesättigten Fettsäuren einen beherrschenden Einfluß hat. Die nach den progressiven Intervallen erhaltenen Werte veranlassen die Autoren zu der Angabe, daß die meisten der hochungesättigten Fettsäuren im Depotfett abgelagert und nicht durch Stoffwechselvorgänge gebildet werden. L. Sperling. 8066.

3-64/02-0460 Siedler, A. J., Rice, M. S., Maloney, Patricia A., Lushbough, C. H. und Schweigert, B. S.; Chicago, Ill., Univ.; Amer. Meat Inst. Foundation, Div. of Biochem. and Nutrit.; Dep. of Biochem. The influence of varying levels of dietary protein, carbohydrate and fats in the nutrition of the rat. **(Der Einfluß verschiedener Mengen von Protein, Kohlenhydraten und Fetten in der Nahrung der Ratte.)** J. Nutrit. [Philadelphia] 77 (1962) Nr. 2. S. 149–154. — 4 Tab., 14 Lit.
In einem sich über 57 Wochen erstreckenden Fütterungsversuch an ♂ Ratten wurde der Einfluß verschiedener Mengen von Proteinen, Kohlenhydraten und Fetten in der Nahrung auf den Lipid-Stoffwechsel untersucht. Die durchschnittl. Gewichtszunahmen waren am größten bei einer Ration, in der 50% der Kalorien von Casein herrührten, während die Futterausnutzung am höchsten bei Austausch von Saccharose durch Fett war. Zwischen den Serum-Cholesterin-Werten der verschiedenen Gruppen bestanden in den ersten 22 Versuchswochen keine merklichen Unterschiede, während bei Versuchsende eine deutliche Tendenz zur Erhöhung des Serum-Cholesterins und zur Verringerung des Leber-Cholesterins bei den hohen Caseingaben bestand. Der Ersatz von Saccharose durch Schmalz erhöhte das Serum- und Leber-Cholesterin in Abhängigkeit von den Caseingaben; der Austausch durch Maisöl steigerte nur das Leber-Cholesterin, dagegen nicht das Serum-Cholesterin. Der Gehalt an vielfach ungesättigten Fettsäuren im Serum war bei den mit hohen Gaben Casein plus Schmalz oder Maisöl gefütterten Gruppen erhöht.
L. Sperling. 8066.

3-64/02-0461 Kritchevsky, David, Tepper, Shirley A. und Langan, John; Philadelphia, Pa., Wistar Inst. of Anatomy and Biol. Influence of short-term heating on composition of edible fats. **(Einfluß der Kurzzeit-Erhitzung auf die Zusammensetzung von Nahrungsfetten.)** J. Nutrit. [Philadelphia] 77 (1962) Nr. 1. S. 127–130. — 3 Tab., 17 Lit.
Veranlaßt durch die Beobachtung, daß der Gehalt an freien Fettsäuren in einer Cholesterin-Maisölration bei Kaninchen die Atherosclerose begünstigt, wurde eine Anzahl von Nahrungsfetten, auch besonders hydrierten Fetten und fetthaltigen Lebensmitteln 2 Std. lang auf 235 °C erhitzt und in Abständen von 20 Min. der Grad der Hydrolyse durch Titration der freien Fettsäuren bestimmt. Bei allen Fetten war Hydrolyse zu verzeichnen, die sich jedoch in den meisten Fällen unter 1% hielt. Sie war am stärksten bei Lebertran mit 17,78% freier Fettsäure nach 2stündiger Erhitzung. Die Hydrolyse scheint nicht in Beziehung zur Zusammensetzung, Jodzahl oder dem Anfangstiter an freien Fettsäuren zu stehen; wohl aber ist sie abhängig von der Temperatur, der Dauer der Erhitzung und dem Wassergehalt. L. Sperling. 8066.

3-64/02-0462 Craig, B. M., Youngs, C. G., Beare, Joyce L. und Campbell, J. A.; Saskatoon, Nat. Res. Council of Canada and Ottawa, Dep. Nat. Health and Welfare, Prairie Regional Lab.; Food and Drug Lab. Fatty acid composition and glyceride structure in rats fed rapeseed oil or corn oil. **(Fettsäurezusammensetzung und Glyceridstruktur von Ratten bei Fütterung von Raps- oder Maisöl.)** Canad. J. Biochem. Physiol. 41 (1963) Nr. 1. S. 43–49. — 5 Tab., 12 Lit.

Der Gehalt an einzelnen Fettsäuren der Leber, des Unterhautbindegewebes, des Bauchfettes und des übrigen ausgenommenen Körpers von Ratten nach 21wöchiger Verfütterung von Raps- und Maisöl wurde untersucht. Dabei wurden lokal zwischen den einzelnen Fettablagerungen des Körpers keine Unterschiede in der Zusammensetzung gefunden. Bis auf einige Fettsäuren (u.a. Palmitin-, Öl-, Erucasäure) stimmt der Gehalt im Nahrungs- und Körperfett überein. Die Stellung der Fettsäuren im Glycerid (1–3 oder 2-Stellung) wurde ebenfalls untersucht. Es wurde gefunden, daß die gesättigten Fettsäuren meist die Außenstellung (1-3-Stellung) bevorzugen. W. Laube. 8066.

3-64/02-0463 Craig, B. M., Youngs, C. G., Beare, Joyce L. und Campbell, J. A.; Saskatoon, Nat. Res. Council of Canada and Ottawa, Dep. of Nat. Health and Welfare, Prairie Regional Lab.; Food and Drug Lab. Influence of selective and non-selective hydrogenation of rapeseed oil on carcass fat of rats. **(Der Einfluß einer selektiven und nichtselektiven Hydrierung von Rapsöl auf das Körperfett von Ratten.)** Canad. J. Biochem. Physiol. **41** (1963) Nr. 1. S. 51–56. – 3 Tab., 10 Lit.

2 Rapsöle mit verschieden hohem Gehalt an Erucasäure (E.) wurden auf verschiedene Weise hydriert und im Vergleich zu den nicht hydrierten Rapsölen, Maisöl und einer Schweinefett-Olivenölmischung 4 Wochen an je 10 Ratten in Höhe von 20% zu einer fettfreien Ration verfüttert. Das Rapsöl mit höherem E.-Gehalt und dessen Hydrierprodukte wurden schlechter gefressen und erbrachten niedrigere Zunahmen als das mit niedrigem E.-Gehalt, dessen Futterwirkung fast die des Maisöles und der Fett-Ölmischung erreichte. Die Erucasäure des Futterfettes wird in geringem Maße auch in das Körperfett überführt. Als Teilursache der geringeren Fütterwirkung der Rapsöle wird deren niedriger Palmitinsäuregehalt angesprochen. W. Laube. 8066.

3-64/02-0464 Tsang, S. T. L., McKee, E. L., Andrews, G. P. und Windsor, H. A.; St. Louis, Ill., Ultra-Life Lab., Inc. The value of rapeseed screening oil in broiler rations. **(Der Wert von Rapsöl in Broiler-Rationen.)** Wld. Poultry Sci. J. **18** (1962) Nr. 2. S. 142–146. – 2 Tab., 14 Lit.

An 3 Gruppen zu je 10 Vantress × Arbor Acres White Rock-Eintagsküken in Batteriehaltung wurde bei 3facher Wiederholung in einem 9 Wochen dauernden Versuch der Wert von Rapsöl in der Broilermast geprüft. Korrespondierend mit dem Zusatz von gelbem Fett in der Vergleichsgruppe wurden in der Futterration der einen Versuchsgruppe 3% Rapsöl im Starter- und 3,2% im Endfutter verwendet. Für die andere Versuchsgruppe wurde dem Futter nur jeweils die Hälfte an Rapsöl beigemischt. Der Wert an produktiver Energie wurde durch Ausgleich mit gelbem Mais für alle 3 Rationen gleich gehalten. Es zeigte sich, daß Rapsöl in den verwendeten Mengen keine nachteiligen Folgen auf die Gewichtszunahmen der Mastküken hatte.

L. Sperling. 8066.

3-64/02-0465 Marion, J. E. und Edwards jun., H. M.; Athens, Ga., Univ., Poultry Dep. The response of fat deficient laying hens to corn oil supplementation. **(Die Reaktion von Legehennen, die nicht ausreichend mit Fett versorgt sind, auf Maisölzulage.)** Poultry Sci. **41** (1962) Nr. 6. S. 1785–1792. – 2 Abb., 5 Tab., 24 Lit.

Zu den Versuchen (70 Tage) diente ein genetisch nicht einheitliches Hennenmaterial (20 Tiere). Die Tiere wuchsen bis zur 16. Woche fettarm heran, erhielten dann wenig Fett (2,18% Lipoide im Sojabohnenprotein) und von der 24. Woche an 10% Maisöl (mit 10,7% Palmitinsäure, 2% Stearinsäure, 29,1% Ölsäure, 57,2 Linol- und 1,0% Linolensäure). Durch die Fettzugabe stieg das Lgw. in den 10 Versuchswochen nur unwesentlich an (70 g), der Futterverbrauch ging um 7 g/Henne/Tag zurück, das Eigewicht nahm um 13% zu ohne daß die Tr.-Subst., der Fett- oder Cholesteringehalt im Ei anstiegen. Die

Legeleistung besserte sich, aber — wohl genetisch bedingt — uneinheitlich. In einem 2. Versuch mit 40 nunmehr 48 Wochen alten Hennen fanden diese Ergebnisse ihre Bestätigung. Darüber hinaus ergab sich, daß durch die Fettzugabe die Tr.-Subst. und der Fettgehalt der Leber abnahmen, ebenso der Gehalt an Plasmalipoiden, besonders der Triglyceride. Das Verhältnis des veresterten zum freien Cholesterin erweiterte sich, ohne daß sich der Anteil an Gesamtcholesterin im Plasma veränderte. In bezug auf die Fruchtbarkeit stieg durch die Fettzuführung die Schlupffähigkeit (von 22 auf 59%) an und das 3-Wochengewicht der Küken um 17%. C. Engelmann. 8066.

3-64/02-0466 Machlin, L. J., Gordon, R. S., Marr, J. E. und Pope, C.W. Effect of antioxidants and unsaturated fatty acids on reproduction in the hen. **(Die Wirkung von Antioxydantien und ungesättigten Fettsäuren auf die Vermehrung von Hühnern.)** J. Nutrit. [Philadelphia] 76 (1962) Nr. 3. S. 284 bis 290. — 6 Abb., 3 Tab., 18 Lit.
25 Wochen alte, bisher normal ernährte Hühner erhielten ein Futter mit einem geringen Gehalt an Antioxydantien und einem hohen an Linolsäure. Die Eierproduktion sank von 78 auf 25%, von denen nur 37% fruchtbar und keins anbrütbar war. Nach Zugabe von Vit. E stieg die Produktion auf 57%, von denen 76% fruchtbar waren. 67% der fruchtbaren Eier konnten angebrütet werden. Wurde die Mangelkost mit 0,075% Ethoxyquin (=1,2-Dihydro-6-äthoxy-2,2,4-trimethylchinolin) ergänzt, ergaben sich folgende Werte: Eierproduktion 61%, fruchtbare Eier 76%, anbrütbar 4%. Die Gabe von 0,3% Ethoxyquin bewirkte einen Anstieg der bebrütbaren Eier auf den gleichen Betrag wie nach Vit.-E-Verabreichung. Bei Linolsäure-Mangeldiät bestand hinsichtlich der Eierproduktion, Fertilität und Bebrütbarkeit kein besonderer Bedarf an Vit. E und Antioxydantien. Die Versuche zeigen, daß der gleiche diätetische Stress, der bei Küken zu Encephalomalacie führt, bei Hühnern die genannten Erscheinungen hervorruft. Sie sind zu beheben durch Gabe von natürlichen und synthetischen Antioxydantien oder durch Verminderung des Linolsäuregehaltes im Futter. W. Goldbach. 8066.

3-64/02-0467 Evans, Robert John, Bandemer, Selma L., Anderson, Marjorie und Davidson, J. A. Fatty acid distribution in tissues from hens fed cottonseed oil or Sterculia foetida seeds. **(Die Fettsäureverteilung in den Geweben von Hennen nach Fütterung von Baumwollsamenöl oder den Samen von Sterculia foetida.)** J. Nutrit. [Philadelphia] 76 (1962) Nr. 3. S. 314 bis 319. — 1 Abb., 6 Tab., 13 Lit.
Nach 6wöchiger Fütterung von rohem Baumwollsamenöl (2,5%) oder den Samen der Stinkmalve *St. foetida* (1 lb. auf 150 lb. Futter) an Hennen wurden in Leber, Blutplasma und Ovarien höhere Konzentrationen an Stearinsäure und niedrigere an Ölsäure gefunden als nach Verabreichung des Grundfutters. Die Zusammensetzung der Lipide des Herzens und des Depotfettes war kaum verändert. Im Gehalt an Stearin- und Ölsäure unterscheiden sich die beiden Zusätze nur unwesentlich vom Grundfutter, so daß ein direkter Einfluß auf den Fettstoffwechsel angenommen wird. Diskutiert wird ein Wirkungsmechanismus, in dem Cyclopropen eine Rolle spielt. W. Goldbach. 8066.

Mineralstoffwechsel

3-64/02-0468 Miller, E. R., Ullrey, D. E., Zutaut, C. L, Baltzer, Betty V., Schmidt, D. A., Hoefer, J. A. und Luecke, R. W.; East Lansing, Mich., Univ., Dep. of Animal Husbandry, Veterin. Pathol. and Biochem. Calcium requirement of the baby pig. **(Calcium-Bedarf des Ferkels im Baby-Alter.)** J. Nutrit. [Philadelphia] 77 (1962) Nr. 1. S. 7–17. — 4 Abb., 9 Tab., 31 Lit.
Es wurden 2 Versuche mit 40 Kreuzungsferkeln, die mit 3 Tagen abgesetzt worden waren und einzeln in Metallkäfigen gehalten wurden, durchgeführt,

um ihren Bedarf an Ca zu ermitteln. Dabei wurde eine synthetische Milch verfüttert, deren P-Gehalt auf 0,5% eingestellt war, während die Ca-Konzentration von 0–1,6% in der festen Substanz variierte. In der 1. Versuchsreihe schien die Gabe von 0,4% Ca auszureichen, um das Wachstum, die Futterausnutzung, die Blutgerinnungszeit und das EKG normal zu gestalten, während in der 2. 0,8% Ca dazu benötigt wurden. Optimale Skelettentwicklung trat erst bei Verzehr von 1% Ca ein. Bei dieser Konzentration war auch die höchste Ca-Retention zu verzeichnen, wie Bilanzbestimmungen erweisen. Die Vff. folgern, daß unter den herrschenden Versuchsbedingungen der minimale Ca-Bedarf des Ferkels im Baby-Alter zwischen 0,8 und 1,0% liegt.

L. Sperling. 8123.

3-64/02-0469 Vogt, H. und Penner, W.; Kiel-Steenbek, Lehr- und Versuchsanst. für Kleintierzucht. **Der Calcium- und Phosphorbedarf im Geflügelmast-Alleinfutter.** Arch. Geflügelkunde **26** (1962) Nr. 4. S. 329–332. — 2 Tab., 12 Lit.

In jeweils 8wöchigen Versuchen an ca. 1200 Nichols-Mastküken wurden die bisher geforderten Ca- und P-Mindestgehalte im Küken-Alleinfutter (1,1% Ca; 0,7% P) und Geflügelmast-Alleinfutter (1,2 Ca; 0,8% P) überprüft. Bei der Prüfung der Mastfuttermischungen wurden neben einer Mangelgruppe (0,3% Ca; 0,6% P) und einer Vergleichsgruppe (1% Ca; 0,8% P) 8 Versuchsgruppen mit Mineralstoffstaffelungen (0,4 bis 0,8% Ca und 0,6 bis 0,7% P) aufgestellt. Es wird ein Gehalt von 0,8% Ca und 0,7% P empfohlen; als Mindestgehalte für gute Gewichtszunahmen werden 0,5% Ca und 0,7% P angesehen. Bei den 8 Versuchsgruppen ergab sich mit sinkendem Mineralstoffgehalt der Futtermischungen eine leichte Verbesserung der Rohverwertung.

M. Zausch. 8123.

3-64/02-0470 Bragg, D. B., Martin, W. G. und Patrick, H.; Morgantown, W.Va., Univ., Dep. of Poultry Sci. The influence of levels and sources of calcium and vitamin D_3 on the biological half-life of Ca^{45} in the chick. **(Der Einfluß des Calcium- und Vitamin-D_3-Anteils und ihrer Herkunft auf die ^{45}Ca-Halbwertzeit bei Hühnerküken.)** Poultry Sci. **41** (1962) Nr. 6. S. 1797–1801. — 2 Abb., 4 Tab., 5 Lit.

Weißen Leghorneintagsküken (Hähne) wurden 0,5 ml einer Lösung mit 5 μc ^{45}Ca s.c. injiziert und die Tibien einiger Tiere am 7., 14., 21. und 28. Tag untersucht. Das Futter enthielt I. 0,6; 1,0; 1,2 und 2,0% Futterkalk a) mit ausreichender (680 IE), b) ohne Vit.-D_3-Zugabe und II. 0,3 bzw. 0,6% $CaCO_3$ mit Ca-Laktat (2,0%) oder Ca-Gluconat (3,8%) oder -Sulfat (6%). Bei Ia betrug die Halbwertszeit 40, 38, 36 und 35 Tage, bei Ib, 44, 42, 41 und 38. Die Küken brauchten für die Ca-Aufnahme in den Stoffwechsel 4 Tage weniger in Gegenwart des Vitamins. Die Ca-Absorption war bei den verschiedenen Ca-Formen (II) bis zum 21. Lebenstag gleich. Dann machte sich der Vitamineinfluß geltend und erleichterte die Aufnahme des Ca-Laktats, Ca-Sulfats und Ca-Gluconats, ohne daß diese Unterschiede an der Halbwertszeit signifikant deutlich wurden. C. Engelmann. 8123.

3-64/02-0471 Corradino, R. A. und Parker, H. E.; Layafette, Ind., Purdue Univ., Biochem. Dep. Magnesium and thyroid function in the rat. **(Der Einfluß von Magnesium auf die Schilddrüsenfunktion bei der Ratte.)** J. Nutrit. [Philadelphia] **77** (1962) Nr.. 4. S. 455–458. — 3 Tab., 10 Lit.

In dem 1. von 2 Versuchen mit 10 Gruppen entwöhnter Ratten in Einzelkäfig-Haltung wurde die Wirkung von Mg und Thiouracil in dem ad libitum gereichten Futter auf gewisse Bezugsgrößen der Schilddrüsenfunktion untersucht, wozu die Ratten nach 5 Wochen Versuchsdauer vor dem Töten eine Injektion von $K^{131}J$ erhielten. Im 2. Versuch wurde an den Schilddrüsen von Ratten, die 5 Wochen lang mit einer Mg-Mangeldiät gefüttert worden waren, die Biosynthese von Schilddrüsenhormonen in vitro bei Bebrütung unter dem Einfluß verschiedener zugesetzter Stoffe, darunter auch Mg und $K^{131}J$, studiert. Bei Mg-Mangel in der Nahrung wurde eine geringe Zunahme des Schilddrüsengewichtes, ausgedrückt in mg je 100 g Körpergewicht, festgestellt, während die Schilddrüsen dieser Tiere mehr $K^{131}J$ aufwiesen als die mit höheren Gaben von Mg in der Nahrung. Aus den übrigen Befunden folgern die Vff., daß das Mg bei der Biosynthese von Schilddrüsenhormonen in vitro keine Rolle spielt. L. Sperling. 8123.

3-64/02-0472 Marcus, C. S. und Lengemann, F. W.; Ithaca, N.Y., Cornell Univ., New York State Veterin. Coll., Dep. of Physiol. Biol. Absorption of Ca^{45} and Sr^{85} from solid and liquid food at various levels of the alimentary tract of the rat. **(Absorption von ^{45}Ca und ^{85}Sr aus festem und flüssigem Futter in verschiedenen Abschnitten des Verdauungstraktes von Ratten.)** J. Nutrit. [Philadelphia] 77 (1962) Nr. 2. S. 155–160. – 2 Abb., 2 Tab., 9 Lit.

Per Magensonde wurde Ratten eine Lösung von doppelmarkierten Erdalkali-Ionen (^{45}Ca und ^{85}Sr) nach 18std. Hungern verabfolgt und in Abhängigkeit von der Zeit (15 Min. bis 6 Std.) die Radioaktivität in den verschiedenen Abschnitten des Verdauungstraktes simultan gemessen. In einer 2. Versuchsserie wurde den Ratten entsprechend markiertes Futter gegeben und die Radioaktivität der einzelnen Abschnitte des Verdauungstraktes ebenfalls in Abhängigkeit von der Zeit (30 Min. bis 24 Std.) gemessen. Die Resorptionshöhe betrug bei ^{45}Ca 45% bei der Gabe in flüssiger Form und 19% bei der Gabe in fester Form. Die entsprechenden Werte für ^{85}Sr waren 28% bzw. 13%. Die relative prozentuale Absorption von Ca und Sr war etwa die gleiche in allen Abschnitten des Verdauungstraktes. Von der absorbierten Gesamtmenge entfielen folgende Anteile auf die einzelnen Abschnitte des Verdauungstraktes: a) Gabe in flüssiger Form: Magen 0%, Duodenum 15%, Jejunum 23%, Ileum 62%; b) Gabe in fester Form: Magen 0%, Duodenum 8%, Jejunum 4%, Ileum 88%. R. Schiemann. 8123.

3-64/02-0473 Datta, P. K., Frazer, A. C., Sharratt, M. und Sammons, H. G.; Birmingham Univ., Dep. of Med. Biochem. and Pharmacol. Biological effects of food additives. II. Sodium pyrophosphate. **(Biologische Einflüsse von Nahrungszusätzen. 2. Mitt. Natriumpyrophosphat.)** J. Sci. Food Agric. **13** (1962) Nr. 11. S. 556–566. – 10 Tab., 12 Lit. 1. Mitt. vgl. LZ. Abt. III 8 (1963) Nr. 1. S. 159.

Wistar-Ratten erhielten 16 Wochen lang Diäten mit 1%, 2,5% bzw. 5% Na-Pyrophosphat (**I**) oder 5% Na-Orthophosphat (**II**). Zur Messung der akuten Toxizität wurde **I** anderen Ratten in verschiedenen Dosen (25 bis 1000 mg/kg Lgw.) intraperitoneal verabreicht. Ermittelt wurden: Zuwachs, Futteraufnahme, Nieren- und Leberfraktion, Blutzellenauszählung, Organgewicht, Ca- und P-Bilanz und pathologische Symptome. Die intraperitoneale LD_{50} von **I** betrug 233 mg/kg Lgw. die orale LD_{50} 4 g/kg. Die Todesursachen waren nicht feststellbar. Die geringere orale Toxizität, die Bilanzen sowie die Kot- und Harnanalysen deuten auf eine mögliche Umwandlung von **I** in **II** im Körper. H.-D. Bock. 8124.

3-64/02-0474 Schreiber, R. **Die physiologische Bedeutung der Mineralstoffe und einiger Spurenelemente für die landwirtschaftlichen Nutztiere.** Tierärztl. Umschau 18 (1963) Nr. 3. S. 119–123.

Nach allgemeinen Hinweisen auf die Bedeutung der Mineralstoffe für die Tierernährung folgt die Besprechung der säurebildenden Bestandteile P, S, Si und Cl. E. Krause. 8124.

3-64/02-0475 Davis, P. N., Norris, L. C. und Kratzer, F. H.; Davis, Calif., Univ., Dep. of Poultry Husbandry. Interference of soybean proteins with the utilization of trace minerals. **(Behinderung der Ausnutzung von**

Spurenelementen durch Sojaproteine.) J. Nutrit. [Philadelphia] 77 (1962) Nr. 2. S. 217–223. – 6 Tab., 15 Lit.

Nach dem Einzelgewicht zusammengestellte Gruppen von je 5 frisch geschlüpften ♀ und ♂ New Hampshire-Küken wurden in Batterien, deren Teile durch Überziehen mit Epoxyd-Resin gegen die Abgabe von Metallen geschützt waren, in Versuchen von 4 Wochen Dauer mit einer 25% isoliertes Sojaprotein enthaltenden Diät gefüttert, der 3 verschiedene Mengen Zn, Mn, Cu oder Fe mit und ohne Äthylendiamintetraessigsäure (EDTA) beigegeben waren. Es sollte der Einfluß des isolierten Sojaproteins auf die Verfügbarkeit der Spurenelemente geprüft werden, da dieses Eiweiß eine Komponente enthält, die mit den genannten Metallen anscheinend Chelate bildet. Während die niedrigen Gaben der Spurenelemente abgesehen von Fe den Bedarf der Tiere nicht deckten, reichten sie bei Zugabe von EDTA aus. Der Wirkungsmechanismus der EDTA bei der Herabsetzung des Bedarfes an Spurenelementen ist ungeklärt. Die EDTA an sich hat keine wachstumsstimulierende Wirkung. L. Sperling. 8127.

3-64/02-0476 Gude, Z. Ž. Vplyv midi, margancju, cynku ta kobal'tu na potrebu tvaryn u vitamini B_1. **(Der Einfluß von Kupfer, Mangan, Zink und Kobalt auf den Vitamin-B_1-Bedarf der Tiere.)** Ukraïnśkyj biochimičnyj žurnal, Kyïv 34 (1962) Nr. 6. S. 840–845. – 4 Abb., 11 Lit. Orig.: ukrain., Ausz.: russ., engl.

Zur Ermittlung der Wirkung von Cu, Mn, Zn und Co auf den Vit.-B_1-Bedarf wurden Albinoratten bei einer Vit.-B_1-losen Diät gehalten. Die Tiere bekamen zusätzlich mit diesem Futter die genannten Spurenelemente in einer 4- bis 5fach größeren Menge als in der ursprünglichen Ration. Das Mn hatte von den untersuchten Elementen die günstigste Wirkung auf den Zustand der avitaminotischen Tiere. Unter seinem Einfluß kam es zu einer beträchtlichen Verminderung der Ausscheidung von Brenztraubensäure im Harn, einer besseren Ausnutzung des Thiamins im Organismus und einem geringeren Gewichtsverlust gegenüber den Kontrolltieren. Aus den gesamten Ergebnissen geht hervor, daß Mn den Vit.-B_1-Bedarf der Ratten vermindert, während Zn und teilweise auch Co die polyneuritischen Ratten ungünstig durch die Erhöhung ihres Vit.-B_1-Bedarfes beeinflussen. H. Richter. 8127.

3-64/02-0477 Koopmans, H. J. Over adsorptie, eventueel absorptie, van koper- en mangaanionen door runderhaar. **(Über Adsorption, eventuelle Adsorption von Kupfer- und Mangan-Ionen durch Rinderhaar.)** Tijdschr. Diergeneeskunde 88 (1963) Nr. 3. S. 169–171.

Rinderhaare absorbieren Cu- und Mn-Ionen aus dem Waschwasser. Destilliertes Wasser vermag einmal absorbierte Metallionen nicht mehr auszuwaschen. H. J. Rummler. 8127.

3-64/02-0478 Polidori, Franco. Problemi di alimentazione dei suinetti. 3. Influenza della somministrazione di ferro-destrano e di vitamin B_{12} sul tasso emoglobinico del sangue e sullo sviluppo corporeo. **(Probleme der Ferkelernährung. 3. Mitt. Der Einfluß von Eisendextran- und Vitamin-B_{12}-Injektionen auf den Hämoglobinspiegel und die Lebendgewichtsentwicklung.)** Zootechn. e Veterin. 16 (1961) Nr. 9/10. S. 228–237. – 6 Abb., 6 Tab. 2. Mitt. vgl. LZ. Abt. III 7 (1962) Nr. 3. S. 579.

In Versuchen an 31 Ferkeln, wurde der Einfluß abgestufter Fe-Dextraninjektionen und die Zufuhr von Vit. B_{12} auf das Wachstum und den Hämoglobinspiegel geprüft. Die Injektion von 100 mg Fe am 4. Lebenstag erhöhte den Hämoglobinspiegel und die Zunahmen. Bei einer 2. Injektion von 100 mg Fe am 10. Lebenstag war keine weitere Verbesserung der Hämoglobinwerte und der Zunahmen festzustellen. Während die alleinige Injektion von Vit. B_{12}

keine Wirkung zeigte, wurde bei gleichzeitiger Zufuhr von Fe-Dextran und Vit. B_{12} die Wirkung des Fe auf den Hämoglobinspiegel verstärkt.

W. Kracht. 8127.

3-64/02-0479 Brand, Naphtali und Gedalia, Itzhak; Dan, Upper Galilee, Workers Sick Fund; Jerusalem, Hebrew Univ., Hadassah Med. School, Preventive Med. Dep. The occurrence of goitre in Israel as related to iodine content of cow's milk and drinking water. **(Das Vorkommen von Kropf in Israel in Beziehung zum Jodgehalt der Kuhmilch und des Trinkwassers.)** J. South African veterin. med. Assoc. **34** (1963) Nr. 1. S. 33–38. — 2 Abb., 2 Tab., 17 Lit.

Das Vorkommen von Kropf wurde neuerdings in Israel in 12 Ansiedlungen (Kibbuzim) des Jordantales in Ober-Galiläa festgestellt. Dieser Teil Galiläas ist jodarm; der alkalische Boden ist reich an Calciumkarbonat. 1475 Kinder und Heranwachsende im Alter von 8–18 Jahren wurden untersucht und Kropf bei 17% der Mädchen und 9% der Knaben festgestellt. Vergleichsweise wurden auch die kropffreien Küstengebiete mit rd. 2000 Personen in die Untersuchung einbezogen. Die im Wasser gefundenen Jodwerte lagen mit 0,5–6 μg je l sehr niedrig im Verhältnis zu den beispielsweise in endemischen Kropfgegenden Hollands gefundenen Werten von 1,8–11,2 μg je l. In der Milch zeigte sich ein Jodgehalt von 2–10 μg/l, Werte, die mit den Ergebnissen in anderen Ländern mit endemischem Kropf (3–35 μg/l) annähernd übereinstimmen. Da die Kühe in den Kollektivwirtschaften Israels während des ganzen Jahres gleichmäßige, industriell hergestellte Futtermischungen erhalten, waren saisonmäßige Schwankungen nicht zu erwarten. Die Jodbestimmung in der Kuhmilch erfolgte nach der Methode von Zak u. Mitarb. (vgl. Analytic. Chem. **24** [1952] S. 1345.). Trinkwasser sollte über 50 μg/l Jod enthalten, um den physiologischen Bedarf des Menschen an diesem Spurenelement zu decken. Nicht immer müssen Jodgehalt des Bodens und der auf ihm gewachsenen Pflanzen in direktem Verhältnis zueinander stehen. Ein Faktor, der die Verwertbarkeit des Jods im Boden vermindert, ist der alkalische Boden in Ober-Galiläa und das Vorhandensein großer Mengen Kalksteins, die die Absorption von Jod durch die Pflanzen verringern. Der niedrige Jodgehalt der Kuhmilch (2–10 μg/l) in Ober-Galiläa und der höhere (60–100 μg/l) in den Küstenebenen spiegelt bei gleichartigen künstlichen Weiden offensichtlich den Jodgehalt des Trinkwassers in beiden Gebieten wider.

K. Reinhardt. 8127.

3-64/02-0480 Ganther, H. E. und Baumann, C. A.; Madison, Wis., Univ., Coll. of Agric., Dep. of Biochem. Selenium metabolism. I. Effects of diet, arsenic and cadmium. **(Selen-Stoffwechsel. 1. Mitt. Wirkungen der Diät, von Arsen und Cadmium.)** J. Nutrit. [Philadelphia] **77** (1962) Nr. 2. S. 210–216. — 3 Tab., 21 Lit.

Entwöhnten ♂ Ratten wurden nach ca. 1- bis 3wöchiger Fütterung einer bestimmten ungereinigten oder gereinigten Kost subtoxische Mengen von $H_2{}^{75}SeO_3$ und dazu für das Studium der Wirkung von As oder Cd in einigen Fällen auch $Na_2As_2O_3$ oder $CdCl_2$ injiziert. Anschließend wurden sie gewisse Zeit in Einzelkäfige aus Glas ähnlich einer Respirationskammer gebracht, mit deren Hilfe die von den Ratten ausgeatmeten flüchtigen Se-Verbindungen bestimmt werden konnten. Bei Aufnahme der ungereinigten Diät atmeten die Ratten 40% des Se innerhalb 10 Std. aus, bei der gereinigten Kost dagegen nur etwa halb so viel. Bei der ungereinigten Kost hielten die Ratten auch weniger Se in den Geweben zurück, während die Ausscheidung über Harn und den Verdauungstrakt bei beiden Kostarten gleich war. As erhöhte die Ausscheidung von Se über den Verdauungstrakt auf 30–40% der injizierten Gabe gegenüber 5–15% bei seinem Fehlen. Dementsprechend waren die Se-Mengen in Blut, Leber und Geweben ebenso wie in der ausgeatmeten Luft erniedrigt. In den Nieren waren sie jedoch erhöht, während die Harnausscheidung von Se nicht durch As beeinflußt wurde. Bei Anwesenheit von Cd waren die Mengen von Se in Blut, Leber und Geweben erhöht, in der Niere vermindert und ebenso die Ausscheidung über den Verdauungstrakt, den Harn und die ausgeatmete Luft herabgesetzt. L. Sperling. 8127.

3-64/02-0481 Ganther, H. E. und Baumann, C. A.; Madison, Wis., Univ., Coll. of Agric., Dep. of Biochem. Selenium metabolism. II. Modifying effects of sulfate. **(Selen-Stoffwechsel. 2. Mitt. Mäßigende Wirkungen von Sulfat.)** J. Nutrit. [Philadelphia] 77 (1962) Nr. 4. S. 408–414. — 4 Tab., 15 Lit. 1. Mitt. vgl. vorst. Ref.
An jungen ♂ Ratten, bei denen durch Verfütterung einer 5 ppm Na_2SeO_3 oder Na_2SeO_4 enthaltenden gereinigtenDiät eine chronische Toxizität gegeben war, wurde die Wirkung von Na_2SO_3 oder Na_2SO_4 in Gaben bis 1% für sich oder in Kombination auf die Überwindung der Toxizität untersucht. Sulfit wie auch Sulfat minderten die Toxizität, besonders am besseren Wachstum erkenntlich, wenn auch in unterschiedlichem Maße. Bei Stoffwechselversuchen an Ratten, die nach Verabreichung einer oralen oder parenteralen Gabe von radioakt. Se in Glaskammern gebracht wurden, konnte bei Selenatgabe eine vermehrte Ausscheidung von Se im Harn unter der Wirkung von Sulfat bei gleichzeitig verringerter Exkretion durch den Verdauungstrakt und einer verminderten Retention in Blut, Leber, Nieren und Gewebe festgestellt werden. Gegenüber Selenit war Sulfat weniger wirksam.
L. Sperling. 8127.

3-64/02-0482 Smithcors, J. F. New role for selenium: essential element in nutritional dynamics. **(Eine neue Rolle des Selen. Ein notwendiges Element in der Dynamik der Ernährung.)** Mod. Veterin. Pract. **43** (1962) Nr. 9. S. 55–58. 1 Abb., 20 Lit.
Betrachtet man die günstigen Erfolge einer Se-Therapie als Zusatz oder Ersatz der Tocopheroltherapie im Kampfe gegen die weiße Muskelkrankheit der Kälber und Lämmer, so kommt man zu dem Schluß, daß das Se als lebenswichtigstes Element in der Tierernährung bisher zu wenig Beachtung fand. Bei Weidetieren treten bei einem Gehalt des Weidefutters von 5 ppm Se toxische Symptome auf. Daher wurde oft die Bedeutung des Se als essentielles Spurenelement übersehen. Für die verschiedenen Tierarten sind die therapeutischen Dosen einer Se- bzw. kombinierten Se + Vit.-E-Therapie angegeben. Interessant ist die Mitteilung über die Heilung chronischer Lahmheiten, Muskelleiden und Bandscheibenerkrankungen beim Hund und die Behebung enzootischer, unspezifischer, wäßriger Durchfälle bei Kälbern von einem Körpergewicht von 350–538 lb. Die Dosis lag bei den Kälbern bei 2 cm^3 Se-Vitamin E je Zentner Lebendgewicht. H. Busse. 8127.

Wasserhaushalt

3-64/02-0483 Weeth, H. J., Hunter, J. E. und Piper, E. L.; Reno, Univ. of Nevada, Dep. of Animal Husbandry. Effect of salt water dehydration on temperature, pulse and respiration of growing cattle. **(Die Wirkung einer Salzwasserdehydration auf Temperatur, Puls und Atmung wachsender Rinder.)** J. Animal Sci. **21** (1962) Nr. 4. S. 688–691. — 3 Tab., 12 Lit.
Durch Zusatz von NaCl zum Trinkwasser wurde eine Dehydration bei Färsen erreicht, welche mit starkem Gewichtsverlust, steigendem Hämatokritwert und steigendem Plasma-Na-Gehalt einherging. Im Winter wurde durch die Versuchsbedingungen die Respirations- (**I**) und Puls(**II**)-Rate erniedrigt, ebenfalls die Rectaltemperaturen (**III**) am Morgen erniedrigt. Während die **I**-**II**-**III**-Werte bei normal mit Wasser versorgten Tiere im Laufe des Tages anstiegen, war dies während der Versuche nicht der Fall. Im Sommer wurden lediglich **I** und **II** am Morgen erniedrigt, I erreichte am Nachmittag normale

Werte. III und Hauttemperaturen waren während des Versuchs erhöht. I und III hatten bei Dehydration größere Schwankungen. Im Herbst waren die Ergebnisse ähnlich wie im Sommer. Eine gesteigerte kontrollierte Trinkwasserzufuhr nach Versuchsende stellte ohne Störungen normale Verhältnisse her. B. Busch. 8129.

Stoffwechsel der Vitamine und anderer Wirkstoffe

3-64/02-0484 Berger, S., Rechcigl jun., M., Loosli, J. K. und Williams, H. H.; Ithaca, N.Y., Cornell Univ., Dep. of Animal Husbandry and Biochem. Protein quality and carotene utilization. **(Protein-Qualität und Carotin-Verwertung.)** J. Nutrit. [Philadelphia] 77 (1962) Nr. 2. S. 174–178. – 1 Abb., 3 Tab., 22 Lit.
An entwöhnten ♂ weißen Ratten, die getrennt in Käfigen gehalten wurden und das Futter ad libitum erhielten, wurde in einem 21tägigen Versuch die Carotinverwertung bei Rationen mit verschiedenem Gehalt an Protein und unterschiedlicher Proteinqualität geprüft. Zu diesem Zweck wurde die Ablagerung von Vit. A in Leber und Nieren gemessen. Als wichtiger Faktor für die Bestimmung der Verwertung von Carotin wurde die für das Wachstum und die Erhaltung im Stoffwechsel umgewandelte Menge Vit. A herangezogen. Die beste Carotinverwertung wurde bei einer 18% Casein enthaltenden Diät und die niedrigste bei einer N-freien Kost festgestellt. Die Ergänzung von Protein geringen biologischen Wertes (Gluten, Zein) durch Aminosäuren verbesserte die Verwertung von Carotin. Seine Ausnutzung, gemessen an der Wiederauffindung als Vit. A in Leber und Nieren, wurde also durch die Qualität und die Menge von Protein in der Nahrung erhöht. L. Sperling. 8152.

3-64/02-0485 Smithcors, J. F. What's new in nutrition. **(Was gibt's Neues in der Ernährung.)** North Amer. Veterinarian 43 (1962) Nr. 12. S. 47 bis 53. – 4 Abb., 13 Lit.
Bei der Vit.-A-Versorgung des Rindes ist zu beachten: Fleischmastkälber und -stiere benötigen täglich 20000 IE Vit. A, wovon die Hälfte als Carotin verabreicht werden kann. Erhöhter Vit.-A-Bedarf besteht bei physiologischem Stress (Hitze, Antibioticafütterung, Hormonimplantation). Durch längeres Weiden ist der Vit.-A-Bedarf für etwa 3 Mon. gedeckt, nitratreiches Futter bewirkt jedoch Verschwinden des Vit.-A-Depots in der Leber. Zusätzliche Vit.-A-Gabe vermochte diesen Mangel nicht auszugleichen. Bei Milchkühen erübrigt sich im Allgemeinen wegen des hohen Anteils an Rauhfutter die zusätzliche Vit.-A-Versorgung. Vit. D schützt nicht nur gegen Rachitis, sondern begünstigt auch bei älteren Tieren (32000 IE) die Ca- und P-Resorption im Darm. Mit gutem Erfolg wurde es auch gegen Geburtsparese und Milchfieber angewendet. Die Tiere erhielten 5 Tage vor dem voraussichtlichen Geburtstermin und 2 Tage danach tägl. 20 Mill. IE Vitamin D.
W. Goldbach. 8152.

3-64/02-0486 Benterud, Arne; Oslo, Collett & Co., A/S. Stability of vitamin A in concentrates and vitaminised foodstuffs. **(Die Stabilität von Vitamin A in Konzentraten und vitaminierten Nahrungsstoffen.)** Acta polytechn. scand., Symposium 3 (1962) Nr. Ch 21. S. 70–74. – 7 Abb., 1 Tab., 6 Lit.
An Hand von graphischen Darstellungen werden die Ergebnisse von Versuchen aufgezeigt, die zur Feststellung der Stabilität von Vit. A in Konzentraten und vitaminierten Lebensmitteln durchgeführt wurden. Dabei wurden verschiedene Formen von Vit. A unter unterschiedlichen Bedingungen gelagert und der Abfall der Aktivität mit der Lagerdauer gemessen. Es zeigte sich, daß Vit. A als Alkohol empfindlicher ist als das Acetat. Seine Stabilität hängt von der Peroxydzahl des zur Verdünnung benutzten Öles und von dem Gehalt an natürlichen oder synthetischen Antioxydantien ab. Vitaminierte

Margarine verlor innerhalb 2 Mon. bei Raumtemperatur 10–15% ihrer Aktivität gegenüber nur 5% bei Lagerung im Keller. Auch die beim Braten von Margarine in Abhängigkeit von der benutzten Temperatur und Zeitdauer der Erhitzung auftretenden Verluste werden besprochen. L. Sperling 8152.

3-64/02-0487 Jouanneteau, J. und Zwingelstein, G.; Lyon, Fac. des Sci., Lab. de Physiol. Influence de la sexualité sur l'utilisation de la vitamine A hépatique du rat. **(Einfluß des Sexualgeschehens auf die Verwertung von Vitamin A in der Leber von Ratten.)** J. Physiol. [Paris] **55** (1963) Nr. 2. S. 269. 8152.

3-64/02-0488 Pellérdy, L. Összefüggés a csirkék A-vitaminellátottsága és a vakbélcoccidiosis között. **(Zusammenhänge der Vitamin-A-Versorgung mit der Blinddarmcoccidiose der Küken.)** Magyar Állatorvosok Lapja [Ung. veterinärmed. Bl.] **17** (1962) Nr. 11. S. 415–416. – Aus: Ung. Agrar-Rdsch. **1963** Nr. 3.

In Versuchen an mehreren Hunderten von jungen Küken untersuchte Vf., inwieweit peroral verabreichtes Vit. A (Aquital, Chinoin) einen vorteilhaften Einfluß auf den Verlauf der Blinddarmcoccidiose der Küken ausüben kann. In Küken, die nur mit einigen Oocysten infiziert wurden und gleichzeitig mit der Infektion 5000–10000 IE Vit. A erhielten, zeigte die Blinddarmcoccidiose einen milderen Verlauf, und es gingen weniger Küken ein als in der mit Vit. A nicht behandelten Kontrollgruppe. Bei massiven Infektionen mit 10000 oder auch mehr Oocysten konnte kaum eine protektive Wirksamkeit des Vit. A festgestellt werden. Der Verlauf der Infektion war ähnlich bei Versuchsküken, die 40000 IE Vit. A erhielten. Derartig hohe Vitamindosen entfalteten keine gesundheitsstörende Wirkung. 8152.

3-64/02-0489 Meghal, S. K. und Nath, M. C. Inhibitory effect of sulfaguanidine on the biosynthesis of thiamine in rats and the beneficial role of penicillin and hydrolyzed glucose cycloacetoacetate. **(Die Hemmwirkung von Sulfaguanidin auf die Biosynthese von Thiamin bei Ratten und die fördernde Rolle von Penicillin und hydrolysiertem Glucosecycloacetoacetat.)** J. Nutrit. [Philadelphia] **76** (1962) Nr. 3. S. 265–270.

Symptome von B_1-Mangel (Polyneuritis, Appetitlosigkeit, Wachstumsstillstand) traten bei jungen Ratten auf, die 4 Wochen lang eine B_1-arme Diät und zusätzlich Sulfaguanidin (25 mg pro Tag und Tier) erhielten. Gleichzeitig sank die Thiaminausscheidung mit dem Urin und Kot, der Thiamingehalt in Leber und Caecuminhalt und die Anzahl coliformer Keime in den Faeces. Durch Gaben von Penicillin (50 mg/kg Futter) oder hydrolysiertem Glucosecycloacetoacetat (25 bzw. 80 mg/Ratte) wurde eine Besserung der Thiaminversorgung und damit des Wachstums erzielt. Bei gleichzeitiger Verabreichung von Sulfaguanidin war der Zuwachs geringer, lag aber noch über den Werten des B_1-armen Grundfutters. Die verbesserte Thiaminversorgung wird mit einer geförderten bakteriellen Synthese des Thiamins erklärt, das über die Koprophagie dem Organismus zur Verfügung steht. W. Goldbach. 8158.

3-64/02-0490 Middleton, E. J. und Morrison, A. B.; Ottawa, Canada, Dep. of Nat. Health and Welfare, Food and Drug Lab. Vitamin absorption studies. II. The utilization of riboflavin and thiamine given orally or parenterally at periodic intervals. **(Vitamin-Absorptionsstudien. 2. Mitt. Die Verwertung von Riboflavin und Thiamin nach oraler und parenteraler Gabe in periodischen Intervallen.)** J. Nutrit. [Philadelphia] **77** (1962) Nr. 1. S. 115 bis 120. – 2 Abb., 4 Tab., 18 Lit. 1. Mitt. vgl. LZ. Abt. III 7 (1962) Nr. 2. S. 354.

Junge ♂ Ratten erhielten vor Versuchsbeginn 17 Tage lang eine riboflavinfreie Diät, dann oral oder s.c. 10 μg Riboflavin tägl., bzw. 20 μg jeden 2. Tag, bzw. 40 μg jeden 4. Tag. Bei oraler Verabreichung verringerte sich die Gewichtszunahme mit steigender Intervallslänge. Bei s.c. Applikation ergab sich kein Unterschied zwischen den ersten beiden Gruppen, in der 3. Gruppe (4-Tage-Intervall) trat verminderte Gewichtszunahme ein. Untersuchungen mit markiertem Riboflavin ergaben, daß größere Mengen oral verabreicht schlecht resorbiert, s.c. appliziert im Muskel schlecht retiniert und hauptsächlich mit dem Urin ausgeschieden wurden. Der Gehalt in der Leber blieb unbeeinflußt von der Art und Frequenz der Verabreichung. Ähnliche Ergebnisse wurden mit Thiamin erhalten, das nach einer Vorperiode von 12 Tagen zu 5, 10 bzw. 20 μg verabreicht wurde. Unbeeinflußt blieb die Aktivität der Erythrocyten-Transketolaseaktivität. W. Goldbach. 8158.

3-64/02-0491 Murányi, F. Adatok a hazai tyukállományunk riboflavinellátottságához. **(Beiträge zur Riboflavinversorgung unserer Hühnerbestände.)** Magyar Állatorvosok Lapja [Ung. veterinärmed. Bl.] **17** (1962) Nr. 12. S. 447–449. – Aus: Ung. Agrar-Rdsch. **1963** Nr. 3.
Mit dem mikrobiologischen Verfahren bestimmte Vf. den Riboflavingehalt einiger heimischer Geflügelprämixe, Geflügelmischfutter sowie den der Lebern und Eier von Hühnern verschiedener Altersgruppen. Kükenprämixe enthielten 125,0–239,0 mg/kg, Broiler-Startprämixe 139,5–196,0 mg/kg, Geflügel-Konzentratprämixe 118,1–121,8 mg/kg und Legeprämixe 102,0 mg/kg Riboflavin. Der Riboflavingehalt von Broiler-Startfuttergemischen betrug 7,2 mg pro kg, der von Kükenfuttergemischen 2,9–7,2 mg/kg, der von Geflügelkonzentraten 3,7–7,8 mg/kg und der von Legefuttergemischen 2,1–3,3 mg/kg. In Eidottern wurden Riboflavinwerte von 2,6–8,4 μg/g, im Eiklar aber 1,6–5,8 μg/g festgestellt. Der ∅ Riboflavingehalt der Leber von Eintagsküken betrug 14,6, der 3 Tage alten 14,5, der 5 Tage alten 14,4, der 8 Wochen alten 14,7, der 10 Wochen alten 16,0, der 12 Wochen alten 15,6 und der Gehalt der Leber von erwachsenen Hühnern 14,4 μg/g. Die Ergebnisse dieser Bestimmungen beweisen, daß bei der Verwendung von heimischen Geflügelfuttergemischen keine Gefahr einer massenhaften Erkrankung an Riboflavinmangel besteht. 8158.

3-64/02-0492 Hawkins, W. W., Leonard, Verna G. und Maxwell, Joan E.; Halifax, Nova Scotia, Canada, Nat. Res. Council, Atlantic Regional Lab. Protein synthesis in vitamin B_6 deficiency in the rat. **(Eiweißsynthese bei Vitamin-B_6-Mangel in Ratten.)** J. Nutrit. [Philadelphia] **76** (1962) Nr. 3. S. 231–234. – 1 Tab., 17 Lit.
Vit.-B_6-Mangel bedingte keine signifikanten Unterschiede in der Größe der Leber und der Proteinkonzentration in Leber und Blutplasma. Die anabolischen Prozesse der Proteinsynthese werden offensichtlich durch B_6-Mangel nicht beeinflußt. Die Untersuchungen erfolgten an jungen Ratten, von denen Gruppe I eine B_6-freie Diät erhielt, Gruppe **II** die gleiche Nahrungsmenge wie **I** und Gruppe **III** durch Nahrungsbeschränkung auf dem gleichen Körpergewicht wie **I** gehalten wurde. Nach 65 Tagen wurden die Tiere aller Gruppen 25 Tage lang proteinfrei ernährt und dann wieder mit proteinhaltigem Futter. W. Goldbach. 8158.

3-64/02-0493 Müller, R. und Knapp, A. **Über die Erzeugung einer Phenylketonurie bei Ratten und deren Beeinflussung durch Folsäure und andere Pteridinderivate.** Ernährungsforschung 8 (1963) Nr. 2. S. 303–313. – 7 Abb. 8158.

3-64/02-0494 Bedrak, E. und Perek, M.; Rehovot, Israel, Hebrew Univ. of Jerusalem, Fac. of Agric. The bursa of Fabricius and xanthine oxidase activity of liver and kidney following dietary supplementation of iodinated casein to chickens. **(Die Bursa fabricii und die Oxydaseaktivität der Leber sowie der Nieren bei Küken, deren Futter mit jodiertem Casein ergänzt wurde.)** Poultry Sci. 42 (1963) Nr. 2. S. 534–536. – 1 Abb., 1 Tab., 11 Lit.

Die Bursa fabricii (B.f.) ist an der Antikörperbildung und der Kontrolle der Enzymreaktionen wesentlich beteiligt und hemmt die Ausschüttung von Ascorbinsäure (AS) aus der Nebenniere, die unter Stressbedingungen erfolgt. Tiere, deren B.f. ektomiert wurde, verausgaben unter diesen Umständen ihre AS sowie das Cholesterin aus den Nebennieren. Bei Säugetieren geht auch die Xanthinoxydase-Aktivität (XO) der Leber zurück. Als Vff. 7 Tage alten Leghornküken die B.f. ektomiert (I) und sie im Alter von 3 Wochen 40 Tage lang mit 100 bzw. 500 ppm Protamin zu ihrem handelsüblichen Mischfutter versorgt hatten, trat keine Verarmung an AS oder Cholesterin ein. (Gewöhnung an die Stressbedingungen im Laufe der Zeit ?). Die enzymatische Reaktion war dagegen anders als bei den gesunden Küken (II); Bei I war die XO der Leber anfangs um 23% höher und stieg mit der Protamingabe weiter an, bei II nahm sie dagegen ab. Die XO-Aktivität der Nieren übertraf anfangs bei II die bei I um 35,6%, fiel aber mit steigender Protamingabe bis unter den Wert bei I, deren Nieren XO-Aktivität sich wiederum stark verbesserte. Demnach dürfte die B.f. bei Vögeln die XO-Aktivität in gewissem Grade überwachen; das Ausmaß der enzymatischen Reaktion ist von den jeweiligen Stressbedingungen abhängig. C. Engelmann. 8170.

3-64/02-0495 Johnson, H. D. und Kibler, H. H. Temperature-humidity effects on thyroxin I^{131} disappearance rates in cattle. **(Der Einfluß von Temperatur und Feuchtigkeit auf die Ausscheidungsrate von ^{131}J-Thyroxin bei Rindern.)** J. appl. Physiol. 18 (1963) Nr. 1. S. 73–76. – 2 Abb., 3 Tab., 10 Lit.

40 Kühe in verschiedenen Perioden der Laktation wurden unterschiedlichen Temperatur- und Feuchtigkeitsbedingungen während eines Zeitraumes von 2 Jahren ausgesetzt. Dabei wurde eine signifikante Verminderung der Ausscheidungsrate markierten Thyroxins bei folgenden Bedingungen beobachtet: Temperatur 80 °F, relative Luftfeuchtigkeit 80%; 85 °F, 50 und 70%; 90 °F, 40 und 50% sowie 95 °F, 20%. Nicht signifikante Differenzen zu Werten bei 65 °F bestanden bei folgenden Bedingungen: 80 °F, 30 und 50% sowie 90 °F, 20 und 25%. Bei Temperaturen von 85 und 90 °F bewirkte also eine hohe Luftfeuchtigkeit eine deutliche Depression der Thyroxin-Ausscheidungsrate. Die Herabsetzung der Hormonausscheidung sowie der Futteraufnahme bei höheren Temperaturen mit hoher Luftfeuchte zeigt, daß die Hemmung der Schilddrüsenfunktion durch eine Veränderung des Hormonbedarfs der peripheren Gewebe oder direkt durch einen Temperatur- (oder neuralen) Einfluß auf die Schilddrüse bzw. das Appetitszentrum bedingt ist. Die Thyroxin-Ausscheidungsrate, Futteraufnahme und Körpertemperatur zeigen einen leichten Abfall bei einem Temperatur-Feuchtigkeits-Index von 71 sowie eine starke Abnahme bei einem solchen über 75. E. Grün. 8175.

3-64/02-0496 Hutchins, M. O., Newcomer, W. S. und Thayer, Rollin, H. Effects of sodium salicylate on thyroid function in heat-stressed chickens. **(Die Wirkung von Natrium-Salicylat auf die Thyreoidfunktion unter Hitze-Stress stehender Küken.)** Poultry Sci. 41 (1962) Nr. 6. S. 1807–1815. – 3 Tab., 32 Lit.

Na-Salicylat wurde in Mengen von 0,1%, 0,25% und 0,5% den Futtermischungen zugesetzt, und zwar bei einer Temperatur von 105 °F. Es verminderte die Körpertemperatur nicht signifikant bei Hahnenküken. Küken, die noch höhere Dosen von Na-Salicylat erhielten, hatten eine geringere Lebendgewichtszunahme als die Vergleichsgruppen. Im Gegensatz zu den Säugetieren, bei denen Na-Salicylat die Thyreoidfunktion hemmt, übt es bei Hähnchen weder auf die Körpergewichtsentwicklung einen positiven Einfluß aus, noch steigert es die Thyreoidfunktion. G. Göbel. 8175.

3-64/02-0497 Modebe, A. N. A.; Ibadan, Univ., Coll., Fac. of Agric. The supplementation of thyroprotein (iodinated casein) in the diet of second and third-year layers. **(Die Beigabe von Thyreoprotein [Jodcasein] zur Ration von 2- und 3jährigen Legehühnern.)** Wld. Poultry Sci. J. **18** (1962) Nr. 2. S. 162 bis 169. — 3 Tab., 22 Lit.

Nach einem Tastversuch mit Junghühnern zur Festlegung der Höhe der Thyreoprotein-Beigabe wurde an 2- und 3jährigen Hennen in Käfighaltung die Beigabe von 0,02 und 0,04% Jodcasein (Protamon) auf die Legeleistung unter den Verhältnissen Nigerias geprüft. Die niedrige Jodcasein-Gabe hatte keinen Einfluß auf die Eiproduktion, während die höhere die Eileistung sowohl bei den 2- als auch bei den 3jährigen Hennen herabdrückte. Das Gewicht der Eier wurde durch die Thyreoprotein-Beigabe erniedrigt und ebenso auch das Lebendgewicht der Tiere. Die Futterverwertung wurde nur bei dem niedrigen Zusatz verbessert. Entgegen den Berichten anderer Forscher schließt der Vf., daß die Beigabe von Jodcasein zur Ration älterer Hühner keinen günstigen Effekt hat. L. Sperling. 8175.

3-64/02-0498 Bellamy, D., Phillips, J. G., Jones, I. Chester und Leonard, Ruth A.; Sheffield, Univ., Dep. of Zool. The uptake of cortisol by rat tissues. **(Die Aufnahme von Cortisol durch Rattengewebe.)** Biochem. J. **85** (1962) Nr. 3. S. 537–545. — 6 Abb., 3 Tab., 39 Lit.

An ♂ Ratten, die eine intravenöse Injektion von [4-^{14}C] Cortisol erhielten, wurde das Verhältnis der Verteilung des Hormons zwischen Geweben und Plasma durch die Bestimmung der Radioaktivität 30 Min. nach der Injektion gemessen. Das höchste Verhältnis bestand für die Leber mit ungefähr 6. Auch für die Niere, die Milz und den Darm lag es erheblich höher als 1. Nur das Gehirn wies eine unter 1 liegende Verteilungsrate auf. Bei Inkubation von Leberschnitten in Medien mit verschiedenen Mengen von Cortisol und bei 4 °C war die Konzentration an dem Hormon in den Schnitten 6mal höher als im Medium. Die Aktivierungsenergie für die Aufnahme variierte stark. Diese und andere an Leberhomogenaten erhaltenen Ergebnisse lassen vermuten, daß Cortisol durch Diffusion in die Zellen eintritt. L. Sperling. 8175.

3-64/02-0499 Gawienowski, A. M., Knoche, H. W. und Moser, H. C.; Manhattan, Kansas State Univ., Dep. of Biochem. and Chem. The metabolism of ^{14}C- and ^{2}H-labeled diethylstilbestrol in the rat. **(Der Stoffwechsel von ^{14}C- und ^{2}H-markiertem Diaethylstilboestrol bei der Ratte.)** Biochim. biophysica Acta [Amsterdam] **65** (1962) Nr. 1. S. 150–152. — 11 Lit.

Um Aufschluß über den Stoffwechsel von Diaethylstilboestrol im Hinblick auf die verschiedenen von ihm ausgehenden physiol. Reaktionen zu erhalten und seine Abbauprodukte kennenzulernen, wurden Injektionen in die Hinterbeine von Ratten mit ^{14}C- oder ^{3}H-markierten Verbindungen dieser Substanz vorgenommen. Die Ratten wurden nach verschiedenen Zeiten, innerhalb deren in einigen Fällen die Ausscheidungsprodukte wie auch das ausgeatmete CO_2 durch Halten des Tieres in einem besonderen Stoffwechselkäfig aufgefangen wurden, getötet und die Exkrete wie auch Gewebe auf ihre Radioaktivität nach chromatographischer Isolierung der Verbindungen untersucht. Es zeigte sich, daß ein bedeutender Teil des Diaethylstilboestrol zu CO_2 oxydiert wird, und zwar auch eine gewisse Menge von ^{14}C. Verschiedene Abbauprodukte konnten nicht identifiziert werden. L. Sperling. 8175.

3-64/02-0500 Heinemann, W. W. und Keuren, R. W. van. Influence of hormone implants on performance of steers grazing irrigated pastures. **(Der Einfluß von Hormon-Implantaten bei Ochsen auf bewässerten Weiden.)** Washington agric. Exp. Stat., Bull. **1962** Nr. 638. S. 1–9. — 5 Abb., 9 Tab., 13 Lit.

4 Versuche, in denen einjährige Ochsen auf bewässerten Weiden gehalten und mit Progesteron-Oestradiol implantiert wurden, werden beschrieben. Auf den Dauerweiden wurden die täglichen Zunahmen bei den implantierten Tie-

ren in allen Fälllen signifikant erhöht (0,40–0,71 lb je Tier u. Tag im 2 jähr. ⌀). Die Weidezeit pro Tier und Flächeneinheit (Steers days per acre) war bei den behandelten Tieren geringer. Diese Differenz war jedoch nur auf den Weiden mit Knaulgras statistisch gesichert. Auf den Dauerweiden (Luzerne, Ladinoklee und deren Gemenge mit Knaulgras) war bei den implantierten Ochsen der TDN-Verzehr je Tier und Tag höher. Die Kontrolltiere verzehrten aber pro lb Zunahme mehr TDN. Auf Sudangrasweiden erhöhte die Implantation die tägliche Zunahme um 0,81 lb je Tier und Tag, wobei die Gesamtleistung pro acre in der 2monatigen Weidezeit von 176 auf 270 lb Zuwachs stieg. Ungünstige Nebenerscheinungen sowie eine Beeinträchtigung des Schlachtwertes durch die Implantation konnten nicht ermittelt werden.
P. Matthies. 8175.

3-64/02-0501 Keuren, R. W. van und Heinemann, W. W. Annual and perennial irrigated pastures and progesterone-estradiol implants for lamb production. **(Einjährige- und mehrjährige bewässerte Weiden sowie Progesteron-Oestradiol-Implantation in der Lammfleisch-Erzeugung.)** Washington agric. Exp. Stat., Bull. **1962** Nr 641. S. 1–12. – 4 Abb., 5 Tab., 9 Lit.
Auf 5 bewässerten mehrjährigen Weiden (Luzerne, Ladinoklee, Knaulgras u. entspr. Gemenge) wurden Mutterschafe mit ihren Lämmern, Hammel und Zuchtschafe geweidet und deren Leistungen in 3 Weidejahren ermittelt. Jede Parzelle der einzelnen Weidearten wurde mit der gleichen Tierzahl bestückt. Von den Zwillingslämmern (vorwiegend Hammel), die mit den Mutterschafen weideten, erhielt jeweils ein Tier 6 mg Progesteron-Oestradiol-Benzoat implantiert. – Gemessen an den Zunahmen, dem TDN-Verzehr und der Besatzstärke der Weiden brachten Luzerne und Luzerne-Knaulgrasgemenge die besten Leistungen; Knaulgras allein fiel bedeutend ab, während Ladinoklee und Ladinoklee-Knaulgrasgemenge nur teilweise im Ertrag befriedigten. Einjähriges Sudangras, von Mutterschafen beweidet, brachte im 2 jährigen Durchschnitt im Vergleich zu den Dauerweiden sehr gute Leistungen. Die Progesteron-Oestradiol Implantation brachte keinen Mehrzuwachs gegenüber den Kontrollen. Auf die Vorteile der Breitfurchen-Methode zur Bewässerung von Weiden wird hingewiesen. P. Matthies. 8175.

3-64/02-0502 Cooke, B. A. und Taylor, W.; Newcastle upon Tyne, Univ. of Durham, Dep. of Physiol. The metabolism of progesterone by animal tissues in vitro. 4. Conjugate formation during the metabolism of [4-^{14}C] progesterone by female-rat-liver homogenate. **(Die Umwandlung von Progesteron durch tierische Gewebe in vitro. 4. Mitt. Konjugat-Bildung während der Umwandlung von [4-^{14}C]-Progesteron durch weibliches Rattenleber-Homogenat.)** Biochem. J. **86** (1963) Nr. 2. S. 365–372. – 1 Abb., 4 Tab., 32 Lit.
Bei Bebrüten von weiblichem Rattenleber-Homogenat mit [4-^{14}C]-Progesteron im Gewebe-Steroid-Verhältnis von annähernd 56000:1 wurde im Gegensatz zu den Ergebnissen früherer Arbeiten die Bildung von wasserlöslichen Konjugaten beobachtet. Ihre Menge war unter aeroben Bedingungen erhöht, unter anaeroben dagegen teilweise gehemmt. Die gebildeten Konjugate sind wahrscheinlich in der Hauptsache Glucuronide und Sulfate. Die Vff. diskutieren die Gründe für das Fehlen der Konjugatbildung bei früheren Untersuchungen. L. Sperling. 8175.

3-64/02-0503 Dimitrov, Dimitŭr. Vlijanie na estrogennija preparat vitestrol vŭrchu rasteža na tŭnkorunni mŭžki šileta-krŭstoski. **(Der Einfluß des Östrogenpräparates Vitestrol auf das Wachstum von Bocklämmern feinwolliger Kreuzungsschafe.)** Selskostopanska nauka, Sofija **1**(7) (1962) Nr. 11. S. 1213 bis 1218. – 4 Tab., 8 Lit. Zus. in Russ., Engl. NRB/ZSNTI. 8175.

3-64/02-0504 Eyssen, H. The additive effects of nucleic acids and antibiotics as individual growth promotants for chicks. **(Die additiven Effekte von**

Nucleinsäuren und Antibiotica als individuelle Wuchsstimulantien bei Küken.) Poultry Sci. 41 (1962) Nr. 6. S. 1822–1828. – 4 Tab., 16 Lit.

Die an Küken gewonnenen Versuchsergebnisse zeigen, daß Verminderung von B-Vitaminen, Nucleinsäuren oder undefinierten Wachstumsfaktoren des Hefeextraktes im Futter nicht ausreichend die Wachstumsbeschleunigung bei Küken durch Antibioticazusätze erklären. Weder Futterzusätze noch s.c. Injektionen von B-Vitaminen erhöhten das Wachstum bei Verabreichung der entsprechenden Versuchsfuttermischungen. Bei einem Antibioticazusatz (20 ppm Virginiamycin) wurde hingegen eine um 15% höhere Lebendgewichtszunahme als bei den Kontrollgruppen erzielt. Nucleinsäuren und Hefeextrakt erhöhten das Wachstum zwischen 10% und 25%, wenn sie den Versuchsfuttermischungen zugesetzt wurden. Die Wirkung wurde nicht durch die Virginiamycingaben überdeckt. Beide Wachstumseffekte scheinen additiv zu wirken. G. Göbel. 8185.

3-64/02-0505 Banerjee, Sachchidananda, Prasannan, K. G. und Ghosh, Kumar Pulak; Bikaner, Med. Coll., Dep. of Physiol. Effects of tetracyclines on carbohydrate & lipid metabolism. **(Die Wirkung von Tetracyclinen auf den Kohlenhydrat- und Lipid-Stoffwechsel.)** J. sci. ind. Res. [New Delhi], Sect. C **21C** (1962) Nr. 1. S. 13–16. – 9 Tab., 11 Lit.

Zur Klärung der Frage, ob die Antibiotica eine schädliche Wirkung auf den Stoffwechsel des Körpers haben, wurde der Einfluß der Tetracycline Terramycin und Achromycin nach 6tägiger Verfütterung von 5–7 mg je 100 g Körpergewicht tägl. auf den Kohlenhydrat- und Lipidstoffwechsel von Kaninchen und Ratten untersucht. Terramycin hatte bei beiden Tierarten eine Verminderung der Glucose-Toleranz und bei Ratten auch des Leberglykogens zur Folge. Achromycin lieferte bei den allein untersuchten Ratten keine derartigen Wirkungen. Beide Antibiotica bewirkten eine erhöhte Bildung von Cholesterin im Körper von Ratten. Auch der Phospholipidgehalt verschiedener Gewebe der Ratten nahm nach Verabreichung der beiden Antibiotica zu. L. Sperling. 8185.

3-64/02-0506 Rao, T. Balakrishna, Tamhane, D. V. und Sreenivasan, A.; Bombay, Univ., Dep. of Chem. Technol. Terramycin & growth. Part V. A study of amino acid utilization from a rice-legume diet. **(Terramycin und Wachstum. 5. Mitt. Eine Untersuchung über die Aminosäure-Ausnutzung bei einer Reis-Leguminosen-Kost.)** J. sci. ind. Res. [New Delhi], Sect. C **21C** (1962) Nr. 7. S. 174–177. – 1 Abb., 4 Tab., 19 Lit.

An entwöhnten Ratten, die 8 Wochen lang ad libitum eine Reis-Kichererbsen-Ration von 10% Protein erhielten, wurde der Einfluß einer Beigabe von Terramycin (250 mg/kg) und/oder Vit. B_{12} (200 μg/kg) und PGA-Folsäure (1 mg/kg Futter) auf den Gehalt von Aminosäuren in Leber, Plasma und Harn untersucht. Terramycin oder Vit. B_{12} und PGA erhöhten die Konzentration an essentiellen Aminosäuren in der Leber und verringerten sie im Plasma; zusammen steigerten sie die Wirkung. Sowohl durch Terramycin und Vit. B_{12} als auch durch PGA wurde die Ausscheidung von Aminosäuren im Harn vermindert. Als mögliche Erklärung dafür sehen die Vff. die stärkere Resorption von Aminosäuren durch die infolge der Antibiotica-Fütterung dünnere Darmwand an. L. Sperling. 8185.

3-64/02-0507 Taylor, J. H.; London, Cyanamid of Great Britain Limited, Agric. Div. Antibiotics and other growth-promoting substances. **(Antibiotica und andere wachstumsfördernde Substanzen.)** Proc. Nutrit. Soc. 21 (1962) Nr. 1. S. 73–80. – 3 Tab., 37 Lit.

Vf. behandelt Stoffe, die keinen sichtbaren Nährwert bei der Ernährung von Geflügel und anderen Tieren haben, jedoch einen Einfluß auf das Leben bei niedrigen Dosen und kontinuierlicher Gabe ausüben. Er unterteilt sie in Substanzen, die infektiöse Krankheiten verringern oder verhüten; es sind bakterien- und protozoenvernichtende Agentien wie Sulfonamide, Nitrofurane, eine Reihe von Coccidiostatika, Histomonostatika und organische Arsenverbindungen, und in solche, die eine Veränderung im Stoffwechsel des Tieres bewirken, hormonelle Aktivität, Antibiotica. Verbindungen, die Chlortetracyclin, Oxytetracyclin, Penicilline und Bacitracin zu Teilen zwischen 5 und 50 ppm enthalten, bewirkten eine Wachstumssteigerung von 10% und eine Verbesserung in der Futterverdaulichkeit zwischen 5 und 10%. Variationen bis zu 100 ppm in der Summe und deren Auswirkungen werden diskutiert. Arsen wurde in Form von 3-Nitro-4-hydroxyphenylarsinsäure, p-Aminophenylarsinsäure, 4-Nitrophenylarsinsäure und anderen aromatischen Arsenverbindungen in verschiedenen Konzentrationen verabreicht und die erhaltenen Ergebnisse diskutiert. Weiterhin wurden Untersuchungen bei Gaben von oestrogenen Hormonen durchgeführt. Als Versuchstiere dienten Küken. G. Rothe. 8185.

3-64/02-0508 Holdas, S. und Tóth, S. Az Erra (oxitetraciklin) etetésének hatása a sertés husának és szalonnájának minöségére. **(Einfluß der Beifütterung von Erra [Oxytetracyclin] auf die Fleisch- und Speckqualität der Schweine.)** Állattenyésztés [Tierzucht] **11** (1962) Nr. 4. S. 323–327. — Aus: Ung. Agrar-Rdsch. **1963** Nr. 3.

Vff. untersuchten in 2 Versuchen den Einfluß einer kontinuierlichen Antibioticabeifütterung auf die Gewebebeschaffenheit von Schlachtschweinen bzw. auf die Qualität ihres Fleisches und ihres Specks. Auf Grund ihrer Untersuchungen stellen sie fest, daß die Erhöhung und Verminderung des Eiweißgehaltes infolge der Antibioticabeifütterung vom ernährungsphysiologischen Aspekt einen Nachteil bedeuten. Bei der Fleischverarbeitung ist hingegen die Veränderung der Wasserkapazität und der Konsistenz des Fettes vorteilhaft. Die Wirkung der Verabreichung des Antibioticums auf die Fleischqualität wird von der Rasse des Schweines und von der Fütterung erheblich beeinflußt. 8185.

3-64/02-0509 Wal, P. van der und Weerden, E. van. Het effect van lage doseringen veevoederpenicilline op groei en voerverbruik van slachtkuikens en mestvarkens. **(Die Wirkung niedriger Gaben Futter-Penicillin auf das Wachstum und den Futterverbrauch von Broilern und Mastschweinen.)** Meded. Landbouwhogeschool Wageningen **61** (1961) Nr. 14. S. 1–31. — 15 Tab., 75 Lit. Zus. in Engl.

Nach einer ausführlichen Literaturbesprechung beschreiben die Vff. über 1½ Jahre sich erstreckende Versuchsreihen an 12500 Broilern und 27 in 3 verschiedenen praktischen Betrieben durchgeführte Versuche an 510 Schweinen, in denen niedrige Gaben von stabilisiertem Procain-Penicillin (7 und 10 ppm) verabreicht wurden. Bei Schweinen wurde in einigen Fällen dazu noch Kupfersulfat erprobt. Die Mehrzunahmen unter Einfluß von Penicillin betrugen bei ihnen durchschnittlich 6,1%, während der Futterverzehr 3,7% niedriger lag als der der Kontrolltiere. Bei Zugabe von 0,1% $CuSO_4 \cdot 5H_2O$ zur Ration, sowohl zur Vergleichsration als auch zu der mit Penicillin, war das Wachstum der Penicillingruppen um 2,8% erhöht und ihr Futterverzehr um 2,3% vermindert. Bei den Broilern waren nach einer Versuchszeit von 9 Wochen das Wachstum der mit Penicillin gefütterten Tiere durchschnittlich um 4,7% besser und der Futterverzehr um 3,1% niedriger als die der Kontrollen. Die Vff. sehen in der Anwendung von Penicillin einen ökonomischen Nutzen und empfehlen seine Verwendung. L. Sperling. 8185.

3-64/02-0510 Baier, W., Hoffmann, H. H. und Grauvogl, A.; München, Univ., Gynäkol. und Ambulator. Tierklin. **Langfristige Verfütterung von Aureomycin an Zuchtschweine.** Mitt. Tierhalt. **1962** Nr. 80. S. 4–8. — 6 Tab., 17 Lit.

Um die Möglichkeit des Auftretens von Schädigungen der Sexualfunktionen bei Schweinen durch Anwendung von Antibiotica zu ermitteln, wurde an 45 Ebern und 37 Sauen im Rahmen eines 4½jährigen Generations-Versuches unter Anwendung moderner klinischer Untersuchungsverfahren der Einfluß einer kontinuierlichen Aurofac-Beifütterung (20 mg Aureomycin je kg Kraftfuttermischung) auf die Geschlechtsfunktionen überprüft. Die Aureomycin-Gruppen (A.) zeigten gegenüber den Kontrollgruppen (K.) eine deutlich bessere Gewichtsentwicklung. Hodenmessungen an den Ebern ergaben in den ersten 12 Monaten eine Überlegenheit der A.-Gruppe gegenüber der K.-Gruppe. Das Sperma der A.-Eber wies bessere morphologische und physiologische Qualitäten als das der K.-Eber auf. Die Sauen beider Gruppen zeigten in ihrem Sexualverhalten keine Unterschiede. Die Konzeptionsraten und Aufzuchtleistungen waren in beiden Gruppen gleich gut. J. Wünsche. 8185.

3-64/02-0511 Die Verwendung von Antibioticis, Inhibinen, Hormonen und hormonähnlichen, oberflächenaktiven und bestimmten anderen chemischen Stoffen mit wachstumsfördernder Wirkung in der Tierernährung. Leipzig, Inst. Tierernähr. Karl-Marx-Univ. Plan-Nr.: FA 2154–67/2–04/8. 8 S. Abschlußber. (24/4. 1963).

Bei Prüfung der Antibiotica Penicillin, Chlor- und Oxytetracyclin, Streptomycin, Xanthocillin und Patulin auf ihre wachstumsfördernde Wirkung am Schwein erbrachten die 3 erstgenannten einen Mehrzuwachs von ca. 11% und eine um 7% verbesserte Futterverwertung. Das Streptomycin lieferte ebenfalls gute Resultate, während Xanthocillin und Patulin sich wegen ihrer offenbar starken Toxizität als ungeeignet für Fütterungszwecke erwiesen. Auch bei Hühnern wurden günstige Ergebnisse mit Penicillin, den Tetracyclinen und Oleandomycin erzielt. Die praktische Anwendung der Antibiotica läßt einen bedeutenden wirtschaftlichen Nutzen erwarten. Die Tranquillantien Hydroxyzin, Taractan, Procalm, Lepinal und Prothazin wurden an Jungbullen auf ihre Wirkung in der Mast geprüft. Die orale Verabfolgung von 5 mg je Tier und Tag verbesserte das Wachstum um 9–19% bei einem um 8–16% geringeren Verbrauch an Stärkeeinheiten. Das Taractan lieferte unterschiedliche Resultate, und die übrigen Tranquillantien erbrachten keinen eindeutigen Mehrzuwachs. Rückstände von Hydroxyzin konnten bei normaler Gabe in den Schlachtprodukten nicht aufgefunden werden. 26 Futterpflanzen wurden auf die Anwesenheit von Inhibinen und deren Einfluß auf die Silierfähigkeit geprüft. Positive Relationen zwischen Hemmstoffgehalt und Vergärbarkeit konnten vornehmlich bei Weiß-, Rot- und Wirsingkohl, Möhrenkraut, Futterrüben- und Zuckerrübenblatt, Topinambur, Sonnenblume, Mais und Selleriekraut festgestellt werden, während bei Gramineen, Stoppelklee, Luzerne und Ackerbohne kein eindeutiger Zusammenhang zwischen Inhibitionsvermögen und Silierfähigkeit gefunden werden konnte. 8185.

E. VERWERTUNG DER NÄHRSTOFFE UND FUTTERMITTEL

3-64/02-0512 Hohls, H.-W.; Celle, Bundesforsch.-Anst. für Kleintierzucht. **Beiträge zur Frage des Mechanismus der Ausschüttung thermischer Energie.** Arch. Geflügelkunde **26** (1962) Nr. 4. S. 310–328. — 12 Abb., 6 Tab., 8 Lit.

Durch Messungen mit ^{14}C markierter Glucose an wachsenden Küken wurde festgestellt, daß die Ausschüttung der thermischen Energie im Pentosephosphatshunt mit der Menge der verdauten Nährstoffe praktisch linear erfolgt, während sie im Citronensäurecyclus von der jeweiligen Bremsung der Reaktionen beeinflußt wird. Bei Futtermischungen mit geringem Fettanteil ließ sich der bremsende Einfluß der Oxalsäure nachweisen; bei hohem Fettanteil war dieser Einfluß nur für die Stunden kurz nach der Fütterung erkennbar, wurde jedoch während der Nachmittags- und Nachtstunden teilweise kompensiert. — Die Menge der im Citronensäurecyclus abgebauten Nährstoffe wird als das Produkt aus den zur Verfügung stehenden Nährstoffen und dem Durchsatzfaktor gekennzeichnet. Durch Addition der so resultierenden thermischen Energie mit derjenigen aus dem Pentosephosphatshunt ergibt sich unter Berücksichtigung eines Proportionalitätsfaktors die gesamte thermische Energie. M. Zausch. 8215.

3-64/02-0513 Taylor, C. S., Watson, J. H. und Young, G. B.; Edinburgh, A. R. C., Animal Breeding Res. Organization. Variation in efficiency of food utilization in twin calves. I. Individual variation and age trends in efficiency. **(Variation des Wirkungsgrades der Futterverwertung bei Zwillingskälbern. 1. Mitt. Individualvariation und Alterstrends der Futterverwertung.)** J. agric. Sci. **59** (1962) Nr. 3. S. 287–293. – 5 Abb., 6 Tab., 9 Lit.
Die Futterverwertung ist: lb Zunahme/lb Protein equivalent (P.E.). Sie wurde an 12 eineiigen (MZ) und 7 zweieiigen (DZ) Zwillingspaaren, vorwiegend Shorthorn und Shorthorn-Kreuzungen, im Lebensabschnitt von 2 bis 18 Wochen unter Institutsbedingungen untersucht. Die 4-Monate-Periode wurde in 8 Zeitabschnitte von je 14 Tagen aufgeteilt. Das Anfangsgewicht der Versuchstiere betrug durchschnittlich 70, das Endgewicht 184 lb. In der 1. Periode (2.–4. Woche) wurden 2,3 lb. Gewichtszunahme pro lb. P. E. erzielt. Die Ergebnisse der folgenden Perioden sind: 2. = 3,6; 3. = 3,5; 4. = 3,1; 5. = 2,5; 6. = 1,6; 7. = 1,7; 8., 16.–18. Woche = 1,7. Zwischen den Ergebnissen der Milchperiode und der Futterverwertung bestand eine hohe positive Korrelation (r = + 0,91). Sowohl in der MZ- als auch DZ-Gruppe traten signifikante Differenzen in der Futterverwertung während der gesamten Versuchszeit (4 Mon.) zwischen den Paaren auf (Intra-Klassen-Korrelation 0,79 (MZ) und 0,61 (DZ). Um den Alterstrend zu erhalten, wurden u.a. Korrelationen der Futterverwertung zwischen aufeinanderfolgenden Perioden errechnet: 1,2 = –0,07; 2,3 = –0,15; 3,4 = –0,30; 4,5 = +0,25; 5,6 = +0,09 6,7 = –0,29; 7,8 = –0,27; Gesamt = –0,11. Die entsprechenden Korrelationen innerhalb der MZ-Paare waren bedeutend höher (Gesamt = 0,53). Die Alters-Futterverwertungs-Trends der MZ waren sehr ähnlich. Sie waren im geringerem Maße auch bei den DZ nachzuweisen. Weiterhin werden der Einfluß der Futterumstellungen (Milch, feste Futterstoffe) auf die Futterverwertung und die Varianz innerhalb und zwischen den Paaren sowie der jeweilige genetische Anteil daran diskutiert. G. Koriath. 8215.

3-64/02-0514 Taylor, C. S. und Young, G. B.; Edinburgh, A. R. C., Animal Breeding Res. Organization. Variation in efficiency of food utilization in twin calves. II. The effect of live weight and feeding rate. **(Variation des Wirkungsgrades der Futterverwertung bei Zwillingskälbern. 2. Mitt. Der Einfluß des Lebendgewichtes und der Fütterungshöhe.)** J. agric. Sci. **59** (1962) Nr. 3. S. 295–299. 1. Mitt. vgl. vorst. Ref.
Die Futterverwertung erreichte bei den untersuchten Zwillingskälbern ein Maximum bei 100 lb Gewicht und nahm dann stetig ab. Die Korrelationskoeffizienten zwischen Futterverwertung und Lebendgewicht folgten einem Trend. In den einzelnen 14-Tage-Perioden, angefangen mit der 2. Woche, bestanden diese Beziehungen: 1. = 0,61; 2. = 0,08; 3. = –0,28; 4. = 0,32; 5. = 0,21; 6. = 0,16; 7. = –0,16; 8. = 0,03. Innerhalb der Perioden war die Korrelation gering positiv (0,11), zwischen den Perioden signifikant negativ (–0,71). Insgesamt war sie negativ (–0,34). Schwerere Zwillinge und Zwillingspaare wiesen eine bessere Futterverwertung auf. Sowohl bei MZ als auch DZ -Zwillingen verbesserte sich die Futterverwertung im untersuchten Zeitraum (4 Monate) bei 2 vergleichbaren Tieren um 1% pro 1 lb Überlegenheit im Lebendgewicht. Dieses Resultat widerspricht der Ansicht von der Abnahme der Futterverwertung mit zunehmendem Gewicht. Bei unterschiedlichen Paaren nahm die Futterverwertung mit zunehmendem Lebendgewicht in charakteristisch unterschiedlicher Höhe ab, während die Zwillingspartner sich weit-

gehend ähnlich verhielten. Die auf der Basis der Covarianzanalyse ermittelten Korrelationskoeffizienten – ebenso wurden die übrigen errechnet – der Beziehungen zwischen Futterverwertung und „protein equivalent" wiesen in den einzelnen Perioden diese Größen auf: 1. = 0,39; 2. = –0,10; 3. = –0,34 4. = 0,19 5. = 0,32; 6. = 0,12; 7. = –0,03; 8. = –0,11. „Innerhalb Perioden" = 0,05, „Zwischen Perioden" – 0,65, Gesamt = –0,31.
G. Koriath. 8215.

3-64/02-0515 Peckham, S. C., Entenman, C. und Carroll, H. W.; San Francisco, Calif., U.S. Naval Radiol. Defence Lab. The influence of a hypercaloric diet on gross body and adipose tissue composition in the rat. **(Der Einfluß einer hypercalorischen Nahrung auf Körpergröße und Fettgewebszusammensetzung in der Ratte.)** J. Nutrit. [Philadelphia] **77** (1962) Nr. 2. S. 187 bis 197. – 3 Abb., 4 Tab., 11 Lit.
Insgesamt 125 Ratten wurden in 5 Gruppen verschieden gefüttert und von 60 Tieren wurden Gesamtkörperanalysen (Asche, Protein, Wasser, Fett) und Analysen der epididymalen Fettgewebe (Fett, Wasser, fettfreie Tr.-Subst. und Desoxyribonucleinsäuren als Maß für die Anzahl der Gewebszellen) durchgeführt. Gruppe I wurde nach dem Absetzen getötet. Gruppe II erhielt eine fettreiche Diät (7,0 kcal/g) bis Versuchsende (62 Wochen). Gruppe III erhielt 62 Wochen eine Normaldiät (3,5 kcal/g) und wurde dann auf die fettreiche Diät umgestellt. Bei Gruppe IV erfolgte nach 32 Wochen fettreicher Diät eine Umstellung auf Normaldiät und bei Gruppe V war die Umstellung reziprok. Der Gesamtfettgehalt der epididymalen Fettgewebe war der Zahl der Zellen proportional. Trotz einer um 37% erhöhten Lebendmasse der fettreich ernährten Tiere gegenüber den normal ernährten war die Menge an Strukturmasse (Protein und Asche) sowie an Wasser bei beiden Gruppen gleich. Bei Umstellung auf Normaldiät nach 31 Wochen glichen sich die Tiere den normal gefütterten hinsichtlich Lebendmasse und Körperzusammensetzung bei Versuchsende an. Bei nochmaliger Futterumstellung auf die fettreiche Diät nahmen sie jedoch wesentlich stärker zu als bei späterer Umstellung normal ernährter Tiere. Dies wird auf die größere Zahl der in den Fettgeweben vorgebildeten Zellen in der Hauptwachstumsperiode der Tiere zurückgeführt.
R. Schiemann. 8255.

3-64/02-0516 Müller, R. **Methodisches zu Versuchsanstellungen mit wachsenden Ratten, insbesondere zur Proteinbewertung.** Dtsch. tierärztl. Wschr. **70** (1963) Nr. 11. S. 288–290. – 2 Abb., 2 Tab., 8 Lit. Zus. in Engl.
Zur Bearbeitung von Fragen der Proteinbewertung werden in großem Umfange Ratten herangezogen, bei deren Auswahl und Haltung große Sorgfalt erforderlich ist. Erste Voraussetzung für eindeutige und reproduzierbare Versuchsergebnisse ist ein genetisch ausgeglichenes Tiermaterial. Bei der zur Proteinbewertung bestimmten Ratte ist dabei eine planmäßige Zucht und Selektion auf Grund des „Fleischbildungsvermögens" anzustreben. Ratten ♂ Geschlechts werden auf Grund der besseren Gewichts- und Körper-N-Zunahme bevorzugt verwendet. Die Einstellung der Umweltfaktoren wird besprochen.
E. Kolb. 8265.

3-64/02-0517 Ericson, L.-E., Larsson, S. und Östholm, C.-O.; Stockholm, Roy. Inst. of Technol., Div. of Food. Chem.; Roy. Veterin. School, Dep. of Physiol. and Clin. Biochem. Preliminary studies on the possibility of improving the protein value of cereals for swine by lysine supplementation. **(Tastversuche über die Möglichkeit der Verbesserung des Wertes von Cerealien-Eiweiß durch Lysin-Zusatz bei Schweinen.)** Acta Agric. scand. **12** (1962) Nr. 3. S. 157–166. – 6 Tab., 10 Lit.
Die Tastversuche wurden in 3 Versuchsreihen, die wiederum mehrere Gruppen von je 5 Schweinen umfaßten, durchgeführt. Die Rationen, die mit gestaffelten Mengen von L-Lysin-HCl angereichert wurden, bestanden, wie vielfach

in Schweden üblich, aus Cerealien und Cerealienprodukten, wie Weizen und Gerste, Hafer und Gerste oder Weizenbiskuit und Waffeln, sowie einem Gemisch aus Mineralstoffen, Vitaminen und Antibioticis. In der 2. Versuchsserie wurde außerdem eine handelsübliche Schweineration mit tierischem und pflanzlichem Eiweißanteil verfüttert. Der Lysin-Zusatz erhöhte in den Rationen ohne Eiweißgabe die täglichen Gewichtszunahmen um 23–65%, die N-Ausnutzung um 22–46% und verringerte die für 1 kg Zuwachs notwendige Futtermenge um 21–35%. Auch bei dem handelsüblichen eiweißreichen Schweinemischfutter konnte die Eiweißausnutzung leicht gesteigert werden. L. Sperling. 8265.

3-64/02-0518 Reyntens, N. und Groote, G. de; Gontrode, Stat. de Petit Elevage Adm. de la Rech. Agronomique. Contribution à l'étude de la teneur optimale en acides aminés sulfureux dans les aliments à haute valeur énergétique pour poulets de chair. **(Beitrag zum Studium des optimalen Gehaltes an Thioaminosäuren in Rationen von hohem energetischem Wert für Mastküken.)** Rev. Agric. [Bruxelles] **15** (1962) Nr. 5. S. 709–721. — 3 Abb., 7 Tab., 23 Lit. Zus. in Engl.
Zur Ermittlung des Bedarfes an Methionin plus Cystin bei Mastküken wurden 2 Versuche von 8 Wochen Dauer mit Hybrid-Eintagshähnchen durchgeführt. Die Küken, die im 1. Versuch zu 5 Gruppen und im 2. zu 3 Gruppen von je 20 Tieren zusammengestellt waren, erhielten eine Ration von 2180 kcal/kg und einem Verhältnis von produktiver Energie:Protein = 97 bzw. 90. Die Rationen wurden mit verschiedenen Mengen von Methionin ergänzt. Die günstigsten Resultate bezüglich Wachstum und Futterverwertung wurden bei 0,3% Gesamtgehalt an Thioaminosäuren in der energiereichen Ration erzielt. Für das Alter von 6–8 Wochen konnte ein Bedarf an Thioaminosäuren von 3,5% des Proteins ermittelt werden. L. Sperling. 8265.

3-64/02-0519 Adams, R. L., Andrews, F. N., Rogler, J. C. und Carrick, C. W.; Lafayette, Ind., Purdue Univ., Dep. of Animal Sci.; Purdue Centre for Refrigeration Res. and Climate Control. The protein requirement of 4-week-old chicks as affected by temperature. **(Der Proteinbedarf 4 Wochen alter Küken in Abhängigkeit von der Temperatur.)** J. Nutrit. [Philadelphia] **77** (1962) Nr. 1. S. 121–126. — 3 Tab., 18 Lit.
Zum Studium des Einflusses der Umgebungstemperatur auf den Proteinbedarf von Küken im Alter von 4–8 Wochen, wurden 2 Versuchsserien mit 32 Gruppen von je 10 ♂ White Cross-Broiler-Küken in Batterien durchgeführt. 16 Gruppen wurden bei 21 °C, die andere Hälfte bei 29 °C gehalten. Es wurden 4 verschiedene Proteinkonzentrationen, und zwar in der 1. Serie 14, 17, 20 und 23% und in der 2. 13, 15, 17 und 19% in den isokalorisch zusammengestellten Rationen dergestalt angewendet, daß je 4 Gruppen eines Temperaturbereiches Futter gleichen Proteingehaltes erhielten. Die Ergebnisse waren folgende: Die Küken wuchsen bei 29 °C schlechter und verzehrten weniger Futter als bei 21 °C. Das schlechtere Wachstum konnte jedoch nicht auf eine verringerte tägliche Proteinaufnahme bei der höheren Temperatur zurückgeführt werden, da die Menge an verzehrtem Protein bei den höheren Proteinkonzentrationen der höheren Umgebungstemperatur größer war als die des niedrigeren Protein-Niveaus bei der geringeren Temperatur. Die Umgebungstemperatur schien keinen Einfluß auf den Proteinbedarf, der bei 17% lag, für maximales Wachstum zu haben. Verringerung der Proteinkonzentration führte, wie die Körperanalysen zeigten, zu einem Ansteigen des Fettgehaltes. L. Sperling. 8265.

3-64/02-0520 Sanz Arias, R. und Balboa Martin, J. Efecto de la suplementacion de una racion practica con metionina o colina. **(Die Wirkung der Ergänzung einer praktischen Ration mit Methionin oder Cholin.)** An. Edafol. Agrobiol. **21** (1962) Nr. 3. S. 169–174. — 2 Tab., 15 Lit. Zus. in Engl.

Von 3 aus je 40 Cornish White Rock-Eintagsküken gemischten Geschlechts bestehenden Gruppen in Batteriehaltung erhielt die Vergleichsgruppe eine praktische Ration mit Einschluß der notwendigen Vitamine und Mineralstoffe, die 2. Gruppe die gleiche Grundration plus 453 g Methionin und die 3. Gruppe zusätzlich zur Grundration 193,2 g Cholin je t. Die in Abständen von etwa 1 Woche einzeln gewogenen Tiere hatten bei allen Wägungen ungefähr das gleiche Durchschnittsgewicht, so daß bei Abschluß des Versuches mit 57 Lebenstagen keine signifikanten Gewichtsunterschiede bestanden. Die Futterausnutzung war bei den mit Methionin und Cholin ergänzten Rationen etwa gleich und gegenüber der Kontrollgruppe verbessert. Nach den erhaltenen Ergebnissen ist 1 g Cholin äquivalent 2,3 g Methionin. L. Sperling. 8265.

3-64/02-0521 Hohls, H.-W.; Celle, Bundesforsch.-Anst. für Kleintierzucht. **Der Einfluß des Eiweiß-Gesamtnährstoffverhältnisses auf den Eiweiß- und Fettstoffwechsel wachsender Küken.** Arch. Geflügelkunde **26** (1962) Nr. 5. S. 398 bis 413. – 6 Abb., 6 Tab., 4 Lit.

Im Hinblick auf die Bemessung des Eiweißanteils sowie den Zusatz von Fetten bei der Mast von Küken wurde mit Hilfe von 5 verschiedenen Futtermischungen bei abgestuften Futtergaben an 50 Kükengruppen zu je 25 Tieren der Einfluß des Eiweiß-Gesamtnährstoffverhältnisses (1:2,80 bis 1:5,86) auf den Eiweiß- und Fettansatz der Tiere untersucht. Auf gleiche Mengen verdauten Eiweißes bezogen stieg der Eiweißansatz bis zum Eiweiß-Gesamtnährstoffverhältnis von 1:4,0 bis 1:4,5 an; bei Erhöhung des Verhältnisses auf 1:5,86 war wiederum ein Absinken zu beobachten. Der prozentuale Fettanteil des Gewichtszuwachses zeigte – bei erheblichen Streuungen der Werte – etwa die umgekehrte Tendenz. M. Zausch. 8265.

3-64/02-0522 Naismith, Donald J. und Qureshi, Rahmat Ullah; Mill Hill, London, England, Nat. Inst for Med. Res., Human Nutrit. Res. Unit. The role of dietary fat in the utilization of protein. I. Quality and quantity of fat. **(Die Rolle des Nahrungsfettes in der Ausnutzung von Protein. 1. Mitt. Qualität und Quantität des Fettes.)** J. Nutrit. [Philadelphia] **77** (1962) Nr. 3. S. 373–380. – 1 Abb., 7 Tab., 22 Lit.

Zur Prüfung des Einflusses von Fetten, die in der Nahrung Pakistans allgemein verwendet werden, auf die Verwertung von Protein wurden mehrere Versuche an entwöhnten Ratten unter Beigabe dieser Fette zur Nahrung durchgeführt. Im 1. hatte die benutzte Büffelmilchbutter den höchsten Wachstumseffekt, während hydriertes Baumwollsaatöl eine etwas geringere Wirkung lieferte und das hoch ungesättigte Senfsaatöl ausgesprochen hemmend wirkte. Die ungünstige Wirkung des Senfsaatöles wird seinem Gehalt an Erucasäure zugeschrieben. In 2 weiteren Versuchen, in denen die 3 genannten Fette und ferner Rapsöl, Sonnenblumenöl und Schmalz vergleichsweise beigemischt waren, konnten keine Unterschiede in der N-Retention aufgefunden werden. Die Fette wurden in etwa gleicher Höhe resorbiert. Der letzte Versuch, in dem die N-Retention bei einer fettfreien Nahrung im Vergleich zur gleichen mit 15% Sonnenblumenöl vermischten bestimmt wurde, zeigte, daß das Fett als Energiequelle ohne nachteilige Wirkung auf die Proteinausnutzung völlig durch Kohlenhydrate ersetzt werden kann. L. Sperling. 8265.

F. ERNÄHRUNGSSTÖRUNGEN UND MANGELKRANKHEITEN

3-64/02-0523 Hoorens, J.; Gent, Lab. voor Dierlijke Pathol. Spierdystrophieen van nutritionele oorsprong. **(Ernährungsbedingte Muskeldystrophien.)** Vlaams diergeneeskund. Tijdschr. **32** (1963) Nr. 1. S. 10–26. – 6 Abb., 15 Lit.

Vf. bespricht die bei den kleinen Versuchstieren, Rindern, Schafen, Schweinen, Pferden, Hühnern und Enten auftretenden ernährungsbedingten Muskeldystrophien, besonders die Weißmuskelkrankheit der Kälber, die Muskeldystrophie der Schafe, den Herztod und die Skelettmuskeldystrophie der

Schweine sowie die maxillare Myositis und die Polymyositis der Pferde. Die Bedeutung des relativen Vit.-E-Mangels, der ungesättigten Fettsäuren, der S-haltigen Aminosäuren und des Se werden diskutiert. Über die praeventiven und therapeutischen Dosen von Na-Selenit und α-Tocopherol bei Rindern, Schafen, Schweinen und Hühnern werden Angaben gemacht.

W. Wittig. 8320.

3-64/02-0524 Sastry, M. S. und Mahadevan, V. Investigations on the toxicity of Lantana camara, Linn. **(Untersuchungen über die Giftigkeit von Lantana camara, L.)** Indian veterin. J. **40** (1963) Nr. 2. S. 78–82.

Lantana camara, das Wandelröschen, gehört zur Gattung der Eisenkrautgewächse und ist eine der meist tropischen 50 Lantana-Arten. Lantana-Vergiftungen sind in Indien recht häufig. In ihren Untersuchungen stellten Vff. fest, daß der gesamte alkoholische Extrakt der Pflanze in höchstem Maße giftig ist und die Erscheinungen der Lantana-Vergiftung hervorruft.

E. Wiesner. 8360.

3-64/02-0525 Sherman, Martin, Ross, Ernest, Sanchez, F. F. und Chang, M. T. Y.; Hawaii Agric. Exp. Stat. Chronic toxicity of dimethoate to hens. **(Chronische Toxizität von Dimethoat bei Legehennen.)** J. econ. Entomol. **56** (1963) Nr. 1. S. 10–15. — 3 Abb., 3 Tab., 13 Lit.

An 100 legenden Junghennen im Alter von 35–94 Wochen in Batteriehaltung wurde das Insekticid Dimethoat (D.) in 2 Formen — je 30 ppm im Trinkwasser — geprüft: 1. als techn. D (I) und 2. als Emulsion (II). Die Hennen nahmen tägl. 0,010 g **I** oder 0,0092 g **II** im alkalischen Trinkwasser zu sich (pH = 7,7–8,1). Beide Mittel schränkten die Gewichtszunahme ein, vor allem in den ersten 12 Versuchswochen, beim Abschluß **I** um 100 g, **II** um 291 g gegenüber der Kontrolle. In zufälliger Überdosierung führte **II** zu den einzigen Todesfällen. Die Futteraufnahme war bei **I** und **II** geringer als bei der Kontrolle, bedingt durch die geringere Flüssigkeitsaufnahme in beiden Versuchsgruppen. Die Futterverwertung ging insbesondere durch **I** zurück. Die Legeleistung lief bei **I** dem Futterverzehr parallel und blieb bis zur 4. Woche um 40% hinter der Kontrolle zurück, dann glichen sich die Leistungen aus. Bei **II** lag sie trotz geringerem Lgw. der Hennen höher. Einige Qualitätsmerkmale, wie Schalendicke und Eigewicht blieben unberührt von der Behandlung, andere, wie die Höhe des Weißeies wurden durch **II** verbessert. Geschmack und Geruch der (hartgekochten) Eier veränderten sich nicht. Durch die Zugabe der Insekticide ins Trinkwasser übte der Kot der Hennen hoch toxische Wirkung auf Larven und Puppen von *Musca domestica, Fannia pusio, Chrysomya megacephala* und *Parasarcophaga agyrostomata* aus. Beide Mittel setzten die Cholinesteraseaktivität im Blutplasma herab, am stärksten 2 Wochen nach Behandlungsbeginn. Nach Aussetzen der Zugabe stellte sich der Normalwert schnell wieder her.

C. Engelmann. 8360.

3-64/02-0526 Sastry, M. S., Mahadevan, V. und Prakash, Ram. Nontoxic character of methyl bromide treated cotton seed as cattle feed. **(Die Ungiftigkeit von Methylbromid-behandeltem Baumwollsamen als Rinderfutter.)** Indian veterin. J. **40** (1963) Nr. 3. S. 126–128. — 3 Lit.

Das hochtoxische Methylbromid wird als Räuchermittel zur Bekämpfung von Ungeziefer in Futtermitteln verwendet. Infolge dieser Futtermittelbehandlung verbleiben Restmengen von Methylbromid in den Futtermitteln. Vf. verfütterte Baumwollsamen mit einem Methylbromidgehalt von 0,27% an Bullen, Milchkühe, Jungrinder und Kälber. Jedes Versuchstier erhielt für die Dauer von 40 Tagen 1,5 kg dieses Baumwollsamens täglich. Auf Grund vorliegender Ergebnisse kann o.g. Futtermittel als unschädlich für Rinder bezeichnet werden. Die Milch der Versuchskühe enthielt, wie Fütterungsversuche an Ratten zeigten, keine toxischen Komponenten. W. Laue. 8360.

3-64/02-0527 Gallagher, C. H. Carbon tetrachloride poisoning in sheep: effect upon the serum E_{260}value and plasma volume. **(CCl_4-Vergiftung bei Schafen und ihr Einfluß auf den Serum-E_{260}-Wert und das Plasmavolumen.** Austral. J. agric. Res. **13** (1962) Nr. 6. S. 1073–1081. – 1 Abb., 4 Tab., 7 Lit.
Unter E_{260} ist der mit Hilfe eines Beckmann-Spektrophotometers gemessene Extinktionswert bei 260 mμ für saure Gewebsextrakte zu verstehen. Er ist gleichzeitig ein Maß für das Vorliegen der oxydierten Form der Coenzyme Di- und Triphosphopyridinnukleotid (DPN und TPN). In Anbetracht der signifikanten Variationen des Serum-E_{260}-Wertes bei unbehandelten Schafen und der signifikanten, zufallsbedingten Schwankungen dieses Wertes bezgl. der Zeit der Blutentnahme bei diesen Schafen wird die Schlußfolgerung gezogen, daß die Bestimmung des Serum E_{260}-Wertes bei bestimmten Schafen zu bestimmten Zeiten keinerlei Wert für die Diagnose einer CCl_4-Vergiftung hat.
H. Busse. 8360.

H. FÜTTERUNG DER LANDWIRTSCHAFTLICHEN NUTZTIERE

3-64/02-0528 Bergner, H.; Berlin, Humboldt-Univ., Inst. für Tierernährungslehre. **Futtermittelplanung auf der Grundlage des Bedarfs an Stärkewert und verdaulichem Eiweiß.** Dtsch. Landwirtsch. **13** (1962) Nr. 11. S. 541–543. – 3 Tab., 5 Lit.
Ausgehend von der Möglichkeit, über StW. und Gehalt an verdaul. Rohprotein alle Futtermittel untereinander vergleichen zu können, wird eine Methode der Futterbedarfsplanung nach StW. und verdaul. Rohprotein vorgeschlagen. Die Planung erfolgt in der Art, daß der StW.-Bedarf eines jeden Tieres vermittels Umrechnungsfaktoren auf den Erhaltungsbedarf eines ausgewachsenen Rindes bezogen und der Proteinbedarf in % des StW.-Bedarfes ausgedrückt wird. Die Grundlagen dieser Rechnungen werden in der Arbeit mitgeteilt. Ein Vergleich zwischen dem so ermittelten Gesamtbedarf an StW. und verdaul. Rohprotein (bzw. -eiweiß) mit den geernteten Nährstofferträgen stellt die Nährstoffbilanz des Betriebes dar; der Anbau kann entsprechend dieser Bilanz gestaltet werden. W. Laube. 8451.

3-64/02-0529 Hoffmann, M. und Bretschneider, L.; Rostock, Leitstelle für Fütterungsberat.; Frankfurt/Oder, Bezirks-Tierzuchtinspektion, Abt. Fütterungsberat. **Einige Fragen der praktischen Futterplanung im sozialistischen Landwirtschaftsbetrieb.** Dtsch. Landwirtsch. **13** (1962) Nr. 11. S. 544–547. – 6 Tab., 13 Lit.
Vff. begründen die vom staatl. Fütterungsberatungsdienst der DDR empfohlene Methode der Futterplanung. Die vorausschauende Futterplanung wird dargestellt durch Jahresfutterbedarfspläne, die für den Jahresdurchschnittsbestand der einzelnen Tierarten und deren Altersklassen, Leistungsklassen und Nutzungsrichtungen nach nährstoffkontrollierten Jahresfutterbedarfsnormen aufgestellt werden. Ausgehend von den tatsächlich geernteten und anderweitig in den Betrieb gelangenden Futtermitteln wird der Futterverteilungsplan aufgestellt, der die artengerechte Versorgung der Tiere aus den verfügbaren Futtermengen sichert. Auf den Futterverteilungsplan bauen sich die Stallfutterpläne auf, die die Fütterungsanweisung für die Viehpfleger darstellen. Die einzelnen Pläne werden an praktischen Beispielen erläutert.
W. Laube. 8451.

3-64/02-0530 Anonym. **Rationeller Kraftfutter-Einsatz.** Mitt. Lehr- u. Versuchsanst. Viehhalt. Landwirtsch.-Kammer Schleswig-Holstein **32** (1962) Nr. 87. S. 34–36.
Der Preis je kg-StE wird als allein maßgebend für die Preiswürdigkeit eines Kraftfuttermittels herausgestellt. Der Preis wird demnach folgendermaßen errechnet: Preis je kg × 1000/Gehalt an StE. Bei der Herstellung eines Kraftfuttergemisches aus wirtschaftseigenem Getreide und zugekauftem Fertigfutter

bzw. Eiweißfutter als Ergänzung zum Grundfutter in der Rinderfütterung ist auch ein bestimmtes Verhältnis von Eiweiß zu StE erforderlich. Um dieses gewünschte Nährstoffverhältnis zu bekommen, wird folgende Berechnungsformel empfohlen: 1000/StE–(E·V). E = Gramm verd. Eiweiß im Futtermittel; V = gewünschtes Eiweiß-StE-Verhältnis. A. Wallmen. 8451.

3-64/02-0531 Hladik, Vladimír und Najman, Luboš; Pohořelice, Výzkumný Ustav Krmivářský. Vliv zakvašeného odstředěného mléka na zažívací trakt telete. **(Der Einfluß künstlich gesäuerter Milch auf den Verdauungstrakt des Kalbes.)** Živočišná Výroba **8(36)** (1963) Nr. 3. S. 137–152. — 3 Abb., 11 Tab., 17 Lit. Zus. in Russ., Franz., Dtsch.
Die tägl. Gewichtszunahme der Kälber der Versuchsgruppe, die mit saurer Magermilch unter Zugabe des Vitamin-Antibiotica-Präparates Galacid bis zum Alter von 90 Tagen getränkt wurden, betrug 0,606 kg, die der Kontrollgruppe, welche mit süßer Vollmilch getränkt wurde, dagegen 0,621 kg. Bei den Versuchskälbern war der Verbrauch von Luzernemehl höher. Das hatte eine Verlängerung des gesamten Darmes um 17,3%, des Dünndarmes um 18,67% zur Folge (im Alter von 30 Tagen). Drei Std. nach der Morgentränkung war der Inhalt des Labmagens bei den Versuchskälbern um 21,61% kleiner und der des Darmes um 56,45% größer als jener der Kontrollgruppe. Im Alter von 90 Tagen war bei den Versuchskälbern die Menge des Gewebes des Verdauungstraktes um 27,13% und die des Vormagengewebes um 31,40% und schließlich die des Darmgewebes um 27,80% größer als bei den Kontrollkälbern. Der Darm war bei den Versuchskälbern um 19,59% länger. ČSSR/ÚVTI. 8454.

3-64/02-0532 Walker-Love, J. The feeding of farm animals. III. The dairy cow. **(Die Fütterung landwirtschaftlicher Nutztiere. 3. Mitt. Die Milchkuh.)** Scott. Agric. **42** (1962) Nr. 2. S. 91–96. 8460.

3-64/02-0533 Ghoneim, A., Raafat, M. A., Abou Raya, A. K. und Darwish, A. M. Economic feeding of Egyptian sheep on rations with reduced levels of starch value in relation to growth. **(Die ökonomische Fütterung ägyptischer Schafe mit Futterrationen mit verringertem Stärkewert und ihr Einfluß auf das Wachstum.)** Meded. Veeartsenijschool Rijksuniv. Gent **5** (1961) Nr. 2. S. 1–15. — 5 Tab., 10 Lit.
Durch Fütterungs- und Züchtungsexperimente war man in den letzten Jahren interessiert, die Leistungen der Schafzucht zu steigern. Einige Ergebnisse werden mitgeteilt. H. Busse. 8482.

3-64/02-0534 Thorpe, E. F. Certain aspects of the intensive production of fat lamb from grass. **(Gewisse Aspekte einer intensiven Produktion von Mastlämmern mit Gras.)** J. Brit. Grassland Soc. **18** (1963) Nr. 2. S. 139–145. — 9 Tab. 8482.

3-64/02-0535 Popov, Atanas. Ugojavane na agneta s biokoncentrat biovit-30 pri visokoplaninski uslovija. **(Lämmermast mit Biovit-30 unter Hochgebirgsbedingungen.)** Selskostopanska nauka, Sofija **1(7)** (1962) Nr. 11. S. 1253–1254. — 4 Tab. 8482.

3-64/02-0536 Cunningham, J. M. M. The feeding of farm animals. IV. Sheep. **(Die Fütterung landwirtschaftlicher Nutztiere. 4. Mitt. Schaf.)** Scott. Agric. **42** (1962/63) Nr. 3. S. 128–132. — 3. Mitt. vgl. 3-64/02-0532. 8490.

3-64/02-0537 Tóth, S., Holdas, S. und Thomaskó, B. A 30, illetve 45% lucernalisztet tartalmazó takarmánykeverék kihasználhatóságával kapcsolatos vizsgálatok sertéseken. **(Untersuchungen über die Verwertung von Futtergemischen mit einem Gehalt von 30 bzw. 45% Luzernemehl durch Schweine.)** Állattenyésztés [Tierzucht] **11** (1962) Nr. 4. S. 329–335. — Aus: Ung. Agrar-Rdsch. **1963** Nr. 3.

Bei der Verfütterung eines Futtergemisches, das 45% Luzernemehl enthält, kann man ungefähr mit einer Verringerung der Verwertung um 34% rechnen. Die noch erheblich — um 54,36% — schlechtere Verwertung bei der Verfütterung eines Futtergemisches, das außer 45% Luzernemehl noch 20% Stärke enthielt, wurde wahrscheinlich durch die ungünstige Verwertung der industriellen Stärke bedingt. Die bessere Qualität des Luzernemehles — es wurden 2 Qualitäten verglichen — hatte auf das Ausmaß der Verschlechterung keinen erwähnenswerten Einfluß. 8536.

3-64/02-0538 Sibbald, I. R., Slinger, S. J. und Ashton, G. C.; Guelph, Ontario Agric. Coll., Dep. of Nutrit.; Dep. of Poultry Sci.; Dep. of Physics and Mathematics. Further studies on the influence of dietary calorie: Protein ratios on the weight gain and feed efficiency of growing chicks. **(Weitere Untersuchungen über den Einfluß des Futterkalorien Eiweiß-Verhältnisses auf den Gewichtszuwachs und die Futterwirkung bei wachsenden Küken.)** Poultry Sci. 41 (1962) Nr. 2. S. 626–640. — 10 Abb., 3 Tab., 28 Lit.
In Auswertung experimenteller Daten mittels biostatistischer Methoden wird festgestellt, daß das Kalorien-Protein-Verhältnis einen gewissen Aufschluß gibt über die Höhe des zu erwartenden Gewichtszuwachses wachsender Küken sowie über das Verhältnis des Gewichtszuwachses zum Aufwand an Futter, Energie und Protein. Ein sehr enges Kalorien-Protein-Verhältnis beeinträchtigte bei jungen Küken die Zuwachsrate, während sich hohe Proteingaben bei älteren Küken weniger ungünstig auswirkten. M. Zausch. 8544.

3-64/02-0539 Fuller, H. L.; Athens, Univ. of Georgia, Div. of Poultry Husbandry. Restricted feeding of pullets. I. The value of pasture and self-selection of dietary components. **(Eingeschränkte Fütterung bei Legehennen. 1. Mitt. Der Wert des Weideauslaufs und der Selbstwahl der Futterbestandteile.)** Poultry Sci. 41 (1962) Nr. 6. S. 1729–1736. — 8 Tab., 22 Lit.
Nach ausführlicher Literaturübersicht schildert Vf. eigene Versuche mit 1400 Leghorn-Junghennen, von denen in der 8. Lebenswoche 4 Gruppen (zu 200 Tieren) auf Luzerneweide (1 acre) kamen (I), a) bei Legemehl (20,8% Protein) ad libitum und Körnern als Zufutter, b) Konzentrat (33% Protein), Körner und Mineralstoffgemisch zur freien Verfügung, c) bei eingeschränkter Darbietung von Legemehl (0,05 lb/Henne 5 Tage) und Hafer (0,05–0,1 lb/Tag), d) nur bei Körnern und Mineralgemisch zur freien Wahl. Drei weitere Gruppen zu 200 Hennen erhielten bei Bodenhaltung (II) das Futter a–c. Durch den freien Auslauf wurden bei Ia 6% Futter eingespart, bei b) 13% und bei c) 20%. Die Hennen versorgten sich am Futterplatz so, daß ihr Mineralstoff- und Energiebedarf gedeckt war, während die hier aufgenommenen Proteinmenge z.T. zwangsweise (d) sehr unterschiedlich war (9,3–19,0%). An Mineralstoffen verzehrten sie 0,52–0,6% Ca und 0,43–0,49 P. Gruppe Ic und IIc hatten anfangs ein geringeres Lgw, das sich erst bei 50% Legeleistung dem der anderen anglich und ein etwas größeres Eigewicht, IIc hatte auch bessere Futterverwertung. Die Legeleistung war bei IIc besser (250:232:231), bei Ic zusammen mit Ib besser als bei Ia und d (236:237:228:225). Da die auf der Weide zusätzlich verzehrten Futterstoffe und -mengen nicht erfaßt sind, erzeugte Gruppe Id mit 6,91 lb Körner/Henne/Tag die Eier am billigsten.
C. Engelmann. 8544.

3-64/02-0540 Donaldson, W. E. und Millar, R. I.; Kingston, Univ. of Rhode Island, Poultry Sci. Dep. Effects of energy restriction on laying hens. **(Auswirkungen der Energieeinschränkung bei Legehennen.)** Poultry Sci. 41 (1962) Nr. 2. S. 353–359. — 5 Tab., 10 Lit.
In 2 Versuchen an mittelschweren Legehennen erhielt die Versuchsgruppe — bei sonst vollwertiger Ration — nur 75% der Energiezufuhr der Kontrollgruppe. Die Energieeinschränkung führte zu geringerer Eierproduktion sowie niedrigerem Ei- und Körpergewicht; sie hatte jedoch keine Erhöhung der Tier-

verluste zur Folge. Bei der Versuchsgruppe führte die begrenzte Fütterung zur Verbesserung der Energieverwertung, bezogen auf die Eierproduktion lag jedoch wegen der geringeren Legeleistung die Nährstoffverwertung ungünstiger als in der Kontrollgruppe. — Es wird eine Berechnungsmethode zur Einschätzung des Nutzeffektes angegeben. M. Zausch. 8548.

3-64/02-0541 Splittgerber, H. und Gysae, M.; Unna-Königsborn, Lehr- und Versuchsanst. für Kleintierzucht. **Mischfette und Kleie als Ersatz für Getreide in Futtermischungen für die Junggeflügelmast.** Arch. Geflügelkunde **27** (1963) Nr. 2. S. 111–117. — 5 Tab.
An 1600 Nichols-Mastküken wurde der Ersatz von Mais durch entsprechende Anteile von Weizenkleie und Fett (Mischfett aus 80% Rinderfett, 12% Fischfett, 8% Sojaöl) geprüft: A = Kontrolle; B statt 12% Mais 9,6% Kleie und 2,4% Fett; C statt 25% Mais 20% Kleie und 5% Fett; D statt 28% Mais 20% Kleie und 8% Fett. Hinsichtlich der Gewichtszunahmen bestanden keine (A/B) oder nur schwach gesicherte Unterschiede (A besser als C und D). Stark gesicherte Unterschiede wurden hinsichtlich der Futterverwertung (C besser als A und D) festgestellt. Die Futterkosten je kg Gewichtszunahme betrugen in DM: A = 1,37; B = 1,38; C = 1,42; D = 1,37.
M. Zausch. 8552.

FUTTERMITTELKUNDE

A. FUTTERSTOFFE, IHRE BEEINFLUSSUNG, KONSERVIERUNG UND ZUBEREITUNG

3-64/02-0542 Nowakowski, T. Z.; Harpenden, Herts., Rothamsted Exp. Stat. Effects of nitrogen fertilizers on total nitrogen, soluble nitrogen and soluble carbohydrate contents of grass. **(Die Wirkung von Stickstoffdüngern auf den Gehalt an Gesamtstickstoff, löslichem Stickstoff und löslichen Kohlenhydraten bei Gras.)** J. agric. Sci. **59** (1962) Nr. 3. S. 387–392. — 1 Abb., 3 Tab., 25 Lit.
In einem Feldversuch mit Welschem Weidelgras wird neben der KP-Grunddüngung die N-Düngung in 2 Steigerungsstufen und 2 Düngungsformen (0,56 und 112 lbs./acre als Ammonsulfat sowie als Natronsalpeter) verabfolgt. In 10tägigen Intervallen nach der N-Gabe werden 4mal Proben von jeder Parzelle gezogen und diese auf Gesamt-N (Kjeldahl), alkohollöslichen N, Nitrate sowie alkohol- und wasserlösliche Kohlenhydrate untersucht. Die Höhe der N-Gabe wirkte positiv auf den Gehalt an sämtlichen untersuchten N-Formen. Nitratdüngung steigerte den Nitratgehalt. Auf den Gehalt an löslichen Kohlenhydraten war die N-Düngung von geringem Einfluß. Die Wirkung von Form und Höhe der N-Düngung auf das Verhältnis von löslichem N und löslichem Kohlenhydrat-C unter Berücksichtigung des zeitlichen Abstandes von der N-Gabe wird eingehend diskutiert. W. Laube. 8630.

3-64/02-0543 Gawęda, Helena und Nowak, Mieczysław; Kraków, Inst. Zootechn. Zakład Paszowisk. Wpływ nawożenia na zawartość fosforu i wapnia w zielonkach pastwiskowych. **(Die Auswirkung der Düngung auf den Phosphor- und Calcium-Gehalt des Weidegrases.)** Roczniki Nauk rolniczych, Ser. B **80** (1962) Nr. 3. S. 343–354. — 9 Tab., 15 Lit. Zus. in Russ., Engl.
Die Untersuchungen über den Einfluß der Düngung auf das Wachstum der Weidepflanzen wurden 3 Jahre lang an 2 Versuchsanstalten betrieben unter Verwendung nachstehender Düngungskombinationen: O, PK, NP, NPK, Ca, CaP, CaPK, CaNPK. Die volle NPK-Düngung steigerte den Gehal an Rohprotein, Ca und P im Grünfutter, wogegen die CaNPK-Düngung einen Rückgang dieser Bestandteile zur Folge hatte, obwohl der Grünmasseertrag höher war. Das Grummetheu war reicher an Ca als das des 1. Schnitts.
A. Ziołecka. 8630.

3-64/02-0544 Mentler, L. A péppé zuzás és széndioxidkoncentráció növelés szerepe a lucerna silózásában. **(Die Rolle der Vermusung und der Erhöhung der Kohlendioxydkonzentration bei der Silierung der Luzerne.)** Állattenyésztés [Tierzucht] **11** (1962) Nr. 4. S. 307–315. – Aus: Ung. Agrar-Rdsch. **1963** Nr. 3.
In seinen Versuchen füllte der Vf. 2 Silos (Rauminhalt je 1 m³) mit junger, frisch eingebrachter und vermuster Luzerne eines Tr.-Subst.-Gehaltes von 23,73%. Im Silo I fügte er 10 g/dm³, im Silo II 7 g/dm³ Trockeneis (CO_2) der eingefüllten Masse hinzu. In laboratoriumsmäßigen Mikrosilos mit einem Rauminhalt von 2–3 Liter ergänzte er die vermuste Luzerne mit 2, 4, 6, 10, 12, 13 und 14 g/dm² Trockeneis. Er öffnete die Silos 3 Monate nach ihrer Beschickung. Der äußerliche Befund der Silagen erwies einen Brei von schwach gelbgrüner Farbe mit einem angenehmen süßsauren Geruch und einer eigentümlich festen Konsistenz; seine ursprüngliche Struktur hatte er beibehalten. Der pH-Wert der Silagen schwankte zwischen 4,3 und 4,8, ihr Milchsäuregehalt zwischen 3,82 und 4,62, ihr Essigsäuregehalt zwischen 1,34 und 1,97. Buttersäure wurde nur in einzelnen Glas-Mikrosilos in Mengen von 0,02–0,07% gefunden. In Silagen, die mit einer geringeren CO_2-Konzentration bereitet wurden, fand er weniger Milch- und Essigsäure und – in unbedeutenden Mengen – etwas mehr Buttersäure. Die durch die Einsilierung entstandenen Verluste hatten in den Silos I und II folgende Werte: Tr.-Subst. 4,5% bzw. 7,0%; org. Subst. 2,9 bzw. 2,37%; Rohprotein 8,32 bzw. 5,27%; N-fr. E. 10,52 bzw. 15,96%. Letzten Endes betrug der Gärungsverlust an verd. Rohprotein 17,19 bzw. 16,09%, der Nährwertverlust – auf Stärkewerte bezogen – 11,36 bzw. 9,27%. In den Silos I und II fand sich – auf Tr.-Subst. berechnet – 347–314 mg/kg Carotin. Auf Grund seiner Untersuchungen stellt Vf. fest, daß man mit einer Zugabe von 2 g/dm³ Trockeneis ohne nennswerte Nährstoffverluste die vermuste Luzerne konservieren und somit eine carotinreiche, von den Tieren gern gefressene Silage guter Qualität herstellen kann. 8730.

3-64/02-0545 Binder, W.; Wien, Hochschule für Bodenkult. **Verfahren und Einrichtungen zur Erzeugung hochwertiger Silage.** Förderungsdienst [Wien] **10** (1962) Nr. 7. S. 229–234.
Es werden die Einzelmaßnahmen der Gärfutterbereitung besprochen. Bei den Silobauten werden Hoch- und Harvestore-Silos besonders herausgestellt. Dem Festpressen wird bei der Siliertechnik besondere Bedeutung beigemessen. Bei der Durchsprache der Sicherungszusätze wird ein vom Vf. mit entwickeltes Präparat von Milchsäurebakterien als besonders wirksam und billig bezeichnet, das im Sicherungseffekt allenfalls noch vom AIV-Verfahren übertroffen wird. Der Zusatz dieses Präparates (evtl. gemeinsam mit Melasse) soll günstiger sein als andere Präparate und als das Anwelkverfahren (!). Abschließend werden einige Hinweise zur Beurteilung der Silage gegeben.
W. Laube. 8730.

3-64/02-0546 Rais, Ivan und Jansová, Jaroslava; Trutnově, Oblastní Zemědělská Stanice ÚVSH. Silážování bílkovinné píce s přídavkem kyseliný solné. **(Silage von Eiweißfutter unter Zugabe von Salzsäure.)** Socialist. Zemědělství **13** (1963) Nr. 3. S. 200–207. – 4 Abb., 2 Tab.
In den eingehend beschriebenen Versuchen enthielt das unter Zugabe von Melasse einsilierte Kleegras 0,82 bis 2,81% Milchsäure, 0,40 bis 1,14% Essigsäure und 0,02% Buttersäure. Die mit Zugabe von Salzsäure (2 Liter HCl-Lösung 1:5je 1 q (?) Grünfutter) gewonnene Silage desselben Futters enthielt dagegen 0,82–0,85% Milchsäure, nur 0,20–0,39% Essigsäure und 0,01% Buttersäure. Der Gehalt unerwünschter Säuren verringerte sich demnach bei Zugabe von Salzsäure zum einsilierten Futter. Der Gehalt an verdaul. Protein betrug in der Silage mit Melassezusatz 2,56%, in der mit Salzsäurezusatz 2,42%. Die Verdaulichkeit des Proteins war bei der 2. Silage um rund 5 bis 12% höher. Die

durchschnittliche Leistung der Kühe erreichte bei Verfütterung beider Silagen in den Mon. Dez. bis Febr., 9,23 bis 10,56 l pro Tag. Bei der Einsilierung von Eiweißfutter sollen nur undurchlässige Gärbehälter benutzt werden.
ČSSR/ÚVTI. 8730.

3-64/02-0547 McDonald, P., Stirling, A. C., Henderson, A. R. und Whittenbury, R.; Edinburgh, School of Agric. Fermentation studies on wet herbage. **(Untersuchungen der Gärvorgänge in Naßsilagen.)** J. Sci. Food Agric. **13** (1962) Nr. 11. S. 581–590. — 3 Abb., 5 Tab., 16 Lit.
In 4 Metallsilos (Inhalt ca. 1000 kg Grünfutter) wurde im 1. Versuch Welsches Weidelgras (20% lösliche Kohlenhydrate) und im 2. Versuch Knaulgras (6% lösliche Kohlenhydrate) eingesäuert. Im 1. Versuch erfolgten die Zugaben: Silo A) ohne, B) Wasser (Erniedrigung des Tr.-Subst.-Gehaltes von 21,5 auf 17,0%), C) 1 kg Erde (buttersäurebakterienhaltig, von einem vorjährigen Silo) und D) Wasser + Erde. Im 2. Versuch wurde statt der Erde Melasse zugegeben. Die einzelnen Varianten zeigten in einer Reihe von Untersuchungsergebnissen keine wesentlichen Unterschiede (Temperatur, Volumen der Silage, Rohnährstoffgehalt, Verdaulichkeit, Säuregehalt, Bakterienpopulation etc.), jedoch konnten durch Wasserzusatz eindeutig höhere Verluste (gasförmig und im Sickersaft) nachgewiesen werden. W. Laube. 8730.

3-64/02-0548 McDonald, P. und Henderson, A. R.; Edinburgh, School of Agric. Buffering capacity of herbage samples as a factor in ensilage. **(Die Pufferkapazität von Grünfutterproben als ein Faktor bei der Silierung.)** J. Sci. Food Agric. **13** (1962) Nr. 7. S. 395–400. — 2 Abb., 5 Tab., 14 Lit.
Vff. bestimmen die Pufferkapazität von Grünfutter nach folgender Methode: Je 8 Proben von 4,8 g trockenem, gemahlenem Material (oder der entsprechenden Menge frischen Grünfutters) werden 3 Min. im Mixer mit 150 ml CO_2-freiem Wasser behandelt. Jeder Ansatz wird mit 50 ml Wasser in ein 600-ml-Becherglas überführt. Dann werden 0, 5, 10, 15, 20, 25, 30 und 35 ml 0,1 n Milchsäure unter Rühren hinzugefügt und das Ganze bei gelegentlichem Rühren 90 Min. stehen gelassen. Dann erfolgt pH-Messung mit der Glaselektrode. Durch graphische Interpolation erfolgt die Bestimmung der Milchsäuremenge, die zur Erreichung von pH 4 erforderlich ist. Diese Menge wird als Milchsäure-Pufferkapazität (LBC) angesprochen. Die LBC von Gräsern war niedriger als die von Leguminosen. Hohe N-Düngung steigerte die LBC der Gräser. Zwischen dem Rohproteingehalt der untersuchten Grünfutterarten und ihrer LBC bestand eine positive Korrelation. Einige Zusammenhänge zwischen der LBC und den Gärvorgängen werden diskutiert.
W. Laube. 8730.

3-64/02-0549 Owen, Foster G.; Lincoln, Nebr., Univ., Dep. of Dairy Husbandry. Effect of enzymes and bacitracin on silage quality. **(Die Wirkung von Enzymen und von Bacitracin auf die Silagequalität.)** J. Dairy Sci. **45** (1962) Nr. 7. S. 934–936. — 3 Tab., 8 Lit.
Es wurden Silierversuche unter Laborbedingungen mit Sorghum-Hirse (Vollreife der Samen) unter Zusatz von Pektinase-, Cellulase- und Hemicellulasepräparaten sowie von 0,25% „Silotracin“ (enthaltend 5 lb. Zinkbacitracin pro t) durchgeführt. Die Wirkung der Zusätze wird allein nach der Zusammensetzung der Silagen (Weender Analyse) beurteilt. Praktisch ergaben sich zwischen der Kontrolle ohne Zusatz und den verschiedenen Zusätzen keine Unterschiede. Auch im pH-Wert oder im Geruch der Silagen konnte keine Wirkung der verschiedenen Zusätze herausgefunden werden.
W. Laube. 8730.

3-64/02-0550 Kunffy, Z. Pillangós szálastakarmányaink különhöző betakarítási és tárolási módjainak vizsgálata. **(Prüfung verschiedener Heuwerbungs- und Lagerungsverfahren der ungarischen Futterpflanzen, die zu den**

Schmetterlingsblütlern gehören.) Állattenyésztés [Tierzucht] **11** (1962) Nr. 4. S. 337–347. — Aus: Ung. Agrar-Rdsch. **1963** Nr. 3.
Auf Grund seiner mehrjährigen Untersuchungen in 10 ungarischen volkseigenen Betrieben zur Bewertung der verschiedenen Trocknungs- und Lagerungsverfahren der Luzerne gibt Vf. seine Ergebnisse bekannt. Er behandelt zunächst den Einfluß verschiedener Trocknungsverfahren auf den Rohprotein- und Carotingehalt unter Berücksichtigung des Anwelkens. Bes. Aufmerksamkeit wird der Erhaltung der Carotins in gelagertem Luzerneheu gewidmet. Wenn daraus 30–35 cm lange Briketts mit einem Durchmesser von 8–10 cm gepreßt wurden, verblieben nach 6 Mon. noch 71% des Carotingehaltes. Da das spez. Gew. der so hergestellten Briketts 0,8–1,1 beträgt, lassen sie sich in geschlossenen Räumen gut lagern, und bei ihrer Rationierung und Verfütterung entstehen keine Verluste durch Abbröckeln der Blätter. In Luzernemehl, das in einem braunen, geschliffenen Glasbehälter unter einer Temperatur von 0 °C 60 Tage lang gelagert wurde, blieb der Carotingehalt unverändert. Weiterhin wandte er Etoxymethylquinolin bzw. Butylhydroxydtoluol in Konzentrationen von 0,15% an — mit Stärkemehl bzw. raffinierten Sonnenblumenöl vermischt — und fand nach 60 Tagen bei Anwendung von Stärkemehlgemischen 99,3 bzw. 78,0%, bei Ölmischungen 84,0 bzw. 83,0% des im Luzerneheu ursprünglich vorhandenen Carotingehaltes. Das zweckmäßigste Konservierungsverfahren scheint heute eine Kombination von Brikettierung mit der Anwendung von Antioxydantien zu sein. 8750.

3-64/02-0551 Bressani, Ricardo, Castillo, Sonia V. und Guzmán, Miguel A.; Guatemala City, Inst. of Nutrit. of Centr. America and Panama. The nutritional evaluation of processed whole corn flours. **(Bestimmung des Nährwertes von vorbehandeltem Vollmaismehl.)** J. agric. Food Chem. **10** (1962) Nr. 4. S. 308–312. — 6 Tab., 26 Lit.
Es wird die Vorbehandlung von Maismehl durch Dampferhitzen zur Herstellung der in Zentralamerika gebräuchlichen Tortillas für die menschliche Ernährung untersucht. Die Vorbehandlung wird nach der Feuchtigkeit des Maiskornes, der Bedampfungstemperatur und der Bedampfungsdauer variiert. Der Nährwert der erhaltenen Produkte wird nach der Weender Analyse, dem Mineralstoffgehalt (Ca, P, Fe,) dem Zucker- und Stärkegehalt, dem Gehalt an Thiamin, Riboflavin und Niacin, dem Gehalt an einigen Aminosäuren, der Löslichkeit des N in verschiedenen Lösungsmitteln und dem Körperwachstum von mit den verschiedenen Präparaten gefütterten Ratten bestimmt. Die besten Resultate wurden erzielt, wenn der Mais 15–30 Min. mit Dampf von 227 °F behandelt wurde. W. Laube. 8800.

3-64/02-0552 Pecht, G.; Hamburg. **Stärkeaufschluß in Mischfuttern. Der Einfluß verstärkter Dampfbehandlung von Mischfutter vor dem Pressen auf die Verkleisterung der Stärke und die Stabilität von Vitamin A.** Kraftfutter **45** (1962) Nr. 10. S. 470. 472.
Vf. bespricht ausführlich einen von Oak B. Smith, Cansas-City, USA, gehaltenen Vortrag. Ein stärkeres Verkleistern der Stärke in Preßfuttern dürfte die Futterverwertung bei Tieren mit kurzem Magen-Darm-Trakt verbessern. Um den verstärkten Aufschluß der Stärke herbeizuführen, ist es erforderlich, das Mischfutter voll zu durchfeuchten, es einige Zeit auf 70–90 ° zu erhitzen und anschließend zu pressen. Das wurde durch Vorschalten einer doppelten Bedampfungsschnecke vor die eigentliche Presse erreicht. Der Stärkeaufschluß des normal gepreßten Futters betrug 11–20%, des vorbehandelten und gepreßten Futters 39–48%. Höhere Temperaturen führten einen höheren Stärkeaufschluß herbei. Vit.-A-Verluste traten durch das Vorschalten der Bedampfungsschnecke praktisch nicht ein. W. Laube. 8820.

3-64/02-0553 Kliewer, R. H., Jones, I. R. und Oldfield, J. E.; Corvallis, Oregon State Univ., Dep. of Animal Sci. Effect of orzan in pelleted alfalfa upon production and quality of milk. **(Die Wirkung von „Orzan" in Luzernepreßlingen auf Menge und Güte der Milch.)** J. Dairy Sci. 45 (1962) Nr. 12. S. 1531–1532. – 2 Tab., 3 Lit.

„Orzan", eine Ammonium-Lignin-Sulfonsäure-Verbindung wird als Bindemittel bei der Herstellung von Luzernepreßlingen verwandt. Luzernepreßlinge ohne und mit 2% „Orzan" wurden neben Kraftfutter an je 6 Kühe verfüttert. Weder in der Zusammensetzung der Preßlinge noch in der Milchleistung der Tiere oder dem Fettgehalt der Milch konnten gerichtete Unterschiede bemerkt werden. Von den Preßlingen ohne „Orzan" wurden etwa 10% mehr aufgenommen und diese Mehraufnahme von den Tieren mit einer etwas höheren Gewichtszunahme beantwortet. „Orzan" hatte somit keinen schädigenden Einfluß. W. Laube. 8860.

B. DIE EINZELNEN FUTTERSTOFFE

3-64/02-0554 Astrup, Harald; Vollebekk, Agric. Coll. of Norway, Inst. of Animal Nutrit. Antioxidants for grass meal. **(Antioxydantien für Gras-Grünmehl.)** Acta Agric. scand. 12 (1962) Nr. 3. S. 199–209. – 4 Abb., 2 Tab., 21 Lit.

Es wurde die Wirkung der Antioxydantien BHT und EMQ auf die Erhaltung des Carotins in Gras-Grünmehl geprüft. Die Antioxydantien setzten den Carotinverlust nach 10 Mon. Lagerzeit im günstigsten Fall von 50% auf 16% herab. Der Zusatz von EMQ war dem von BHT überlegen. Günstig auf die Erhaltung des Carotins wirkten sich niedrige Temperaturen, Schutz vor Feuchtigkeit und Luftsauerstoff aus. Die Pelletierung wirkte dann nachteilig, wenn höhere Temperaturen angewendet wurden. Der Zusatz von Metallen, bes. Cu und Fe, beeinflußte den Carotingehalt in Grünmehlen nicht, ebenso wie eine Beimischung von Fett keine Wirkung bei der Erhaltung des Carotins ausübte. Bei Zugabe von Grünmehl zu Geflügelfutter traten höhere Carotinverluste auf als in allen anderen Versuchen. L. Sperling. 8910.

3-64/02-0555 Klusmann, W.; Kiel, Landwirtschaftskammer Schleswig-Holstein. **Betriebswirtschaftliche Ergebnisse bei intensiv genutztem Grünland über die Verwertung durch die künstliche Trocknung.** Wirtschaftseigene Futter 8 (1962) Nr. 3. S. 225–234. – 6 Tab., Zus. in Engl., Franz.

Erfahrungsgemäß arbeiten Grünfuttertrocknungen am wirtschaftlichsten in grünlandstarken Gebieten. 75–80% des in Schleswig-Holstein hergestellten Trockengrünfutters entfallen auf Gras vom Dauergrünland. Grünmehl aus Gras hat einen höheren Carotin- und niedrigeren Rohfasergehalt als solches aus Luzerne. Für eine gleichbleibend gute Grasqualität ist die vierschnittige Nutzung nötig. Die ältesten Flächen haben bereits 27 Schnitte geliefert, sind also 6–7 Jahre ausschließlich gemäht worden und bringen noch 130 dt/ha Trockengras. Um der botanischen Umwandlung vom Weide- zum Schnitttypus vorzubeugen, sollte die Fläche jedoch jährlich oder zweijährig gewechselt werden. Die Jahreserträge schwanken von 90–110 dt/ha Tr.-Subst. mit 18–20% Rohprotein. Die Düngung mit 200–270 kg/ha N und 185–250 kg pro ha K_2O war geringer als der Nährstoffentzug, die P_2O_5-Düngung mit 120–160 kg/ha lag wesentlich darüber. Die Aufteilung der Grunddüngergabe ergab Mehrerträge von 5–8%. Die bewährtesten Gräser werden genannt. Die Kostenrechnung ergab, daß unter den zur Zeit geltenden Preisverhältnissen von einer wirtschaftlichen Trockengrünproduktion vom Dauergrünland gesprochen werden kann. G. Weiland. 8910.

3-64/02-0556 Farmer, Phyllis. The feeding value of haylage. **(Der Futterwert von Heusilage.)** Agriculture [London] 70 (1963) Nr. 1. S. 34–36. – 1 Tab.

Heusilage, wenn aus jungem Material bereitet, kann infolge seiner hohen Verdaulichkeit und seines hohen Futterwertes die Kraftfuttergabe vermindern helfen, da bei ihrem hohen Tr.-Subst.-Gehalt eine höhere Tr.-Subst.-Aufnahme durch das Tier möglich ist, als bei aus frischem Material bereiteter Silage. Eine Verfütterung von Heu ist nicht notwendig. Die untersuchten Proben hatten bei einem pH-Wert von 4,0–4,5 einen Gehalt an Tr.-Subst. von 40% und einen Futterwert von 25 g verdaul. Rohprotein und 180 g Stw. je kg. Die Verluste an Tr.-Subst. können bis auf 5% gesenkt werden. 50 lb dieser Silage reichen für Erhaltung und 1 Gallone Milchproduktion.

G. Leisner. 8920.

3-64/02-0557 Mischeinsäuerung von Silomais mit anderen Futterpflanzen. Rostock, Inst. Landwirtsch. Versuchs- u. Untersuchungswes. Dtsch. Akad. Landwirtsch.-Wiss. Berlin Plan-Nr.: 1701 25h-2-10/8 Z. Abschlußber. (10/5. 1963).

Die Säurequalität des Maises wird durch 10–25% Leguminosengrünfutter oder leicht abgewelkten Wiesengrases aus dem 2. Schnitt oder 15–30% Sonnenblumen praktisch nicht beeinflußt. 15–25% Zuckerrübenblatt verringert etwas die Säurequalität, ähnlich wirkt die Beimischung von 20–40% Kartoffelkraut. – Der Rohproteingehalt wird durch die Leguminosen in Abhängigkeit von deren Vegetationsstadium, ± stark erhöht, durch das Zuckerrübenblatt, das Kartoffelkraut und die Sonnenblumen etwas. Die übrigen Nährstoffe werden durch die Wiesengraszulagen weiter angereichert, durch die übrigen Zusätze herabgesetzt. 8920.

3-64/02-0558 Lüddecke, F., Henk, G. und Müller, H.; Rostock, Inst. für Landwirtsch. Versuchs- und Untersuchungswes. der Dtsch. Akad. der Landwirtsch.-Wiss. zu Berlin. **Einsäuerung und Verfütterung von Kartoffel-Markstammkohlsilage für die Schweinemast.** Dtsch. Landwirtsch. **13** (1962) Nr. 11. S. 547–549. – 3 Tab., 4 Lit.

Es wird zusammenfassend über die Ergebnisse von 9 Einsäuerungs- und 9 Schweinemastversuchen mit Mischsilagen aus $^2/_3$ gedämpften Kartoffeln und $^1/_3$ gehäckseltem Markstammkohl berichtet. Sowohl die reinen Kartoffel- als auch die Mischsilagen erbrachten durchweg eine sehr gute Gärfutterqualität. In der Mischsilage war der Protein- und Rohfasergehalt im Durchschnitt höher als in der Kartoffelsilage. Die Mastversuche ergaben für beide Silagen fast gleiche Ergebnisse (reine Kartoffeln ⌀ 629 g tägl. Zunahme und eine Verwertungszahl von 305, Mischsilage 585 g bzw. 306). Durch Mischeinsäuerung von Kartoffeln und Markstammkohl konnten demnach ohne Beeinträchtigung der Mastergebnisse 30% der Kartoffeln eingespart werden.

W. Laube. 8920.

3-64/02-0559 Dudáš, F.; Brno, Katedra Technol. a Laktol. Zbytky a odpady zelárenského průmyslu a moznosti jejich dokonalého využití v zemědělství. **(Überreste und Abfälle der krautverarbeitenden Industrie und Möglichkeit ihrer vollkommenen Ausnützung in der Landwirtschaft.)** Sborník Vysoké Školy zemědělské Brně, Řada A **1962** Nr. 2. S. 153–163. – 3 Abb., 2 Tab., 7 Lit. Zus. in Russ., Dtsch.

Gemäß der durchgeführten Untersuchungen betrugen im Durchschnitt von 4 Kampagnen die Lagerungsverluste vor der Verarbeitung des Kohles 3,34% und die Verluste im Verlaufe der Verarbeitung 14,55% des Gewichtes. Es wird empfohlen, die Blattreste, die bei der Verarbeitung des Kohles nicht ausgenützt werden, entweder allein oder zusammen mit anderen Futtermitteln einzusäuern. Das bei dem Stampfen des Kohles abfallende Wasser kann entweder direkt verfüttert oder als Gärsatz beim Einsäuern von Futtermitteln verwendet werden. Den vergorenen Krautsaft kann man entweder zum fertigen Sauerkraut zusetzen oder nach den Erfahrungen in der UdSSR und den USA direkt konsumieren. F. Svoboda. 8920.

3-64/02-0560 Gilbert, Howard und Waananen, Martin; Washington, State Univ., Inst. of Agric. Sci., Agric. Exp. Stat. Hay quality a literature

review. (**Heuqualität — ein Literaturüberblick.**) Wahington agric. Exp. Stat., Stat. Circ. **1961** Nr. 391. S. 1–13. – 97 Lit.
Es wird ein stark zusammengefaßter Überblick über die Verfahren zur Ermittlung der Heuqualität gegeben. Dabei werden visuelle Untersuchungen, chemische Bestimmungen (Lignin-, Rohfaser-, Protein-, Cellulose-, Methoxylgehalt) und Verdauungsversuche (klassisches und verschiedene Indikatorverfahren) genannt. Besonders wird darauf verwiesen, daß sich spezielle für eine Pflanze, z. B. Luzerneheu, ausgearbeitete Verfahren zur Qualitätsbeurteilung nicht ohne weiteres auf andere Heuarten übertragen lassen.
W. Laube. 8930.

3-64/02-0561 Archibald, J. G., Barnes, H. D., Fenner, H. und Gersten, B.; Amherst, Mass., Agric. Exp. Stat., Dep. of Animal and Dairy Sci. Digestibility of alfalfa hay and reed canary grass hay measured by two procedures. **(Die Verdaulichkeit von Luzerneheu und Rohrglanzgrasheu, bestimmt nach zwei Verfahren.)** J. Dairy Sci. **45** (1962) Nr. 7. S. 858–860. – 2 Tab., 2 Lit.
An 4 Kühe wurde wechselweise in 5wöchigen Perioden Luzerneheu und Rohrglanzgrasheu verfüttert. Die Tiere waren mit Pansenfisteln versehen, in die während der Kotsammelperiode je ein Netzbeutel (Material „Dacron") mit 30 g des Versuchsfutters für 48 Std. eingehängt wurde. Die Verdaulichkeit wurde nach der klassischen Methode sowie aus dem in den Netzsäcken verbleibenden Rückstand bestimmt. Die Netzbeutelmethode ergab beträchtlich höhere Verdauungswerte für Rohprotein, Rohfett und N-fr. E, aber niedrigere für Rohfaser. Der klassischen Methode wird das sicherere Ergebnis zugesprochen. Zwischen den beiden Heuarten bestanden größere Unterschiede in der Verdaulichkeit der Rohfaser und ihrer Einzelbestandteile, wobei entspr. seinem höheren Ligningehalt die VK für das Luzerneheu niedriger lagen. W. Laube. 8930.

3-64/02-0562 Schmutz, Ervin, M., Holt, Gary A. und Michaels, Charles C.; Tucson, Ariz., Agric. Exp. Stat. Grazed-class method of estimating forage utilization. **(Eine Weide-Klassifizierungsmethode zur Bestimmung des Futterverzehrs.)** J. Range Management **16** (1963) Nr. 2. S. 54–60. – 2 Abb., 3 Tab., 18 Lit.
Das Ziel der neuen Methode liegt in einer zeitsparenden, statistisch gesicherten Handhabung zur Ermittlung von Futteraufwuchs, Futterverzehr und Weiderest. Dazu wurde eine schwarze Tafel benutzt, auf der vorher die Wuchshöhe der dort heimischen Leitgräser von 0–100% gekennzeichnet war. Vor und nach dem Auftrieb werden nun Futterangebot und Weiderest an 100 typischen Stellen der Weidefläche an dieser Tafel abgelesen, wobei vorteilhafterweise mehrere Leitgräser (und entspr. häufigeres Ablesen) in gemischten Beständen berücksichtigt werden sollten. – Diese Methoden wurde am typischen Obergras *Bouteloua curtipendula* ebenso wie am ausläufertreibenden Untergras *B. eriopoda* mit Erfolg geprüft und durch Gewichtsanalyse bestätigt. Auch ungeübte Kräfte können diese Methode erfolgreich benutzen, wenn die Zahl der Messungen 100/Grasart nicht unterschreitet. Kalkulationen zur Besatzdichte sind ebenfalls möglich. H. Pätzold. 8940.

3-64/02-0563 Lambourne, L. J. und Reardon, T. F.; Armidale, New South Wales, C.S.I.R.O., Pasture Res. Lab. Use of 'seasonal' regressions in measuring feed intake of grazing animals. **(Die Benutzung jahreszeitlich unterschiedlicher Regressionsgleichungen bei der Bestimmung der Futteraufnahme von Weidetieren.** Nature [London] **196** (1962) Nr. 4858. S. 961–962. – 2 Abb., 2 Tab., 9 Lit.
Auf einer Weidelgras-Weißkleeweide erfolgte bis zur frühen Samenreife 2tägig je ein Schnitt; das Futter wurde gehäckselt und teilweise über einen Windsichter in eine blatt- und stengelreichere Fraktion geteilt. Mit dem gesamten

Futter und den getrennten Partien erfolgten je 4 Verdauungsversuche an Schafen. Aus den Versuchsergebnissen werden die Regressionsgleichungen der für die Bestimmung der Futteraufnahme von Weidetieren wichtigen Konstanten (Verdaulichkeit, Futter-Kot-Verhältnis, Kot-N-Gehalt, Chromogengehalt im Kot) berechnet. Es zeigten sich für die stengel- und blattreichen Proben verschiedene Regressionen. Daraus wird der Schluß gezogen, daß die üblicherweise benutzten „jahreszeitlichen" Regressionen von dem unterschiedlichen Blatt-Stengel-Verhältnis der Pflanzen herstammen und nicht allein unter Berücksichtigung des Kalenderdatums benutzt werden können.

W. Laube. 8940.

3-64/02-0564 Pearce, G. R., Vercoe, J. E. und Freer, M.; Werribee, Victoria, Australia, State Dep. of Agric. The establishment of faecal nitrogen-digestibility regressions for animals grazing irrigated pasture. **(Die Aufstellung von Regressionen zwischen Kot-Stickstoff und Verdaulichkeit für Tiere auf bewässerten Weiden.)** J. agric. Sci. 59 (1962) Nr. 3. S. 397–402. – 1 Abb., 6 Tab., 19 Lit.

Verdauungsversuche nach dem klassischen Verfahren an Kühen und Schafen mit dem Futter einer bewässerten Gras-Klee-Weide werden dahingehend ausgewertet, daß die Regression zwischen dem N-Gehalt des Kotes und dem Futter-Kot-Verhältnis (auf der Basis der Menge an org. Subst.) ermittelt wird. Neben den ganzen Pflanzen wurden in 2 jahreszeitlich auseinanderliegenden Versuchen (Frühling, Sommer) auch blattreichere sowie stengelreichere Proben des Pflanzenmaterials herangezogen. Die ermittelten Regressionen waren sehr unterschiedlich, je nachdem das gesamte Material oder die geteilten Proben aus den verschiedenen Jahreszeiten zur Auswertung kamen. Die Nichtbeachtung des Zustandes des Weidefutters bei der Verwendung solcher Regressionen zur Ermittlung der Futteraufnahme aus dem Kot-N-Gehalt kann daher zu erheblichen Fehlern führen.

W. Laube. 8940.

3-64/02-0565 Vercoe, J. E., Pearce, G. R. und Tribe, D. E.; Werribee, Victoria, Australia, Animal Husbandry Res. Centre; Melbourne, Univ., School of Agric. The estimation of the intake of grazing sheep. I. Establishment of faecal nitrogen regressions. **(Die Bestimmung der Futteraufnahme weidender Schafe. 1. Mitt. Die Aufstellung von Kot-Stickstoff-Regressionen.)** J. agric. Sci. 59 (1962) Nr. 3. S. 343–348. – 4 Abb., 4 Tab., 19 Lit.

Es wird versucht, die Beziehungen festzustellen, die bei weidenden Schafen zwischen dem N-Gehalt des Kotes und dem Futter-Kot-Verhältnis vorliegen. Unter Futter-Kot-Verhältnis wird der Quotient aus der Menge an aufgenommener und ausgeschiedener org. Subst. verstanden. 3 Schafe erhielten von Mitte August 1957 bis Ende Juli 1958 (Frühling bis Winter) in 13 einwöchigen Perioden gewogene Mengen an Grünfutter einer Weidelgras-Weißkleeweide. Durch Rückwägung der Futterreste wurde die genaue Futteraufnahme bestimmt. Kotsammlung und Analyse von Futter, Futterresten und Kot ergaben die Grundlage zur Aufstellung der folgenden, jahreszeitlich verschiedenen Regressionen zwischen Futter-Kot-Verhältnis (y) und N-Gehalt des Kotes (% der org. Subst.): Frühling $y = 1{,}34 + 0{,}72\,x \pm 0{,}15$, Sommer $y = 1{,}24 + 0{,}61\,x \pm 0{,}21$, Herbst $y = 0{,}84 + 0{,}79\,x \pm 0{,}06$, Winter $y = 0{,}67 + 0{,}12\,x \pm 0{,}04$, insgesamt $y = 0{,}65 + 0{,}98\,x \pm 0{,}18$. Die Anwendung dieser Gleichungen auf die Ermittlung der Futteraufnahme bei weidenden Schafen (unter quantitativer Kotsammlung) wird diskutiert. W. Laube. 8940.

3-64/02-0566 Pearce, G. R., Vercoe, J. E. und Tribe, D. E.; Werribee, Victoria, Australia, Animal Husbandry Res. Centre; Melbourne, Univ., School of Agric. The estimation of the intake of grazing sheep. II. Application of faecal nitrogen regressions to a group of grazing sheep. **(Die Bestimmung der Futteraufnahme weidender Schafe. 2. Mitt. Die Anwendung von Kot-Stick-**

stoff-Regressionen bei einer Gruppe weidender Schafe.) J. agric. Sci. **59** (1962) Nr. 3. S. 349–353. – 5 Abb., 2 Tab., 12 Lit. 1. Mitt. vgl. vorst. Ref.

Die in der 1. Arbeit (siehe vorst. Referat) entwickelten Regressionen wurden auf 10 Schafe, die sich in der gleichen Zeit auf der gleichen Weide befanden, angewandt. Wiederum kamen 13 einwöchige Perioden von Mitte August 1957 bis Ende Juli 1958 zur Auswertung. Aus der ⌀ tägl. Ausscheidung an org. Subst. und dem N-Gehalt des Kotes wurde die Menge an aufgenommener org. Subst. und deren Verdaulichkeit unter Benutzung der Regressionen berechnet, die zwischen dem N-Gehalt des Kotes und dem Futter-Kot-Verhältnis bestehen (siehe vorst. Ref.). Auch die Menge an aufgenommenem Gesamt- und verdaul. N konnte berechnet werden. Im Lauf des Jahres ergaben sich in der Nährstoffaufnahme der Weidetiere 2 Maxima, ein ausgeprägtes im Frühling (Aug.–Okt.) und ein weniger ausgeprägtes im Herbst (März–April).
W. Laube. 8940.

3-64/02-0567 Weise, F. **Portionsweide oder Grünfütterung im Stall?** Mitt. dtsch. Landwirtsch.-Ges. **78** (1963) Nr. 18. S. 607–609. – 1 Abb., 2 Tab.

In den angelsächsischen Ländern werden als besondere Vorteile des Systems „Zero-Grazing“ genannt: 1) geringerer Futterflächenbedarf, 2) größerer Trockenmasseverzehr, 3) höhere Milchleistungen sowie Gewichtszunahmen. Die entsprechenden Versuche wurden allerdings in den meisten Fällen mit Kleegras- oder Luzernegrasgemischen durchgeführt. Da eine vollständige Nutzung des gewachsenen Futters selbst auf der Portionsweide nicht möglich ist, muß sich bei der Stallhaltung ein geringerer Futterflächenbedarf ergeben. Die bei der Grünfütterung teilweise ermittelten Milchmehrerträge von 10–15% werden auf den größeren Energieaufwand beim Weidegang zurückgeführt. Entscheidend dürfte noch das Verhalten der Grasnarben von Dauerweiden bei ständiger Mähnutzung sein. Mit der Erhöhung der Weideleistung läßt sich eine Verbesserung der Bestandszusammensetzung und des Futterwertes nachweisen, wobei die Trennarten der ertragreichen Intensivweiden fast ausschließlich den Trittgesellschaften angehören. Es wird deshalb angenommen, daß die Umstellung von Weidegang auf Grünfütterung im Stall zumindest dann mit einem Risiko belastet ist, wenn es sich um gutes, intensiv beweidetes Dauergrünland handelt. E. Buhtz. 8940.

3-64/02-0568 Avenriep, Gunther und Rademann, Hans Jürgen. **Weidegang oder Sommerstallhaltung.** Mitt. dtsch. Landwirtsch.-Ges. **78** (1963) Nr. 17. S. 579–582. – 2 Abb., 5 Tab.

An Hand von 2 Modellen werden die Kosten zwischen Weidegang und Sommerstallhaltung mit Grassilagefütterung verglichen. Als Futterfläche wird Dauergrünland angenommen. Im Vergleich zur Weide ergibt sich bei Stallhaltung durch die Futterwerbung ein höherer Arbeitsaufwand. Die reine Fütterungszeit beträgt bei Vollmechanisierung nur noch 4% des aufgezeigten Arbeitsbedarfes je Kuh. Von Einfluß ist insbesondere, daß die Kuh, selbst aus allerbester Anwelksilage, nicht mehr als etwa 10 kg Milch erzeugt, so daß einerseits Futterfläche eingespart wird, andererseits aber bei Stallfütterung Kraftfutter zugekauft werden muß. So wird aus Gründen der Arbeitswirtschaft und vor allem wegen der geringeren Produktivität des konservierten Grases, auch unter Berücksichtigung der Preis- und Kostenverhältnisse, eine Umstellung auf Sommerstallhaltung nicht empfohlen. Die Kosten je kg Milch (50 Milchkühe) betragen bei der Stallhaltung 19,1 Pf., bei Weidegang (1 km Entfernung zum Weidemelkstand) 15,6 Pf. Die Frischgrasverfütterung im Stall wird ebenfalls abgelehnt. E. Buhtz. 8940.

3-64/02-0569 Bennewitz, H. und Hanke, W. **Kritische Betrachtungen zur Stallfütterung von Gras.** Dtsch. Landwirtsch. **14** (1963) Nr. 5. S. 243–246. – 3 Tab., 9 Lit.

Unter Zugrundelegung der Technologie des Weidekombinates bzw. des Schlegelhäckslers mit dem Futterverteilungswagen ergibt die Kostenkalkulation (ohne Gemeinkosten bei skizzierten Unterstellungen), daß bei Weidehaltung 1 kStE mit 10,4 bzw. 11,2 Pf. direkten Kosten belastet wird, während bei Stallfütterung mit Dauergrünland-Gras 25 Pf./kStE ermittelt wurden. Der Mehraufwand bei der Stallfütterung gegenüber der Weidehaltung an AKmin. betrug 50%, an PSmin. 193%. Dies ist vor allem auf den hohen Bedarf an Maschinen- und Transportkapazität für die Futterernte und den Anfall der Arbeiten im Stall zurückzuführen. Zudem ist die laufende Futterbereitstellung mit Risiko verbunden. Niedermoor und Auegrünland scheiden ohnehin für eine mechanisierte Vielschnittnutzung aus. E. Buhtz. 8940.

3-64/02-0570 Hunter, A. A. und Jennings, J. W.; Muckamore, Greenmount Agric. Coll. Observations on the value of foggage for fattening cattle at Greenmount Agricultural College. **(Beobachtungen zum Wert der Nachweide für die Rindermast im Greenmount Agricultural College.)** Res. exp. Rec. Ministry Agric. Northern Ireland **11** (1961) S. 37–50. — 10 Tab., 18 Lit.

Es werden die Ergebnisse aus den Jahren 1958–1960 mitgeteilt. Befriedigende Massezunahmen werden nur bis Ende Nov. erreicht. Infolge des kalten, windigen Wetters sind die Zunahmen im Dez. nur gering. Durch ausreichende Ruhezeiten ab Mitte August und Anwendung von N-Düngern kann die Nachweide, wie die Versuche zeigen, noch ausreichend Futter hoher Qualität liefern. Jedoch kann die Futtermenge nicht die schlechten Witterungsbedingungen vollständig kompensieren. Produktion und botanische Zusammensetzung der Rasennarbe in den folgenden Jahren wird kaum nachteilig beeinflußt. G. Leisner. 8940.

3-64/02-0571 Könekamp, A. H.; Braunschweig-Völkenrode, Inst. für Grünlandwirtsch., Futterbau und Futterkonserv. **Rationelle Ausnutzung und Verwertung des Weidefutters.** Wirtschaftseigene Futter 8 (1962) Nr. 3. S. 193–204. — 8 Abb., 3 Tab. Zus. in Engl., Franz.

Das Leistungspotential der Dauerweiden ist voll auszuschöpfen, weil die Erzeugung einer kStE über das Weidegras mittels Handelsdünger billiger sein kann als der Futterzukauf. Schwieriger ist die rationelle Verwertung des Futters durch Abweiden und Konservieren. Die optimale Besatzdichte liegt bei 500 dt/ha, das sind 100 m² täglich zugeteilte Freßfläche je GV. Die Weideleistungen schwanken in Abhängigkeit von der Besatzdichte 25% um den Mittelwert. Die günstigsten Ruhezeiten liegen in Nord- und Süddeutschland ziemlich unabhängig von Klima und Höhenlage im Mittel des Weidejahres bei 25–28 Tagen. Bei der Silierung des Weidegrases ist das Vorwelken auf 35–40% Tr.-Subst. entscheidend. Die Tr.-Subst.-Verluste betrugen 13,25% bei Gras mit 16,0% Tr.-Subst., aber nur 5–7% bei Gras mit reichlich 30% Tr.-Subst. Außerdem ist bei Vorwelksilage eine größere Tr.-Subst.-Aufnahme je Tier und Tag zu beobachten. Verdauungsversuche mit Vorwelksilage werden gefordert. G. Weiland. 8940.

3-64/02-0572 Blohm, G. **Intensität der Grünlandbewirtschaftung und Nutzungsformen der Rindviehhaltung.** Wirtschaftseigene Futter 8 (1962) Nr. 3. S. 260–266. — 1 Abb., 2 Tab., 5 Lit. Zus. in Engl., Franz.

Vf. wirft die Frage auf, ob die Nutzungswürdigkeit der einzelnen Formen der Rindviehhaltung von der Intensität der Grünlandbewirtschaftung abhängig ist. In der Ertragsspanne von 2000–6000 kStE werden die Nährstoffeinheiten mit etwa konstanten Kosten produziert. Bei der Verwertung der Grünlanderträge sind die flächengebundenen Spezialkosten durch Beschränkung der Futterkonservierung und durch Anwendung des verlustarmen Portionsweideverfahrens möglichst niedrig zu halten. Die niedrigsten tiergebundenen

Spezialkosten und damit der höchste Nutzeffekt der Ertragssteigerung auf dem Grünland werden unter den zugrundegelegten Preisverhältnissen in der Milchviehhaltung erzielt. Die Jungrindermast lohnt trotz höherer Futterverluste auf der Umtriebsweide auch noch eine intensive Düngung. Bei Altrindermast braucht auf eine hohe Ertragsleistung der Weide kein Wert gelegt zu werden. G. Weiland. 8940.

3-64/02-0573 Blattmann, W. **Leistungssteigerungen von Weidebetrieben im Laufe mehrjähriger Weideertragsermittlungen.** Wirtschaftseigene Futter 8 (1962) Nr. 3. S. 205–212. – 5 Tab. Zus. in Engl., Franz.

In 140 Weidebetrieben wurden 5 oder mehr Jahre lang Weideertragsermittlungen in Form des effektiven Nutzungsertrages der Weiden durchgeführt. Die Auswertungen erstreckten sich im 10. Kontrolljahr nur noch auf 6 Betriebe, weshalb im folgenden nur die Werte des 1. und 5. Kontrolljahres zitiert werden. In Klammern ist jeweils der Schwankungsbereich angegeben. Der Durchschnittsertrag war im 1. Jahr mit 3139 (1320–5496) kStE schon relativ hoch. Im 5. Jahr betrug er 3750 (1860–7530) kStE, das sind 120%. Die N-Düngung stieg von 58,3 (12–130) kg/ha auf 92,5 (38–170) kg/ha. Die P- und K-Düngung zeigte die gleiche Tendenz. Die Besatzdichte stieg von 219 auf 408 dt/ha. Die Besatzstärke stieg – im Mittel von nur 51 Betrieben – von 12,5 auf 16,0 dt/ha. Die Anzahl der Umtriebe blieb mit 6,0 und 5,9 etwa gleich. Sämtliche Betriebe verwendeten mindestens vom 2. Jahr ab den Elektrozaun, aber erst nach dem 5. bzw. 6. Kontrolljahr wurde die tägliche Freßflächenzuteilung im Sinne einer echten Portionsweide in der Mehrzahl der Fälle eingeführt. Die in einigen Betrieben manchmal fast unglaubhaften Steigerungen des effektiven Weideertrages in oft überraschend kurzer Zeit sind nur zum geringen Teil auf eine Erhöhung der pflanzlichen Produktion der Weidenarbe, sondern vielmehr auf eine immer mehr verbesserte Ausnutzung und Verwertung des Aufwuchses zurückzuführen. G. Weiland. 8940.

3-64/02-0574 Willems, A. E. R., Vanschoubroek, F. und Nauwelaerts, A. Samenstelling, zetmeelwaarde en kostprijs van gekiemde gerst in vergelijking met ongekiemde. **(Zusammensetzung, Stärkewert und Kostenpreis gekeimter Gerste im Vergleich zu ungekeimter.)** Vlaams diergeneeskund. Tijdschr. **31** (1962) Nr. 12. S. 297–306. – 1 Abb., 5 Tab., 1 Lit. Zus. in Engl., Franz.

Frühere Untersuchungen zeigten, daß der durch die Keimung verursachte Energieverlust nicht durch eine Erhöhung des Vit.-E- und des Carotingehaltes ausgeglichen wird. Die Untersuchungen wurden mit gekeimter Gerste ausgeführt, die in 6 übereinanderstehenden Keimkästen 6 Tage lang bei 18 °C durch Übergießen mit nährsalzhaltigem Wasser zur Keimung gebracht worden war, so daß sie bei der Verfütterung Keime von etwa 10 cm Länge hatte. Je eingelegtem kg Gerste wurden 5 kg Keimgerste gewonnen. Diese wurde getrocknet, analysiert und mit Gerste verglichen. Keimgerste hat einen hoch signifikant niedrigeren Gehalt an Tr.-Subst., Kohlenhydraten und Ca; hieraus ergibt sich eine erhebliche Einbuße im Stärkewert. Der Gehalt der Keimgerste an Na ist signifikant niedriger als in normaler Gerste, der Gehalt an Roheiweiß, Fett, Asche und Rohfaser höher. Die Unterschiede im Gehalt an Roheiweiß, Fett, Asche und Rohfaser und die an P sind aber nicht signifikant. Die Erzeugungskosten je Stärkeeinheit sind bei Keimgerste viermal so hoch wie bei Gerste. Die Keimung von Gerste ist daher wirtschaftlich nicht vertretbar. J. K. Hinrichsen. 8990.

3-64/02-0575 Vanschoubroek, F., Nauwelaerts, A. und Willems, A. E. R. Onderzoek naar een eventuele specifieke invloed van gekiemde gerst op de melkhoeveelheid, de melksamenstelling en het gewicht bij melkkoeien. **(Untersuchung über einen eventuellen spezifischen Einfluß gekeimter Gerste**

auf die Menge und die Zusammensetzung der Milch und das Gewicht von Milchkühen.) Vlaams diergeneeskund. Tijdschr. **31** (1962) Nr. 12. S. 307–319. – 10 Tab., 2 Lit. Zus. in Engl., Franz., Dtsch.

Bei den 5 Versuchstieren wurden 10 kg Zuckerrübenköpfe und -blatt in der Hauptperiode durch 4 kg gekeimte Gerste ersetzt, so daß der Stärkewert beider Rationen etwa gleich blieb. Die Versuchsfütterung brachte keine signifikante Änderung der Milchmengenleistung, des Gehaltes an Fett, Laktose, Ca, P, Na und K, sowie der Gewichtsentwicklung. Nur die Erhöhung des Eiweißgehaltes der Milch um 0,06% war signifikant ($p < 0,05$). Da gekeimte Gerste ein teueres Futtermittel ist, ist ihre Verfütterung an Milchkühe nicht zu vertreten. J. K. Hinrichsen. 8990.

3-64/02-0576 Thafvelin, B.; Stockholm, Swed. State Veterin. Med. Inst. Detrimental effects of cereals damaged in harvesting or storage on pigs. **(Nachteilige Wirkungen von Cerealien, die bei der Ernte oder Lagerung Schaden erlitten haben, auf Schweine.)** Acta polytechn. scand., Symposium **3** (1962) Nr. Ch 21. S. 94–96. – 3 Lit.

Das Auftreten von Stoffwechselstörungen vom Typ einer diätetischen Hepatose, wachsartiger Skelettmuskel-Degeneration und plötzlichen Versagens des Herzens bei Schweinen nach Verfütterung von Cerealien, die bei der Ernte oder Lagerung Schäden erlitten haben, gab Veranlassung, in Versuchen die die Krankheit auslösenden Faktoren künstlich zu schaffen. Ausgehend von den Erfahrungen mit der Verfütterung ranziger mariner und pflanzlicher Öle wurde vermutet, daß auch bei der Schadwirkung der Cerealien die Ranzidität des Fettes eine Rolle spielt, da dieses wegen seiner starken Ungesättigtheit sehr empfindlich ist. Durch Wärmebehandlung von Cerealien im Brutschrank wurde deshalb eine Ranzidität des Fettes hervorgerufen. Ihre Verfütterung löste nach kurzer Zeit die Krankheit aus. L. Sperling. 8990.

3-64/02-0577 Boza Lopez, Julio. Experiencias de digestibilidad con cerdos retintos de tipo iberico. **(Verdauungsversuche an Schweinen einer spanischen Rasse.)** An. Edafol. Agrobiol. **20** (1961) Nr. 7/8. S. 337–365. – 26 Tab., 36 Lit.

Geprüft wurde die Verdaulichkeit von Mais, Gerste, Olivenschalen und Weizenkleie. Die für jedes Futtermittel an mehreren Tieren ermittelten VK stimmen sehr gut überein. Innerhalb der Verdauungswerte der verschiedenen Futtermittel bestehen aber statistisch gesicherte Unterschiede. Die Verdaulichkeit des Maises ist in bezug auf Tr.-Subst., org. Subst., Protein und Fett am höchsten. Danach folgen die Gerste, die Olivenschalen und die Weizenkleie. W. Kracht. 8990.

3-64/02-0578 Harper, J. A. und Arscott, G. H.; Corvallis, Oregon Agric. Exp. Stat. Toxicity of common and hairy vetch seed for poults and chicks. **(Toxizität von gewöhnlichen und behaarten Wickensamen für Puten- und Hühnerküken.)** Poultry Sci. **41** (1962) Nr. 6. S. 1968–1974. – 8 Tab., 15 Lit.

In Fütterungsversuchen mit Puten- und Hühnerküken wurden steigende Gaben gewöhnlicher Wickensamen (*Vicia sativa, L. Var. Willamette*) und Samen der behaarten Wicke (*Vicia villosa, var. glabrescens Koch*) verabreicht und die Gewichtsentwicklung und die Höhe der Sterblichkeit ermittelt. Die ersteren wirkten in Gaben von 20 bis 40% in der Diät stark toxisch mit hohen Sterblichkeitsziffern. Autoklavierung (8 Std.) verminderte die Toxizität und verbesserte das Wachstum. Ein Einweichen in der 5 fachen Wassermenge (24 Std.) war unwirksam, obwohl das Einweichwasser toxisch wirkte. Die Samen der behaarten Wicke wirkten kaum toxisch, gemessen an der Sterblichkeit, hatten jedoch eine Depressionswirkung auf das Wachstum der Tiere.

Autoklavieren der Samen führte in Fütterungsversuchen an Küken zu einer Verbesserung der Gewichtszunahmen im Vergleich mit der gleichen Gabe an unbehandelten Samen. R. Schiemann. 9000.

3-64/02-0579 Honavar, P. M., Shih, Cheng-Ven und Liener, Irvin E.; St. Paul, Minn., Univ., Dep. of Agric. Biochem. Inhibition of the growth of rats by purified hemagglutinin fractions isolated from Phaseolus vulgaris. **(Hemmung des Wachstums von Ratten durch gereinigte aus Phaseolus vulgaris isolierte Hämagglutinin-Fraktionen.)** J. Nutrit. [Philadelphia] **77** (1962) Nr. 1. S. 109–114. — 4 Tab., 26 Lit.

An jungen entwöhnten Ratten wurden die wachstumsfördernden Eigenschaften roher und erhitzter Proben verschiedener Leguminosen wie *Phaseolus vulgaris, Cicer arietinum, Cajanus cajan* und *Phaseolus aureus* geprüft. Unter ihnen erwiesen sich die zu Phaseolus vulgaris gehörige „Schwarze Bohne“ und die „Nierenbohne“ in rohem Zustand als stark toxisch, während die übrigen Leguminosen kaum in rohem Zustand toxisch waren. Die Toxizität von *Ph. v.* konnte durch Autoklavieren nach vorherigem Einweichen in Wasser weitgehend eliminiert werden. — Aus den Bohnen ließen sich Fraktionen mit starker hämagglutinierender Aktivität isolieren, die jedoch keine antitryptischen Eigenschaften hatten. Ihre Beigabe zu einer Caseindiät hemmte das Wachstum der Ratten und führte bereits bei Zusätzen von 0,5% nach gewisser Zeit den Tod der Tiere herbei. L. Sperling. 9000.

3-64/02-0580 Navrátil, Boleslav; Pohořelice, Výzkumný Ústav Krmivářský. Výzkum využití bobu (Vicia faba minor) a hrachu při výkrmu prasat. **(Forschung der Verwertung der Ackerbohnen [Vicia faba minor] und Erbsen bei der Schweinemast.)** Živočišná Výroba **8(36)** (1963) Nr. 4. S. 221 bis 230. — 5 Tab., 15 Lit. Zus. in Russ., Dtsch.

Die Kombination von Ackerbohnen mit Trockenmilch war um 3,3% wirksamer als die von Erbsen mit Trockenmilch. Der Unterschied ist aber stat. nicht signifikant. Die Kombination von Ackerbohnen, Erbsen und Trockenmilch war um 4,6% wirksamer als die von Erbsen mit Trockenmilch. Eine höhere Wirksamkeit zeigte auch die Verfütterung von beiden Leguminosen zusammen. Eiweißkonzentrate in der Futterration von Mastschweinen können bis zu 60% des Eiweißgehaltes mit Ackerbohnen (bei teilweisem Einsatz von Milch bis zum Lgw. von 50 kg) ersetzt werden. ČSSR/ÚVTI. 9000.

3-64/02-0581 Phadke, Kalindi und Sohonie, Kamala; Bombay, Inst. of Sci., Dep. of Biochem. Nutritive value of field bean (Dolichos lablab). Part II. Effect of feeding raw, autoclaved & germinated beans on the growth of rats & nitrogen balance studies. **(Der Nährwert von Flachsbohnen [Dolichos lablab]. 2. Mitt. Der Einfluß der Verfütterung von rohen, autoklavierten und vorgekeimten Bohnen auf das Wachstum von Ratten und Stickstoffbilanzversuche.)** J. sci. ind. Res. [New Delhi], Sect. C **21C** (1962) Nr. 7. S. 178–182. — 1 Abb., 6 Tab., 32 Lit. 1. Mitt. vgl. LZ. Abt. III 8 (1963) Nr. 12. S. 2567.

Vff. untersuchten an wachsenden ♂ Albinoratten (Wistar-Zuchtstamm) den Einfluß der Verfütterung von rohen, autoklavierten sowie vorgekeimten und gekochten Flachsbohnen (Dolichos lablab) einzeln und im Gemisch mit Casein auf das Wachstum der Versuchstiere. Ferner wurden N-Bilanzversuche zur Bestimmung der biologischen Wertigkeit (BW) des Eiweißes der genannten Futterstoffe durchgeführt. Rohe Bohnen inhibierten das Wachstum und führten schließlich zum Verenden der Tiere. Durch Autoklavieren, Vorkeimen oder Kochen der Bohnen wurde ihr wachstumsinhibierender Einfluß nicht beseitigt. Folgende Werte für BW, wahre Verdaulichkeit und Net Protein Utilization wurden ermittelt: rohe Bohnen 57,2; 70,7; 45,7; autoklavierte Bohnen 64,7; 83,6; 54,1 und Casein 74,0; 95,7; 70,8. Die Aminosäure-Ausscheidung war nach Verfütterung roher Bohnen am höchsten, nach Caseinfütterung am geringsten. H.-D. Bock. 9000.

3-64/02-0582 Phadke, Kalindi und Sohonie, Kamala; Bombay, Inst. of Sci.,Dep. of Biochem. Nutritive value of field bean (Dolichos lablab). Part III. Effect of supplementation of essential amino acids to raw & autoclaved field bean on the growth of Albino rats. **(Der Nährwert von Flachsbohnen [Dolichos lablab]. 3. Mitt. Der Einfluß einer Aminosäure-Supplementierung von rohen und autoklavierten Flachsbohnen auf das Wachstum von Albinoratten.)** J. sci. ind. Res. [New Delhi], Sect .C **21C** (1962) Nr. 7. S. 182–184. – 2 Tab., 13 Lit. 2. Mitt. vgl. vorst. Ref.

Supplementierung von rohen Flachsbohnen mit Methionin, Tryptophan und Valin oder auch mit allen essentiellen Aminosäuren (AS) im optimalen Verhältnis konnte den wachstumsinhibierenden Einfluß der rohen Bohnen nicht ausschalten. Dieselbe Ergänzung von autoklavierten Bohnen führte zu einem gewissen Wachstumseffekt. Der wachstumshemmende Einfluß roher Ackerbohnen wird demnach nicht durch eine AS-Imbalanz oder einen AS-Antagonismus, sondern durch das Vorhandensein eines hitzelabilen Wachstums-Inhibitors verursacht. H.-D. Bock. 9000.

3-64/02-0583 Butterworth, M. H. und Houghton, T. R. The use of surplus bananas for pig feeding in the West Indies. **(Die Verwertung der Bananenüberschüsse in der Schweinefütterung in West-Indien.)** Empire J. exp. Agric. **31** (1963) Nr. 121. S. 14–18. – 5 Tab., 5 Lit.

Um die überschüssigen Bananen in der Schweinefütterung wirtschaftlich einzusetzen, wurde vom Institut für tropische Landwirtschaft der Universität West-Indiens, Trinidad, ein Versuch durchgeführt. Neben 3 lb. Kraftfutter pro Tier und Tag erhielten die Schweine der Versuchsgruppe zur beliebigen Aufnahme zerkleinerte Bananen, und zwar soviel wie sie 2mal täglich jeweils innerhalb von 20 Min. aufnahmen. Im Durchschnitt wurden während der Versuchszeit täglich pro Tier 5 lb. Bananen verzehrt, am Ende des Versuches waren es bis 12 lb. Folgende Mast- und Schlachtergebnisse wurden erzielt (jeweils Versuchsgruppe zu Kontrollgruppe): Tägl. Zunahme in lb. = 1,3/1,6. Schlachtausbeute in % = 75,7/81,6. Aus verschiedenen Schlachtmaßen ist zu entnehmen, daß die Tiere der Bananengruppe weniger Fett als diejenigen der Kontrollgruppe aufwiesen. R. Kürbs. 9010.

3-64/02-0584 Anonym. **Kartoffeln richtig einsäuern.** Tier-Ernähr. **13** (1962) Nr. 11. S. 134–135.

Es werden dieVorteile des Einsäuerns der Kartoffeln gegenüber dem Einkellern oder Einmieten herausgestellt und Maßnahmen zur sachgemäßen Einsäuerung angegeben. Vordringlich sind Waschen, vollständiges Durchdämpfen dichtes Festtreten in fachgerecht angelegte Behälter, Auskühlenlassen der Kartoffeln und sauberes Zudecken mit alten Säcken bzw. einer dünnen Spreuschicht und 25 cm hoch mit Lehm. Die Entnahme kann sofort nach dem Einsilieren erfolgen (!). Die Abstichfläche ist klein zu halten und wiederum von einem Tag zum anderen mit Säcken etc. vor Witterungseinflüssen zu schützen. W. Laube. 9030.

3-64/02-0585 Ronning. Magnar und Bath, D. L.; Davis Califor., Univ., Dep. of Animal Husbandry. Relative milk production value of barley, dried beet pulp, molasses dried beet pulp, and concentrated Steffen filtrate dried beet pulp. **(Relativer Milchproduktionswert von Gerste, Trockenschnitzeln melassierten Trockenschnitzeln und mit konzentriertem Steffen-Filtrat versetzten Trockenschnitzeln.)** J. Dairy Sci. **45** (1962) Nr. 7. S. 854–857. – 3 Tab., 10 Lit.

Die im Titel genannten Futtermittel wurden in 2 Milchviehversuchen mit je 8 Tieren (Gruppen-Perioden-Versuch nach dem lateinischen Quadrat) als Zulage zu einer Luzerneheu-Gerste-Ration verfüttert. Konzentriertes Steffen-Filtrat ist ein besonderes Nebenprodukt bei der Entzuckerung von Rübenmelasse. Die Zulage betrug in allen Fällen 25% der Grundration (auf Energiegehalt bezogen). Für alle Zulagerationen konnten in den Leistungen der Tiere (außer beim Fettgehalt der Milch) signifikante Differenzen zurRation ohne Zulage ermittelt werden; jedoch waren zwischen den einzelnen Zulagen keine Differenzen vorhanden. Da der Eiweißbedarf der Tiere durch das Luzerneheu in allen Fällen optimal gedeckt war, kam nur der Energiegehalt der Futtermittel zur Wirkung und dieser erwies sich als untereinander gleich. W. Laube. 9140.

3-64/02-0586 Berek, G. A malacok választás utáni takarmányozása száritott szeszélesztövel. **(Fütterung von Ferkeln nach dem Absetzen mit Spiritus-Trockenhefe.)** Állattenyésztés [Tierzucht] **11** (1962) Nr. 4. S. 317–322. – Aus: Ung. Agrar-Rdsch. **1963** Nr. 3.
Es konnte festgestellt werden, daß die Verfütterung von 15% des Kraftfuttergemisches in Form von getrockneter Spiritushefe einen günstigen Einfluß auf die Körpergewichtszunahme der abgesetzten Ferkel ausübt. Der Ersatz des Magermilchpulvers durch das gleiche Gewicht getrockneter Spiritushefe hatte weder auf die Körpergewichtszunahme noch auf die Futterverwertung der abgesetzten Ferkel einen nennenswerten Einfluß. 9160.

3-64/02-0587 Seljametov, R. A.; Dubrowizy, Gebiet Moskau, Unions-Inst. für Tierzuchtforsch. Oblučennye kormovye drožži kak istočnik vitamina D_2 v racionach teljat. **(Bestrahlte Futterhefe als Vitamin-D_2-Quelle in den Futterrationen der Kälber.)** Životnovodstvo, Moskva **25** (1963) Nr. 2. S. 42 bis 43.
40 Kälber der Schwarzbunten Rasse erhielten vom 20. Tag an zur Grundration (I) zusätzlich 10 (II) 20 (III) bzw. 50 (IV) IE Vit. D_2/kg Lgw. Die VK der Nährstoffe betrugen bei der Tr.-Subst. 56,5 (I) und 62,2 (IV)%; bei der org. Subst. entspr. 57,7 und 62,4%; bei Eiweiß 63,3 und 66,7%; bei Rohfaser 32,8 und 38,8%. Im Organismus wurden 12,55 (I) und 20,83 (II) g N, 2,64 und 5,14 g Ca und 1,65 und 3,93 g P abgelagert. Ähnliche Verhältnisse wiesen der Gehalt des Blutes und der Leber an anorg. P und Ca, der Gehalt des Blutes an Vit. D_3 sowie der Gehalt der Knochen an Asche, Ca, P und Mg auf. Die Tagesdurchschnittszunahmen in 4 Versuchsmonaten betrugen 631 (I) und 759 g (II–IV), wobei die letzteren für 1 kg Zunahme 6–15% weniger Futter benötigten. B. Schenk. 9160.

3-64/02-0588 Saxena, H. C., Jensen, L. S., Spencer, J. V. und McGinnis, James. Production, interior egg quality and some physiological effects of feeding raw roybean meal to laying hens. **(Produktion, innere Eiqualität und einige physiologische Effekte bei der Verfütterung von rohem Sojabohnenmehl an Legehennen.)** Poultry Sci. **42** (1963) Nr. 2. S. 291–293. – 5 Tab., 9 Lit.
Es wurde die Verwertung von rohem Sojabohnenmehl als Nahrungsprotein an Legehennen untersucht. In Zwölf-Wochen-Perioden wurde rohes und hitzebehandeltes Sojabohnenmehl verfüttert. Wenn 17% rohes Sojabohnenmehl im Futter enthalten waren und wenn eine Supplementierung mit Nähr- und Wirkstoffen erfolgte, wurden die gleichen Leistungen erzielt wie mit hitzebehandeltem Sojabohnenmehl, wobei Legeleistung, Eigröße, Futterverwertung und Körpergewicht der Legehennen miteinander verglichen wurden. In der Färbung der Eier bestanden ebenfalls keine signifikanten Unterschiede. G. Göbel. 9170.

3-64/02-0589 Anwar, A. Nutritive value of soya bean meal as measured by chemical and physical methods. **(Der Nährwert von Sojabohnenextraktionsschrot nach Bestimmungen mittels chemischer und physikalischer Methoden.)** Poultry Sci. **41** (1962) Nr. 6. S. 1915–1918. – 1 Tab., 13 Lit.

Die Genauigkeit chemischer und physikalischer Bestimmungsmethoden wurde mit Hilfe von Sojabohnenextraktionsschrot getestet. Bei der chemischen Bestimmung gelangte die Lund-Sandström-Methode zur Anwendung. Außerdem wurde die Verdaulichkeit in vitro bestimmt. Das Untersuchungsmaterial bildeten 10 Sojabohnenstämme unbekannter Herkunft von verschiedenen Anbaugebieten der Erde, um die Möglichkeit zu haben, wesentliche Unterschiede im Nährwert der Sojabohnenherkünfte erfassen zu können. Es wurde geprüft, inwieweit die Werte der chemischen und physikalischen Bestimmungsmethoden übereinstimmen. Alle angewandten Methoden erwiesen sich jedoch als nicht geeignet zur Bestimmung des Nährwertes dieser Proben.

G. Göbel. 9170.

3-64/02-0590 Splittgerber, H. und Gysae, M.; Unna-Königsborn, Lehr- und Versuchsanst. für Kleintierzucht. **Prüfung von Sojafleeks als Komponente im Geflügelmast-Alleinfutter.** Arch. Geflügelkunde **27** (1963) Nr. 2. S. 151–155. — 1 Tab.

In einem Mastversuch an 800 Küken der Kreuzung Cornish × White Rock wurde die Eignung von „Sojafleeks“ geprüft. Dieses Produkt besteht zu 35% aus getoastetem Sojaschrot und zu 25% aus Fett (80% tierisches und 20% pflanzliches Fett) und soll folgende Gehalte aufweisen: 34% Rohprotein, 5% Rohfaser, 3115 kcal. prod. Energie pro kg, 1130 g Gesamtnährstoff pro kg. — In der Lebendmassezunahme bestanden zwischen Versuchs- und Kontrollgruppe keine Unterschiede; Futterverbrauch und Futterkosten lagen in der Versuchsgruppe mit Sojafleeks geringfügig günstiger.

M. Zausch. 9170.

3-64/02-0591 Wilczek, Józef und Zyga, Antoni; Tymbark, Podhalańskie Zakłady Przetwórstwa Owocowo-Warzywnego; Suchodól, Państwowe Techn. Rolnicze. Zastosowanie suszonych odpadów przemysłu winiarskiego w tuczu trzody chlewnej. **(Die Verwendung von trockenen Abfällen der Obstweinbereitung als Futter in der Schweinemast.)** Roczniki Nauk rolniczych, Ser. B 80 (1962) Nr. 2. S. 199–209. — 6 Tab., 12 Lit. Zus. in Russ., Engl.

In der Futterration wurden 20% Gerste und Weizenkleie durch eine trockene Mischung ersetzt, bestehend zu 70% aus Apfeltrester und zu 30% aus abgesetzter Weinhefe. Im Lebendgewichtabschnitt der Mastschweine von 73 kg bis 131 kg ergab sich eine Tageszunahme von im Durchschnitt 836,6 g. Ein signifikanter Unterschied zwischen der Kontroll- und Versuchsgruppe wurde nicht festgestellt. B. Pastuszewska. 9190.

3-64/02-0592 Stafijčuk, A. A. Pitatel'nost' razmolotych steržnej početkov. **(Der Nährwert von gemahlenen Maisspindeln.)** Kukuruza, Moskva 8 (1963) Nr. 2. S. 43.

Die Versuche des Unions-Inst. für Maisforsch. über die Bestimmung der Verdaulichkeit von gemahlenen Maiskolbenspindeln werden angeführt: In 100 kg Spindeln (bei 11,1% Wassergehalt) sind 61,4 FE und 0,36 kg verdaul. Protein enthalten. Die Verdaulichkeit der org. Subst. der Spindeln beträgt 52,3%, des Proteins - 10,5%, des Fettes 31,0%, der Rohfaser 60,5% der N-fr. E. 51%. Die Spindeln stehen in ihrem Nährwert nicht hinter Heu von mittlerer Qualität zurück, haben aber sehr wenig verdaul. Protein und Aschenelemente. Der technologische Prozeß der automatischen Linie zur Produktion eines Gemisches aus 85% zerkleinerten Spindeln, 9% Melasse, 1,5% Harnstoff und je 0,5% Kochsalz und Kreide, das im Gebiet Charkow (Kreis Berschad) zur Rindermast geliefert wird, wird beschrieben.

L. Rang. 9190.

3-64/02-0593 Davis, P. N., Norris, L. C. und Kratzer, F. H. Further evidence of an unidentified, growth-promoting factor (MGF) in cows' milk. **(Ein weiterer Nachweis für einen nichtidentifizierten Wachstumsfaktor [MGF] in Kuhmilch.)** J. Nutrit. [Philadelphia] **76** (1962) Nr. 3. S. 223–230. — 1 Abb., 7 Tab., 11 Lit.

Der in Versuchen an Küken in Kuhmilch festgestellte Wachstumsfaktor (MGF) ist wasserlöslich, hitzestabil, resistent gegen Oxydation und nicht absorbierbar an Tierkohle sowie Anionen- und Kationenaustauschern. Obwohl der Wachstumseffekt in jeder einzelnen Versuchsreihe eindeutig und statistisch gesichert war ($P < 0.0005$), variierte seine Größe stark von Ansatz zu Ansatz (2,2–25,3%) bedingt durch Jahreszeit und durch unterschiedliche Mengen des Faktors im verfütterten Sojabohnenprotein. Das Futter enthielt alle bekannten Vitamine, essentiellen Aminosäuren und Mineralien im Überschuß, der Proteingehalt betrug 25,2%. Aus Molke wurden verschiedene MGF-Konzentrate durch unterschiedliche Aufarbeitung hergestellt. W. Goldbach. 9210.

3-64/02-0594 Cullen, Marion P., Rasmussen, Oscar G. und Wilder, O. H. M.; Chicago, Ill., Univ. of Chicago, Amer. Meat Inst. Foundation, Div. of Animal Feeds. Metabolizable energy value and utilization of different types and grades of fat by the chick. **(Die Höhe der umsetzbaren Energie und die Ausnutzung verschiedener Arten und Mengen von Fett bei Küken.)** Poultry Sci. **41** (1962) Nr. 2. S. 360–367. – 6 Tab., 8 Lit.

In 2 Versuchsreihen wurden mittels Versuchsdiäten 12 verschiedene Talge und Fette in abgestuften Mengen an Küken verfüttert und auf Grund der Versuchsdaten Schlußfolgerungen hinsichtlich der einzusetzenden Fette getroffen. Das Körpergewicht der Tiere betrug im Alter von 8 Wochen 3,08 bis 3,54 lbs. und die Rohverwertung lag zwischen 1,83 und 2,36. – Für die verschiedenen Fettarten werden Angaben über die Höhe der umsetzbaren Energie sowie die scheinbare Verdaulichkeit gemacht. M. Zausch. 9220.

3-64/02-0595 Persson, Kai-Åke, Meier, Egon und Dahl, Olle; Malmø, Scan's Centr. Lab. The influence of various feeding stuffs on the keepability, consistency and taste of pork. **(Der Einfluß verschiedener Futterstoffe auf die Haltbarkeit, Konsistenz und den Geschmack von Schweinefleisch.)** Acta polytechn. scand. Symposium **3** (1962) Nr. Ch. 21. S. 100–102. – 15 Lit.

Es wurde der Einfluß von Heringssilage, Fischmehl, Küchenabfällen und hohen Gaben von frischen Hühner-Schlachtabfällen auf die Jodzahl, die Haltbarkeit und den Geschmack des Rückenfettes, der Flomen und des Gekrösefettes untersucht. Zusammenfassend wird festgestellt, daß diese Futterstoffe hohe Jodzahlen, erhöhte Ranziditätsbereitschaft, abfallenden Geschmack – die Hühner-Schlachtabfälle ausgenommen – und vereinzelt, besonders nach Verfütterung von Heringssilage, Verfärbung des Depotfettes hervorrufen. Die Ranziditätsbereitschaft wächst mit der Jodzahl des Fettes. Diese kann höhere Werte als die des Nahrungsfettes annehmen, da die ungesättigten Fettsäuren selektiv im Depotfett abgelagert werden. So wurde in den Hühner-Schlachtabfällen eine Jodzahl von 70, im Rückenfett dagegen von 83 gefunden. L. Sperling. 9230.

3-64/02-0596 Astrup, Harald und Hvidsten, Harald; Vollebekk, Agric. Coll. of Norway, Inst. of Nutrit. and Feeding; Bergen, Norw. Fisheries Res. Inst. Herring meal, antioxidants and quality of the pork: results from feeding experiments. **(Heringsmehl, Antioxydantien und Qualität des Schweinefleisches. Ergebnisse von Fütterungsversuchen.)** Acta polytechn. scand. Symposium **3** (1962) Nr. Ch 21. S. 102–108. – 4 Tab., 4 Lit.

Zur Entscheidung der Frage, ob ein mit Antioxydantien (BHT) versetztes Heringsmehl eine bessere Qualität der Schlachtprodukte liefert, wurden Fütterungsversuche durchgeführt, bei denen verschiedene Gaben von Heringsmehl mit BHT, denen von Heringsmehl ohne Antioxydans, extrahiertem Heringsmehl und Magermilchpulver mit und ohne Zusatz von Vitaminen gegenübergestellt wurden. Das Heringsmehl mit BHT führte zu einer vermehrten Ablagerung von Vit. A in der Leber und einer Erhöhung der Jodzahl. Der günstigste Geschmack, der mit der Aldehydzahl korrespondierte, und die beste Qualität des Fettes, bestimmt durch die Entwicklung von Peroxyden bei Bebrüten, wurden mit extrahiertem Heringsmehl oder Magermilchpulver erzielt. Ihnen kamen die Gruppen mit geringen Gaben von normalem Heringsmehl gleich, wobei der Zusatz von BHT keinen Unterschied brachte. L. Sperling. 9230.

3-64/02-0597 Fangauf, R., Vogt, H. und Penner, W.; Kiel-Steenbek, Lehr- und Versuchsanst. für Kleintierzucht. **Die Wirkung von Fischmehl verschiedener Herkünfte auf das Kükenwachstum.** Arch. Geflügelkunde 27 (1963) Nr. 2. S. 135–150. – 18 Tab.

An ca. 2000 Mastküken wurde der Einsatz verschiedener Fischmehle im Geflügelmastfutter geprüft. Unterschiede im Masterfolg traten bei hohen Fischmehlgaben auf und bei handelsüblichen Mengen (5%) dann, wenn die jeweiligen Differenzen im Gehalt an wertbestimmenden Bestandteilen durch entsprechendes Variieren der anderen Mischungskomponenten nicht ausgeschaltet worden waren. Ferner wurde festgestellt, daß die Qualität des Peru-Fischmehles vom technischen Ausrüstungsgrad der Fabrikationsstätte abhängt, und daß der hohe Rohaschegehalt des deutschen Küstenfischmehles den Energiegehalt des Futters senkt und die Rohverwertung verschlechtert. M. Zausch. 9230.

3-64/02-0598 Der Einfluß der Fütterung insonderheit bei Verwendung von Futtermitteln, die von Tieren des Meeres stammen, auf die Qualität der Schlachtprodukte sowie die von Eiern und die Möglichkeiten zur Verhütung einer minderwertigen Qualität. Leipzig, Inst. Tierernähr. Karl-Marx-Univ. Plan-Nr.: FA Nr. 2154–67/2–06/1. 9 S. Abschlußber. (24/4. 1963).

Es wurden Mastversuche an Schweinen und Geflügel mit Fischsilage unterschiedlichen Fettgehaltes durchgeführt und die Schlachtprodukte einer organoleptischen Prüfung unterzogen. Bei Hackfruchtmast der Schweine machte sich kaum ein negativer Einfluß des Fischfettes auf den Geschmack der Tiere bemerkbar, während bei Getreidemast bereits 20 g Fischfett je Tier und Tag übersteigende Mengen den Geschmack der Schlachtprodukte bis zu ihrer Unbrauchbarkeit für den menschlichen Konsum ungünstig beeinflußten. Bei der Geflügelmast mit Fischsilage machte sich bei Enten eine außergewöhnlich intensive Beeinträchtigung der Schlachtquaität durch Verabfolgung höherer Gaben von Fischfett bemerkbar, während der Geschmack von Masthähnchen durch das Fischfett noch weniger als beim Schwein herabgesetzt wurde. Die negative Geschmacksbeeinflussung durch Fischfett ließ sich durch Beigabe von Vit. E nicht aufheben. 9230.

3-64/02-0599 Wójciak, Marian; Olsztyn, Katedra Żywienia Zwierząt. Badania nad keratynami. VII. Przyswajalność azotu i siarki z mączki rogowej przez skopy. **(Untersuchungen über Keratine. 7. Mitt. Die Verwertung von Stickstoff und Schwefel aus Hornmehl durch Hammel.)** Zeszyty naukowe wyższej Szkoły rolniczej Olsztynie 14 (1962) Nr. 1. S. 17–34. – 9 Tab., 13 Lit. Zus. in Russ., Engl. 6. Mitt. vgl. LZ. Abt. III 8 (1963) Nr. 2. S. 388.

Auf Grund von Versuchsergebnissen bei Verfütterung von Roggenstroh oder Wiesenheu mit Zugabe von Hornmehl an Hammel wurde festgestellt, daß die N-Verbindungen des Hornmehls den N-Bedarf der Schafe nur teilweise decken und daß der im Hornmehl enthaltene Schwefel nur in geringem Maße ausgewertet wird. A. Ziołecka. 9240.

3-64/02-0600 Wójciak, Marian; Olsztyn, Katedra Żywienia Zwierząt. Badania nad keratynami. VIII. Strawność i przyswajalność przez kury mączki keratynowej surowej i hydrolizowanej termicznie. **(Untersuchungen über Keratine. 8. Mitt. Verdaulichkeit und Verwertung von rohem und thermisch hydrolisiertem Keratinmehl durch Hühner.)** Zeszyty naukowe wyższej Szkoły

rolniczej Olsztynie **14** (1962) Nr. 1. S. 35–44. – 5 Tab., 14 Lit. Zus. in Russ. Engl. 7. Mitt. vgl. vorst. Ref.
In Verdaulichkeits- und N-Bilanzversuchen an 8 Hähnen, die in 2 Gruppen zu je 4 Stück eingeteilt waren, wurde der Futterwert von Keratinmehl ermittelt. Im 1. Versuchsabschnitt erhielten die Hähne ausschließlich Weizen als Futter, wobei die VK (nach der Methode von Eckmann) und die N-Bilanz bestimmt wurden. Hiernach ersetzte man ca. 38% des Gesamt-N der Futterration durch N der Keratinsubstanz, wobei folgende Produkte untersucht wurden: Rinder- und Pferdehufe in rohem Zustand von weniger als 0,1 mm und von mehr als 1,0 mm Körnung, außerdem thermisch hydrolisierte Schweinehufe und Hühnerfedern. Es ergab sich eine Unterschiedlichkeit der einzelnen Keratinprodukte hinsichtlich der Verdaulichkeit und das Nährwertes. Die höchsten VK des N ergaben sich für Produkte, die unter Wasserdampfdruck hydrolisiert worden waren: Hufe 85,2% und Federn 77,3%. Der Zerkleinerungsgrad beeinflußte die Verdaulichkeit und Assimilation von N. Niedrigste Verdaulichkeit und Rentention des N ergaben sich bei Produkten von über 1 mm Körnung, nämlich 64,2% und 45,5% im Vergleich zu 89,0% und 70,5% entsprechend für Rinder- und Pferdehufe.
G. Znaniecka. 9240.

3-64/02-0601 Champagnat, A., Vernet, C., Lainé, B. und Filosa, J.; Paris, Soc. Franç. des Pétroles BP. Biosynthesis of protein-vitamin concentrates from petroleum. **(Biosynthese von Protein-Vitamin-Konzentraten aus Erdöl.)** Nature [London] **197** (1963) Nr. 4862. S. 13–14. – 3 Tab., 8 Lit.
Vff. berichten von einem neuen Verfahren der Eiweißerzeugung aus Erdöl (Petroleum). Gewisse an Erdöl adaptierte Mikroorganismen (Hefen) sind bei entsprechender Belüftung unterAusnutzung der aliphatischen Kohlenwasserstoffe des Erdöls und zugesetzter N-, P- und K-Salze sowie Spurenelemente zu einer intensiven Zellvermehrung befähigt. Das auf dieser Grundlage gegewonnene vitaminreiche Proteinkonzentrat (43,6% Protein/Tr.-Subst.) soll auf Grund seiner Aminosäurenzusammensetzung tierischem Eiweiß gleichwertig sein. Das Protein ist besonders reich an Lysin (11,6%), Histidin (8,10%) Threonin (9,10%) und Phenylalanin (7,90%), enthält aber wenig Methionin (1,20%) und Cystein (0,10%). Hoch ist ferner der Gehalt an den Wachstumsvitaminen Riboflavin (75 mg/kg) und Pantothensäure (150–192 mg/kg). Das in der Welt bestehende Defizit an tierischem Eiweiß von 3 Mill. t/Jahr könnte durch Ausnutzung von 1% des z. Z. geförderten paraffinreichen Erdöls gedeckt werden. Als besonderer Vorteil dieses Verfahrens wird genannt, daß die Mikroorganismen das Erdöl „entwachsen". Nach den aufgestellten Berechnungen erfolgt die industrielle Eiweißproduktion mittels Mikroorganismen 2500mal schneller als die natürliche Erzeugung von Milcheiweiß.
J. Wünsche. 9250.

3-64/02-0602 Anthony, W. Brady und Nix, Ronald; Auburn, Ala., Univ., Animal Sci. Dep. Feeding potential of reclaimed fecal residue. **(Der Futterwert von zurückgewonnenen Kotrückständen.)** J. Dairy Sci. **45** (1962) Nr. 12. S. 1538–1539. – 2 Tab., 1 Lit.
Die in letzter Zeit herrschende Tendenz einer immer konzentrierteren Fütterung der Rinder führt zu höheren Gehalten des Kotes an unverdauter Substanz und läßt die Nutzung dieser Stoffe wiederum in der Fütterung als ratsam erscheinen. An Mastochsen wurde eine konzentratreiche Ration verabfolgt. Der Kot wurde gesammelt, ausgewaschen und der feste Rückstand feucht im Verhältnis 4:6 mit dem Futter vermischt. Dieser Mischung wurde 12 Stunden vor der Verfütterung 1% Trockenhefe beigegeben. Die Tiere nahmen dieses Futter gut auf und zeigten keinerlei Störungen. Die tägl. Zunahmen betrugen ⌀ 3,39 lb. und der Tr.-Subst.-Verbrauch pro 100 lb. Zunahme weniger als 700 lb.
W. Laube. 9250.

3-64/02-0603 Štěrba, Antonín, Tyleček, Josef und Zelenka, Jiří; Brno, Vysoká Škola Zemědělská, Agronom. Fak. Katedra pro Biotechn. Výroby Živočišné. Vliv některých glycidových krmiv a drůbežího trusu na stravitelnost živin krmné dávky u vykrmovaných prasat. **(Der Einfluß einiger Glycid-Futtermittel und der Geflügel-Exkremente auf die Verdaulichkeit der Nährstoffe der Futterration bei Mastschweinen.)** Živočišná Výroba 8(36) (1963) Nr. 4. S. 247–254. — 5 Tab., 6 Lit. Zus. in Russ., Engl., Dtsch.
Die Exkremente wurden mit Hinsicht auf die Angaben über ihre günstige Wirkung bei der Schweinefütterung, die in der Literatur vorgefunden wurden, benutzt. Die angeführten Glycid-Futtermittel nahmen 30%, die Geflügelexkremente 10% der Gesamtfutterration ein. Zu Beginn des Versuches wogen die Schweine durchschnittl. 53,5 kg. Die Versuche erbrachten keine Beziehungen zwischen dem Lebendgewicht der Schweine bzw. ihrem Alter und den verfolgten Werten. Nur die N-Verdaulichkeit war bei hohem Zuckerrübenanteil niedriger. Nach Einschaltung der getrockneten Geflügelexkremente in die Futterrationen stiegen die VK der Rohfaser und der Asche bedeutend an. Demgegenüber verringerte sich wesentlich die Verdaulichkeit der N-fr. E. Der Prozentsatz der N-Ausnutzung war deutlich höher.
ČSSR/ÚVTI. 9250.

3-64/02-0604 Franke, E.-R. und Brade, L.; Leipzig, Univ., Inst. für Staatsveterinärkunde und Veterinärhyg. **Kommunaler Belebtschlamm als Eiweiß- und Vitaminquelle für Schweine.** Züchtungskunde **36** (1963) Nr. 1. S. 24–44. — 3 Abb., 21 Tab., 23 Lit. Zus. in Russ., Engl., Franz.
Nach einer Übersicht über die mit kommunalem Belebtschlamm durchgeführten Fütterungsversuche und einem Vergleich seiner Zusammensetzung mit industriellem Belebtschlamm sowie Futterhefe wird das Aufbereitungsverfahren des kommunalen Belebtschlammes für Futterzwecke beschrieben, der zusammen mit Bierhefe im Verhältnis 2:3 getrocknet wurde. Dieses Trockengemisch wurde in 3 Versuchsreihen mit je 3 Gruppen von je 10 Schweinen auf seine Eiweißwirkung im Vergleich zu Eiweißkonzentrat oder Bierhefe geprüft, indem ein Teil des Eiweißkonzentrates durch entsprechende Mengen der beiden anderen Eiweißträger ausgetauscht wurde. Das Gemisch von Belebtschlamm und Bierhefe bewirkte in allen 3 Versuchsreihen etwa die gleichen Zunahmen wie das Eiweißkonzentrat, während die Bierhefe einen geringeren Zuwachs lieferte. Der in GE berechnete Futterverbrauch lag in der Trockengemischgruppe niedriger als in den beiden anderen. Die parasitol. und bakteriol. Untersuchung der Schlachtprodukte zeigte keinerlei Unterschiede zwischen den 3 Versuchsgruppen. L. Sperling. 9250.

3-64/02-0605 Bonadonna, Telesfore, Colanghis, Stefano und Curto, Gianmaria; Milano, Univ., Ist. di Zootecn. Gen.; Staz. Sperimentale di Zootecn.; Ist. Sperimentale Ital. „L. Spallanzani" per la Fecondazione Artificiale degli Animali. Prove di tollerabilitá eseguite con farina di mondiglia di cacao deteobrominizzata aggiunta alla razione dei suini e di vaccheim lattazione. **(Untersuchungen über die Verträglichkeit von detheobromisierten Kakaoschalen in der Fütterung von Schweinen und Milchkühen)** Zootecn. e Veterin. 18 (1963) Nr. 1/2. S. 2–16. — 10 Abb., 7 Tab. Zus. in Engl.
Es wurden Fütterungsversuche an nichtgraviden Sauen, Milchkühen und wachsenden Schweinen durchgeführt, in denen die Versuchsgruppen jeweils gestaffelte Anteile detheobromisierter Kakaoschalen im Kraftfutter erhielten. Dabei wiesen die Kakaoschalen folgende Analysenwerte auf: 14,85% Rohprotein, 1,95% Rohfett, 48,8% N-fr. E., 15,76% Rohfaser, 7,48% Asche; 88,84% Tr.-Subst. Die deth. Kakaoschalen wurden gut vertragen und ohne Schwierigkeit aufgenommen. Sie können bei Milchkühen und wachsenden Schweinen einen Anteil von 30% des Kraftfutters oder von 10 und 15% der Ration ausmachen ohne Beeinflussung der Gesundheit und Anzeichen von

Unverträglichkeit oder von Schwierigkeiten wie bei der Verfütterung von nicht-detheobromisierten Kakaoschalen. Bei Schweinen sollte der Anteil 10–15% nicht überschreiten. Der theoretische Futterwert beträgt für Wiederkäuer 39,9 FE, für Schweine 49,1 FE. Durch den charakteristischen Schokoladengeruch und -geschmack wirken sie appetitanregend, und durch ihren hohen Vit. D_2-Gehalt sind sie besonders für die Winterfütterung geeignet.

G. Krische. 9250.

3-64/02-0606 Jayal, M. M.; Izatnagar, Indian Veterin. Res. Inst., Animal Nutrit. Div. Neem (Azadirachta indica) leaves as a feed for livestock. A study on their palatability, chemical composition and nutritive value. **(Neem-Blätter [Azidirachta indica] als Futter für Haustiere. Eine Untersuchung zur Schmackhaftigkeit, chemischen Zusammensetzung und zum Futterwert.)** Indian veterin. J. **40** (1963) Nr. 2. S. 93–89. — 6 Tab., 8 Lit.

Azadirachta indica ist ein in Indien weitverbreiteter Baum und seine Blätter werden in Notzeiten an Ziegen, Schafe und Kamele verfüttert. Es bildeten sich Geschwüre an der Zungenwurzel. Der Futterwert je kg Frischmasse betrug 35 g verdaul. Rohprotein in 182 STE bzw. 221 TDN und auf Tr.-Subst. bezogen 8,38% verdaul. Rohprotein und 53,28% TDN. Der Futterwert liegt damit in gleicher Höhe wie bei kultivierten Futterpflanzen, doch können die Blätter infolge ihrer geringen Schmackhaftigkeit nur in Verbindung mit anderen Futtermitteln verabreicht werden, wobei etwa 25% der notwendigen Trockenmasse durch diese Blätter gedeckt werden sollten.

G. Leisner. 9250.

C. MISCH- UND ZUSATZFUTTERMITTEL

3-64/02-0607 Bährecke, G., Uther, K. und Zeitz, E.; Karlsruhe. **Untersuchungen des Antibioticagehalts im Mischfutter.** Kraftfutter **46** (1963) Nr. 4. S. 176–180.

Vff. berichten über die in 2 Instituten durchgeführten Untersuchungen von 1069 frischen und 98 gelagerten Futterproben auf den Gehalt an einem Breitspektrum-Antibioticum. Bezogen auf die Sollgehalte (über bzw. unter 50 mg/kg) lagen 9% aller Werte unterhalb, 42,5 oberhalb einer Latitüde von ± 10 bzw. ± 20%. Bei Anwendung des Fehlerbereichs der DLG ($\pm$ 20 bzw. $\pm$ 30%) betrug der Anteil der Untergehalte 6%, der der Übergehalte 26%. Bezieht man die Ergebnisse auf den um ± 20 bzw. ± 30% erweiterten Wirkstoff-Dosierungsrahmen, so liegen rund 10% aller Werte sowohl oberhalb als auch unterhalb desselben. Die Stabilitätsuntersuchungen (3- bis 5½monatige Lagerung) ergaben bei allen in Frage kommenden Futterarten eine befriedigende Haltbarkeit des Antibioticums. Spezielle Untersuchungen des Einflusses von Fetten (Talg, Sojaöl) und Leinschrot auf die Haltbarkeit zeigten, daß nach 3 und 6½ Monaten noch die ursprünglichen Aktivitäten vorhanden sind. Bei Zusatz von 80% (!) Leinschrot zu einem Mineralstoffgemisch geht die Stabilität allerdings beträchtlich zurück. J. Wünsche. 9300.

3-64/02-0608 Reyntens, N. und Groote, G. de; Gontrode, Stat. de Petit Élevage de l'État, Adm. de la Rech. Agronomique. Programmation linéaire et formulation de rations pour poulets de chair. **(Lineare Programmierung und Zusammenstellung von Rationen für Masthühner.)** Rev. Agric. [Bruxelles] **15** (1962) Nr. 3. S. 367–378. — 7 Tab., 11 Lit. Zus. in Engl.

Unter Berücksichtigung von 27 Ausgangsstoffen, deren durchschnittliche Zusammensetzung und Preise gegeben waren, wurde fußend auf der linearen Programmierung mit Hilfe der elektronischen Rechenmaschine IBM 650 die unter den gestellten 14 Bedingungen und 24 Restriktionen preisgünstigste Broiler-Diät zusammensgestellt. Ihr Nährwert wurde in einem 8wöchigen Fütterungsversuch an männlichen Eintagsküken der Kreuzung Cornish ×

Sussex mit einer anerkannt guten Broiler-Ration von gleichem Protein- und Energiegehalt verglichen. Die Unterschiede im Zuwachs und der Futterverwertung waren nur geringfügig, so daß die Anwendung der mit der elektronischen Rechenmachine zusammengestellten Ration infolge des niedrigen Preises wirtschaftliche Vorteile bringt. L. Sperling. 9330.

3-64/02-0609 Kummer, H.; Augustenberg, Staatl. Landwirtsch. Versuchs- und Forsch.-Anst. **Calcium- und Phosphorgehalt sowie Ca/P-Verhältnis in den VDW/DLG-Geflügelfuttern des Handels.** Landwirtsch. Forsch. **15** (1962) Nr. 3/4. S. 257–263. – 4 Tab., 4 Lit. Zus. in Engl., Franz.

Nach Besprechung des Bedarfes der Hühner an Ca und P und des vorgeschriebenen Gehaltes von Geflügelmischfutter an diesen Mineralstoffen werden die Untersuchungsergebnisse von 241 Proben VDW- und DLG-Geflügelfutter mitgeteilt. 57,7% der Proben hatten einen vorschriftswidrigen Ca-Gehalt, und zwar vorwiegend Übergehalt, während der P-Gehalt bei 30,7% der Proben den Vorschriften nicht entsprach, und zwar fast immer zu niedrig lag. Bei 24,5%des untersuchten Futters war das Ca/P-Verhältnis zu weit. Der Vf. betont, daß sich die festgestellten Abweichungen von den Normen ernährungsphysiologisch nachteilig auswirken müssen.
L. Sperling. 9330.

3-64/02-0610 Tüller, R.; Bonn, Univ., Inst. für Tierzucht. und Tierfütter. **Zur Qualitätskontrolle von Futtermischungen für Geflügel.** Züchtungskunde **34** (1962) Nr. 8. S. 359–366. – 2 Tab., 15 Lit. Zus. in Russ., Engl., Franz.

Für die Erarbeitung einer Methodik zur biologischen Qualitätskontrolle von Mastfuttermischungen für Geflügel werden die Unterlagen von Fütterungsversuchen mit Mastküken über die Rohverwertungskoeffizienten der varianzanalytischen Prüfung unterzogen. Es zeigt sich, daß bei Einhaltung bestimmter Bedingungen Grenzdifferenzen in der Rohverwertung von 100 g und weniger signifikant nachweisbar sind. Maßgebend dafür ist die Wiederholungszahl der Versuche, durch deren Häufigkeit der mittlere Versuchsfehler gering gehalten werden kann, sowie die Tierzahl, während die Haltungsform keinen oder einen nur unwesentlichen Einfluß hat. Für die Prüfungsdauer erweist sich ein Zeitraum von 8 Wochen als notwendig.
L. Sperling. 9330.

3/64/02-0611 Smekalov, N. A. Povyšenie biologičeskoj cennosti kombikormov žirami i žiropodobnymi veščestvami. **(Steigerung des biologischen Wertes von Mischfutter durch Fette und fettähnliche Stoffe.)** Trudy Vsesojuznogo naučno-issledovatel'skogo instituta životnovodstva, Moskva **24** (1962) S. 125–137. – 11 Tab., 3 Lit.

In 2 Versuchen wurde der zootechnische und wirtschaftliche Nutzwert des mit Phosphatidkonzentrat angereicherten Mischfutters untersucht, das schwarzbunte Kälber nach dem Absetzen erhielten. Dieses Phosphatidkonzentrat bestand aus 40,55% Sonnenblumenöl, 54,44% eigentlicher Phosphatide, 2,01% Eiweiß und 2% Wasser. Im 1. Versuch erhielten die Kälber der 1. und 2. Versuchsgruppe tägl. 70 bzw. 30 g dieses Konzentrats, im 2. – 75 bzw. 200 g. Die besten Ergebnisse zeitigte ein Mischfutter, dem 70–75 g Phosphatkonzentrat beigegeben war. Bei Fütterung der Kälber mit Mischfutter, das mit Phosphatkonzentrat angereichert war, vergrößerte sich die durchschnittliche tägl. Gewichtszunahme der Tiere um 12,3%, und der Futteraufwand je kg Zunahme verringerte sich um 0,41 Futtereinheiten. Es wird empfohlen, Phospatidkonzentrat in einer Menge von 4,5–5% zum Mischfuttergewicht oder von 12–15% zum Schrotgewicht zu verabfolgen.
M. Tomme. 9345.

FISCHEREI

A. ALLGEMEINES

3-64/02-9001 Bückmann, A. **60 Jahre Deutsche Wissenschaftliche Kommission für Meeresforschung.** Ber. dtsch. wiss. Kommiss. Meeresforsch. [N. F.] **17** (1962) Nr. 1. S. 1–2.
Die Arbeit der Deutschen Wissenschaftlichen Kommission für Meeresforschung (DWK) dient der Förderung der Seefischerei. Die wiss. Probleme stehen im Zusammenhang mit der Kernfrage, auf welche Weise die Seefischerei ausgeübt werden muß, damit die Nutzfischbestände des Meeres auf die Dauer den höchstmöglichen Ertrag liefern. Eine Lösung dieser Probleme ist nur durch internationale Zusammenarbeit in der Forschung und der Auswertung der Ergebnisse möglich. H. Jähnichen. 6010.

3-64/02-9002 Claußen, Julius. **60 Jahre Deutsche Wissenschaftliche Kommission für Meeresforschung.** Ber. dtsch. wiss. Kommiss. Meeresforsch. [N. F.] **17** (1962) Nr. 1. S. 9–13.
Vf. gibt einen Überblick über die Entwicklung der systematischen Erforschung der Meere im Zusammenhang mit den Interessen der Fischerei. Die ersten Anfänge gehen auf die 1870 gegründete Preußische Kommission zur wiss. Erforschung der deutschen Meere zurück. Weitere wesentliche Impulse in der Entwicklungsgeschichte der Meeresforschung waren das Wirken des Deutschen Fischereiverbandes (Gründung 1870) und die Errichtung der Biol. Anst. auf Helgoland (1892). Die Bedeutung und Vielseitigkeit der Aufgaben der Meeresfischerei hatte 1901 die Entstehung des Internat. Rates für Meeresforschung zur Folge, der ältesten internationalen Institution wiss. Art in der Welt. Vorausgegangen war 1900 die Gründung der Deutschen Wiss. Kommission für die internat. Meeresforschung, die 1919 den heutigen Namen Deutsche Wiss. Kommission für Meeresforschung (DWK) erhielt. H. Jähnichen. 6010.

3-64/02-9003 Bahr, Klaus. **Rückblick auf die Entwicklung der Deutschen Wissenschaftlichen Kommission für Meeresforschung [DWK] in sechs Jahrzehnten.** Ber. dtsch. wiss. Kommiss. Meeresforsch. [N. F.] **17** 1962) Nr. 1. S. 34–44. — 8 Abb.
Seit Beginn der Tätigkeit der DWK wurde eine sorgfältige Dokumentation ihrer Arbeit durchgeführt. Die ersten Veröffentlichungen erschienen in den Wissenschaftlichen Meeresuntersuchungen der Preußischen Kommission zur wiss. Erforschung deutscher Meere als Reihe Kiel und Reihe Helgoland. Ab 1925 werden die Berichte der DWK (Neue Folge) herausgegeben. Vf. gibt eine umfangreiche Dokumentation über die Mitglieder der DWK seit der Gründung der Kommission im Jahre 1900. H. Jähnichen. 6010.

3-64/02-9004 Schmidt, U. **Die Arbeiten der Deutschen Wissenschaftlichen Kommission für Meeresforschung.** Jber. dtsch. Fischwirtsch. **1960** (hrsg. 1961) S. 184–192. — 1 Abb.
Obwohl die westdeutsche Meeresforschung bereits gute Erfolge aufweisen kann, ist es doch erforderlich, die Mittel zukünftig zu erhöhen, wenn nicht international gesehen ein Zurückbleiben eintreten soll. Der Ausbau der westdeutschen Meeresforschung ist vor allem deshalb von großer Bedeutung, weil ein Teil der traditionellen Fanggebiete durch die Erweiterung der Hoheitsgewässer verloren gegangen ist und neue Fanggründe erschlossen werden müssen. Zu diesem Zweck ist auch der Neubau eines Fischereiforschungsschiffes vorgesehen. Ausführlich wird über die westdeutsche Meeresforschung im Jahre 1960 berichtet. G. Predel. 6010.

3-64/02-0905 Bückmann, Adolf. **Praktische Probleme der Fischereibiologie im Zusammenhang mit der Entwicklung der Fischerei.** Ber. dtsch. wiss. Kommiss. Meeresforsch. [N. F.] **17** (1962) Nr. 1. S. 14–20.

Vf. gibt einen Überblick über die wichtigsten Probleme der Fischereibiologie seit der Gründung der DWK. Im Vordergrund standen Fragen der Überfischung der Nutzfischbestände. Die Klärung dieser Probleme wurde in 4 Forschungsrichtungen vorgenommen: 1. Hydrographie, 2. Nährtieruntersuchungen, 3. Biologie der Fische, 4. Fangmethoden und Geräte. Im einzelnen wird auf die Ergebnisse folgender Untersuchungen hingewiesen: Überfischung der Schollen-, Schellfisch- und Heringsbestände in der Nordsee, Wanderung von Kabeljau und Schellfisch im nordöstlichen Atlantik als Ursache veränderter hydrographischer Bedingungen, Auffindung neuer Fangplätze für Rotbarsch und Kabeljau, sowie Überfischung von Kabeljau, Schellfisch und Köhler im Nordatlantik. H. Jähnichen. 6010.

3-64/02-9006 Dietrich, Günter. **Fischereihydrographie im Rahmen der internationalen Meeresforschung.** Ber. dtsch. wiss. Kommiss. Meeresforsch. [N. F.] **17** (1962) Nr. 1. S. 21–26.
Fortpflanzung, Wachstum, Verbreitung und Sterblichkeit der Nutzfische der Meere sind in großem Umfang von phys.-chem.-ökologischen Systemen abhängig. Die Ökologie der Meeresfische muß sich deshalb in großem Maße auf die Ozeanographie stützen. Der Begriff Fischereihydrographie kennzeichnet diese Arbeitsrichtung. Seit Gründung des Internationalen Rates für Meeresforschung (ICES) verwendet die praktische Fischerei die Erkenntnisse der Fischereihydrographie zu ihrem Nutzen. Vf. erläutert an Beispielen die internationale Zusammenarbeit der DWK mit dem ICES auf dem Gebiete der Fischereihydrographie. H. Jähnichen. 6010.

3-64/02-9007 Kändler, Rudolf; Kiel, Univ., Inst. für Meereskunde. **Die Ostsee als Versuchsbecken der Fischereiforschung.** Ber. dtsch. wiss. Kommiss. Meeresforsch. [N. F.] **17** (1962) Nr. 1. S. 27–33.
Die Ostsee als das größte geschlossene Brackwassermeer der Erde und ihre hydrographischen Verhältnisse charakterisieren sie zu einem Versuchsbecken der Fischereiforschung. Anhand von 3 Beispielen (Untersuchungen über Schollen-, Dorsch- und Salmonidenbestände) werden Eingriffe der Natur und der Menschen in das Gleichgewicht der hydrographischen und biol. Vorgänge in der Ostsee dargestellt. In diesem Zusammenhang wurde auf die Zusammenarbeit der DWK im Rahmen des Internationalen Rates für Meeresforschung (ICES) hingewiesen. H. Jähnichen. 6010.

3-64/02-9008 Lagunov, I. I. 30 let naučnych rybochozjajstvennych issledovanij na Kamčatke. **(30 Jahre fischereiwissenschaftliche Forschung auf Kamtschatka.)** Rybnoe chozjajstvo, Moskva **39** (1963) Nr. 2. S. 10–13. – 2 Abb.
Seit der Gründung der Kamtschatka-Abt. des Forsch.-Inst. für Fischerei und Ozeanogr. des Polargebietes in Petropawlowsk ist die Fischereiforschung auf Kamtschatka in erster Linie der Gewinnung von Unterlagen über die Biologie der pazifischen Lachsarten (*Oncorhynchus* spec.) und der Erhaltung der Bestände dieser Fische gewidmet. Die seit 1938 regelmäßig angefertigten Fangprognosen ermöglichen z. B. eine rationelle Arbeit der Fischkombinate auf Kamtschatka. Es werden jedoch auch eine Reihe von anderen Problemen der Meeresfischerei, des Robbenfanges, der Entwicklung von Fischpumpen usw. bearbeitet. H.-W. Hattop. 6010.

3-64/02-9009 Sládeček, Vladimír. **Rudolf Šrámek-Hušek †.** Int. Rev. ges. Hydrobiol. 48 (1963) Nr. 2. S. 357–358. – 1 Abb.
Am 9. 6. 1962 starb im 55. Lebensjahr R. Srámek-Husek, der bedeutendste ČSSR-Limnologe der Nachkriegszeit. Als Schüler von Schäferna vertiefte er seine hydrobiol. Kenntnisse bei Brehm und Ruttner in Lunz und promovierte 1933 mit einer Arbeit über die Cyclopidengattung Cyclops. Erst 1943 kam er nach mehreren Jahren im Lehrerberuf zum Wasserwirtschaftl.

Forsch.-Inst. in Prag und habilitierte sich 1947 an der Landwirtsch. Hochschule. Nach der 1951 durch ihn erfolgten Gründung der Hydrobiol. Station der CSAV kam er 1958 als Leiter der Abt. für Hydrobiologie an die Karls-Univ. Seine wiss. Arbeiten beschäftigten sich hauptsächlich mit der Ökologie, Morphologie und Systematik der Cladoceren, Copepoden und Ciliaten. In der Abwasserbiologie erweiterte er das Saprobiensystem um die polysaprobe Stufe. W. v. Tümpling. 6030.

B. BIOLOGIE DER FISCHEREILICHEN NUTZTIERE

Biologie der Fische

3-64/02-9010 Tutin, John; London. The grayling fish and river-names. **(Die Äsche und Flußnamen.)** Nature [London] **192** (1961) Nr. 4807. S. 1102.
Während der Name Themse (Thames) bisher mit dark-river (dunkler oder trüber Fluß) und der Name Humber mit good-river (guter Fluß) gedeutet wurde, gelangt Vf. zu dem Schluß, daß der Ursprung des Wortes Themse auf den mittelalterlichen Namen „thyme" der Äsche (*Thymallus thymallus*) zurückzuführen ist, während Humber der Bezeichnung „umbre" (von lat. umbra) für den gleichen Fisch entstammt. Die beiden Flüsse waren in früheren Zeiten sehr dicht mit Salmoniden, bes. Äschen, bevölkert.
G. Seifert. 6080.

3-64/02-9011 Cianficconi, Fernanda; Perugia. La biologia della lasca de Lago Trasimeno. **(Die Biologie von Rutilus rubilio im Trasimeno-See.)** Verh. int. Verein. theoret. angew. Limol. **14** (1959, hrsg. 1961) S. 782–784. — 6 Abb., 1 Lit.
Im Trasimeno-See (Mittelitalien) findet sich von *Rutilus rubilio* die Varietät *rubella* oder *trasimenicus*. Diese schlanke Form wird 10–15 cm lang, besitzt in der Rückenflosse 3 einfache und 7 verzweigte Strahlen und 36–42 Schuppen in der Seitenlinie. Der Rücken weist eine ziemlich dunkle Färbung auf. Infolge der ungünstigen Bedingungen ist ein merklicher Rückgang der Varietät in diesem See zu verzeichnen. G. Seifert. 6080.

3-64/02-9012 Hess, Paul W.; Newark, Univ. of Delaware, Dep. of Biol. Sci. Notes on some sharks in the Western North Atlantic and Bahama areas. **(Bemerkungen über einige Haie im westlichen Nordatlantik und Bahama-Gebiet.)** Copeia [Philadelphia] **1962** Nr. 3. S. 653–656. — 1 Tab., 5 Lit.
Von Juli 1960–Juli 1961 wurden vom Forschungsschiff „State Star" Untersuchungen an folgenden Haiarten im westlichen Nordatlantik und Bahama-Gebiet durchgeführt: *Carcharhinus longimanus*, *C. leucas*, *Galeocerdo cuvieri* und *Prionace glauca*. Die Größe der am häufigsten gefangenen Art *C. longimanus* schwankte zwischen 150 und 250 cm. Neben der Ermittlung des Fangorts und der Größe der Fische wurden die Nahrungszusammensetzung und die Fortpflanzungsverhältnisse festgestellt. Versuche über das Verhalten der Haie gegenüber farbigen Gegenständen und Schiffbrüchigen waren im Hinblick auf die Abwehr angriffsfreudiger Haie bes. aufschlußreich.
K. Anwand. 6080.

3-64/02-9013 Tilak, Raj; Pilani, India, Birla Coll., Dep. of Zool. The osteocranium and the Weberian apparatus of Eutropiichthys vacha (Ham.) and Eutropiichthys murius (Ham.): A study of interrelationship. **(Das Osteocranium und der Webersche Apparat von Eutropiichthys vacha und Eutropiichthys murius: Eine Verwandtschaftsuntersuchung.)** Zool. Anz. **167** (1961) Nr. 9/12. S. 413–430. — 19 Abb., 14 Lit.
Vf. gibt eine vollständige Darstellung der Schädel von *E. murius* und *E. vacha* und stellt fest, daß diese mit denen der übrigen Schilbeidae übereinstimmen. Die Unterschiede zu anderen Siluroiden werden diskutiert. Außerdem werden die Unterscheidungsmerkmale der Weberschen Apparate von *E. vacha*

und *Clupisoma garua* (*Schilbichthys garua*) zusammengestellt. *E. vacha* und *E. murius* zeigen in den meisten Merkmalen des Schädels und des Weberschen Apparates Übereinstimmung. Aus diesem Grunde gelangt Vf. zu der Auffassung, daß *Pseudotropius murius* als ein Spezies der Gattung *Eutropiichthys Bleeker* anzusehen ist. G. Seifert. 6085.

3-64/02-9014 Lal, M. B.; Dehra Dun, India, D. A. V. Coll., Dep. of Zool. Neural plates in the Indian hill-stream fish mahseer, Tor putiṭora (Ham.). **(Neuralplatten bei Tor putitora, einem Fisch indischer Gebirgsflüsse.)** Sci. and Cult. [Calcutta] 27 (1961) Nr. 11. S. 548–549. — 1 Abb.
Tor putitora besitzt zwischen den Neuralfortsätzen des 5.–12. Wirbels flache, knöcherne Platten von rechteckiger Form. Ihr unterer Rand ist durch Bindegewebe fest mit dem Neuralfortsatz des folgenden Wirbels verbunden. Die 1. Platte findet sich zwischen den Fortsätzen des 4. und 5. Wirbels. Die Platten bilden zusammen mit den Neuralfortsätzen und den unmittelbar dahinter liegenden Flossenstrahlen einen einheitlichen Kamm, der es dem Fisch ermöglicht, der starken Strömung in den von ihm bewohnten Gebirgsflüssen zu widerstehen. G. Seifert. 6085.

3-64/02-9015 Krueger, William H.; Boston, Mass., Univ., Dep. of Biol. Meristic variation in the fourspine stickleback Apeltes quadracus. **(Meristische Variation beim Vierstachligen Stichling, Apeltes quadracus.)** Copeia [Philadelphia] **1961** Nr. 4. S. 442–450. — 1 Abb., 4 Tab., 23 Lit.
Die Variation der meristischen Merkmale wurde auf Grund von Untersuchungen an über 800 Exemplaren aus verschiedenen Gegenden Nordamerikas bestimmt. Die Anzahl der Wirbel betrug 30–33, die der Dorsalflossenstrahlen 9–14, der Analflossenstrahlen 7–11 und die der Rückenstacheln 2–6. Eine Korrelation bestand nur zwischen den Dorsal- und Analflossenstrahlen. Die Anzahl der Wirbel nahm von Nord nach Süd ab, die Variation der mittleren Wirbelzahl scheint auf die Temperaturempfindlichkeit der einzelnen Genotypen zurückzuführen zu sein. Die Anzahl der Dorsal- und Analflossenstrahlen wird durch unterschiedliche Temperaturen während der Embryonalentwicklung weitgehend variiert, während sich die Zahl der Rückenstachel mit dem Salzgehalt verändert. G. Seifert. 6085.

3-64/02-9016 Strasburg, Donald W.; Honolulu, Hawaii, Bureau of Commercial Fisheries, Biol. Lab. The diet and dentition of Isistius brasiliensis, with remarks of tooth replacement in other sharks. **(Nahrung und Zahnwechsel von Isistius brasiliensis, mit Bemerkungen zur Zahnerneuerung bei anderen Haien.)** Copeia [Philadelphia] **1963** Nr. 1. S. 33–40. — 5 Abb., 1 Tab., 7 Lit.
Die Nahrung der Haie bestand vorwiegend aus Tintenfischen. In einigen Mägen fanden sich Mandibularzähne in solcher Zahl, daß angenommen werden muß, daß der Zahnwechsel einer Garnitur einheitlich erfolgt. Andere Tiere dagegen ließen auf einen kontinuierlichen Zahnwechsel schließen. Nach Zahnmessungen an 140–501 mm langen Tieren ist anzunehmen, daß bis zu 15 vollständige Zahngarnituren vorhanden sind. Unregelmäßigkeiten im Gebiß können auftreten, wenn durch diskontinuierlichen Wechsel verschieden alte Zähne in der Funktionsreihe angeordnet sind. M. Hegemann. 6085.

3-64/02-9017 Pasztor, Valerie M. und Kleerekoper, H. The role of the gill filament musculature in teleosts. **(Die Rolle der Kiemenblattmuskulatur bei Teleostiern.)** Canad. J. Zool. **40** (1962) Nr. 5. S. 785–802. — 11 Abb., 21 Lit.
Vorwiegend sind zu den Untersuchungen *Ictalurus nebulosus* und *Cyprinus carpio* verwendet worden, die den Versuchsbedingungen am besten widerstehen. Gemäß der Einteilung von Bjitel besitzt ersterer Kiemen des Typs I, letzterer solche des Typs II. Mittels visueller und oszillographischer Methoden

war die Aktivität der Muskulatur während der normalen Atmung zu registrieren. Die Adduktoren bewirken eine gleichmäßige Kiemenbewegung auch bei geschlossenen Kiemendeckeln, um die Atmung aufrecht zu erhalten. Bei Fischen mit gut entwickelten Adduktoren ist die Ausdehnung der Kiemenblätter ebenfalls ein aktiver Vorgang. Die Elastizität der Kiemenblätter wird von den Muskeln unterstützt. Die Muskeln sind hier Teil eines Regelmechanismus, der die Wassermenge kontrolliert, die der respiratorischen Oberfläche zugeführt werden muß. M. Hegemann. 6085.

3-64/02-9018 Ahuja, Surender K.; Delhi, India, Univ., Dep. of Zool. Thyroid follicles in the kidney of carps. **(Schilddrüsenfollikel in der Niere von Karpfen.)** Current Sci. [Bangalore] **31** (1962) Nr. 11. S. 466–467. – 1 Abb. 7 Lit.
Bei den Cypriniden *Catla catla*, *Cirrhina reba*, *Puntius sarana* und *Labeo dero* zeigten sich in der Niere verteilte Schilddrüsenfollikel nach Fixierung in Bouin, Carnoy und Formol-Calcium und Färbung mit Ehrlichs Hämatoxylin. Bei einem Exemplar von *Catla* waren sie jedoch auch im Mesonephros vorhanden. Das Kolloid gab stark positive PAS-Reaktion. Die Proteinnatur des Kolloids konnte sicher nachgewiesen werden. Weitere Arbeiten über die genaue chem. Struktur des Kolloids, das Follikelwachstum in Abhängigkeit von Alter und Geschlecht und die chem. Beeinflussung dieser Schilddrüsengewebe sind aufgenommen worden. M. Hegemann. 6085.

3-64/02-9019 Wunder, Wilhelm; Erlangen; Nürnberg, Univ., Zool. Inst., Untersuchungsstelle für Teichwirtsch. **Die Schwimmblase, ein merkwürdiges und vielseitiges Organ bei Fischen.** Allg. Fischerei-Ztg. **88** (1963) Nr. 13. S. 370–374.; Nr. 14. S. 406–409. – 23 Abb., 20 Lit.
Die Schwimmblase kann sehr verschiedene Aufgaben erfüllen. Hauptsächlich ist sie ein Schwebeorgan, das das Fischgewicht dem des umgebenden Wassers angleicht. Sie besitzt hierfür Einrichtungen für Gasabsonderung und -resorption. Daneben kann sie aber auch als Atemorgan und bei einigen Fischarten als Barometerorgan fungieren. Einigen im Meere lebenden Fischarten dient die Schwimmblase als Organ zur Lauterzeugung, in weiteren Fällen wird sie schließlich als Hörorgan genutzt. Abschließend wird auf die Nutzung durch den Menschen zur Erzeugung von Leim und als Lebensmittel kurz eingegangen. G. Merla. 6085.

3-64/02-9020 Greenwood, P. H.; London, Brit. Museum (Natural History), Dep. of Zool. Swimbladder in African notopterid fishes. **(Die Schwimmblase bei afrikanischen Vertretern der Notopteridae.)** Nature [London] **198** (1963) Nr. 4884. S. 1009–1010. – 2 Abb., 3 Lit.
Bislang war die Schwimmblase lediglich bei den asiatischen Vertretern der Messerfische untersucht worden. Die Annahme, gleiche Verhältnisse würden weitgehend ebenfalls für die afrikanischen Vertreter dieser Familie zutreffen, konnte Vf. durch Nachweis einer Reihe von Besonderheiten bei *Notopterus afer* und *Xenomystus nigri* einschränken. Darüberhinaus werden in dieser Hinsicht auch Unterschiede zwischen beiden Gattungen aufgezeigt und beschrieben. Dessenungeachtet ist der Grundbauplan der Schwimmblase bei afrikanischen und asiatischen *Notopterus*-Arten ähnlich und läßt gleichfalls bei *X. nigri* die systematisch nahe Stellung erkennen. Bei den genannten 2 Fischgattungen liegen ferner Anhaltspunkte für einen Sexualdimorphismus der Schwimmblasenanatomie vor, die weiter zu untersuchen sind. G. Merla. 6085.

3-64/02-9021 Bianki, V. L.; Leningrad, Univ., Lehrstuhl für Physiol. Höherer Nerventätigkeit. Recepcija plavatel'nogo puzyŕja ryb i mozžečok. **(Die Rezeptionen der Schwimmblase und des Cerebellums bei Fischen.)** Fiziologičeskij žurnal SSSR imeni I. M. Sečenova, Moskva-Leningrad **59** (1963) Nr. 4. S. 494–502. — 4 Abb., 15 Lit.

Bei der Karausche (*Carassius carassius*) werden bedingte Reflexe auf Druckschwankungen sowohl innerhalb als auch außerhalb der Schwimmblase ausgebildet. Bei Fischen mit zerstörtem Weberschem Apparat erfolgt eine Differenzierung der Druckunterschiede nicht. Nach völliger oder teilweiser Entfernung des Cerebellums wird kein fester bedingter Reflex mehr ausgebildet. Es wird angenommen, daß das Cerebellum die Koordination zwischen den Bewegungsfunktionen und der Tätigkeit der Schwimmblase bewirkt. H.-W. Hattop. 6085.

3-64/02-9022 Goldberg, Edward D. Elemental composition of some pelagic fishes. **(Elementarzusammensetzung einiger pelagischer Fische.)** Limnol. and Oceanogr., Suppl. **7** (1962) S. 72–75. — 3 Tab., 4 Lit.

Um die potentielle Aufnahme von Spaltprodukten und die Konzentration der verschiedenen Elemente beurteilen zu können, war es notwendig, Untersuchungen über die verschiedenen natürlich vorkommenden Elemente in den einzelnen Organen pelagischer Fische durchzuführen. Als Studienmaterial dienten Thune und andere pelagische Fische. Die Ergebnisse zeigen, daß die im Seewasser als Kationen vorkommenden Elemente (Mn, Cu, Ni, Zn usw.) hauptsächlich in den inneren Organen konzentriert sind. Ca und Sr sind in den harten Teilen angereichert, Sr erscheint häufiger im Fleisch als Ca. Die chem. Analysen sind in Tab. wiedergegeben. J. Waldmann. 6085.

3-64/02-9023 Martin, DeCourcey und Goldberg, Edward D. Uptake and assimilation of radiostrontium by pacific mackerel. **(Aufnahme und Assimilation von Radiostrontium durch die pazifische Makrele.)** Limnol. and Oceanogr., Suppl. **7** (1962) S. 76–81. — 6 Abb.

Pazifische Makrelen (*Pneumatophorus diego*) wurden mit ^{90}Sr gefüttert. Die Anreicherung in den verschiedenen Organen wurde über eine Zeitspanne von 235 Tagen gemessen. 95% wurden innerhalb von 24 Std. ausgeschieden, 5% blieben während der gesamten Versuchsdauer im Körper fixiert. 80% der fixierten Aktivität waren in den kalkhaltigen Körperteilen enthalten. Die Kiemen zeigten in den ersten 3 Tagen die stärkste Radioaktivität/Gewichtseinheit, woraus zu schließen ist, daß das ^{90}Sr hier ausgeschieden wurde. Nach 2 Tagen zeigte das Fleisch geringe Aktivität. J. Waldmann. 6085.

3-64/02-9024 Zama, Kōichi. Lipids of pollack heart. I. Acetone-soluble lipid from heart of pollack, Theragra chalcogramma. **(Lipide des Herzens von Theragra chalcogramma. 1. Mitt. Acetonlösliche Lipide des Herzens.)** Bull. Fac. Fisheries, Hokkaido Univ. **13** (1963) Nr. 4. S. 181–185. — 1 Abb., 5 Tab., 4 Lit. Orig.: jap., Ausz.: engl. 6085.

3-64/02-9025 Zama, Koichi. Lipids of pollack heart. II. Conjugated lipids from heart of pollack, Theragra chalcogramma. **(Lipide des Herzens von Theragra chalcogramma. 2. Mitt. Gebundene Lipide des Herzens.)** Bull. Fac. Fisheries, Hokkaido Univ. **13** (1963) Nr. 4. S. 186–192. — 7 Tab., 30 Lit. Orig.: jap., Ausz.: engl. 1. Mitt. vgl. vorst. Titel. 6085.

3-64/02-9026 Huver, Charles W. und Steinberg, Sonia; Woods Hole, Mass., Marine Biol. Lab. The formation of melanophores in aembryonic eggs of Fundulus heteroclitus. **(Die Bildung von Melanophoren in aembryonischen Eiern von Fundulus heteroclitus.)** Copeia [Philadelphia] **1963** Nr. 1. S. 187–188. — 5 Lit.

Die geschilderten Beobachtungen lassen den Schluß zu, daß Pigmentzellen von Knochenfischen auch extraneuralen Ursprungs sein können. Gegen Ende der Laichperiode gewonnene überreife Eier ohne Embryonalschild wurden befruchtet und ihre Entwicklung 3 Tage lang verfolgt. Bis zu diesem Zeitpunkt hatte sich keine Embryonalachse gebildet, obwohl eine normale Epibolie mit vollständigem Verschluß des Blastoporus erfolgt war. 48 Std. nach der Befruchtung waren auf dem Dottersack bis zu 43 große Melanophoren vorhanden. M. Hegemann. 6085.

3-64/02-9027 Orton, Grace L.; La Jolla, Calif., Univ., Scripps Instn. of Oceanography. Notes on larval anatomy of fishes of the order lyomeri. **(Bemerkungen zur Anatomie der Larven der Fische aus der Ordnung der Lyomeri.)** Copeia [Philadelphia] **1963** Nr. 1. S. 6–15. — 4 Abb., 11 Lit.
Vf. hatte Gelegenheit, 3 Lyomerenlarven (Pelikan-Aale) zu untersuchen. Es handelte sich um 2 Exemplare von *Leptocephalus latissimus* und einem *L. pseudolatissimus*. Erstere gehört wahrscheinlich zur Gattung *Saccopharynx*, während die zweite Larve der Gattung *Eurypharynx* zuzuordnen ist. Die Lyomeri entwickeln einen vollkommneren Hyobranchialapparat als bisher angenommen wurde. Das Fehlen ventraler Elemente der Hyoid- und Kiemenbögen beim adulten Tier ist eine sekundäre Rückentwicklung und kein Primitivmerkmal. M. Hegemann. 6085.

3-64/02-9028 Niazi, I. A.; Jodhpur, India, Univ. of Rajasthan, Dep. of Zool. Development and growth of the caudal tissues in ammocoetes. **(Entwicklung und Wachstum der caudalen Gewebe bei Ammocoeten.)** Canad. J. Zool. **40** (1962) Nr. 5. S. 803–816. — 11 Abb., 18 Lit.
Die Arbeit verfolgt das Ziel, bei den Larven von *Petromyzon marinus* und *Entosphenus lamottenii* von 7–135 mm Länge die Entwicklung und das Wachstum des Notochords, der Flossenstrahlen und anderer knorpliger Strukturen sowie der Muskeln zu verfolgen. Es wird angenommen, daß das Zellenmaterial des sog. Primitivstrangs sich am linearen Wachstum des Notochords beteiligt. Beim linearen Wachstum der Flossenstrahlen wird zusätzliches Zellmaterial des Konnektivgewebes am distalen Ende eingeschlossen. Neue Myomeren entstehen aus den Zellen, die i. allg. Konnektivgewebe am dorsalen und ventralen Ende des hinteren, caudalen Myotoms noch über ein Jahr nach dem Schlüpfen der Tiere vorhanden sind. Das vesiculäre hintere Ende mit seinem durch kubische Ependymzellen ausgekleideten Lumen ist charakteristisch für ein normal wachsendes Rückenmark und nicht nur beim regenerierenden vorhanden. M. Hegemann. 6085.

3-64/02-9029 Doolittle, Russell F. und Surgenor, Douglas M.; Boston, Mass., Harvard Med. School, Dep. of Biol. Chem. Blood coagulation in fish. **(Die Blutgerinnung bei Fischen.)** Amer. J. Physiol. **203** (1962) Nr. 5. S. 964 bis 970. — 10 Abb., 5 Tab., 17 Lit.
Es wurden die Blutgerinnungssysteme von Cyclostomen, Elasmobranchiern und Teleostiern untersucht und miteinander verglichen. Das Plasma aller dieser Fische enthält ein Fibrinogen, das von humanem Thrombin zur Gerinnung gebracht wird, und ein Prothrombin, das in ein Thrombin umgewandelt werden kann, das p-Tosyl-L-Arginin-methyl-Ester hydrolysiert. Die Prothrombin-Aktivität kann an Bariumsulfat adsorbiert werden. Die Faktoren zur Prothrombinumwandlung sind artspezifisch. Über das extrinsic- und intrinsic-Schema der Gerinnung wurden erste Beobachtungen gemacht. Fischthrombocyten spielen bei der intrinsic-Umwandlung von Prothrombin in Thrombin eine zentrale Rolle und sind verantwortlich für die Gerinnungsretraktion. Th. Mattheis. 6085.

3-64/02-9030 Mairs, Donald F. und Kennedy, Theresa E.; La Crosse, Wis., Bureau of Sport Fisheries and Wildlife, Fish Control Lab. Evaluation of some heparinized capillaries for microhematocrit determinations of warmwater fishes. **(Erprobung von heparinisierten Kapillaren für Mikrohämatocrit-Untersuchungen bei Warmwasserfischen.)** U. S. Dep. Interior, Fish Wildlife Serv., progr. Fish-Culturist **24** (1962) Nr. 4. S. 188–189. — 1 Tab., 3 Lit.

An 15 Fischarten aus dem Mississippi wurden die in der Humanmedizin gebräuchlichen Kapillaren erprobt. Sie enthalten 2 USP Einheiten Heparin. Bei 6 Arten, darunter *Cyprinus carpio*, waren sämtliche Proben geronnen und daher unbrauchbar. Bei weiteren 7 Arten lag der Anteil der geronnenen Proben zwischen 45 und 80%. Nur bei *Lepomis macrochirus* waren die Werte brauchbar. Ähnlich wie für Salmoniden sollten spezielle Kapillaren mit 10%-iger Heparinlösung behandelt oder andere Antikoagulantien verwendet werden.
Th. Mattheis. 6085.

3-64/02-9031 Ashley, Laurence M. und Smith, Charlie E.; Cook, Wash., Bureau of Sport Fisheries and Wildlife, Western Fish Nutrit. Lab. Advantages of tissue imprints over tissue sections in studies of blood cell formation. **(Vorteile von Gewebsklatschpräparaten gegenüber Schnittpräparaten bei Untersuchungen der Hämopoiese.)** U. S. Dep. Interior, Fish Wildlife Serv., progr. Fish-Culturist **25** (1963) Nr. 2. S. 93–96. – 6 Abb., 4 Lit.
An mikroskopischen Präparaten der Hämopoiese von *Oncorhynchus nerka* wurden obige Methoden verglichen. Die Feinstrukturen der Zellen sind in Schnitten selten zu sehen, wohl aber in Klatschpräparaten. In sorgfältig hergestellten Klatschpräparaten tritt die störende Schrumpfung der Paraffineinbettung nicht auf. Paraffinschnitte zeigen eine Anzahl überflüssiger Elemente wie Melanin und Ceroid, Reticulum- und kollagene Bindegewebsfasern, die bei Klatschpräparaten fehlen. Artefakte sind in letzteren sehr selten. Zur Herstellung ersterer braucht man minimal 3 Tage, Klatschpräparate lassen sich in 5 oder weniger Stunden herstellen. Th. Mattheis. 6085.

3-64/02-9032 Khandelwal, O. P.; Muzaffarnagar, India, D. A. V. Coll., Dep. of Zool. Sensory canals of the head of few cyprinids. **(Sinneskanäle des Kopfes einiger Cypriniden.)** Current Sci. [Bangalore] **32** (1963) Nr. 3. S. 126–127. – 1 Abb., 6 Lit.
Die 3 Cyprinidenarten *Cirrhina mrigala, Catla catla* und *Labeo gonius* besitzen im Kopf sehr einfache Sinneskanäle, die Ähnlichkeit mit denen einiger Siluroiden haben, außer der hier vorhandenen Supraquerkommissur. Der Präopercularkanal mündet im Bereich des Pteroticums in den Temporalkanal; der Supraorbitalkanal reicht bis zum Infraorbitalkanal; der Mandibularkanal wird vom Praeopercularkanal fortgesetzt. M. Hegemann. 6085.

3-64/02-9033 Ali, M. A. und Hanyu, I.; Montreal, Quebec, Univ., Dep. of Biol. A comparative study of retinal structure in some fishes from moderately deep waters of the Western North Atlantic. **(Eine vergleichende Untersuchung der Retinastruktur einiger Fische mittlerer Tiefen des westlichen Nordatlantiks.)** Canad. J. Zool. **41** (1963) Nr. 2. S. 225–241. – 25 Abb., 2 Tab., 17 Lit.
Die Retinae von 13 Fischarten aus den Gewässern vor Labrador sind untersucht worden. Es zeigte sich, daß die Entwicklung der Retinaschichten aller untersuchten Fische mehr oder weniger gleich ist und daß die allg. Ausbildung der Retinaform gewisse Abhängigkeit von der Tiefe des Lebensraumes der jeweiligen Fischart hat. M. Hegemann. 6085.

3-64/02-9034 Haneda, Yata und Johnson, Frank H. The photogenic organs of Parapriacanthus beryciformes Franz and other fish with the indirect type of luminescent system. **(Die lichterzeugenden Organe von Parapriacanthus beryciformes und anderer Fische mit dem indirekten Typ eines Lumineszens-Systems.)** J. Morphol. [Philadelphia] **110** (1962) Nr. 2. S. 187 bis 198. – 8 Abb., 25 Lit.
Das Leuchtorgan von *Parapriacanthus beryciformes* besteht aus 5 Paar Pylorusanhängen, deren vorderstes direkt mit dem Y-förmigen Leuchtkörper, der in durchscheinender, als Linse wirkender Muskulatur eingebettet ist, in

Verbindung steht. Das durchschnittl. 25 mg wiegende Organ enthält 0,017 mg Luciferin. Vff. nehmen an, daß das Luciferin aus den mit der Nahrung aufgenommenen Ostracoden der Gattung *Cypridina* entstammt. Vergleichend werden 2 Ordnungen, 5 Familien und 7 Gattungen der Teleostier betrachtet. Lediglich bei *P. beryciformes* sind die Pylorusanhänge ein Teil des Leuchtsystems. M. Hegemann. 6085.

3-64/02-9035 Szabo, Thomas; Paris, Centre d' Études de Physiol. Nerveuse et d'Électrophysiol. **Elektrorezeptoren und Tätigkeit des elektrischen Organs der Mormyriden.** Naturwissenschaften **50** (1963) Nr. 12. S. 447. — 1 Abb., 11 Lit.

Die von Franz, Stendell und anderen bei den Mormyriden beschriebenen Hautorgane, die zur Seitenlinie gehören und Mormyromasten oder Knollenorgane benannt wurden, stellen Elektrorezeptoren dar, die auf das zentrale Steuersystem des elektrischen Organs einwirken. Die dadurch veränderte Tätigkeit des elektrischen Organs hemmt oder beschleunigt ihrerseits die Rezeptorentätigkeit. Von den Franzschen Knollenorganen geht eine sporadische oder fortdauernde Aktivität aus, die bis zu 2000–2300 Impulse/s erreichen kann. Die eine Richtung des Wechselstromes fördert, die andere hemmt sie, so daß bei genügend hoher Frequenz des Knollenorgans das elektr. Organ in seiner Tätigkeit blockiert wird. Das elektr. Organ kann als „feedback"-Systen für den Rezeptormechanismus aufgefaßt werden, der außer den elektrischen auch thermische Reize, nicht aber mech. Reize aufnimmt. M. Hegemann. 6085.

3-64/02-9036 Idler, D. R., McBride, J. R., Jonas, R. E. E. und Tomlinson, N.; Vancouver, Brit. Columbia, Fisheries Res. Board of Canada, Technol. Stat., Chem. and Biochem. Sect. Olfactory perception in migrating salmon. II. Studies on a laboratory bio-assay for homestream water and mammalian repellent. **(Das Geruchsvermögen wandernder Lachse. 2. Mitt. Durchführung eines Biotestes mit Wasser des „Heimatflusses" und dem Abstoßen durch Säugetiergeruch unter Laborverhältnissen.)** Canad. J. Biochem. Physiol. **39** (1961) Nr. 10. S. 1575–1584. — 2 Abb., 2 Tab., 21 Lit.

Im Labormaßstab wurde die Reaktion laichreifer Sockeye-Lachse (*Oncorhynchus nerka*) gegenüber Wasserproben verschiedener Herkunft getestet. Gegenüber dem Wasser des Heimatflusses und angrenzender Gewässer reagierten die Fische positiv. Die angenommene Heimatfluß-Substanz konnte durch Dialyse mit Leitungswasser entfernt und durch Hitze, jedoch nicht durch Ionenaustauscher zerstört werden. Nach Zugabe von Wasser, in dem sich 2 Personen die Hände abgespült hatten, drängten sich die Fische mit deutlichen Anzeichen einer Scheuchreaktion in eine Ecke des Versuchsbeckens. Weiterhin werden allg. Angaben über den Transport und die Haltung von laichreifen *O. n.* gemacht. G. Seifert. 6085.

3-64/02-9037 Altuchov, Ju. P.; Karadag, Biostat. der Akad. der Wiss. der Ukrain. SSR. O vlijanii pola i vozrasta nekotorych ryb na teploustojčivost' i stepeń serologičeskoj blizosti ich myšečnych belkov. **(Über Einfluß von Geschlecht und Alter einiger Fische auf Wärmeresistenz und serologische Affinität ihres Muskeleiweißes.)** Citologija, Moskva **3** (1961) Nr. 5. S. 598–601. — 1 Abb., 2 Tab., 31 Lit.

Der Einfluß von Geschlecht und Alter der Fische auf die Wärmeresistenz und die serologische Affinität ihres Muskeleiweißes wurde an einigen Schwarzmeerfischen untersucht. Zur Bestimmung der Wärmeresistenz wurden Teile aus der Muskulatur der Schwanzflosse von *Atherina hepsetus* und aus den Kiemenmuskeln zweier Altersgruppen (2- und 4/5jährige) der Bastardmakrele (*Trachurus*) entnommen und bei Temperaturen von 30–36 °C gehalten. Die serologische Affinität konnte durch Ermittlung der Titer bestimmt werden.

Die erhaltenen Ergebnisse weisen darauf hin, daß weder das Alter noch das Geschlecht der Fische einen wesentlichen Einfluß auf die Struktur ihrer Zelleiweiße ausüben. A. Kozianowski. 6085.

3-64/02-9038 Hanyu, Isao und Ali, M. A.; Montreal, Quebec, Univ., Dep. of Biol. Flicker fusion frequency of electroretinogram in light-adapted goldfish at various temperatures. **(Verschmelzungsfrequenz des Elektroretinogramms von lichtadaptierten Goldfischen bei verschiedenen Temperaturen.)** Science [Washington] **140** (1963) Nr. 3567. S. 662–663. — 1 Abb., 6 Lit.
Bei 5°, 15° und 25° C ist die Verschmelzungsfrequenz der Elektroretinogramme (ERG) von *Carassius auratus* ermittelt worden. Außer bei den höheren Lichtintensitäten folgt die Verschmelzungsfrequenz dem Ferry-Porter-Gesetz. Die max. Verschmelzungsfrequenz nimmt mit der Temperatur zu: 5 °C–24,4 ± 1,9; 15 °C–43,4 ± 1,3; 25 °C–67,2 ± 4,2 Lichtblitze/Sek. Die Ableitung der ERG erfolgte mittels Ag-AgCl-Elektroden. Als Lichtquelle diente eine 500- oder 750 W-Lampe. M. Hegemann. 6085.

3-64/02-9039 Juliano, Rogelio O. und Rabanal, Herminio R. The tolerance of milkfish fingerlings and fry, Chanos chanos (Forskäl), to decreases in salinity. **(Die Toleranz von Jungfischen und Larven des Milchfisches, Chanos chanos, gegenüber Verminderung des Salzgehaltes.)** Copeia [Philadelphia] **1963** Nr. 1. S. 180–181.
Der Milchfisch ist ein ausgesprochen euryhaliner Seefisch, der nach 30-stündiger Überführung über verschiedene Salzgehaltsstufen im Süßwasser aufgezogen werden kann. Vff. haben Jungfische einem plötzlichen Wechsel des Milieus unterworfen. Die verwendeten Salinitätsstufen waren 38‰ auf 5‰, 32,9‰ auf 8,3‰, 25,4‰ auf 5,1‰ und 20‰ auf 5,7‰. Die Sterblichkeit lag in diesen Stufen zwischen 40% und 1%, während sie bei stufenloser Umsetzung aus Salz- in Süßwasser 100%ig war. Erst von 20‰ an abwärts ertragen ca. 34% der Tiere auch diese Umsetzung. Die Larven überlebten Salinitätsverminderungen von 30,2‰ auf Süßwasser. Bei ihnen kam es jedoch, wahrscheinlich infolge des Kalziummangels, zu Skelettmißbildungen im Laufe des weiteren Wachstums. M. Hegemann. 6085.

3-64/02-9040 Baggerman, Bertha; Haren, Netherlands, Univ. of Groningen, Zool. Lab. The effect of TSH and antithyroid substances on salinity preference and thyroid activity in juvenile Pacific salmon. **(Die Wirkung von TSH und antihyroiden Substanzen auf die Vorzugssalinität und die Schilddrüsenaktivität bei jungen Pazifiklachsen.)** Canad. J. Zool. **41** (1963) Nr. 2. S. 307–319. — 4 Abb., 16 Lit.
6,5–8,5 cm lange Coho-Lachse (*Oncorhynchus kisutch*) zeigten nach Behandlung mit TSH einen Wechsel des Vorzugsmediums von Süß- zu Salzwasser, verbunden mit einer zunehmenden Schilddrüsenaktivität, die durch den Grad der Radiojodaufnahme meßbar war. Zur Prüfung der antithyroiden Komponente sind junge Buckellachse (*O. gorbuscha*) verwendet worden. Nach Behandlung mit Thioharnstoff war der umgekehrte Wechsel des Vorzugsmediums wie nach der Stimulierung, verbunden mit Abnahme der Schilddrüsenaktivität, zu erkennen. Bei dieser Fischart hatten Thiouracil und Natriumthiocyanat den gleichen Effekt. M. Hegemann. 6085.

3-64/02-9041 Bagenal, T. B.; Millpont, Marine Stat. Propylene phenoxetol as a fish anaesthetic. **(Propylenphenoxetol als Anästhetikum für Fische.)** Nature [London] **197** (1963) Nr. 4873. S. 1222–1223. — 3 Lit.
Propylenphenoxetol besitzt gegenüber Urethan den Vorteil, daß es wahrscheinlich keine carcinogenen Eigenschaften besitzt. Vf. führte Betäubungsversuche an *Pleuronectes platessa* durch, um die Stärke der Gebrauchslösung unter verschiedenen Bedingungen zu ermitteln. Es zeigte sich, daß die üblicherweise im Lab. zu verwendende Lösung 0,01–0,025% Propylenphenoxetol

enthalten kann, wenn die Aufenthaltsdauer der Fische kürzer als 1 Std. ist. Beim Umsetzen in frisches Wasser erholten sie sich innerhalb von 0,5 Std. wieder. Verblieben die Fische 3 Std. unter der Einwirkung des Anästhetikums, so wurden bereits Schädigungen festgestellt. Die Wirkung des Mittels ist von der Wassertemperatur abhängig. D. Nehring. 6085.

3-64/02-9042 Staib, A. H.; Dresden, Med. Akad., Pharmacol. Inst. **Der Einfluß von Pharmaka mit zentraler Wirkungskomponente auf den Sauerstoffverbrauch der Karausche.** Acta biol. med. german. [Berlin] **10** (1963) Nr. 3/4. S. 333–342. – 2 Abb., 36 Lit.
Die Wirkung von Aethylurethan, Pheno- und Hexobarbital, Chlorpromazin, Coffein, Strychnin und Aethylalkohol als am ZNS angreifende Substanzen und des peripher wirkenden 2,4-Dinitrophenol auf die O_2-Aufnahme von *Carassius carassius* ist vom Vf. mittels elektrochem. Durchflußmeßzellen kontinuierlich getestet worden. Die ersten 4 Substanzen senken den Sauerstoffverbrauch, während die anderen ihn erhöhen. Urethan, Chlorpromazin, Coffein und Strychnin wirken durch zentralbedingte Aktivitätsänderung, Aethanol verbraucht zur Verbrennung mehr O_2 als z. B. eine energieäquivalente Glukosemenge, Hexobarbital hemmt infolge seiner narkotischen Wirkung.
M. Hegemann. 6085.

3-64/02-9043 Lelek, A. und Peňáz, M. Tření ostroretky stěhovavé (Chondrostoma nasus L.) v řece Brumovce. **(Das Laichen der Nase [Chondrostoma nasus] im Flusse Brumovka.)** Zool. Listy **12** (1963) Nr. 2. S. 121–134. – 12 Abb., 1 Tab., 20 Lit. Zus. in Engl. 6090.

3-64/02-9044 Farris, David A.; San Diego, Calif., State Coll. Reproductive periodicity in the sardine (Sardinops caerulea) and the jack mackerel (Trachurus symmetricus) on the Pacific Coast of North America. **(Fortpflanzungsperiodizität bei der Sardine [Sardinops caerulea] und der pazifischen Bastardmakrele [Trachurus symmetricus] an der Pazifikküste von Nordamerika.)** Copeia [Philadelphia] **1963** Nr. 1. S. 182–184. – 2 Abb., 4 Tab., 22 Lit.
Anhand von Planktonnetzfängen ist die Periodizität des Erscheinens von Eiern der Sardine und der pazifischen Bastardmakrele ermittelt worden. Zwischen Anfang März und Ende Juni ist die höchste Zahl von Eiern vorhanden. Eine Lunarperiodizität war nicht feststellbar. Tageszeitliche Perioden der Eiablage zeigten sich bei beiden Fischarten. Die Sardinen laichten so, daß in der Hauptlaichperiode um 20 und 23 Uhr je ein Maximum an Eifängen eintrat, während diese bei der pazif. Bastardmakrele um 22 Uhr und bes. ausgeprägt um 0 Uhr zu finden waren. Die Einteilung der Sardine in 2 geographisch unterscheidbare Populationen (nördl. und südl.) wird auch durch ihre unterschiedlichen Laichperioden gerechtfertigt. Die nördl. Population zeigt ein Laichmaximum im Mai–Juni. Die Maxima der südl. Population dagegen liegen während der 7 Jahre andauernden Untersuchungen zwischen März und Juli. M. Hegemann. 6090.

3-64/02-9045 John, Kenneth R.; Lancaster, Pa., Franklin and Marshall Coll. The effect of torrential rains on the reproductive cycle of Rhinichthys osculus in the Chiricahua Montains, Arizona. **(Der Einfluß starker Regenfälle auf den Vermehrungszyklus von Rhinichthys osculus in den Chiricahua Mountains, Arizona.)** Copeia [Philadelphia] **1963** Nr. 2. S. 286–291. – 1 Abb., 6 Lit.
Bei den im normalen Jahresablauf vorkommenden starken Regengüssen laicht *R. osculus* im zeitigen Frühjahr und im Spätsommer. In einem trockenen Jahr und demzufolge bei starken und unterernährten Fischpopulationen tritt das Frühjahrslaichen nur vereinzelt auf, im Sommer unterbleibt das Ablaichen dann ganz. Daß die Fische im Frühjahr trotzdem laichen, spricht für einen stärkeren Einfluß von Temperatur und Tageslänge in dieser Zeit

im Gegensatz zum Spätsommer. Hier löst Hochwasser als primärer Reiz das Ablaichen aus, wenn die Regenfälle in der rechten Zeitspanne auftreten.
G. Merla. 6090.

3-64/02-9046 Załachowski, Włodzimierz; Katedra Ichtiol. Płodność płoci [Rutilus rutilus L.] jezior mazurskich. **(Die Fruchtbarkeit von Rutilus rutilus in masurischen Seen.)** Zeszyty naukowe wyższej Szkoły rolniczej Olsztynie **1961** Nr. 11. S. 225–244. – 6 Abb., 7 Tab., 15 Lit. Zus. in Russ., Engl.

Es wurde die abs. Fruchtbarkeit der Plötze aus 7 in der Wojwodschaft Olsztyn gelegenen Seen bestimmt sowie die Abhängigkeit der Fruchtbarkeit von Alter, Körperlänge und Körpergewicht der untersuchten Fische.
P. Poczopko. 6090.

3-64/02-9047 Lawler, G. H.; London, Ontario, Fisheries Res. Board of Canada, Biol. Stat. Egg counts of Lake Erie whitefish. **(Ei-Zählungen bei Coregonus clupeaformis aus dem Erie-See.)** J. Fisheries Res. Board Canada **18** (1961) Nr. 2. S. 293–294. – 1 Tab.

Die in den konservierten Ovarien enthaltenen Eier von 15 im Juli/Aug. 1948 gefangenen Exemplaren von *C. clupeaformis* wurden gezählt. 14 Fische der Jahresklasse 1944 enthielten durchschnittl. 47000 und in 1 Fisch der Klasse 1940 fanden sich 100000 Eier. Es wird angenommen, daß die Anzahl der Eier zur Größe des Fisches in Beziehung steht. Der mittlere Eidurchmesser betrug bei 13 Fischen 0,95–1,40 mm. G. Seifert. 6090.

3-64/02-9048 Fiedler, Kurt. **Die Wirkung von Prolactin auf das Verhalten des Lippfisches Crenilabrus ocellatus (Forskål).** Zool. Jb., Abt. allg. Zool. Physiol. Tiere **69** (1962) Nr. 4. S. 609–620. – 4 Abb., 3 Tab., 25 Lit.

Die ♂♂ des mediterranen Lippfisches *Crenilabrus ocellatus* bauen in der Laichzeit etwa jeden 7. Tag ein neues Algennest. Ihr Fortpflanzungszyklus hat zwei Phasen. In den ersten 3 Tagen ist das ♂ überwiegend mit Nestbau, Balzen und Laichen beschäftigt; vom 4.–5. Tag an fächelt es lange Zeit mit nur kurzen Pausen mit den Brustflossen den Gelegen im Nest Frischwasser zu. Diese formstarre Brutpflegehandlung kann man durch subkutane oder intramuskuläre Injektionen des Hypophysen-Vorderlappen-Hormons Prolactin auch bei isolierten ♂♂ ohne Nest auslösen. Sie können daraufhin tagelang an einem bestimmten Fächelplatz, an den sie immer wieder zurückkehren, wie über einem Nst fächeln. Vermutlich ist das Prolactin auch normalerweise an der Kontrolle dieser Brutpflegehandlung beteiligt.
E. Amlacher. 6090.

3-64/02-9049 Robertson, O. H. und Wexler, Bernard C. Histological changes in the pituitary gland of the rainbow trout (Salmo gairdnerii) accompanying sexual maturation and spawning. **(Histologische Veränderungen in der Hypophyse der Regenbogenforelle [Salmo gairdnerii] in Beziehung zur Geschlechtsreife und der Laichablage.)** J. Morphol. [Philadelphia] **110** (1962) Nr. 2. S. 157–169. – 18 Abb., 16 Lit.

Die histol. Veränderungen sind an den Hypophysen wandernder und nichtwandernder Regenbogenforellen während ihres gesamten Sexualzyklus untersucht worden. Forellen mit unreifen Gonaden haben Hypophysen, die durch einen rel. kleinen dorsalen Lappen charakterisiert werden, der vorwiegend Azidophile, sehr wenig Basophile und viele undifferenzierte Zellen enthält. Der ventrale (intermediäre) Lappen macht den größten Teil der Drüse auf diesem Entwicklungsstadium aus. Mit der Gonadenentwicklung nimmt der Dorsallappen an rel. Größe zu, undifferenzierte Zellen verschwinden und Basophile vermehren sich. Die Hypophysen laichreifer Forellen zeigen Degenerationen unterschiedlicher Art, wie Faserbildungen, Vakuolisierung, Degranulationen, Verkleinerung der Basophilen und Auflösung einzelner Drüsenzellen. M. Hegemann. 6090.

3-64/02-9050 Breder jun., C. M.; New York, N.Y., Amer. Museum of Nat. History, Dep. of Ichthyol. On the significance of transparency in osteichthid fish eggs and larvae. **(Über die Bedeutung der Transparenz der Knochenfischeier und -larven.)** Copeia [Philadelphia] **1962** Nr. 3. S. 561–567. – 30 Lit.
Vf. diskutiert die Frage des Lichteinflusses auf Eier und Larven bei Fischen aus Meer und Süßwasser. Er versucht, die Bedeutung der Durchsichtigkeit bzw. Undurchsichtigkeit der Eier und Larven unter Berücksichtigung ökologischer und phylogenetischer Gesichtspunkte zu beleuchten und an Beispielen zu erläutern. K. Anwand. 6090.

3-64/02-9051 Prokof'eva-Bel'govskaja, A. A.; Moskau, Inst. für Biophysik der Akad. der Wiss. der UdSSR, Lab. für Strahlengenetik. Radiacionnye poraženija chromosom na rannich stadijach razvitija lososja. **(Strahlungsschäden an Chromosomen im frühen Entwicklungsstadium des Lachses.)** Citologija, Moskva **3** (1961) Nr. 4. S. 437–445. – 6 Abb., 3 Tab., 21 Lit.
Bei mit Röntgenstrahlen behandelten Newalachsembryonen (*Salmo salar*) konnte das Entstehen neuer Chromatidenbrücken und echter Fragmente beobachtet werden. Ihr Erscheinen ist offensichtlich mit dem gestörten Stoffwechsel bei den bestrahlten Lachsembryonen verbunden.
A. Kozianowski. 6090.

3-64/02-9052 Krumholz, Louis A.; Louisville, Ky., Univ., Dep. of Biol. Relationships between fertility, sex ratio, and exposure to predation in populations of the mosquitofish Gambusia manni Hubbs at Bimini, Bahamas. **(Beziehungen zwischen Fruchtbarkeit, Geschlechterverhältnis und der Möglichkeit, erbeutet zu werden, von Populationen des Moskitofisches Gambusia manni bei Bimini Bahamas.)** Int. Rev. ges. Hydrobiol. 48 (1963) Nr. 2. S. 201-256. – 9 Abb., 20 Tab., 43 Lit.
Vf. vergleicht Populationen von *Gambusia manni* aus einem künstlichen Teich (Daniel's Pond) und einem Gezeitentümpel (Caloo Mangrove) bei Bimini (Bahamas). Insgesamt wurden 36622 Tiere gesammelt. In dem Teich lebt außer der untersuchten Art nur ein Pflanzenfresser, während im Gezeitentümpel viele Arten, darunter verschiedene Räuber, vorkommen. Die Geschlechtsreife wird bei beiden Geschlechtern im Gezeitentümpel bei einer geringeren Körpergröße erreicht als bei den Vergleichstieren aus dem Teich. Die Fruchtbarkeit der ♀♀ ist im Caloo Mangrove größer, obwohl die durchschnittl. Körpergröße dort geringer ist, als im Daniel's Pond. Im Teich sind ein rel. großerProzentsatz (ca. $^1/_3$) seniler Tiere, v. a. seniler ♀♀ zu finden, die in der Vergleichspopulation vollkommen fehlen. Im Gezeitentümpel überwiegen zahlenmäßig immer die ♀♀, während im abgeschlossenen Gewässer ein großer Teil der Fänge mehr ♂♂ aufweist als ♀♀. Diese u. a. Fakten sind auf das Fehlen von Feinden im Daniel's Pond zurückzuführen, während die Population im Caloo Mangrove als „normal" bezeichnet werden kann.
A. Kosler. 6095.

3-64/02-9053 Mansueti, Romeo J.; Solomons, Md., Chesapeake Biol. Lab. Movements, reproduction, and mortality of the white perch, Roccus americanus, in the Patuxent Estuary, Maryland. **(Wanderungen, Fortpflanzung und Sterblichkeit von Roccus americanus in der Patuxent-Mündung, Maryland.)** Chesapeake Sci. 2 (1961) Nr. 3/4. S. 142–205. – 20 Abb., 28 Tab., 83 Lit.
Bei den vom Vf. eingehend untersuchten *Roccus americanus* aus der Patuxent-Mündung handelt es sich um Fische eines einheitlichen Bestandes, der sich aus Tieren bis zu 9 und 10 Jahren zusammensetzt. Wie aus Rückfängen markierter Fische zu ersehen ist, wandern die semi-anadromen Weiß-Barsche zur Laichzeit im März–Mai stromaufwärts in Süß- und Brackwassergebiete und laichen bei 10–15 °C Wassertemperatur. Die Rogener werden in der Altersgruppe IV bei 105,5 mm und die Milchner bereits in der Altersgruppe

II oder III bei 100,5 mm Körperlänge geschlechtsreif. Die jährliche Sterblichkeitsrate beträgt für die Rogener 56% und die Milchner 50%. Der Bestand ist gegenwärtig nicht überfischt. K. Anwand. 6095.

3-64/02-9054 Silva, Donald P. de und Davis, William P.; Miami, Fla., Univ., Inst. of Marine Sci. White marlin, Tetrapturus albidus, in the Middle Atlantic Bight, with observations on the hydrography of the fishing grounds. **(Der weiße Marlin, Tetrapterus albidus, in der Mittelatlantischen Bucht, mit Beobachtungen über die Hydrographie des Fischgrundes.)** Copeia [Philadelphia] **1963** Nr. 1. S. 81–99. — 23 Abb., 5 Tab., 37 Lit.
Im Gebiet zwischen Atlantic City, New Jersey und Ocean City (Md.) sind 245 Exemplare des Weißen Marlin untersucht und mit denen anderer Fanggebiete verglichen worden. Aus den Maxima der Gewichtsverteilung wird geschlossen, daß der Fisch langlebig ist (ca. 12–15 Jahre). Die ♀♀ werden schwerer. Sie erreichten 36–114 Pfund, während die Gewichte der ♂♂ zwischen 26 und 64 Pfund variierten. Die im Sommer gefangenen Tiere hatten bereits abgelaicht. Als Nahrung werden der *Etrumeus sadina*, Carangiden und Cephalopoden bevorzugt. Die Fischgründe sind infolge ihrer hydrographischen Beschaffenheit sehr planktonreich, so daß die Nahrungstiere des Weißen Marlin hier gehäuft vorkommen und ihn demzufolge in größeren Mengen anziehen. M. Hegemann. 6095.

3-64/02-9055 Hyatt, Harold. The Southern California mackerel fishery and age composition of the Pacific mackerel catch for the 1958–59 season. **(Die südkalifornische Makrelenfischerei und die Alterszusammensetzung der pazifischen Makrelen im Fang der Saison 1958/59.)** Calif. Fish and Game 48 (1962) Nr. 4. S. 222–227. — 6 Tab., 7 Lit.
Vom 1. Mai 1958–30. Apr. 1959 wurden in den südkalif. Häfen insgesamt 24,2 Mill. Pfund pazif. Makrelen (*Pneumatophorus diego*) angelandet, die zum größten Teil im Gebiet 30 Meilen im Los Angeles Habor gefangen wurden. Die größten Anlandungen lagen in den Mon. Okt., Nov. und Dez. Im Vergleich dazu betrugen die Erträge 1934/35–1946/47 85 Mill. Pfund pro Fangperiode. 1958/59 setzte sich der Fang aus Fischen der Altersgruppen 0–VI+ zusammen. Der Jahrgang 1958 war mit 60,7%, der Jahrgang 1955 mit 18,5% und der Jahrgang 1956 mit 11,5% am Fang beteiligt, während der Anteil der anderen Jahrgänge unter 10% lag. K. Anwand. 6095.

3-64/02-9056 Gates, Doyle E. und Wolf, Robert S. Age and length composition of the sardine catch off the Pacific Coast of the United States and Mexico in 1959–60. **(Alters- und Längenzusammensetzung der an der pazifischen Küste der Vereinigten Staaten und Mexikos 1959–1960 gefangenen Sardinen.)** Calif. Fish and Game 48 (1962) Nr. 4. S. 232–242. — 2 Abb., 7 Tab., 2 Lit.
Während der Fangsaison von Aug. 1959–Jan. 1960 auf die pazif. Sardinen (*Sardinops caerulea*) wurden in den kalif. und mexik. Gewässern insgesamt 43 866 t gefangen. Das entspricht einem Bestand von ca. 437 Mill. Fischen, die zu 54,5% dem Jahrgang 1957, zu 30,1% dem Jahrgang 1956 und zu 11,1% dem Jahrgang 1958 angehörten und zwischen 136–256 mm lang waren. Von Nord nach Süd gehend ließ sich eine Abnahme des durchschnittl. Alters und der mittleren Längen der Sardinen nachweisen. K. Anwand. 6095.

3-64/02-9057 Lindroth, Arne. Baltic salmon fluctuations. 2: Porpoise and salmon. **(Ostseelachsfluktuationen. 2. Mitt. Kleiner Tümmler und Lachs.)** Rep. Inst. Freshwater Res., Drottningholm Nr. 44 (1962) S. 105–112. — 1 Abb., 1 Tab., 21 Lit.
An 50 Kleinen Tümmlern (*Phocaena phocaena*), die in der Zeit von Nov. 1960 bis Okt. 1961 im Gebiet der mittleren Ostsee gefangen wurden, führte man Nahrungsuntersuchungen durch. Die Nahrung setzte sich aus *Gadus callarias*,

Clupea harengus, Clupea sprattus, Aphya minutha und *Ammodytes*-Arten, jedoch nicht aus Lachsen (*Salmo salar*) zusammen. Die Hypothese, daß die Dichte des Lachsbestandes der Ostsee durch den Kleinen Tümmler beeinträchtigt werde, ist demnach nicht stichhaltig. K. Anwand. 6095.

3-64/02-9058 Birman, I. B.; Kamtschatka, Abt. des Forsch.-Inst. für Hochseefischerei und Ozeanogr. des Pazifiks. O vozdejstvii drifternogo promysla lososej v otkrytom more na kačestvennuju strukturu stada. **(Einfluß des Hochseelachsfangs mit Treibnetzen auf die Qualität des Bestandes.)** Rybnoe chozjajstvo, Moskva **39** (1963) Nr. 6. S. 7–16. – 6 Tab. 6095.

3-64/02-9059 Smith, Philip W.; Urbana, Ill., Natural History Survey. A study of seasonal distribution of fishes in the Kaskaskia River ditch, a highly modified stream in Eastern Illinois. **(Eine Untersuchung der jahreszeitlichen Fischverteilung im Kaskaskia-Fluß, einem sehr veränderungsfähigen Fluß im östlichen Illinois.)** Copeia [Philadelphia] **1963** Nr. 2. S. 251–259. – 4 Abb., 3 Tab., 8 Lit.
Im Oberlauf des Flusses wurden an 3 Stationen im Verlaufe eines Jahres monatl. Fische durch vergleichbare Netzzüge gefangen. Die Fänge ließen erkennen, daß sich die Anzahl der Fische und der Arten im Jahresablauf und mit dem Wasserstand änderte. Die meisten Fische kamen im Winter vor, am wenigsten waren im Frühjahr zu finden. Die Artenzahl war dagegen im Herbst am größten und im Frühjahr am niedrigsten. Frühjahrswanderungen von Catostomiden u. a. Wanderfischen waren im Oberlauf dieses Flusses nicht zu beobachten. G. Merla. 6095.

3-64/02-9060 Buşniţă, Th.; Bukarest. **Die Wandlungen der Fischfauna der unteren Donau während der letzten hundert Jahre.** Verh. int. Verein. theoret. angew. Limnol. **14** (1959, hrsg. 1961) S. 381–385. – 9 Lit.
Vf. gibt eine umfassende Zusammenstellung der heute in der unteren Donau vorkommenden Fischarten. In den vergangenen 100 Jahren kam es insbesondere durch natürliche und künstliche Kolonisation von Fischarten sowie durch Einwirkung der Zivilisation zu einigen Veränderungen in der Zusammensetzung der Fischfauna. Sie sind *Leuciscus* (*Squalius*) *borysthenicus, Cyprinus carpio* morpha *Lausitz* und morpha *galitziae, Lepomis gibbosus* und *Carassius auratus gibelio* neu hinzugekommen. Andere Arten (Acipenseriden und Clupeiden) des pontokaspisch-aralschen Bassins haben ihre Biologie verändert. Die Änderungen der Umweltbedingungen hat dazu geführt, daß sie heute bereits in der unteren Donau ablaichen, während einige Arten früher bis zu 2000 km stromaufwärts wanderten. Bei vielen Arten ist das Stückgewicht zurückgegangen, da sich das Durchschnittsalter der Fische verringert hat. G. Seifert. 6095.

3-64/02-9061 Bănărescu, Petru; Bukarest. **Tiergeographische Betrachtungen über die Fischfauna des Donaubeckens.** Verh. int. Verein. theoret. angew. Limnol. **14** (1959, hrsg. 1961) S. 386–389. – 1 Abb., 15 Lit.
Unter den 83 Fischarten und 15 Rassen des Donaubeckens gibt es 7 Wanderarten und 9 Süßwasserarten marinen Ursprungs. 67 Arten stammen aus dem Süßwasser, von denen 42 im ganzen Donaubecken und 25 in beschränkten Bereichen verbreitet sind. Die Verbreitungsgebiete der einzelnen Arten werden beschrieben und Angaben über ihren möglichen Ursprung in diesem Gebiet erörtert. Eine „panonische" Verbreitung im Sinne Hankos trifft für keine der Arten zu. Die von allen Flüssen Europas reichste Fischfauna der Donau wird damit erklärt, daß die gegen Ende des Tertiärs einheitliche sibirisch-mitteleuropäische Fischfauna in den übrigen Gebieten durch die Eiszeit stark dezimiert, im Donaugebiet aber weniger beeinflußt wurde. Viele voreiszeitlich weitverbreitete Fische sind jetzt in Europa auf das Donaubecken beschränkt. G. Seifert. 6100.

3-64/02-9062 Pinčuk, V. I.; Akad. der Wiss. der Ukrain. SSR., Inst. fur Hydrobiol.. Morśka ta lymanna formy byčka-knuta pivnično-zachidnoï častyny Čornogo morja. **(Meeres- und Ästuarformen bei der Grundel [Gobius batrachocephalus] im nordwestlichen Teil des Schwarzen Meeres.)** Dopovidi Akademiï nauk Ukraïnśkoï RSR, Kyïv **1963** Nr. 1. S. 126–129. — 1 Abb., 1 Tab. Orig.: ukrain., Ausz.: russ., engl.
Zwischen *Gobius batrachocephalus* aus dem Bug-Dnepr-Ästuar und dem eigentlichen Schwarzmeergebiet bestehen wesentliche Unterschiede in der Größe der Augen, einigen morphol. Details des Kopfes und der Zeichnung in der Kopfgegend sowie in anderen Merkmalen. Deshalb schlägt Vf. vor, die Ästuarform als *Gobius borysthenis* zu führen. K. Anwand. 6100.

3-64/02-9063 Witt, Hugh H. de; Stanford, Calif., Univ., Div. of Systematic Biol. On the probable identity of Macrias amissus, a deep-water notothenioid fish from the Chilean coast. **(Über die vermutliche Identität von Macrias amissus, einem Tiefsee-Notothenoiden von der chilenischen Küste.)** Copeia [Philadelphia] **1962** Nr. 3. S. 657–659. — 8 Lit.
Vf. diskutiert die systematische Stellung von *Macrias amissus.* Er stellt dabei Vergleiche mit den Merkmalen der Fische der Arten *Dissostichus eleginoides* und *D. amissus* sowie *D. mawsoni* an. K. Anwand. 6100.

3-64/02-9064 Robins, C. Richard; Miami, Univ., Inst. of Marine Sci. Studies on fishes of the family Ophidiidae. VII. The Pacific species of Lepophidium. **(Studien an Fischen der Familie Ophidiidae. 7. Mitt. Die pazifischen Arten von Lepophidium.)** Copeia [Philadelphia] **1962** Nr. 3. S. 487–498. — 4 Abb., 2 Tab., 16 Lit. 6. Mitt. vgl. LZ. Abt. III 7 (1962) Nr. 5. S. 1088.
Fundorte, Morphometrie, Färbung und Synonyme der 5 Fischarten *Lepophidium pardale, L. prorates, L. negropinna, L. stigmatistium* und *L. microlepis* aus dem Gebiet des östlichen Pazifiks von Peru bis Kalifornien werden beschrieben. Ein Bestimmungsschlüssel ermöglicht die Identifizierung der einzelnen Arten, die Bestimmung der Art *Brotuloides emmelas* sowie der Gattung *Genypterus.* K. Anwand. 6100.

3-64/02-9065 Nakamura, Eugene L.; Honolulu, Hawaii, U. S. Dep. of the Interior, Bureau of Commercial Fisheries, Biol. Lab. Observations on the behavior of skipjack tuna, Euthynnus pelamis, in captivity. **(Beobachtungen über das Verhalten von Euthynnus pelamis in Gefangenschaft.)** Copeia [Philadelphia] **1962** Nr. 3. S. 499–505. — 3 Abb., 10 Lit.
In einem Rundbecken, 23 ft im Durchmesser und 4 ft tief, wurden 5½ Mon. lang 4 sechspfündige und 9 zweipfündige *Euthynnus pelamis* gehalten. Während dieser Zeit wurden Beobachtungen und Versuche über die Nahrungsaufnahme und -verwertung, das Wachstum, die Veränderungen der Körperfarbe sowie über das Schwimm- und Schwarmverhalten durchgeführt.
K. Anwand. 6105.

3-64/02-9066 Cornman, Ivor; Falls Church, Va., Hazleton Lab. Aggressive activity among barracuda in confined space. **(Aggressive Aktivität bei Sphyraena barracuda unter beschränkten Raumverhältnissen.)** Copeia [Philadelphia] **1963** Nr. 2. S. 450–451.
Es wurde beobachtet, daß frisch in einen Behälter gebrachte Exemplare von *S. barracuda* charakteristische Verletzungen aufwiesen. Wie festzustellen war, waren dies die Folgen regelrechter, vom Vf. näher beschriebener Duelle. Dabei richteten sich die Angriffe nur gegen Vertreter der eigenen Art und ließen an Häufigkeit und Stärke innerhalb 1 Std. nach. Dieses bes. Verhalten stellt anscheinend eine Art Lebensraumverteidigung dar, bei der das Ziel mit der Flucht des Gegners erreicht ist. Man sollte aber trotz des artspez. Verhaltens fragen, ob bes. Bedingungen auch einen Angriff auf andere Arten auslösen können. G. Merla. 6105.

3-64/02-9067 Mansueti, Romeo J.; Solomon, Md., Univ. Natural Resources Inst., Chesapeake Biol. Lab. Symbiotic behavior between small fishes and jellyfishes, with new data on that between the stromateid, Peprilus alepidotus, and the scyphomedusa, Chrysaora quinquecirrha. **(Symbioseverhalten zwischen kleinen Fischen und Medusen, mit neuen Angaben über das des Stromateiden Peprilus alepidotus und der Scyphomeduse Chrysaora quinquecirrha.)** Copeia [Philadelphia] **1963** Nr. 1. S. 40–80. — 5 Abb., 6 Tab., 216 Lit.
Vom Juli–Okt. führen die jungen Herbstfische, *P. alepidotus*, und die amer. Butterfische, *Poronotus triacanthus*, aus der Familie der Stromateidae (Quallenfische), ein scheinbar kommensalistisches und ektoparasitisches Leben mit der Scyphomeduse *Chrysaora quinquecirrha*. In der Beziehung zwischen dem Herbstfisch und der Meduse besteht ursprünglich Kommensalismus, darauf folgt eine Periode des Ektoparasitismus, wenn nämlich der Fisch auch vom Wirt frißt, und schließlich kommt es im Herbst zum Zusammenbruch der Symbiose, und der Fisch wird zum Feind der Medusen. Von den beiden hier genannten Fischen ist Symbiose mit verschiedenen anderen Medusenarten bekannt, obgleich auch jeweils gleichaltrige Fische als nichtsymbiontisch gebunden leben können. Die Fisch-Meduse-Symbiose ist an 4, im wesentlichen pelagisch lebende, Fischfamilien gebunden, die Carangidae, Stromateidae, Centrolophidae und Nomeidae, an 3 mehr demers vorkommende Familien, die Gadidae, Girellidae und Centriscidae, sowie schließlich an 2 an das Abyssal gebundene Fischfamilien, die Tetragonuridae und Zaproridae. Diese bilden nur einen kleinen Teil der großen Zahl von Fischen, welche pelagische Junge erzeugen, die auch die potentielle Fähigkeit zur Symbiose mitbrächten. Eine festliegende Einordnung des Zusammenlebens in die 3 Kategorien Symbiose, Kommensalismus und Ektoparasitismus erscheint nach den bisherigen Kenntnissen nicht einfach durchführbar zu sein. M. Hegemann. 6105.

3-64/02-9068 Molnár, Gyula und Tölg, István. Relation between water temperature and gastric digestion of largemouth bass (Micropterus salmoides Lacépède). **(Beziehung zwischen Wassertemperatur und Magenverdauung beim Schwarzbarsch [Micropterus salmoides].)** J. Fisheries Res. Board Canada **19** (1962) Nr. 6. S. 1005–1012. — 4 Abb., 3 Tab., 22 Lit.
Mit Hilfe von Röntgenstrahlen ist die Verdauungsrate des Schwarzbarsches bei 5, 10, 15, 20 und 25 °C Wassertemperatur bestimmt worden. An die 25–27 cm langen Schwarzbarsche sind kleine Ukeleis verfüttert worden. Zwischen 5 und 10 °C nimmt die Verdauung bei Erhöhung der Wassertemperatur schneller zu als bei den höheren Temperaturen. Die Leerung des Magens erfolgte bei den verschiedenen Temperaturen jeweils zu folgenden Zeiten: 5 °–110 Std.; 10°–50 Std.; 15°–37 Std.; 20°–24 Std.; 25°–19 Std.
M. Hegemann, 6110.

3-64/02-9069 Davies, P. M.; Dublin, Trinity Coll., Dep. of Zool. Food input and energy extraction efficiency in Carassius auratus. **(Nahrungszufuhr und die Wirksamkeit der gewonnenen Energie bei Carassius auratus.)** Nature [London] **198** (1963) Nr. 4881. S. 707. — 1 Abb., 5 Lit.
6–7 cm lange Goldfische sind unter optimalen Milieubedingungen im Aquarium bei Fütterung mit Enchyträen gehalten worden, um den Energiegewinn aus der Nahrung zu ermitteln. Zwischen der Nahrungszufuhr und dem Energiegewinn besteht im Bereich zwischen 1 und 5 mg Nahrung eine positive Korrelation. Vf. weist darauf hin, daß bei wesentlich höherem Angebot ein Teil der Nahrung den Darm unverdaut passiert, so daß für jeweils konstante Außenbedingungen ein Optimum des Energiegewinns aus der Nahrung vorliegt. M. Hegemann. 6110.

3-64/02-9070 Shelbourne, J. E.; Lowestoft, Fisheries Lab. A predator-prey size relationship for plaice larvae feeding on Oikopleura. **(Über das Ver-**

hältnis von Räuber- und Beutegröße bei Schollenlarven, die Oikopleura fressen.) J. Marine biol. Assoc. United Kingdom **42** (1962) Nr. 2. S. 243–252. – 5 Abb., 1 Tab., 12 Lit.

Die pelagischen Schollenlarven (*Pleuronectes platessa*) in der südlichen Nordsee fressen normalerweise ausschließlich Appendicularien der Art *Oikopleura dioica*. Die Größe der Nahrungstiere kann aus dem Darminhalt der Larven festgestellt werden. Kleinere Larven sind auf kleinere Beutetiere angewiesen, bei fortschreitendem Wachstum können sie sich schließlich von allen Größenstadien der *Oikopleuren* ernähren. Der Nahrungswettbewerb wird in den jüngsten Larvenstadien am größten sein. Am Ende der pelagischen Phase werden von den Larven hauptsächlich große Formen gefressen; die Größenauswahl wird mit einem Planktonnetz mit 60 Maschen/Zoll verglichen. J. Waldmann. 6110.

3-64/02-9071 Wales, Joseph H.; Corvallis, Oregon, Univ., Dep. of Fish and Game Management. Forceps for removal of trout stomach content. **(Eine Zange zur Gewinnung des Mageninhalts von Forellen.)** U. S. Dep. Interior, Fish Wildlife Serv., progr. Fish-Culturist **24** (1962) Nr. 4. S. 171. – 1 Abb.

Bei limnol. Untersuchungen waren von mehreren Forellengruppen im Jahresablauf 14tägig Mageninhalte zu gewinnen ohne die Fische (Gabellänge 7,5 bis 18 cm) zu beschädigen, weil gleichzeitig noch ihr laufendes Wachstum beobachtet wurde. Dies ermöglichte in sehr kurzer Zeit eine gekröpfte, storchenschnabel-ähnliche Zange, die bei den betäubten Fischen auf dem Wege über die Speiseröhre in den Magen einzuführen war. In den ca. 1000 Fällen, in denen Mageninhalte auf diese Art gewonnen wurden, erlitten die Fische offensichtlich keinen Schaden. G. Merla. 6110.

3-64/02-9072 Warner, Kendall; Augusta, Me., Dep. of Inland Fisheries and Game. A new longevity record for the landlocked population of Salmo salar. **(Ein neuer Rekord in der Lebensdauer der Binnenseenpopulation von Salmo salar.)** Copeia [Philadelphia] **1961** Nr. 4. S. 483–484. – 1 Lit.

Ein 1955 während der Laichwanderung markierter weiblicher Lachs wurde 1960 wiedergefangen. Bei der Markierung entnommene Schuppen zeigten 8 klar zu erkennende Jahresmarken (Alter VIII+). Demnach betrug das Alter des Fisches 1960 mindestens 13 Jahre. Er besaß eine Länge von 71 cm und ein Gewicht von 7,1 Pfund. In den 5 Jahren seit der Markierung war er nur wenig gewachsen. Den bisherigen Rekord hielt ein 19,7 Pfund schweres Weibchen der Altersgruppe XI+. G. Seifert. 6110.

3-64/02-9073 Wolf, Robert S. Age composition of the Pacific sardine 1932–1960. **(Alterszusammensetzung der pazifischen Sardine in den Jahren 1932-1960.)** U. S. Dep. Interior, Fish Wildlife Serv., Res. Rep. **1961** Nr. 53. S. 1–36. – 5 Abb., 22 Tab., 41 Lit.

Es wird eine Zusammenstellung über die Alterszusammensetzung der pazifischen Sardine (*Sardinops caerulea*) gegeben, wie sie in den Anlandungen an der nordam. Pazifikküste von 1932–1960 anzutreffen war. Der Umfang jeder Altersgruppe wird durch die Zahl der Fische ausgedrückt. Neben den Fischanzahlen sind auch die Fangmengen aller Altersgruppen und die Längenzusammensetzung der einzelnen Altersklassen angegeben. Die Hauptfangzeit lag in den Herbst- und Wintermon. K. Anwand. 6110.

3-64/02-9074 Wolf, Robert S.; La Jolla, Calif., U. S. Dep. of the Interior, Fish and Wildlife Serv., Bureau of Commercial Fisheries. Graphic presentation of Pacific sardine age composition data. **(Graphische Darstellung der Alterszusammensetzung der pazifischen Sardine.)** U. S. Dep. Interior, Fish Wildlife Serv., spec. sci. Rep. **1961** Nr. 384. S. 1–34. – 32 Abb., 1 Lit.

In Säulendiagrammen wird die Alterszusammensetzung der Fänge der pazifischen Sardine (*Sardinops caerulea*) dargestelllt, die in den Fangperioden von 1932/33–1959/60 in den Häfen von Brit.-Kolumbien, Washington und Oregon angelandet wurden. Die Anteile der einzelnen Jahrgänge bzw. Altersgruppen im Fang werden in der Anzahl der Fische ausgedrückt.

K. Anwand. 6110.

3-64/02-9075 Balon, Eugeniusz K.; Bratislava, ČSSR. **Vergleich der Altersstruktur und der Gesetzmäßigkeit des Populationswachstums dreier Donauarten der Gattung Abramis.** Zool. Anz. **167** (1961) Nr. 9/12. S. 404–412. – 3 Abb., 7 Tab., 14 Lit.

Altersstruktur, Geschlechterverhältnis und Wachstumsvariabilität von *Abramis brama danubii*, *Abramis sapa schreibersii* und *Abramis ballerus* subsp. aus dem tschechoslowakischen Donauabschnitt wurden untersucht. Das Material stammte größtenteils aus Zugnetzen mit 35 mm Maschenweite. Es setzte sich aus folgenden Altersgruppen zusammen: *A. brama* 1–11, *A. ballerus* 2–10 und *A. sapa* 3–11. Von den einzelnen Arten war die 3., 4. bzw. 6. Altersgruppe die stärkste. *A. brama* hat die größte Wachstumsvariabilität der 3 Arten und wird, wie *A. sapa* im 4. Jahr geschlechtsreif, *A. ballerus* im 3. Jahr. Weiterhin führte Vf. Wachstumsrückberechnungen durch und ermittelte auf graphischem Weg die Grenze des rentablen Wachstums.

G. Seifert. 6110.

3-64/02-9076 Pantulu, V.; Barrackpore, Centr. Inland Fisheries Res Stat. Determination of age and growth of Mystus gulio (Ham.) by the use of pectoral spines, with observations on its biology and fishery in the Hooghly estuary. **(Bestimmung von Alter und Wachstum bei Mystus gulio unter Verwendung der Pectoralstacheln mit Beobachtungen über Biologie und Fischerei im Hooghly-Aestuar.)** Proc. nat. Inst. Sci. India, Part B **27** (1961) Nr. 4. S. 198–225. – 16 Abb., 10 Tab., 34 Lit.

Die Pectoralstacheln von *Mustus gulio* (Bagridae, Stachelwelse) zeigen jährliche Zuwachsringe, die zur genauen Altersbestimmung geeignet sind. Die Wachstumsrückberechnung ist ebenfalls möglich. Das Geschlechterverhältnis ist etwa 1:1. Die Reife tritt bei Weibchen mit 62 mm Länge ein. Der Anteil reifer Tiere wächst mit der Länge. Der jährliche Reifezyklus wird beschrieben. Die Fische fressen hauptsächlich Garnelen, Fische, Insekten und Krebsplankton. In den Mon. Aug.–Nov. fressen sie bes. intensiv. Die Größen- und Alterszusammensetzung der monatl. Fänge während verschiedener Jahre und in verschiedenen Zonen des Aestuars wird beschrieben. Aus den Werten lassen sich Schlüsse über Wanderungen ziehen.

J. Waldmann. 6110.

3-64/02-9077 Runyan, Suzanne; Ann Arbor, Mich., Univ., Museum of Zool. Early development of the clingfish, Gobiesox strumosus Cope. **(Frühentwicklung von Gobiesox strumosus.)** Chesapeake Sci. 2 (1961) Nr. 3/4. S. 113–141. – 33 Abb., 6 Tab., 21 Lit.

Es werden die morphometrischen, meristischen und anatomischen Merkmale der Eier, Larven und Jungfische von *Gobiesox strumosus* angegeben und der Entwicklungsverlauf vom Ei bis zum Fisch beschrieben. Der Kletterfisch legt in den Mon. Apr.–Aug. seine ovalen Eier in leeren Austerschalen ab. Die geschlüpfte Brut ist 2,8–3,5 mm lang und absorbiert unmittelbar nach dem Schlüpfen den Dotter. Mit 12 mm Länge ist das Jungfischstadium und mit 45 mm Länge die Fortpflanzungsfähigkeit des Fisches erreicht.

K. Anwand. 6110.

3-64/02-9078 Penjaź, V. S.; Tėmp rostu nekatorych rybvidaŭ Ganaleskaga vadaschovišča. **(Wachstumsgeschwindigkeit einiger Fischarten des Stausees Gonolesk.)** Izvestija Akademii nauk Belorusskoj SSR, Minsk **1961** Nr. 3. S. 104–107. – 7 Tab., 9 Lit. Orig.: beloruss., Ausz.: russ.

In der Zeit von 1956–1959 wurde im Gonolesker' Stausee das Wachstumstempo von 7 Fischarten untersucht. Es handelt sich dabei um Hecht, Plötze Rotfeder, Schleie, gewöhnliche Karausche, Silberkarausche und Barsch. Die festgestellten Längenwerte und teilweise auch Gewichtsangaben sind aufgeführt. G. Predel. 6110.

3-64/02-9079 Farris, David A.; San Diego, Calif., State Coll. Shrinkage of sardine (Sardinops caerulea) larvae upon preservation in buffered formalin. **(Die Schrumpfung von Sardinenlarven [Sardinops caerulea] nach Aufbewahrung in gepuffertem Formalin.)** Copeia [Philadelphia] **1963** Nr. 1. S. 185 bis 186. — 2 Tab.
Die Larven sind mit 3%igem, boraxgepuffertem Formalin abgetötet und darin aufbewahrt worden. Messungen der Schrumpfung der Objekte nach 30 Min., 1, 2 und 6 Wochen ergaben, daß die größte Schrumpfung in den ersten 30 Min. eintritt, nämlich 0,25 mm bei einer Länge der lebenden Larve von 4,80 mm. Bei entsprechender Berücksichtigung der Schrumpfung ließe sich aus der Länge konservierter Larven die Länge der lebenden errechnen. M. Hegemann. 6110.

3-64/02-9080 Lühmann, M. und Mann, H.; Hamburg, Bundesforsch.-Anst. für Fischerei, Inst. für Küsten- und Binnenfischerei. **Über die Wanderung der Aale in der Elbe.** Fischwirt **11** (1961) Nr. 12. S. 365–375.; **12** (1962) Nr. 1. S. 9–22. — 5 Abb., 8 Tab., 12 Lit.
Um im Zusammenhang mit dem Bau der Staustufe Geesthacht einen Überblick über die Wanderbewegungen der Aale (*Anguilla anguilla*) in der Elbe zu erhalten, wurden 1957/58 an verschiedenen Stellen unterhalb von Schnakkenburg insgesamt 4542 markierte Aale ausgesetzt. Anhand der meist sehr guten Wiederfänge konnten die Wandergeschwindigkeit der flußabwärts ziehenden Blankaale und die Wanderbewegungen der Gelbaale genau untersucht werden. Die Hauptwanderzeit der Blankaale liegt im Spätsommer bis Herbst oder im Frühjahr bei Gewässern, die während der übrigen Jahreszeiten vom Flußsystem getrennt sind. Die Rückwanderung verpflanzter Gelbaale in ihr „Heimatgebiet" bestätigte eine gewisse Standorttreue. Die Nutzung der abwandernden Blankaale liegt mit 20% etwa doppelt so hoch wie bisher angenommen wurde. In Einzelfällen wurden fast 30% Wiederfänge erzielt. G. Seifert. 6110.

3-64/02-9081 Zimmer, Paul D. und Broughton, John H.; Portland, Oregon, Fish and Wildlife Serv. Annual fish passage report — Rock Island Dam Columbia River, Washington, 1961. **(Jahresbericht über die Fischwanderung am Rock-Island-Damm des Columbia-Flusses 1961.)** U. S. Dep. Interior, Fish Wildlife Serv., spec. sci. Rep. **1962** Nr. 421. S. 1–24. — 3 Abb., 21 Tab.,
Wie in jedem Jahre wurden auch 1961 von Mai–Okt. die anadromen Fische gezählt, die den Rock-Island-Damm des Columbia-Flusses passierten. Von den insgesamt 59392 registrierten Salmoniden waren 33067 *Oncorhynchus tshawytscha* (davon 9260 Jacks), 7042 *Salmo gairdneri gairdneri*, 19233 *O. nerca* (davon 15736 große und 3497 kleine) und 50 *O. kisutch*. Außerdem wurden während der gleichen Zeit 140280 Fische anderer Arten gezählt. Die Hauptwanderzeit der Salmoniden lag im Juli, Aug. und Sept. Neben der Zahl der wandernden Fische wurde auch die Abhängigkeit ihrer Wanderintensität von Luft- und Wassertemperatur sowie von den Strömungsverhältnissen festgestellt. K. Anwand. 6110.

3-64/02-9082 Merla, Günter; Königswartha, Zweigstelle für Karpfenteichwirtsch. des Inst. für Binnenfischerei der Dtsch. Akad. der Landwirtsch.-Wiss. zu Berlin. **Versuche zur Markierung von Laichkarpfen.** Dtsch. Fischerei-Ztg. **10** (1963) Nr. 1. S. 25–28. — 4 Abb., 8 Lit.

Durch Brand- und Ätzmarkierung (Höllensteinstift, 5 mm stark; $AgNO_3$) wurden 6 und 7 Jahre alte Laicher (*Cyprinus carpio*) individuell gezeichnet. Anstelle arabischer Zahlen wurden in beiden Fällen einfache Zeichen gebraucht, die nach der Narbenbildung und dem Wachstum der Fische besser erkennbar bleiben. Nach 1 Jahr waren die Brandnarben noch gut zu sehen. Das Brandzeichen, das mittels einer Auto-Batterie zum Glühen gebracht wurde, sollte ca. 5 cm hoch sein. Die Ätznarben waren nach 1 Jahr nicht immer gut zu erkennen. Da aber die Ätzmethode bes. einfach durchführbar ist, sind weitere Erfahrungen erwünscht. G. Merla. 6115.

3-64/02-9083 Chadwick, Harold K. An evaluation of five tag types used in a striped bass mortality rate and migration study. **(Eine Beurteilung von fünf Markierungsarten, die bei Untersuchung von Sterblichkeitsrate und Wanderung von Roccus saxatilis verwendet wurden.)** Calif. Fish and Game **49** (1963) Nr. 2. S. 64–83. — 7 Abb., 14 Tab., 21 Lit.

Eine befriedigende Markierungsart darf weder Fische noch Fängigkeit beeinträchtigen, muß leicht erkennbar und verlustsicher sein. Auf Eignung wurden geprüft: 1. unterhalb der Rückenflosse mit Draht zu befestigende Plastikscheibe; 2. in gleicher Weise anzubringende Kapsel, die Rückmeldungs-Anleitung enthält; 3. Pfeilmarken aus Kunststoff mit Aufschrift; 4. Plastikanhänger, die unter der Rückenflosse befestigt werden und oberhalb des Schwanzstieles zu liegen kommen; 5. sog. „Spaghetti"-Marken aus Kunststoffschlauch mit Aufschrift. Keine Markierungsart erfüllte alle aufgestellten Forderungen, wobei die beiden zunächst genannten Markierungen noch am geeignetsten erschienen, erstere davon die Fische jedoch nicht selten erheblich schädigte. G. Merla. 6115.

3-64/02-9084 Mansueti, Romeo J. und Murphy, George J.; Annapolis, Md., Tidewater Fisheries Dep.; Solomons, Md., Chesapeake Biol. Lab. Further returns of striped bass, Roccus saxatilis, tagged from deep water during winter in Chesapeake Bay, Maryland. **(Weitere Rückfänge von Roccus saxatilis, welche aus dem Tiefenwasser während des Winters in der Chesapeake-Bucht, Maryland, markiert wurden.)** Chesapeake Sci. **2** (1961) Nr. 3/4. S. 209–212. — 1 Abb., 1 Tab., 9 Lit.

Im Jan. 1959 wurden 104 *Roccus saxatilis*, die mit Kiemennetzen in 60 bis 80 Fuß Tiefe in der Chesapeake-Bucht gefangen wurden, markiert und ausgesetzt. Innerhalb von 10 Mon. erfolgte der Rückfang von 14 Fischen (= 1,3%) in der oberen Chesapeake-Bucht und im Potomac-Fluß. Die Markierungen sollten Auskunft über die Überwinterungsplätze in größeren Tiefen der Bucht, die Wanderwege und -zeiten sowie die Trommelsuchterscheinungen geben. K. Anwand. 6115.

3-64/02-9085 Weber, Douglas D. und Ridgway, George J.; Seattle, Wash., Bureau of Commercial Fisheries, Biol. Lab. The deposition of tetracycline drugs in bones and scales of fish and its possible use for marking. **(Die Ablagerung von Tetracyclinen in Knochen und Schuppen von Fischen und ihre Verwendbarkeit zur Markierung.)** U. S. Dep. Interior, Fish Wildlife Serv., progr. Fish-Culturist **24** (1962) Nr. 4. S. 150–155. — 2 Abb., 5 Lit.

Nach der Verabreichung von Tetracyclinen an Setzlinge einiger Salmonidenarten wurde im Knochengewebe, bes. in der Zone der Osteogenese, eine deutliche goldgelbe Fluoreszenz (bei UV-Licht) beobachtet. Dieser Effekt war bes. ausgeprägt nach intraperitonealer Injektion von 50–200 mg verschiedener Tetracycline pro kg Körpergewicht (*Oncorhynchus nerka*) und ließ sich noch 3 Mon. post injectionem nachweisen. Badeversuche mit Aureomycin ergaben bei 55 mg/l und mindestens 23 Std. Badedauer Fluoreszenz in Schuppen, Zähnen, Flossenstrahlen und anderen integumentnahen Knochengebilden. Erste Fütterungsversuche (50–200 mg/kg Körpergewicht) verliefen mit Aureomycin bei *Salmo gairdneri* und *O. nerka* negativ. Selbst 8 g Terramycin/kg Körpergewicht ergaben nur bei annähernd 50% der Fische (*O. tshawytscha*) Fluoreszenz. Eine Beimengung von Glukosamin zum Futter ergab bei 900 mg Terramycin/kg Körpergewicht deutliche Fluoreszenz in den distalen Zonen der Rippen und Opercularknochen. Bei 4 weiteren Fischarten, darunter *Cyprinus carpio*, ergaben Injektionen von Tetracyclin ähnliche Effekte. Th. Mattheis. 6115.

3-64/02-9086 *Reinhold, Hans.* **Der Hecht (Esox lucius L.) und seine wirtschaftliche Bedeutung im VEB Binnenfischerei Potsdam. Dipl.-Arb. Landwirtsch.-Gärtner. Fak. der Humboldt-Univ. Berlin. 1963.**

Biologie der Meeressäuger

3-64/02-9087 Lilly, John C. und Miller, Alice M. Vocal exchanges between dolphins. **(Lautaustausch zwischen Delphinen.)** Science [Washington] **134** (1961) Nr. 3493. S. 1873–1876. – 3 Abb., 7 Lit.
Beschrieben werden Beobachtungen über den Lautaustausch zwischen Delphinen (*Tursiops truncatus*) unter verschiedenen Bedingungen. Unter Versuchsbedingungen wurde der Lautaustausch zwischen isolierten Tieren betrachtet. Dabei konnten sowohl gemeinsame Lautaustausche, „Duetts" als auch „Solos" bzw. „Monologe" festgestellt werden. Bei den Lauten handelte es sich um pfeifende, tickende u. a. Geräusche. Die Versuchsanordnung wird ausführlich beschrieben. G. Predel. 6120.

Biologie der sonstigen fischereilichen Nutztiere

3-64/02-9088 Rajyalakshmi, T.; Barrackpore, Centr. Inland Fisheries Res. Stat. Studies on maturation and breeding in some estuarine palaemonid prawns. **(Untersuchungen über Reifung und Laichen bei einigen Aestuar-Palaemoniden.)** Proc. nat. Inst. Sci. India, Part B **27** (1961) Nr. 4. S. 179–188. – 7 Abb., 1 Tab., 3 Lit.
Im Aestuar der Flüsse Hooghly und Roopnarain (Indien) wurden Untersuchungen über Eireifung, Fruchtbarkeit und Laichverhalten der wirtschaftlich bedeutenden Arten *Palaemon carcinus* und *P. mirabilis* durchgeführt. Die Brutperiode von *P. carcinus* ist auf 6–7 Mon., von Dez.–Juli, beschränkt. Das Maximum erstreckt sich von März–Mai. Ein Weibchen scheint in einer Saison mehrmals zu laichen. Die Garnelen sammeln sich zur Eireifung, zum Laichen und zum Brüten im mittleren Hooghly-Aestuar. *P. mirabilis* laicht das ganze Jahr über. Das Reifen der Gonaden, das Laichen und die erste Entwicklung der Eier ist längs des ganzen Flusses festzustellen, die spätere Entwicklung scheint jedoch nur in den unteren Bereichen der mittleren und unteren Zone stattzufinden. Bei *P. carcinus* betrug die höchste Eizahl 111400, bei *P. mirabilis* 3000. J. Waldmann. 6125.

C. LEBENSRAUM DER FISCHE
(Hydrographie und Hydrobiologie)

3-64/02-9089 Anderson, D. V.; Toronto, Ontario, Univ. of Toronto, Dep. of Geol. Sci. A note on the morphology of the basins of the Great Lakes. **(Eine Bemerkung zur Morphologie der Becken der Großen Seen.)** J. Fisheries Res. Board Canada **18** (1961) Nr. 2. S. 273–277. – 2 Abb., 2 Tab., 2 Lit.
Die tatsächliche Gestalt der Großen Seen wird mit elliptischen Sinusoiden verglichen, die 1959 von Neumann als Idealmodelle für Durchschnittsseen angegeben wurden. Flächen- Tiefen-Kurven der Seen werden den entsprechenden Kurven dieser Idealmodelle gegenübergestellt. Die Kurven stimmten beim Michigan-, Huron-, Ontariosee sowie bei der Georgian-Bucht gut und beim Oberen und Erie-See weniger gut überein. Neumanns Modell ist von

arithmetischer Einfachheit und kann bes. in idealisierten Berechnungen angewendet werden, bei denen es auf die volumetrischen Veränderungen mit der Tiefe ankommt. G. Seifert. 6135.

3-64/02-9090 Zimmermann, Peter; Zürich. **Chemische und bakteriologische Untersuchungen im unteren Zürichsee während der Jahre 1948-1957.** Schweiz. Z. Hydrol. **23** (1961) Nr. 2. S. 342–397. – 17 Abb., 20 Tab., 52 Lit.
An 4 Stellen des unteren Zürichsees wurden während der Jahre 1948–1957 monatl. Wasserproben entnommen und phys., chem. und bakteriol. untersucht. Innerhalb dieser Untersuchungsperiode hat sich der Gehalt an Nährstoffen statistisch erfaßbar geändert. Die Konzentration der Nitrate stieg um ca. 60%, diejenige der Phosphate um ca. 200%. Die Zunahme des Phosphatgehalts wird dem enorm anwachsenden Verbrauch synthetischer Waschmittel zugeschrieben. Weiterhin werden Angaben gemacht über Sauerstoffverhältnisse, Schichtungen, Oxydierbarkeit, Trübung, Kalk-Kohlensäure-Gleichgewicht und Chloridgehalt. Die erhaltenen Resultate werden mit den Ergebnissen der vorangegangenen Untersuchungsperiode (1943–1947) verglichen. D. Nehring. 6135.

3-64/02-9091 Rodina, A. G.; Leningrad. Microbiological methods in application to hydrobiology. **(Die Anwendung mikrobiologischer Methoden in der Hydrobiologie.)** Verh. int. Verein. theoret. angew. Limnol. **14** (1959, hrsg. 1961) S. 831–837. – 8 Abb., 2 Tab., 14 Lit.
Vf. referiert im wesentlichen Ergebnisse eigener Untersuchungen der letzten 20 Jahre. Es gelang ihr, die dominierende Rolle der Mikroorganismen (Bakterien und Pilze) für die Ernährung der Hydrofauna der Zwischenproduktion zu beweisen. Weder in Lösungen essentieller Aminosäuren mit Glukose noch in bakterienfreien Düngeraufgüssen entwickelten und vermehrten sich Wassertiere normal, wodurch die Bedeutungslosigkeit gelöster org. Substanzen für die Ernährung von Wassertieren bewiesen wurde. Hefen, *Azotobacter*, eine Reihe von Stäbchen sowie Schwefelbakterien hatten dagegen einen hohen Wert für die Ernährung. Zwischen dem Trophiegrad des Gewässers und der Zahl der Bakterien bestehen direkte Beziehungen. Selbst in den einzelnen Gewässern lassen sich verschiedene Zonen mit unterschiedlicher Aktivität durch die unterschiedlichen Bakterienzahlen nachweisen. Direkt abhängig von ihnen erwies sich die zahlenmäßige Entwicklung des Benthos. Aus toter org. Substanz gelangen nicht weniger als 40% der org. Stoffe direkt in die Bakterienzellen. Der Rest wird teilweise oder ganz abgebaut, ebenfalls von Bakterien und Algen den verschiedenen Kreisläufen wieder zugeführt. Th. Mattheis. 6135.

3-64/02-9092 Baalsrud, Kjell; Blindern, Norw. Distribution of bacteria in a stratified lake in S. E. Norway. **(Die Verbreitung von Bakterien in einem geschichteten See im Süden Norwegens.)** Verh. int. Verein. theoret. angew. Limnol. **14** (1959, hrsg. 1961) S. 1044–1048. – 3 Abb., 3 Tab.
Im Zusammenhang mit den Plänen, den Gjersjø-See in der Nähe von Oslo (60 m tief, Inhalt 60 Mill. m³) zu einem Trinkwasserreservoir zu machen, wurden 1958/59 Untersuchungen über den Verunreinigungsgrad angestellt. Im Frühjahr und Herbst bestand Vollzirkulation, im Sommer lag die Sprungschicht in 7–10 m Tiefe. Mit dem Zufluß gelangen große Mengen coliformer Bakterien in den See, die sich z. Z. der Sommerstagnation im Epilimnion durch Strömungen rasch verbreiten. Während der Vollzirkulation gelangen sie auch ins Hypolimnion. Um eine plötzliche Verunreinigung beurteilen zu können, wurden Versuche mit *Serratia indica* als Testbakterie im Juli und Nov. durchgeführt. Innerhalb von 2 Tagen waren diese Keime in beiden Fällen in der Seemitte nachweisbar. Im Nov.-Versuch verblieben sie gegenüber dem Juliversuch länger im See. Infolge niedriger Wassertemperaturen hatte die Selbstreinigungskraft abgenommen. Th. Mattheis. 6135.

3-64/02-9093 Javornický, Pavel und Prokešová, Věra; Prague, Acad. of Sci., Hydrobiol. Lab. The influence of protozoa and bacteria upon the oxidation of organic substances in water. **(Der Einfluß von Protozoen und Bakterien auf die Oxydation organischer Substanzen im Wasser.)** Int. Rev. ges. Hydrobiol. 48 (1963) Nr. 2. S. 335–350. — 11 Abb., 27 Lit.

Vf. untersucht die Zusammenhänge zwischen dem biochem. Sauerstoffbedarf (BSB) und der Mikrofauna und -flora. Zunächst wird für einzelne Wasserproben aus 4 Gewässern der natürliche Wechsel der Mikrofauna und -flora in Korrelation mit dem Sauerstoffverbrauch untersucht. Außerdem werden in gleichen Proben durch Erhitzung für 5 Min. auf 50 °C die Protozoen abgetötet. Die dadurch eintretende Verminderung der Keimzahl ist nach 24 Std. wieder ausgeglichen. Alle Versuche zeigen mit der Vermehrung der Protozoen eine Verminderung der Keimzahl und einen Anstieg des BSB. Offenbar stimuliert die Entwicklung einer bakterienfressenden Protozoenfauna die Entwicklung der Bakterien durch Verminderung ihrer Zahl, wodurch ein erhöhter Stoffumsatz entsteht. W. v. Tümpling. 6135.

3-64/02-9094 Golubić, Stjepko; Zagreb. **Zur Kenntnis der Kalkinkrustation und Kalkkorrosion im Seelitoral.** Schweiz. Z. Hydrol. 24 (1962) Nr. 2. S. 229–243. — 8 Abb., 1 Tab., 8 Lit.

Vf. geht im Vrana-See der Entstehung von Krusten-Furchensteinen nach. Diese kommen im kalkreichen Wasser unter Beteiligung von Blaualgen vor. Die letzteren tragen teils zur biogenen Entkalkung bei, hauptsächlich legen sie aber auf mech. Wege den Kalk in den Krusten fest. Auf Grund höherer Alkalinitäts- und CO_2-Werte und niedrigerer O_2-Werte unterhalb der Krusten im Vergleich zum freien Wasser führt Vf. die Entstehung der unterhalb der Krusten befindlichen Furchen auf die im Inneren abgestorbenen und sich zersetzenden Algen zurück. M. Schlüter. 6135.

3-64/02-9095 Lund, J. W. G.; Ambleside, Freshwater Biol. Assoc. Phytoplankton from some lakes in Northern Saskatchewan and from Great Slave lake. **(Phytoplankton aus einigen Seen im nördlichen Saskatchewan und dem Großen Sklaven-See.)** Canad. J. Bot. 40 (1962) Nr. 11. S. 1499–1514. — 75 Abb., 43 Lit.

Vf. nennt und diskutiert die Systematik, Ökologie und Verbreitung einiger wichtiger Algen des Netzplanktons aus kanadischen Seen. Berücksichtigt werden Vertreter der *Bacillariophyceae, Cyanophyta, Chrysophyceae* und *Chlorophyceae*. In den mehr eutrophen Seen dominiert ein Gemisch von Blaualgen und Kieselalgen, in den mehr oligotrophen Seen herrschen Kieselalgen vor. M. Schlüter. 6135.

3-64/02-9096 Schwabe, G. H.; Plön, Max-Planck-Ges., Hydrobiol. Anst. **Blaualgenprobleme.** Schweiz. Z. Hydrol. 24 (1962) Nr. 2. S. 207–222. — 5 Abb., 16 Lit.

Vf. führt aus, daß die rezenten *Cyanophyta* wahrscheinlich Relikte der phylogenetisch ältesten photoautotrophen Vegetation der Erde überhaupt sind. Damit hängt ihre beherrschende Stellung unter ökologischen Extrembedingungen zusammen; ferner, daß eine Blaualgenart (Sammelart) einer höheren toxionomischen Kategorie entspricht als es bei Pflanzen mit sexueller Fortpflanzung der Fall ist und daß das Gesamtsystem der *Cyanophyta* flächignetzförmig aufgefaßt werden muß. Eine größere Anzahl der gegenwärtig benutzten taxionomischen Merkmale wird kritisch besprochen. M. Schlüter. 6135.

3-64/02-9097 Nipkow, Fritz; Zürich. **Die Rädertiere im Plankton des Zürichsees und ihre Entwicklungsphasen.** Schweiz. Z. Hydrol. 23 (1961) Nr. 2. S. 398–461. — 6 Abb., 3 Tab., 31 Lit.

Vf. untersuchte die Entwicklung von 43 planktischen Rotatorien aus ihren Dauereiern, die 1. aus dem freien Wasser, 2. aus dem deutlich jahresgeschichteten Schlamm des Sees stammten. Dabei wurde die Dauer der Latenzperiode durch Aufbewahrung bei 4–6 °C festgestellt. In Tab. sind die Lebenszeit der Latenzeier im Schlamm sowie die Mindestdauer der Ruheperiode für jede Art dargestellt. Für die meisten Arten beträgt die Latenzperiode zwischen 4–6 Mon., für einige nur 2 Mon., für wenige — vor allem Arten des Spätherbstes — 7–8 Mon. Aus dem Schlamm ließen sich noch Dauereier im Alter von 35 Jahren zur Entwicklung bringen. Die Zahl der Dauereier beträgt durchschnittl. 2–4/mm² Schlammoberfläche, lediglich für *Synchaeta oblonga* 30–40 Eier/mm². Es wird eine Bestimmungstab. für die Dauereier angegeben. W. v. Tümpling. 6135.

3-64/02-9098 Sorokin, Ju. I.; Borok, Inst. für Biol. der Stauseen der Akad. der Wiss. der UdSSR. Rol' chemosynteza v produkcii organičeskogo veščestva v vodochraniliščach. Izučenie produkcii chemosinteza v Kujbyševskom vodochranilišče v 1958–1959 gg. **(Die Rolle der Chemosynthese bei der Produktion organischer Stoffe in Stauseen. Erforschung der chemosynthetischen Produktion im Kuibyschew-Staubecken 1958–1959.)** Mikrobiologija, Moskva **30** (1961) Nr. 5. S. 928–937. — 9 Abb., 2 Tab., 8 Lit. Zus. in Engl.

Mit Hilfe der Radio-Kohlenstoff-Methode wurde die Chemosynthese in ihrer vertikalen Verteilung bei ruhigem Wetter im Kuibyschew-Stausee bestimmt. Für die Produktion org. Stoffe sind als wichtigste Gruppen, die methanoxydierenden, wasserstoffoxydierenden und Thionin-Bakterien zu nennen. Die Hauptgruppen der Bakterien, die für die Chemosynthese verantwortlich sind, befinden sich in der anaeroben Zone des Gewässers. Gewässerteile mit anaeroben Bedingungen befinden sich im Stausee jedoch nur in Buchten. Hier spielt auch die Chemosynthese eine bedeutende Rolle für die Produktion org. Stoffe. G. Predel. 6138.

3-64/02-9099 Brandl, Zdeněk; Lipno n. Vlt., Výzkumný Ústav Rybářský a Hydrobiol., Pracoviště pro Údolní Nádrže. Příspěvek k biologii litorálu lipenské údolní nádrže. **(Beitrag zur Biologie des Litorals der Talsperre Lipno.)** Živočišná Výroba 8 **(36)** (1963) Nr. 3. S. 175–188. — 4 Abb., 3 Tab., 11 Lit. Zus. in Russ., Engl. 6138.

3-64/02-9100 Hrbáčková-Esslová, Marta; Prague, Acad. of Sci., Hydrobiol. Lab. The development of three species of Daphnia in the surface water of the Slapy reservoir. **(Die Entwicklung von drei Daphnia-Arten im Oberflächenwasser des Slapy-Stausees.)** Int. Rev. ges. Hydrobiol. 48 (1963) Nr. 2. S. 325–333. — 4 Abb., 1 Tab., 9 Lit.

Daphnia hyalina, D. pulicaria und *D. pulex* wurden in filtriertem (60 nm Gewebe) Wasser des Stausees gehalten. Die Kontrollkulturen lebten im gleichen Wasser, das mit Algenkulturen oder Nannoplankton angereichert war. Als Charakteristikum des Wachstums diente die Körperlänge, als Entwicklungscharakteristikum die erste Eiablage. *D. pulex* starb im Versuch nach 5–6 Tagen ohne sich fortgepflanzt zu haben. Die beiden anderen Arten pflanzten sich im Experiment 1–4 Häutungsstadien später fort als in der Kontrolle, und die Eizahl betrug nur $^1/_3$–$^1/_5$ der Kontrolle. Die rel. Längenzunahme war im Experiment ebenfalls geringer als in der Kontrolle. Die Zahl der Häutungen bis zur Fortpflanzung, die Größe der Primipara, Eizahl und Entwicklungsdauer sind also abhängig von der Ernährung. W. v. Tümpling. 6138.

3-64/02-9101 Žadin, V. I.; Leningrad, Zool. Inst. der Akad. der Wiss. der UdSSR. Prognoz i dejstvitel'nost' (ob osuščestvlenii prognoza gidrobiologičeskogo režima Kujbyševskogo vodochranilišča). **(Prognose und Wirklichkeit [über die Richtigkeit der Prognose der hydrobiologischen Verhältnisse der**

Kuibyschewer Talsperre].) Zoologičeskij žurnal, Moskva 42 (1963) Nr. 5. S. 641 bis 651. – 53 Lit. Zus. in Engl.
Über die voraussichtlichen hydrobiol. Verhältnisse in der 1956 erbauten Kuibyschewer Talsperre wurde bereits 1939 von verschiedenen Wissenschaftlern eine Prognose angefertigt. Bei einem 1962 durchgeführten Vergleich der Prognose mit den tatsächlichen Verhältnissen zeigte sich eine weitgehende Übereinstimmung. Insbesondere wurde die vorausberechnete Biomasse der Bodenfauna und des Phytoplanktons sowie des Zooplanktons erreicht. Die Fischproduktion beträgt z. Z. 20% des geschätzten Ertrages. Die Zusammensetzung der Fischbestände hat sich gemäß den Erwartungen entwickelt.
H.-W. Hattop. 6138.

3-64/02-9102 Nipkow, Fritz; Zürich. **Vegetative Dauerzellen bei Mougeotia turicensis n. sp.** Schweiz. Z. Hydrol. 24 (1962) Nr. 2. S. 223–228. – 9 Abb., 3 Lit.
Vf. beschreibt aus Kleingewässern der Umgebung von Zürich eine neue *Mougeotia*, von der keine Zygoten bekannt sind. Die Alge zeichnet sich durch die Bildung farbloser, unbehäuteter Dauerzellen aus, die nach einer Ruheperiode zu neuen Fäden auskeimen. Vf. stellt einen Vergleich zwischen den von ihm gefundenen Dauerzellen und solchen von *Zygnema cylindricum* und *Spirogyra fluviatilis* an, die von Czurda beschrieben wurden.
M. Schlüter. 6140.

3-64/02-9103 Nourisson, Michel; Nancy, Fac. des Sci. ,Inst. de Biol. Influence d'un thermopériodisme journalier sur le développement des eufs non asséches de Chirocephalus stagnalis Shaw (Crustacé Phyllopode). **(Der Einfluß einer täglichen Temperaturperiodizität auf die Entwicklung der nicht ausgetrockneten Eier von Chirocephalus stagnalis.)** C. R. hebd. Séances Acad. Sci. 235 (1961) Nr. 17. S. 1870–1872. – 2 Abb., 1 Tab., 7 Lit.
Versuche mit Eiern von *Chirocephalus*, die keiner Trockenzeit ausgesetzt waren, ergaben, daß sie sich nur in einem günstigen Temperaturintervall entwickeln können. Bei einer tägl. Kälteeinwirkung von 4 °C während einer Zeitdauer von 3–18 Std. verläuft die Entwicklung der Eier normal, verlangsamt sich jedoch mit zunehmender Stundenzahl. Eine noch längere Einwirkung verursacht eine weitere Retardierung bis zum völligen Ausbleiben des Schlüpfens. Auch zu hohe Temperaturen wirken ungünstig. Eine Wärmeeinwirkung von 25 °C während 9 Std. zeitigte nur eine ganz geringe Anzahl von Nauplien, bei noch höheren Temperaturen erfolgt überhaupt kein Schlüpfen. In der Natur sind die tägl. Temperaturschwankungen in den Tümpeln sehr groß, und die Temperaturen liegen oftmals außerhalb der optimalen Grenzen. Daher kann die Eientwicklung in der Natur nicht vor der vollständigen Austrocknung der Tümpel erfolgen. T. Schreiter. 6140.

3-64/02-9104 Nourisson, Michel; Nancy, Fac. des Sci., Inst. de Biol. Existence d'un intervalle de température favorable au développement des oeufs asséchés de Chirocephalus stagnalis Shaw (Crustacé Phyllopode). **(Die Existenz eines für die Entwicklung getrockneter Eier von Chirocephalus stagnalis günstigen Temperaturintervalls.)** C. R. hebd. Séances Acad. Sci. 235 (1961) Nr. 18. S. 1994–1996. – 1 Abb., 6 Lit.
Vf. untersucht den Einfluß der Temperatur auf die Entwicklung der Eier von *Chirocephalus stagnalis*, die eine Trockenperiode durchgemacht haben. Dabei fand er ein mittleres thermisches Optimum von ca. 15 °C (10–22 °). Höhere oder tiefere Temperaturen wirken sich ungünstig aus, und zwar sowohl bei getrockneten als auch bei nicht ausgetrockneten Eiern. Daraus ist zu schließen, daß die Temperatur der ausschlaggebende Faktor für die Eientwicklung ist.
T. Schreiter. 6140.

3-64/02-9105 Lenel, Roland und Nourisson, Michel; Nancy, Fac. des Sci., Inst. de Biol. Nature des pigments caroténoides du Crustacé Phyllopode

Anostracé Chirocephalus stagnalis Shaw. **(Über die Natur der Carotinfarbstoffe von Chirocephalus stagnalis.)** C. R. hebd. Séances Acad. Sci. **235** (1961) Nr. 19. S. 2143–2145. — 1 Abb., 7 Lit.
Die Arbeit befaßt sich mit der Untersuchung der Carotine und deren Entwicklung bei männl. Exemplaren von *Chirocephalus stagnalis*, die stets lebhaft zinnoberrot gefärbt sind. Extrakte, die aus dem Integument der Tiere gewonnen wurden, zeigen die Eigenschaften eines Carotinoids. Untersuchungen der ganzen Tiere, aus denen nur der Darmtraktus entfernt wurde, ergaben außer diesem Carotinoid auch die Anwesenheit eines β-Carotins. Anschließend werden Vergleiche mit den Untersuchungsergebnisssen angestellt, die andere Autoren mit *Artemia salina* und anderen Tieren gewonnen haben.
T. Schreiter. 6140.

3-64/02-9106 Romanyčeva, O. D.; Rostow/Don, Forsch.-Inst. für Fischwirtsch. des Asowschen Meeres. Razvedenie dafnij pri pomošči setčatych sadkov. **(Die Aufzucht von Daphnien mittels Netzbehältern.)** Rybnoe chozjajstvo, Moskva **39** (1963) Nr. 3. S. 15–17. — 1 Abb., 1 Tab.
Bei der Entwicklung der Daphnien in Teichen spielt oft die Tatsache eine Rolle, daß die fortpflanzungsfähigen Exemplare von den Fischen so weit dezimiert werden, daß nicht mehr genügend Nachwuchs hervorgebracht werden kann. Vf. konnte dieser Erscheinung mit Erfolg dadurch begegnen, daß Netzbehälter mit Maschenweiten von 1 mm in die Teiche eingehängt wurden, in denen eine Anzahl von geschlechtsreifen Daphnien untergebracht waren. Diese konnten sich ungestört fortpflanzen und produzierten aus einer Anfangsbiomasse von 70 g/m^3 von Mitte Mai bis Ende Juni eine Gesamtbiomasse von 15280 g/m^3 innerhalb der Netzbehälter. Die Jungtiere konnten dabei ungehindert nach außen in den Teich abwandern, wo sie den Fischen als Nahrung dienten.
H.-W. Hattop. 6140.

3-64/02-9107 Sheridan, William L.; Afognak Island, Alas., Kitoi Bay Res. Stat., Dep. of Fish and Game. Waterflow through a salmon spawning riffle in Southeastern Alaska. **(Wasserströmung durch ein Lachslaichrevier im südöstlichen Alaska.)** U. S. Dep. Interior, Fish Wildlife Serv., spec. sci. Rep. **1962** Nr. 407. S. 1–20. — 10 Abb., 9 Tab., 24 Lit.
Von 1956–1959 wurden in einem Lachslaichrevier des Indianbaches, der in die Kasaanbucht mündet, die hydrochem. und -phys. Verhältnisse beobachtet. Im einzelnen untersuchte Vf. den Sauerstoffgehalt des Wassers, die Temperaturverhältnisse und den Wasseraustausch zwischen den einzelnen Biotopen des Baches.
K. Anwand. 6145.

3-64/02-9108 Gessner, Fritz und Hammer, Lieselotte; Kiel, Univ., Inst. für Meereskunde. **Ökologisch-physiologische Untersuchungen an den Podostemonaceen des Caroni.** Int. Rev. ges. Hydrobiol. **47** (1962) Nr. 4. S. 497–541. — 11 Abb., 4 Tab., 6 Lit.
An Podostemonaceen des Caroni (Venezuela) stellten Vff. einen osmotischen Wert von 6,6 atm., Exosmose und Zunahme der Leitfähigkeit in stehendem Wasser fest. Der Sauerstoffverbrauch nimmt mit der pflanzlichen Oberfläche zu, entspricht aber im übrigen dem anderer submerser Pflanzen. Die festgestellten Podostemonaceen können sich nur im Schaum der Kaskaden üppig entwickeln, da als assimilationsbegrenzender Faktor CO_2 wirkt, welches aus der Luft ersetzt werden muß. Das Flußwasser ist extrem elektrolytarm; Bikarbonate können die Podostemonaceen zur Photosynthese nicht ausnützen. Abschließend werden die Haftscheiben der Samen der genannten Pflanzenfamilie beschrieben.
M. Schlüter. 6145.

3-64/02-9109 Saf'janova, V. M. und Nefedov, D. D.; Moskau, Abt. für Natürl. Krankheitsherde des Gamaleja-Inst. für Epidemiol. und Mikrobiol. der Akad. der Med. Wiss. der UdSSR. Migracija ličinok i vyplod Simuliidae

v pojmach rek. **(Die Wanderungen der Larven und das Schlüpfen der Simuliidae in den Hochwassergebieten der Flüsse.)** Zoologičeskij žurnal, Moskva 42 (1963) Nr. 5. S. 772–774. – 8 Lit. Zus. in Engl.
Während der Hochwasserperiode erfolgt im mittleren Streifen der RSFSR eine aktive Wanderung der Larven verschiedener Simuliiden aus den Flußbetten der Ströme auf die angrenzenden überschwemmten Wiesen. Die Bekämpfung der Mücken, die unter anderem die Erreger der Tularaemie übertragen, mit Hilfe von Larviciden sollte daher nicht im Flußbett, sondern auf dem überschwemmten Wiesengelände erfolgen. H.-W. Hattop. 6145.

3-64/02-9110 Redfield, Alfred C.; Woods Hole, Mass. The tidal system of Lake Maracaibo, Venezuela. **(Das Gezeitensystem des Maracaibo-Sees, Venezuela.)** Limnol. and Oceanogr. 6 (1961) Nr. 1. S. 1–12. – 5 Abb., 4 Tab., 10 Lit.
Im Maracaibo-See-System in Venezuela ließen sich die Gezeiten auf die Existenz einer stehenden Welle zurückzuführen. Vf. sucht anhand der dort regelmäßig vorgenommenen Messungen nach den Ursachen für die Entstehung dieser stehenden Welle und setzt sich anschließend mit ihrer Bedeutung für die Sedimentation und den geringen Salzgehalt in dem See auseinander. Die stehende Welle wird seinen Untersuchungen zufolge durch Flutwellen aus dem Golf von Venezuela hervorgerufen, die an den Enden des Sees zurückgeworfen werden. K. Falk. 6148.

3-64/02-9111 Phillips, O. M. und Katz, E. J.; Baltimore, Md., Johns Hopkins Univ., Mechanical Dep. The low frequency components of the spectrum of wind-generated waves. **(Die niederen Frequenz-Komponenten des Spektrums von durch Wind erzeugten Wellen.)** J. Marine Res. 19 (1961) Nr. 2. S. 57–69. – 3 Abb., 15 Lit.
Die Arbeit behandelt die dynamischen Prozesse im Wachstum der niederen Frequenzspektralkomponenten von Wasserwellen durch Wind. Die mathematischen Berechnungen unter verschiedenen Windbedingungen werden durchgeführt und an Beispielen erläutert. W. Bauer. 6150.

3-64/02-9112 Robinson, Margaret K.; La Jolla, Calif., Univ., Scripps Instn. of Oceanography. Comparison of Norpac temperature sections with average BT sections along the same tracks. **(Vergleich der Norpac-Temperaturschnitte mit Durchschnittswerten längs derselben Profile.)** J. Marine Res. 19 (1961) Nr. 1. S. 21–27. – 4 Abb., 6 Lit.
Die Temperaturschnitte einer internationalen quasisynoptischen Untersuchung des nördlichen Pazifiks (Norpac) im Aug. 1960 werden mit Durchschnittswerten verglichen, die andere Autoren früher an gleichen Positionen bestimmt hatten. W. Bauer. 6150.

3-64/02-9113 Nutt, D. C., Coachman, L. K. und Scholander, P. F. Dissolved nitrogen in West Greenland waters. **(Gelöster Stickstoff in den Gewässern von Westgrönland.)** J. Marine Res. 19 (1961) Nr. 1. S. 6–11. – 3 Abb., 6 Lit.
An der Westküste von Grönland vom Melville Bay 75 °N bis zum Brede Fjord 61 °N untersuchten Vff. die Löslichkeit des Stickstoffs im Wasser, wobei gleichzeitig Temperatur und Salzgehalt bestimmt wurden. Die Löslichkeit des Stickstoffs in verschiedenen Tiefen weicht nur um ca. 5% vom Wert der Atmosphäre ab. Selbst Temperaturunterschiede von 26 °C an der Oberfläche und 2,3 °C in 4500 m Tiefe haben keinen Einfluß auf die Löslichkeit des Stickstoffes im Wasser. Das Argonvolumen entsprach der Sättigung. In der Nähe der Eisfront war der N-Wert in den oberen Schichten bedeutend höher. Dies wird so erklärt, daß das Gas in dem Eis der Gletscher eingeschlossen ist und beim Abschmelzen unter hohem hydrostatischem Druck freigegeben und vom Wasser gelöst wird. W. Bauer. 6150.

3-64/02-9114 Watt, W. D. und Hayes, F. R.; Halifax, Canada, Univ., Inst. of Oceanography. Tracer study of the phosphorus cycle in sea water. **(„Tracer"-Untersuchungen des Phosphorkreislaufes im Meerwasser.)** Limnol. and Oceanogr. **8** (1963) Nr. 2. S. 276–285. – 3 Abb., 3 Tab., 18 Lit.
Vff. führten Untersuchungen mit Radiophosphor (^{32}P) im Meerwasser durch und fanden, daß in einem wäßrigen biol. System sich ein stabiler Verteilungszustand einstellt zwischen gelöstem anorg., geformtem und gelöstem org. Phosphat. Die Proben wurden im küstennahen Meerwasser bei Halifax entnommen. Zwischen gelöstem anorg. und geformtem Phosphat wurden täglich 0,23 μg-Atome P/l ausgetauscht, zwischen geformtem und gelöstem org. Phosphat betrug dieser Wert 1,2 μg-Atome P/l. Gelöstes org. Phosphat stammt von toten oder sterbenden Organismen und wird über den Bakterienstoffwechsel in anorg. Phosphat umgewandelt. Durch Papierchromatographie konnten die gelösten Phosphate in 6 Bestandteile zerlegt werden. D. Nehring. 6150.

3-64/02-9115 Reid jun., Joseph L. On circulation, phosphate-phosphorus content, and zooplankton volumes in the upper part of the Pacific Ocean. **(Über Zirkulation, Phosphat-Phosphorgehalt und Zooplanktonvolumen im oberen Teil des pazifischen Ozeans.)** Limnol. and Oceanogr. **7** (1962) Nr. 3. S. 287–306. – 6 Abb., 3 Tab., 59 Lit.
Die Zirkulation des Pazifiks besteht aus 2 Zyklonsystemen in hohen Breiten, 2 subtropischen Antizyklonsystemen und einer Reihe von Subäquatorialströmungen in abwechselnden Richtungen. Der Phosphat-Phosphorgehalt an der Oberfläche hängt von der Oberflächendivergenz ab und ist in den Zyklonen hoch und in den Antizyklonen gering. Hoch ist er auch in den küstennahen und äquatorialen Aufquellzonen. Das Zooplanktonvolumen ist der PO_4-P-Verteilung sehr ähnlich. Im Zentrum der Subarktis-Zyklone ist das Zooplankton nur gering, die PO_4-P-Konzentration jedoch hoch. Es wird angenommen, daß die Divergenz hier zu schnell für das Zooplankton ist, so daß es sich nicht akkumulieren kann. Im Kalifornienstrom schwankt das Zooplanktonvolumen umgekehrt zur Temperatur. Hier wird ein Wechsel von subarktischen zu subäquatorialen Arten angenommen. J. Waldmann. 6150.

3-64/02-9116 Kriss, A. E.; Moskau, Inst. für Mikrobiol. der Akad. der Wiss. der UdSSR. O taksonomii mikroorganizmov, vydelennych iz morja. **(Über die Taxionomie von Meeresmikroorganismen.)** Mikrobiologija, Moskva **30** (1961) Nr. 5. S. 791–798. – 33 Lit. Zus. in Engl.
In der Arbeit wird der Versuch gemacht, die Mikroorganismen des Meeres auf Grund der vorhandenen Kenntnisse zu systematisieren. Als sicheres Kriterium für die Zugehörigkeit zu den Meeresformen muß die Fortpflanzung im Meere betrachtet werden. Charakteristisch ist dabei das Massenvorkommen in voneinander entfernten Meeresgebieten. Obwohl es spez. „Landformen" gibt, ist das noch kein Beweis für das Vorhandensein spez. Meeresformen. Wahrscheinlich kann man die erst kürzlich entdeckten *Krassilnikoviae* – Tiefenbewohner der Ozeane – als spez. Meeresmikroben bezeichnen. Mikroben, die sowohl im Meer als auch auf dem Lande vorkommen und artspez. Ähnlichkeiten zeigen, sollte man zweckmäßig als Unterarten, Rassen usw. bezeichnen. G. Predel. 6150.

3-64/02-9117 Tennant, A. D. und Reid, J. E.; Ottawa, Ontario, Dep. of Nat. Health and Welfare, Bacteriol. Lab.; Lab. of Hyg. Coliform bacteria in sea water and shellfish. I. Lactose fermentation at 35,5° and 44 °C. **(Coliforme Bakterien in Meerwasser und Muscheln. 1. Mitt. Laktosevergärung bei 35,5 und 44 °C.)** Canad. J. Microbiol. **7** (1961) Nr. 5. S. 725–731. – 3 Tab., 20 Lit.
Bei Untersuchungen über die Verunreinigung der Muschelgründe vor Prince Edward Island und New Brunswick wurden 6452 Stämme coliformer Bakterien isoliert. 4728 (73,3%) vergärten Laktose bei 35,5° mit Säure- und Gasbildung.

In der Eijkman-Probe bei 44 °C waren von den *Escherichia-coli*-Typ I-Stämmen 94,6% positiv, von den *E. coli*-Typ II-Stämmen 37,7%. Unter den nicht fäkalen 2674 Stämmen (*Citrobacter freundii* und *Aerobacter aerogenes*) waren nur 6,7% gaspositiv. 1724 Stämme (26,7%) wuchsen zwar in typischen coliformen Kolonien, waren jedoch unfähig, Laktose bei 35,5 °C schnell zu vergären. Hierzu gehörten vorwiegend *Aerobacter*-Stämme (77%). Von den 1724 Stämmen verflüssigten 47% Gelatine. Der mögliche Einfluß von coliformen Bakterien mit atypischer Laktosespaltung auf die Colizahlen bei Anwendung der Membranfiltertechnik wird diskutiert. Th. Mattheis. 6150.

3-64/02-9118 Tennant, A. D., Reid, J. E., Rockwell, L. J. und Bynoe, E. T.; Ottawa, Ontario, Dep. of Nat. Health and Welfare, Bacteriol. Lab.; Lab. of Hyg. Coliform bacteria in sea water and shellfish. II. The E.C. confirmation test for Escherichia coli. **(Coliforme Bakterien in Meerwasser und Muscheln. 2. Mitt. Der E.C.-Bestätigungstest für Escherichia coli.)** Canad. J. Microbiol. 7 (1961) Nr. 5. S. 733–739. — 4 Tab., 4 Lit. 1. Mitt. vgl. vorst. Ref.

Die Genauigkeit des E.C.-Bestätigungstests (Eijkman-Probe in Europa) für die Bestimmung von Colizahlen in Meerwasser und für Isolierungen aus Muscheln wurde an 15 teils verunreinigten, teils nicht verunreinigten Muschelgründen geprüft. Aus 2765 bei 44,5 °C gaspositiven E.C.-Testkulturen wurden Stämme isoliert und mit dem IMVC-Test identifiziert. Die mittlere Genauigkeit des E.C.-Bestätigungstests für die Anwesenheit von *E. coli* lag bei 90%. Entgegen den Erwartungen war die Fundrate von *E. coli* in nicht verunreinigten Gewässern höher als in verunreinigten und schwankte beträchtlich von Gebiet zu Gebiet. Außerdem wurden E.C.-gaspositive Stämme von *Aerobacter aerogenes* Typ I und II gefunden. Die Brauchbarkeit des E.C.-Bestätigungstests und seine Bedeutung für die Hygiene wird diskutiert.
Th. Mattheis. 6150.

3-64/02-9119 Hulburt, Edward M. Phytoplankton in the Southwestern Sargasso Sea and North equatorial current, February 1961. **(Phytoplankton in der südwestlichen Sargasso-See und dem Nordäquatorialstrom, Februar 1961.)** Limnol. and Oceanogr. 7 (1962) Nr. 3. S. 307–315. — 3 Abb., 3 Tab., 20 Lit.

Auf einem 1000 Meilen langen Schnitt im tropischen Atlantik schien die Verbreitung der Flagellaten fast gleichmäßig zu sein. Die Diatomeen waren am südlichen Ende des Profils zahlreicher als am nördlichen. Dieser Wechsel der Häufigkeit fiel mit einer stärkeren Schichtung in den oberen 100 m zusammen. Im Norden lag die Sprungschicht bis zu 140 m tief, im Süden reichte die warme Schicht nur bis in 80 m Tiefe. In 20 m Tiefe wurden in einer 50 cm³ Probe auf der nördlichsten Station 40 Zellen gezählt, darunter waren 6 Diatomeen, auf der südlichsten Station dagegen 1710 Zellen, wobei 1342 Diatomeen festgestellt wurden. J. Waldmann. 6150.

3-64/02-9120 Holmes, R. W. Marine phytoplankton — areal surveys. **(Marines Phytoplankton — Arealüberblick.)** Limnol. and Oceanogr., Suppl. 7 (1962) S. 27–28. — 1 Abb., 2 Lit.

In dem Atomtestgebiet südwestlich von Kalifornien wurden 2 Untersuchungen durchgeführt, eine im Mai 1954, die andere im Apr. 1955, um Chlorophyllkonzentration und Photosyntheserate in den verschiedenen Teilen des Untersuchungsgebietes festzustellen. Außer in den küstennahen Teilen ist das Gebiet arm an Plankton. Es wurden meist Chlorophyll-a-Werte von 0,1 mg/m³ und darunter gemessen. Daraus ist zu schließen, daß das Gebiet nur wenig Zooplankton hervorbringen kann und auch nur wenig Fische.
J. Waldmann. 6150.

3-64/02-9121 Bieri, Robert; Yellow Springs, O., Antioch Coll. Zooplankton investigations. **(Zooplankton-Untersuchungen.)** Limnol. and Oceanogr., Suppl. 7 (1962) S. 29–31. — 3 Abb., 3 Lit.

Zwischen Apr. 1954 und März 1955 wurden zur Untersuchung des Zooplanktons vor der kalifornischen Küste vor dem Atomtest der Operation Wigwam 5 Fahrten unternommen. Eine weitere Untersuchung fand in unmittelbarer Nähe des Testgebietes nach dem Versuch im Mai 1955 statt. Das Zooplankton nahm in allen Teilen mit wachsender Entfernung von der Küste ab. Im nordwestlichen Gebiet waren die Zooplanktonvorkommen sehr arm. Es wurde kein jahreszeitlich bedingter Wechsel festgestellt. Das Volumen war meist geringer als 50 ml Zooplankton in 1000 m^3 Wasser. Am häufigsten war *Velella*; pelagische Cirripedier, *Lepas*, wurden selten beobachtet. Mit wenigen Ausnahmen dominierten die Copepoden in den Proben. Radiolarien, Ostracoden, Chaetognathen und Euphausiden folgten in der Häufigkeit.
J. Waldmann. 6150.

3-64/02-9122 Southward, A. J.; Plymouth Lab. The distribution of some plankton animals in the English Channel and Western approaches. II. Surveys with the Gulf III high-speed sampler, 1958–60. **(Die Verbreitung einiger Planktontiere im Englischen Kanal und den angrenzenden westlichen Gebieten. 2. Mitt. Untersuchungen mit dem Golf-III-Schnellsammler in den Jahren 1958–60.)** J. Marine biol. Assoc. United Kingdom 42 (1962) Nr. 2. S. 275–375. – 27 Abb., 8 Tab., 152 Lit. 1. Mitt. vgl. LZ. Abt. III 7 (1962) Nr. 8. S. 1746.
In den Jahren 1958–60 wurden 15 Untersuchungsfahrten in das Gebiet des westlichen Kanals und daran angrenzende Gebiete durchgeführt. Die Verbreitung der größeren bzw. häufigeren Planktontiere wird auf Karten dargestellt, ebenso wie die Salzgehalts- und Temperaturverteilung. Das Makroplankton des westlichen Kanals kann in 4 Gruppen unterteilt werden: in nordwestliche, südwestliche, ozeanische und eigentliche Kanalformen. Sowohl die nordwestlichen wie auch die südwestlichen Formen zeigten ausgeprägte jahreszeitliche Schwankungen während des Untersuchungszeitraumes. Zu der zuerstgenannten Gruppe gehören viele nördliche Formen, die hier die südliche Grenze ihrer Verbreitung erreichen. Ihr Verbreitungszentrum liegt bei 51–52 °N und 6–8 °W, wo die Arten *Aglantha, Tomopteris, Sagitta elegans* und *Spiratella retroversa* von Dez.–März vorherrschen. Während der anderen Mon. breiten sie sich über den Eingang des Kanals aus. Von Juli–Jan. herrschen südwestliche Formen im Kanal vor. J. Waldmann. 6150.

3-64/02-9123 Lear jun., Donald W. und Oppenheimer jun., Carl H. Consumption of microorganisms by the copepod Tigriopus californicus. **(Konsumption von Mikroorganismen durch den Copepoden Tigriopus californicus.)** Limnol. and Oceanogr., Suppl. 7 (1962) S. 63–65. – 2 Abb., 2 Lit.
In Experimenten wurden Copepoden der Art *Tigriopus californicus* mit ^{90}Sr und ^{90}Y angereicherte *Serratia marinorubra* und *Platymonas subcordiformis* als Nahrung geboten. Es war der Zweck der Untersuchungen, die Freßrate zu bestimmen und damit den Übergang der Aktivität in das nächste Glied der Nahrungskette. Es konnte errechnet werden, daß ein *Tigriopus* in 48 Std. im Durchschnitt 24000 Zellen verzehrt. Zwischen der Zellzählung und der Ermittlung der Freßrate auf radiologischem Wege ergab sich eine Differenz von 1:20. Vff. nehmen an, daß die Zählmethode die genaueren Ergebnisse geliefert hat. J. Waldmann. 6150.

3-64/02-9124 Emery, K. O.; Los Angeles, Univ. of Southern California. A simple method of measuring beach profiles. **(Eine einfache Methode, Küstenprofile zu messen.)** Limnol. and Oceanogr. 6 (1961) Nr. 1. S. 90–93. – 2 Abb., 2 Tab.
Vf. verwendet zwei Holzstangen von je 5 ft. Länge und 1 in. × 1 in. im Querschnitt, um Küstenprofile aufzunehmen. Diese beiden Stangen werden in bestimmter Entfernung voneinander aufgestellt. Die dem Wasser abgewandte Stange ist in Abständen von 1 ft. und am oberen Ende in Abständen von $^1/_{10}$ ft mit Kerben versehen. Bei Gebrauch peilt man von dieser aus den Horizont

über die dem Wasser zugewandte Stange an. Man kann jetzt auf der dem Wasser abgewandten Latte die Höhendifferenz beider Latten ablesen und aus dem Verhältnis zum Abstand der beiden Latten voneinander das Gefälle errechnen. K. Falk. 6200.

3-64/02-9125 LaFond, E. C.; San Diego, Calif., U. S. Navy Electronics Lab. The isotherm follower. **(Der Isotherm-Fühler.)** J. Marine Res. **19** (1961) Nr. 1. S. 33–39. — 4 Abb.
Es wird ein Gerät beschrieben und abgebildet, das in der Lage ist, Isothermen aufzusuchen und die dazugehörigen Tiefen aufzuzeichnen. Bei Änderung der Wassertemperatur sucht das Gerät die Isotherme mit Hilfe einer elektronischen Steuerung erneut auf. Das Gerät kann sowohl vom ankernden als auch vom fahrenden Schiff eingesetzt werden. Es gelang außerdem, von einem sogenannten hydrographischen Turm bei Anwendung von drei zu einem Dreieck angeordneten Geräten interne Wellen mit gutem Erfolg zu bestimmen. W. Bauer. 6200.

3-64/02-9126 Gleason jun., Gale R. und Goff, F. Glenn; Mt. Pleasant, Mich., Univ., Biol. Dep. A multi-level water sampler. **(Ein vielstufiger Wassersammler.)** U.S. Dep. Interior, Fish Wildlife Serv., progr. Fish-Culturist **25** (1963) Nr. 2. S. 104–105. — 2 Abb.
Mit den üblichen Wasserproben-Entnahmegeräten können i.allg. nur Proben in Abständen von 0,5 m Wassertiefe einigermaßen exakt entnommen werden. Vff. entwickelten ein Gerät, das es gestattet, Vertikalproben in Abständen von 2 cm zu entnehmen. Dies Gerät enthält 8 übereinander liegend angeordnete Flaschen mit einem Einlaß- und einem Auslaßventil. Die Ventile werden durch ein Fallgewicht in der gewünschten Tiefe geöffnet. Das Gerät wurde bis zu Tiefen von 30 m erprobt. Zur Fixierung des im Wasser gelösten Sauerstoffs können in den Flaschen Zusatzeinrichtungen angebracht werden, die zur Aufnahme der erforderlichen Reagenzien und zur Durchmischung dienen. Eine Füllung der Flaschen mit Inertgas zur Vermeidung von Fehlern ist nicht erforderlich. D. Nehring. 6200.

3-64/02-9127 Eriksen, Clyde H.; Los Angeles, State Coll. A method for obstaining interstitial water from shallow aquatic substrates and determining the oxygen concentration. **(Eine Methode zur Gewinnung von Wasser aus Zwischenschichten flacher wäßriger Substrate und Bestimmung des Sauerstoffgehalts.)** Ecology **44** (1963) Nr. 1. S. 191–193. — 1 Abb., 1 Tab., 5 Lit.
Untersuchungen über den Sauerstoffgehalt des Wassers in stark wasserhaltigen Sedimenten liegen bisher kaum vor, da die Gewinnung von Proben nur schwierig zu handhaben ist. Vf. entwickelte daher ein einfaches Gerät, mit dessen Hilfe Wasserproben aus den gewünschten Zwischenschichten entnommen werden können. Es besteht aus einem Mundstück mit Spitze, das mit zahlreichen Bohrungen versehen und zum Schutz gegen das Eindringen von Feststoffteilchen mit feiner Gaze umgeben ist. Das Mundstück wird parallel zur Substratoberfläche in den Schlamm eingestochen. Durch den hydrostatischen Druck gelangt Wasser in das Innere und von hier über einen Schlauch in eine 5 ml-Pipette, aus der die Luft über einen weiteren Schlauch ins Freie entweichen kann. Der O_2-Gehalt der 5 ml Probe wird nach einem Winkler-Mikroverfahren bestimmt. D. Nehring. 6200.

3-64/02-9128 Pollak, Martin J. Units for specific volume of sea water. **(Einheiten für das spezifische Volumen des Seewassers.)** J. Marine Res. **19** (1961) Nr. 1. S. 28–29. — 3 Lit.
Die Knudsen-Tafeln geben die Dichte des Seewassers auf der Basis von aqua dest. bei atmosphärischen Druck und 4 °C ohne Volumeneinheit an. Die Tab. von Bjerknes und Sandström verwenden als Maßeinheit cm^3, obwohl sie auf Knudsens Dichtetafeln basieren. Sie setzen die Einheit von l und dm^3

voraus. Bei der Nachbestimmung wurde jedoch eine Diskrepanz von 27 × 10^{-6} zwischen den beiden Maßeinheiten festgestellt. Die nach den Tab. von Bjerknes und Sandström errechneten Werte müssen durch Multiplikation mit 1,000027 korrigiert werden. W. Bauer. 6200.

3-64/02-9129 Bezzegh-Galántai, M. M. und LeRoy, H. L.; Zürich, TH, Eidg. Anst. für Wasserversorg., Abwasserreinig. und Gewässerschutz; Inst. für Tierzucht, Lab. für Biometrik und Populationsgenetik. **Vereinfachte Berechnung der Radioaktivität und ihrer Streuung im Wasser für ein festgelegtes Arbeitsschema.** Schweiz. Z. Hydrol. **23** (1961) Nr. 2. S. 494–514. — 5 Abb., 3 Tab.

Bei Reihenuntersuchungen zur Ermittlung der β-Aktivität in natürlichen Gewässern hat sich die Berechnung der Radioaktivität und der dazugehörenden Streuung der untersuchten Proben als sehr zeitraubend erwiesen. In der vorliegenden Arbeit wird eine neue Methode beschrieben, welche die zur Berechnung dieser Aktivitäten und Streuungen benötigte Zeit reduziert. Gegenüber der früheren Methode ist nur noch $^1/_5$ des Zeitaufwandes erforderlich. D. Nehring. 6200.

3-64/02-9130 Pont, G. Dal, Newell, B. und Staniforth, J.; Cronulla, New South Wales, Div. of Fisheries and Oceanography. Comparison of the strychnidine and hydrazine methods for the estimation of nitrate in seawater. **(Vergleich der Strychnin- und Hydrazinmethoden für die Bestimmung des Nitratgehalts im Meerwasser.)** Austral. J. Marine Freshwater Res. **14** (1963) Nr. 1. S. 37–43. — 5 Abb., 1 Tab., 8 Lit.

Vff. fanden, daß die Hydrazinreduktionsmethode zur Bestimmung des Nitratgehaltes im Meerwasser der Strychninmethode überlegen ist, insbesondere bei niedrigen Nitratkonzentrationen und wenn die Analysen im Lab. vorgenommen werden. Die Hydrazinmethode ist jedoch langwierig und daher für Felduntersuchungen wenig geeignet. Beide Methoden ergeben bei hohen Nitratgehalten übereinstimmende Ergebnisse. Müssen die Proben einige Zeit aufbewahrt werden, so geschieht dies am besten in schon benutzten Polyäthylenflaschen unter Zusatz von Quecksilberchlorid. Im Gegenatz dazu bleibt die Nitratkonzentration in ungebrauchten Polyäthylenflaschen nicht konstant. D. Nehring. 6200.

3-64/02-9131 Pate, John B. und Robinson, Rex J. The (ethylenedinitrilo)-tetraacetate titration of calcium and magnesium in ocean waters. II. Determination of magnesium. **(Die Titration von Kalzium und Magnesium im Meerwasser mit [Äthylendinitrilo]-tetraacetat. 2. Mitt. Die Bestimmung des Magnesiums.)** J. Marine Res. **19** (1961) Nr. 1. S. 12–20. — 6 Tab., 19 Lit. 1. Mitt. vgl. LZ. Abt. III **6** (1961) Nr. 6. S. 1123.

Die Titration mit (Äthylendinitrilo)-tetraacetat kann sowohl zur Bestimmung der Gesamthärte als auch etwas modifiziert zur Bestimmung des Magnesiums im Seewasser herangezogen werden. Titriert wird mit einer Lösung von 5,585 g Dinatriumdihydrogen (äthylendinitrilo)-acetat 2 H_2O gelöst auf 1 Liter Wasser, als Indikator dient Eriochromschwarzblau B und Äthanolamin als Puffer. Die Seewasseranalyse erfordert eine sehr genaue Bestimmung, die mit der EDTA-Lösung möglich ist. Ein mittleres Magnesium-Chlorgehaltverhältnis von 0,06689 wurde bei der Titration von 30 Seewasseranalysen ermittelt. Beschrieben werden die Standardlösungen, die Herstellung der Pufferlösungen und die Durchführung der Titration. Die erhaltenen Werte werden mit Literaturangaben verglichen. W. Bauer. 6200.

3-64/02-9132 Caspers, Hubert; Hamburg, Zool. Staatsinst., Hydrobiol. Abt. **Die Bestimmung der Sedimentaktivität. Eine Methode zur Abschätzung der organischen Substanz im Benthos durch Messung der Sauerstoffzehrung.** Int. Rev. ges. Hydrobiol. **47** (1962) Nr. 4. S. 581–586. — 3 Tab., 10 Lit.

Vf. beschreibt eine Methode, die es ermöglicht, die aktuelle biol. Aktivität des Sedimentes festzustellen. Zu diesem Zweck werden 10 ml frisches Sediment in einer 1l-Flasche mit luftgesättigtem, zehrungsarmem bis -freiem Wasser versetzt und im Dunkeln verschlossen bei 20 °C aufbewahrt. Das Sediment wird durch gelgentliches Umschütten möglichst fein verteilt. Nach 24 Std. wird der Sauerstoffgehalt des Wassers bestimmt und mit dem Anfangsgehalt verglichen. Innerhalb dieser Zeit findet i. allg. der größte Umfang der Zehrung statt, während die Reduktionstätigkeit dann sehr schnell absinkt. Die O_2-Abnahme ergibt das Zehrungsvermögen des Sedimentes und damit den Grad seiner biochem. Aktivität. Bei Untersuchungen von Bodenproben aus verschiedenen Gebieten des Hamburger Hafens wurden gut reproduzierbare Resultate erhalten. D. Nehring. 6200.

3-64/02-9133 Holmes, Robert W.; La Jolla, Calif., Scripps Instn. of Oceanography. The preparation of marine phytoplankton for microscopic examination and enumeration on molecular filters. **(Die Präparation von marinem Phytoplankton zur mikroskopischen Prüfung und zum Auszählen auf Molekular-Filtern.)** U. S. Dep. Interior, Fish Wildlife Serv., spec. sci. Rep. **1962** Nr. 433. S. 1–6. — 2 Tab., 8 Lit.

Vf. schlägt neu für die Molekular-Filtertechnik Färbung des marinen Phytoplanktons mit wäßrigem „Fast Green" und Klärung mit Zedernöl vor. Nach dem Filtrieren bereiten vor allem die μ-Flagellaten Schwierigkeiten bei der Identifikation. Da die Algen auf den Filterscheiben nicht gleichmäßig verteilt sind, muß die gesamte Fläche ausgezählt werden. Dann ist auch ein Vergleich der Ergebnisse mit der Methode von Utermöhl möglich. M. Schlüter. 6200.

D. FISCHEREIWIRTSCHAFT

Binnenfischerei

3-64/02-9134 Hoffmeister, H.; Kiel. **Die schleswig-holsteinische Binnenfischerei 1962.** Fischwirt **13** (1963) Nr. 4. S. 122–124.

Infolge der im ganzen zu kühlen Witterung erwies sich das Jahr 1962 als ungünstig. So wurde die Fischerei auf Aal und Maräne spürbar erschwert. Die Karpfenernte blieb um ca. $^1/_3$ hinter dem erwarteten Ergebnis zurück. In der Produktion von Satzfischen (Zander, Hechte, Forellen, Äschen) erzielte man jedoch gute Ergebnisse. Der Durchschnittsfischpreis für Süßwasserfische am Kieler Seefischmarkt stieg von 1,26 DM (1956) auf 2,54 DM (1962), was auf einen Fangrückgang an billigen Friedfischen und auf einen Anstieg der Aalfänge zurückzuführen ist. Nach einer Zählung kamen auf Schleswig-Holsteins Binnengewässern Ende 1962 4306 Höckerschwäne (1 Schwan pro 5,85 ha) vor. Abwässer, Gewässerausbau und Pachtverhältnis (Ausverkauf der Seeufer und Wassergrundstücke) bringen z.Z. die fühlbarste Problematik der Binnenfischerei mit sich. G. Merla. 6225.

3-64/02-9135 Berzinš, Bruno. Kalkning av sjöar. Preliminärt meddelande. **(Die Kalkung von Seen. Vorl. Mitt.)** Skr. utgivna Södra Sveriges Fiskeriirören., Årsskr. **1959/60** (hrsg. 1962) S. 28–35. — 1 Abb., 3 Tab., 1 Lit. 6240.

3-64/02-9136 Renner. **Beseitigen der Eisdecke und Sauerstoffanreicherung im Gewässer mit Hilfe von Außenbordmotoren.** Dtsch. Fischerei-Ztg. **10** (1963) Nr. 5. S. 131–132. 6240.

3-64/02-9137 Hida, Thomas S. und Thomson, Donald A.; Honolulu, Hawaii, Bureau of Commercial Fisheries, Biol. Lab. Introduction of the threadfin shad to Hawaii. **(Die Einführung von Dorosoma petenense in Hawaii.)** U. S. Dep. Interior, Fish Wildlife Serv., progr. Fish-Culturist **24** (1962) Nr. 4. S. 159–163. — 1 Tab., 6 Lit.

Um für die Fischerei auf *Katsuwonus pelamis* einen in ausreichender Menge vorhandenen und geeigneten Köder zu haben, wurde *D. petenense* aus Kalifornien eingeführt. Wegen der passenden Größe, Färbung, Schwimmbewegung, Fruchtbarkeit und seiner euryhalinen Eigenschaft erschien dieser Fisch für den Zweck bes. geeignet. In 3 Staubecken verlief die Einbürgerung erfolgreich, in 2 Flüssen hingegen nicht. In Becken künstlich gehaltene Exemplare laichten nicht. Infolge der Zartheit des Fisches muß auf minimale Netzanwendung und nur sehr beschränkte Transportaktionen geachtet werden. G. Merla. 6240.

3-64/02-9138 Richard, James B.; Sacramento, Calif., Dep. of Fish and Game. Tests on thermocline penetration by several rotenone products. **(Untersuchungen über das Durchdringungsvermögen der Temperatursprungschicht durch verschiedene Rotenonprodukte.)** U. S. Dep. Interior, Fish Wildlife Serv., progr. Fish-Culturist **24** (1962) Nr. 4. S. 177–181. — 1 Abb., 1 Tab.

Zur Bekämpfung von Wildfischbeständen in den Bergseen Kaliforniens wird Rotenon in Form von pulverförmigen Produkten, Emulsionen oder Granulaten vom Flugzeug ausgebracht. Zur Prüfung des Durchdringungsvermögens der Temperatursprungschicht entwickelte Vf. ein Gerät, daß die Erzeugung einer thermischen Schichtung ermöglicht. Die Giftwirkung verschiedener industriell gefertigter pulverförmiger und granulierter Rotenonprodukte wurde an *Cyprinus carpio* und *Ictalurus nebulosus* ausgetestet. Es ergab sich, daß alle Präparate die Sprungschicht innerhalb von 30 Std. durchdrangen und zum gewünschten Erfolg führten. D. Nehring. 6240.

3-64/02-9139 Sreenivasan, A. und Natarajan, M. T.; Bhavanisagar, South India, Freshwater Biol. Res. Stat. Use of endrin in fishery management. **(Die Verwendung von Endrin in der Fischwirtschaft.)** U. S. Dep. Interior, Fish Wildlife Serv., progr. Fish-Culturist **24** (1962) Nr. 4. S. 181.

Endrin besitzt gegenüber einigen Fischen eine sehr starke Toxizität und Selektivität. Seine letale Konzentration beträgt im 24-Std.-Test für *Tilapia mossambica* 0,01–0,013, *Channa spp.* 0,01–0,08, *Barbus spp.* 0,008–0,01, *Danio acquipinnatus* 0,006–0,008, *Rasbora daniconius* 0,006–0,009, *Gambusia affinis* 0,01–0,002 und *Cyprinus carpio* 0,008–0,11 mg/l. Das Mittel wurde in Gewässern zur Vernichtung von *Gambusia* verwendet, in denen kurze Zeit später ein Besatz mit Karpfen vorgenommen werden konnte. Auch das Laichen ging in derartig behandelten Teichen mit Erfolg vonstatten. D. Nehring. 6240.

3-64/02-9140 Pycha, Richard L.; Ashland, Wis., U. S. Bureau of Commercial Fisheries. The relative efficiency of nylon and cotton gill nets for taking lake trout in Lake Superior. **(Die relative Fängigkeit von Nylon- und Baumwollkiemennetzen beim Seesaiblingsfang im Oberen See.)** J. Fisheries Res. Board Canada **19** (1962) Nr. 6. S. 1085–1094. — 1 Abb., 5 Tab., 11 Lit.

Nach dem Übergang von Baumwolle auf Nylon als Kiemennetzmaterial trat bei den Hauptfanggeräten für Seesaibling (*Salvelinus namaycush*) eine bedeutende Erhöhung der Fängigkeit ein. Von Mai–Sept. 1961 wurde eine Versuchsfischerei mit kurzen Abteilungen (600–1200 m) parallel ausgesetzter Baumwoll- und Nylonnetze durchgeführt. Die Fänge von insgesamt 105 km ausgesetztenNetzen werden analysiert. Das Fängigkeitsverhältnis von Baumwoll- zu Nylonnetzen betrug für maßige Saiblinge 1:2,25 und für untermaßige 1:2,8. In der Durchschnittslänge der Fische bestand kein Unterschied, aber der Anteil untermaßiger Saiblinge betrug bei den Nylonnetzen 20,8% und bei den Baumwollnetzen 17,7%. Auf die verwendeten Maschenweiten und Garnstärken wird kurz eingegangen. G. Seifert. 6245.

3-64/02-9141 Predel, Günter; Jägerhof/Sacrower See, Groß-Glienicke über Potsdam, Zweigstelle für Fangtechn. und Mechanisier. des Inst. für Binnenfischerei der Dtsch. Akad. der Landwirtsch.-Wiss. zu Berlin. **Kiemennetze als Fanggeräte für die Kleine Maräne (Coregonus albula L.).** Dtsch. Fischerei-Ztg. 10 (1963) Nr. 4. S. 123–128. — 1 Abb., 4 Tab., 7 Lit.

Fangversuche mit Kiemennetzen auf Kleine Maränen ergaben folgende Resultate: Das Verhältnis des Garndurchmessers (d) zur Länge der Maschenschenkel (a) ist ein wichtiger Faktor für die Fängigkeit. Das Verhältnis d/a sollte den Wert von 0,01 nicht übersteigen. Feine Netze aus Grisuten-Seide Nm 100/4 fingen 48% bzw. 57% mehr als Dederon-Netze 34/2 gleicher Maschenweite. Außerdem fingen die feineren Netze rel. mehr größere Fische. Annäherungsformeln für die Ermittlung der optimalen Maschenweite für Kleinmaränennetze werden empfohlen. Beim Fang der Kleinen Maräne scheint die Weichheit des Netzmaterials von großer Bedeutung zu sein.

G. Predel. 6245.

3-64/02-9142 Ovčinnikov, V. F. und Kutnjakov, M. M.; Fischwirtsch. Abt. des Forsch.-Inst. der Ind. der Nordgebiete. Issledovanie lova semgi metodom perekrytija Pečory. **(Erforschung des Lachsfangs mittels Absperrung der Petschora.)** Rybnoe chozjajstvo, Moskva **39** (1963) Nr. 2. S. 54–58. — 5 Abb.

Während früher die Ansicht vorherrschte, daß die Sperrnetze im Petschora-Fluß den Lachsbestand (*Salmo salar*) gefährden und deshalb der Sammelfang mit verschiedenen Geräten in den Mündungsgebieten und küstennahen Gewässern vorzuziehen sei, setzt sich neuerdings die Ansicht durch, daß mit Sperrnetzen eine viel höhere Produktivität bei geringerem Aufwand an Zeit und Material erreicht wird, ohne den Lachsbestand ernstlich zu gefährden. An Hand von Versuchen über die rel. und abs. Fängigkeit der Lachssperrnetze im Petschora-Fluß unterstützten Vff. die neuere Ansicht.

G. Predel. 6245.

3-64/02-9143 Meehan, William R. und Revet, L.; Kodiak, Alas., Kitoi Bay Res. Stat., Dep. of Fish and Game. The effect of tricaine methanesulfonate (M.S. 222) and/or chilled water on oxygen consumption of sockeye salmon fry. **(Die Wirkung von Tricain-Methansulfonat [M.S.222] und/oder gekühltem Wasser auf den Sauerstoffverbrauch der Brut von Oncórhynchus nerka.)** U. S. Dep. Interior, Fish Wildlife Serv., progr. Fish-Culturist **24** (1962) Nr. 4. S. 185–187. — 1 Abb., 1 Tab.

Die Untersuchungen wurden im Interesse von Salmonidentransporten für Besatzmaßnahmen durchgeführt, da durch Anästhetika und durch kaltes Wasser möglicherweise der Sauerstoffbedarf gesenkt werden kann. Die besten Ergebnisse wurden erhalten, wenn die Fische aus wärmerem in kälteres Wasser gebracht und nicht zu dicht gedrängt aufbewahrt wurden, oder wenn dem ursprünglichen Wasser M.S. 222 zugesetzt wurde, dessen Menge von der Wassertemperatur und anderen Faktoren bestimmt wird. Umsetzen aus wärmerem in kälteres Wasser unter gleichzeitiger Verwendung von M.S.222 scheint eine letale Wirkung auszuüben. Der Einfluß von Abwasserstoffen auf diese Untersuchungen wurde nicht festgestellt.

D. Nehring. 6255.

3-64/02-9144 Domanevskij, L. N. Sterljad v Cimljanskom vodochranilišče. **(Der Sterlet in der Zimljansker Talsperre.)** Rybnoe chozjajstvo, Moskva **39** (1963) Nr. 3. S. 13–14. — 1 Abb.

Der Sterlet (*Acipenser ruthenus*), der in der Talsperre zuerst nur in den oberen Abschnitten vorkam, hat sich in den letzten Jahren über das gesamte Gewässer ausgebreitet. Das Durchschnittsgewicht der Fische in den Fängen beträgt 500–1000 g, max. bis 2000 g. Es werden innerhalb einer Stunde mit dem 16-m-Schleppnetz bis zu 30 kg und mit einem Zugnetz auf einen Zug bis zu 70–90 kg Sterlet gefangen. Mit einem 70 m langen Stellnetz können bis zu 20 kg erbeutet werden. Weitere Maßnahmen zur künstlichen Vermehrung der Bestände werden vorgeschlagen.

H.-W. Hattop. 6255.

3-64/02-9145 Davis, Sterling P. Commercial freshwater fisheries of California. **(Die kommerzielle Binnenfischerei in Kalifornien.)** Calif. Fish and Game **49** (1963) Nr. 2. S. 84–94. — 9 Abb., 3 Tab., 17 Lit.
Für eine wirtschaftl. Fischerei kommen nur 7 Fischarten in Betracht, von denen 5 zu den Cypriniden und 2 zu den Catostomiden gehören. Unter den 7 Arten sind 2 eingeführte: *Ictiobus cyprinella* und *Cyprinus carpio*. 1960 stammten 91% des Fischaufkommens aus Seen und Stauseen, wobei die Anlandungen allein vom Clear Lake über die Hälfte ausmachten. Angaben über weitere Fangzentren und über das Fischaufkommen in den letzten 50 Jahren sind einer Beschreibung der Fanggeräte (Zugnetz, das 90% der Fänge liefert, Reusen und Angeln) vorangestellt. 1960 betrug der Gewichtsanteil von *C. carpio* am Gesamtfang 64%, der Wertanteil jedoch nur 28%. Jährlich werden im Mittel ca. 50 t Massenfische, meist *C. carpio*, für Futterzwecke billigst abgegeben. G. Merla. 6255.

3-64/02-9146 Herrmann, G.; Kiel. **Vom Süßwasserfischmarkt in Kiel.** Fischwirt **13** (1963) Nr. 4. S. 118–121. — 4 Tab.
Neben den Kutter- und Dampferanlandungen wird in Kiel gleichfalls ein wesentlicher Teil der Erträge aus der Binnenfischerei Schleswig-Holsteins erfaßt. Der Bericht betrifft die Süßwasserfischanlieferungen 1961 und 1962, die 1962 mit ca. 270 t gegenüber dem Vorjahr fallende Tendenz aufweisen. Noch 1960 wurden ca. 400t angeliefert. Die Ursachen des Rückgangs sind hauptsächlich bedingt durch Witterung, Arbeitskräftelage und örtlichen Absatz. Der mittlere Preis/kg Fisch hat sich auf 2,54 DM erhöht, was auf Anstieg des Aalpreises und größere Aalanlieferungen zurückzuführen ist. Es werden Mengen- und Wertanteile der einzelnen Fischarten, bes. für *Anguilla anguilla*, und die zeitliche Verteilung der Lieferungen im Jahresablauf angeführt. 1962 waren 20% der Anlieferungen Aale, auf die fast 60% des Gesamterlöses entfielen. $^1/_3$ der Anlieferung stellte *Leuciscus rutilus*. Letztere Art hatte zusammen mit *Abramis brama* nur einen Anteil am Gesamterlös von ca. 10%. G. Merla. 6255.

3-64/02-9147 Wohlfahrt, G., Lahmann, M. und Moav, Rom; Dor, Fish Cult. Res. Stat.; Jerusalem, Hebrew Univ., Dep. of Bot. Genetic improvement of carp. IV. Leather and line carp in fish ponds of Israel. **(Die genetische Verbesserung der Karpfen. 4. Mitt. Nackt- und Zeilkarpfen in Fischteichen in Israel.)** Bamidgeh, Bull. Fish. Cult. Israel **15** (1963) Nr. 1. S. 3–8. — 4 Abb., 1 Tab., 8 Lit. 3. Mitt. vgl. LZ. Abt. III 7 (1962) Nr. 5. S. 1103.
Der Nacktfaktor N, der homozygot letal wirkt und unter heterozygoten Bedingungen im Zusammenklang mit der Anlage für Vollbeschuppung und deren Allel die Entstehung von Zeil- und Nacktkarpfen (*Cyprinus carpio*) bewirkt, wurde in Israel in mehreren Teichwirtschaften nachgewiesen. Nachkommenschaftsprüfungen zeigten die wachstumshemmende Wirkung des N-Faktors bei Zeil- und Nacktkarpfen im Gegensatz zum Wachstum bei Spieglern und Schuppern. Um diesen störenden Einfluß zu umgehen, sind erstere aus den Laicherbeständen zu entfernen. G. Merla. 6310.

3-64/02-9148 Schäperclaus, W.; Berlin-Friedrichshagen, Inst. für Binnenfischerei der Dtsch. Akad. der Landwirtsch.-Wiss. zu Berlin. **Gedanken zum Problem der Satzfischerzeugung.** Dtsch. Fischerei-Ztg. **10** (1963) Nr. 5. S. 139–145.
Es wird darauf hingewiesen, daß die Senkung der Stückverluste bei der Besatzfischzucht in weitem Maße ein ständiger Kampf gegen die infektiöse Bauchwassersucht sein muß. 3 Punkte sind dabei bes. wichtig: Die unmittelbare Bekämpfung der Erreger in den Parasitenreservoiren und im Fisch sowie die Stärkung und Erhaltung der Widerstandskraft der Karpfen. Die ererbte Resistenz ist nur bei bester Kondition der Fische voll wirksam. Die Analyse der Kondition zeigt, daß dem Ernährungszustand der Karpfen in den einzelnen

Aufzuchtmon. mehr Aufmerksamkeit geschenkt werden muß. Eine große Gefahr für einen Konditionsabfall besteht in den Herbstmonaten, wenn die Satzfische vor der Herbstabfischung ungenügend gefüttert werden und abmagern. Die Aufstellung und Einhaltung richtiger Futterpläne ist daher sehr wichtig. Gleichzeitig muß, wie die Erfahrung zeigt, immer wieder an die Erhaltung des „seuchenbiologischen Gleichgewichtes" durch Vermeidung von Bestandsvermischungen erinnert werden. W. Schäperclaus. 6315.

3-64/02-9249 Movčan, V. A. und Strel'nikov, S. I.; Inst. für Hydrobiol. der Akad. der Wiss. der Ukrain.SSR. Kačestvo segoletkov karpa pri odnoletnej kul'ture. **(Die Qualität der einsömmrigen Karpfen bei einjährigem Umtrieb.)** Vestnik sel'skochozjajstvennoj nauki, Moskva 8 (1963) Nr. 4. S. 81–84. — 2 Tab., 5 Lit.

Vff. untersuchten die chem. Zusammensetzung des Fleisches von einsömmrigen Karpfen (*Cyprinus carpio*), welche bei geringer Besatzdichte Gewichte von 400–500 g erreicht hatten. Es zeigte sich, daß die Fische bei künstlicher Fütterung mit Futtermischungen mit einem Verhältnis von pflanzlichen zu tierischen Futtermitteln von 1:9 7–8% mehr Fett und 5–7% weniger Protein enthielten als die Kontrollfische, welche Naturnahrung erhalten hatten. H.-W. Hattop. 6315.

3-64/02-9150 Müller, Wolfgang; Königswartha, Zweigstelle für Karpfenteichwirtsch. des Inst. für Binnenfischerei der Dtsch. Akad. der Landwirtsch.-Wiss. zu Berlin. **Der Einfluß von Größe und Aufzuchtbedingungen zweisömmriger Karpfen auf ihren weiteren Abwachs.** Dtsch. Fischerei-Ztg. **10** (1963) Nr. 5. S. 146–149. — 1 Abb., 3 Tab., 3 Lit.

Bei der Aufzucht (von K_1 zu K_2) intensiv mit Getreide gefütterte Karpfen, die mit geringen Verlusten überwintert hatten und im Frühjahr noch 6–20% Fett enthielten, erzielten beim Abwachs zu Speisefischen bei intensiver Wirtschaftsweise (1000 K_2/ha, 1919 kg Roggen/ha) 70 g höheren Zuwachs als gleichgroße, fettarme Karpfen, die während der Aufzucht bei mäßigem Überbesatz ohne Zufütterung auskommen mußten und schon in der Winterung höhere Verluste hatten. Der Einfluß eines um 54 g unterschiedlichen Einsatzstückgewichtes (158 bzw. 212 g) auf den Zuwachs war nicht eindeutig; doch wurde bei höherem Einsatzgewicht mindestens ein entspr. größere Fischernte erzielt. Die Auswertung dieses in Drahtparzellen innerhalb eines größeren Teiches durchgeführten 2-faktoriellen Versuchs erfolgte mit Hilfe der Varianzanalyse. Wolfgang Müller. 6315.

3-64/02-9151 Bandt, H.-J., Nehring, D. und Schlüter, M.; Berlin-Friedrichshagen, Inst. für Fischerei der Dtsch. Akad. der Landwirtsch.-Wiss. zu Berlin; Inst. für Fischereiwes. der Humboldt-Univ. zu Berlin. **Schadwirkung und Nutzen von Herbiziden in der Fischerei.** Dtsch. Akad. Landwirtsch.-Wiss. Berlin, Tagungsber. **1961** (hrsg. 1962) Nr. 54. S. 45–58. — 2 Tab., 38 Lit. — nach Zus.

Neben der Anwendung in Land- und Forstwirtschaft werden Herbizidpräparate in zunehmendem Maße zur Bekämpfung der Hartflora in Wasserwirtschaft und Fischerei eingesetzt. Da hierbei eine Gefährdung der Fische eintreten kann, wurden die Schwellenwerte (Eintritt der ersten deutlichen Reaktion beim Fisch infolge Gifteinwirkung) von zahlreichen Herbizidpräparaten bestimmt und eine Unterteilung in für Fische giftige, bedingt giftige und praktisch ungiftige Pflanzenvernichtungsmittel vorgenommen. Ferner wird über die Bekämpfung unerwünschter Teichpflanzen berichtet, wobei das Herbizid 3 Ef (TCA) zum Einsatz gelangte, das in der DDR hergestellt wird. Die Bekämpfung der Gelegepflanzen gelang am besten in trockenliegenden Teichen. Eine Ausnahme bilden die Carices, die auch in bespannten Teichen erfolgreich vernichtet werden können. 6335.

3-64/02-9152 Merla, Günter; Königswartha, Inst. für Binnenfischerei der Dtsch. Akad. der Landwirtsch.-Wiss. zu Berlin. **Möglichkeiten und Grenzen der Bonitierung durch Ermittlung der Nährtiermengen im Karpfenteich.** Dtsch. Fischerei-Ztg. **10** (1963) Nr. 7. S. 210–216. – 3 Abb., 3 Lit.
In Teichen mit einem starken Frühsommer-Maximum an Nährtieren zeigten die ab Juli gefundenen Nährtiermengen die beste Beziehung zum Fischzuwachs bes. bei K_{1-2} (*Cyprinus carpio*), aber auch bei K_{2-3}. In Teichen mit gleichem Besatz und gleicher Zufütterung waren die Bodentier- und Zooplanktonmengen dieser Zeit ein Ausdruck der Teichbonität. Bei unterschiedlicher Bewirtschaftung standen die ermittelten Bodentiermengen (g/m²) – von der Bonität abgesehen – im umgekehrten Verhältnis zur Größe der Fischdichte. Im untersuchten Bereich der Besatzdichten von 2000–6000 K_1/ha konnte hingegen kein Einfluß der Fische auf die Zooplanktonmenge nachgewiesen werden, sie kann daher unter einigen Vorbehalten in vielen Fällen einen guten Eindruck der Teichbonität vermitteln. Im praktischen Betrieb sind Fischzuwachs/ha und Stückzuwachs der Fische die besten Maßstäbe für die Teichproduktivität.
G. Merla. 6340.

3-64/02-9153 Allbaugh, Clyde A.; Sandusky, O., Div. of Wildlife. Reducing the oxygen content of lake water used at the Put-in-Bay hatchery. **(Verringerung des Sauerstoffgehalts von Seewasser, das in der Put-in-Bay-Brutanstalt verwendet wird.)** U. S. Dep. Interior, Fish Wildlife Serv., progr. Fish-Culturist **25** (1963) Nr. 2. S. 108–109.
Seit einigen Jahren treten durch Flotationserscheinungen (Gasblasenbildung) Verluste bei der Erbrütung der Eier von *Stizostedion v. vitreum* auf, die auf Sauerstoffübersättigung von Seewasser zurückzuführen sind. Die Verluste, die hierauf zurückgehen, betrugen 1960 1 200 000 Eier. Es wurden daher Versuche angestellt, den Sauerstoffgehalt des verwendeten Wassers zu senken. Hierzu wurden gleiche Teile gereinigten häuslichen Abwassers mit 10% Sauerstoffsättigung mit dem übersättigten Wasser gemischt. Als Folge dieser Maßnahme würde eine starke Abnahme der flotationsbedingten Verluste an Eiern erzielt, und selbst bei der niedrigen Sauerstoffsättigung von 52% wurden keine nachteiligen Effekte bei der Erbrütung beobachtet. D. Nehring. 6450.

3-64/02-9154 Malikova, E. M. und Kotova, N. I.; Forsch.-Inst. für Fischwirtsch. der Ostsee. Massovoe vyraščivanie molodi lososja do pokatnoj stadii v sokraščennye sroki. **(Kurzfristige Massenaufzucht von Lachsbrut bis zum Abwanderungsstadium.)** Rybnoe chozjajstvo, Moskva **39** (1963) Nr. 2. S. 35 bis 43. – 4 Abb., 3 Tab.
Zur Aufzucht von Lachsbrut (*Salmo salar*) in kleinen Becken bei Besatzdichte von 3000–4000 St/1 m² wurden künstliche Futtermittel verwendet, die als Zusatz unterschiedliche Dosen von Vitaminen, Antibiotica und Spurenelementen erhielten. Auf diese Weise wurden Futtermischungen herausgefunden, bei denen die Jungfische innerhalb von 12 Mon. Gewichte von durchschnittl. 17–18, max. 35 g erreichten. 75% der Fische erreichten dabei das Abwanderungsstadium, das heißt, sie benötigten bis zum Eintritt dieses Stadiums weniger als die Hälfte der Zeit, die dazu unter natürlichen Verhältnissen benötigt wird. H.-W. Hattop. 6450.

3-64/02-9155 Nikoljukin, N. I.; Unions-Forsch.-Inst. für Hochseefischerei und Ozeanogr. Opyt ispol'zovanija gibrida beluga x sterljad' kak ob-ekta rybnogo chozjajstva v vodochraniliščach. **(Erfahrungen mit der Verwendung der Hybriden von Hausen × Sterlet als Wirtschaftsobjekte in Staubecken.)** Rybnoe chozjajstvo, Moskva **39** (1963) Nr. 2. S. 32–34. – 1 Tab.
Bei der Kreuzung von Hausen (*Acipenser huso*) und Sterlet (*Acipenser ruthenus*) entstehen fortpflanzungsfähige Hybriden. Diese Fische eignen sich bes. zum Besatz der Talsperren, da sie im Süßwasser geschlechtsreif werden und möglicherweise in den Flüssen ablaichen werden, die in die Talsperren münden.

Vf. teilt Aufzuchtergebnisse der Brut solcher Hybriden in Teichen mit. Die Wachstumsergebnisse waren als gut zu bezeichnen. Es konnten Erträge von 231–320 kg/ha erzielt werden. Die Durchschnittsgewichte der einsömmrigen Fische lagen zwischen 4,6 und 14,8 kg. H.-W. Hattop. 6450.

3-64/02-9156 Kargopolova, M. M.; Rostow-Don, Forsch.-Inst. für Fischereiwirtsch. des Asowschen Meeres, Lab. für Ind.-Reprodukt. Opyt primenenija pivnych drožžej dlja kormlenija molodi osetrovych. **(Versuche über die Verwendung von Bierhefe zur Fütterung der Brut von Acipenseriden.)** Rybnoe chozjajstvo, Moskva **38** (1962) Nr. 5. S. 22.

Da bekanntlich in der Salmonidenzucht durch Verfütterung von Hefe gute Resultate erzielt wurden, ist 1961 in der UdSSR der Versuch unternommen worden, auch an Acipenseriden, bes. bei der Aufzucht, Hefebeigaben zu verfüttern. Die Ergebnisse waren befriedigend. Die mit Bierhefe gefütterte Brut hatte einen höheren Hämoglobingehalt und wuchs gegenüber den nach herkömmlicher Weise gefütterten Fischen schneller. A. Kozianowski. 6450.

3-64/02-9157 *Lowka, Bernd.* **Die Erträge der Satzfischproduktion in der Karpfenteichwirtschaft, dargestellt am Beispiel von 5 Teichwirtschaften des VEB Binnenfischerei Königswartha.** Dipl.-Arb. Landwirtsch.-Gärtnerische Fak. der Humboldt-Univ. Berlin. 1963.

Küsten- und Hochseefischerei

3-64/02-9158 Zajcev, Ju. P. Vlijajut li limannye chozjajstva na zapasy kefalej v Černom more? **(Beeinflußt die Haff-Fischerei die Meeräschenbestände im Schwarzen Meer?)** Rybnoe chozjajstvo, Moskva **39** (1963) Nr. 3. S. 7–12. — 5 Abb.

Entgegen der vielfach vertretenen Ansicht, daß die Fänge untermaßiger Meeräschen (Mugilidae) in den Haffen einen ungünstigen Einfluß auf die Bestände im Schwarzen Meer hätten, kommt Vf. auf Grund von Analysen der Verteilung dieser Fische zu dem Schluß, daß sich der Fang der noch nicht geschlechtsreifen Fische in den Haffen nicht ungünstig auswirke. Bemängelt wird dagegen die geringe Produktivität der Meeräschen-Aufzuchtwirtschaften in den vom Meer zeitweise abgetrennten Haffen, in denen der Besatz gegenwärtig nur passiv durch einwandernde Jungfische erfolgt. H.-W. Hattop. 6475.

3-64/02-9159 Seemann, W. **Kleine Hochsee- und Küstenfischerei.** Jber. dtsch. Fischwirtsch. **1960** (hrsg. 1961) S. 250–257. — 7 Tab.

Die Fangerträge der Kleinen Hochsee- und Küstenfischerei lagen 1960 mengenmäßig um 19,6% und wertmäßig um 7,3% unter den Ergebnissen des Vorjahres. Der Fangrückgang ist vor allem eine Folge des verminderten Industriefischfanges. Die Kutter stellten sich mit Erfolg auf den Fang von Konsumfischen um. Ungünstig war das Ergebnis der Krabbenfischerei. Allg. hat sich die wirtschaftliche Situation der Kutter- und Küstenfischerei im Berichtsjahr nicht verschlechtert. Die Erträge aus der Ostsee lagen 1960 um rund 3000 t höher als 1959. G. Predel. 6515.

3-64/02-9160 Alekseev, G. D.; Staatl. Entwurfsbüro für Fang-Schiff-Ausrüst. Chodovye i tjagovye charakteristiki SRTR tipa „Okean". **(Die Fahr- und Zugeigenschaften der SRTR vom Typ „Ozean".)** Rybnoe chozjajstvo, Moskva **39** (1963) Nr. 3. S. 23–30. — 6 Abb., 1 Tab.

Berichtet wird über rechnerisch und experimentell ermittelte Daten der Fahr- und Zugeigenschaften der Trawler vom Typ „Ozean". Die Schiffe haben eine Wasserverdrängung von 739,7 t, die nominale Leistung der Hauptmaschine beträgt 540 PS bei 275 U/Min. Bei Freifahrt wird eine max. Geschwindigkeit von 11,15 kn/h erreicht. Die max. Zugleistung am Pfahl betrug 5,5 t. Die max. Zugleistung beim Schleppen wurde mit 4,8 t bei 3,35 kn ermittelt. G. Predel. 6555.

3-64/02-9161 Papenfuß, K. **Die deutsche Fischereiflotte nach dem Stande vom 31. Dezember 1960.** Jber. dtsch. Fischwirtsch. **1960** (hrsg. 1961) S. 108 bis 115. — 8 Tab.
Die Zahl der westdeutschen Fischdampfer ging von 198 im Jahre 1959 auf 194 im Jahre 1960 zurück, allerdings stieg die Tonnage infolge des Zugangs größerer Schiffe an. Der Antrieb mit Heizöl und Diesel setzt sich auch in der westdeutschen Fischdampferflotte immer mehr durch. Alle 1960 der Flotte zugeführten Trawler haben Dieselantrieb. Die Zahl der Logger verminderte sich 1960 gegenüber dem Vorjahr um 3, die Zahl der Kutter um 28.
G. Predel. 6555.

3-64/02-9162 Anuchina, A. M. Biologičeskie osnovy regulirovanija promysla navagi. **(Biologische Grundlagen der Regulierung des Nawagafangs.)** Rybnoe chozjajstvo, Moskva **39** (1963) Nr. 2. S. 26–31. — 4 Abb.
Vf. gibt eine ausführliche Darstellung der biol. Besonderheiten von *Eleginus navaga*, die als Wirtschaftsfisch im Weißen Meer eine gewisse Rolle spielt. Um eine richtige Regulierung des Fanges dieser Fischart durchzuführen, ist ein jährliches Fangkontingent auf Grund einer Auswertung der biol. Daten festzusetzen. G. Predel. 6565.

3-64/02-9163 Soljanik, A. N. Provedenie gruzovych operacij na transportnych i promyslovych sudach v uslovijach otkrytogo morja. **(Ladeoperationen bei Transport- und Fangschiffen auf Hochsee.)** Rybnoe chozjajstvo, Moskva **39** (1963) Nr. 6. S. 34–44. — 4 Abb. 6565.

3-64/02-9164 Chlystov, N. Z. Rezul'taty tuncelovnych ėkspedicij v tropičeskuju Atlantiku. **(Ergebnisse von Thunfangexpeditionen im tropischen Atlantik.)** Rybnoe chozjajstvo, Moskva **39** (1963) Nr. 6. S. 59–63. 6565.

3-64/02-9165 Lundbeck, J.; Hamburg, Bundesforsch.-Anst. für Fischerei, Inst. für Seefischerei. **Biologisch-statistischer Bericht über die deutsche Hochseefischerei im Jahre 1960.** Jber. dtsch. Fischwirtsch. **1960** (hrsg. 1961) S. 116–144. — 15 Tab.
Die Erträge der westdeutschen Trawlerflotte lagen 1960 um 40000 t niedriger als im Vorjahr. Insgesamt wurden 70000 t Hering weniger gefangen, dafür aber in grönländischen Gewäsern 30000 t Grundfisch — hauptsächlich Kabeljau — mehr. Der Heringsfang mit Trawlern großer und moderner Bauart war unrentabel. Der geringe Heringsfang in der Nordsee wird vor allem auf eine ungünstige Verteilung der Heringsschwärme und nicht auf eine allg. Bestandsverminderung zurückgeführt. Allg. ist in allen Fanggebieten ein Rückgang der Tagesfänge zu verzeichnen gewesen. G. Predel. 6565.

3-64/02-9166 Balfanz, D. **Die deutsche Hochseefischerei im Jahre 1960.** Jber. dtsch. Fischwirtsch. **1960** (hrsg. 1961) S. 243–247.
Die westdeutsche Hochseefischerei hat 1960 mit 360000 t Gesamtfang einen Tiefpunkt in der bisherigen Entwicklung erreicht. Die schlechte Trawlheringssaison sowie der Preisdruck durch das peruanische Fischmehl waren wesentliche Ursachen hierfür. Preisstörungen auf den Fischmärkten traten auch durch die Direktanlandungen ausländischer Fischereifahrzeuge in westdeutschen Häfen auf. Die Kosten- und Ertragslage der Fischdampferreedereien hat sich entscheidend verschlechtert. Schwierigkeiten ergeben sich auch bei der Beschaffung des Nachwuchses. Mit großer Sorge wird die mögliche Erweiterung von Hoheitsgewässern betrachtet. G. Predel. 6565.

3-64/02-9167 Büsing, A. **Große Heringsfischerei (Loggerfischerei).** Jber. dtsch. Fischwirtsch. **1960** (hrsg. 1961) S. 248–249.
Von den 104 vorhandenen Loggern wurden 1960 nur 52 eingesetzt. Ein Teil der Flotte konnte wegen Besatzungsschwierigkeiten den Fang nicht ausüben.

Teilweise wurden auch ausländische Fischer gemustert. Es machte sich in stärkerem Maße der Übergang vom Saisonbetrieb zur ganzjährigen Fischerei bei den Loggern bemerkbar. Das gesamte wirtschaftliche Ergebnis der Loggerfischerei im Jahre 1960 wird als nicht ungünstig bezeichnet, wenn auch die Große Heringsfischerei noch stark unter dem Eindruck des Katastrophenjahres 1959/60 steht. G. Predel. 6565.

3-64/02-9168 Sommer, K. **Die See- und Küstenfischerei und die Fischversorgung der Bundesrepublik Deutschland im Jahre 1960.** Jber. dtsch. Fischwirtsch. **1960** (hrsg. 1961) S. 22–105. — 2 Abb., 84 Tab.

Von der See- und Küstenfischerei der BRD wurden 1960 610000 t Fische angelandet. Das sind 12,1% weniger als 1959. Der Fangwert lag mit 270,6 Mill. DM 1960 um 4,3% niedriger als 1959. Die seit einigen Jahren anhaltende rückläufige Tendenz ist den Erträgen der westdeutschen Fischerei ist vor allem eine Folge der sich ständig vermindernden Heringsfänge. Dies machte sich sowohl in der Dampferhochseefischerei als auch in der Großen Heringsfischerei und in der Kutterfischerei bemerkbar.
G. Predel. 6565.

3-64/02-9169 Meseck, G. **Die Fischwirtschaftspolitik 1960/61.** Jber. dtsch. Fischwirtsch. **1960** (hrsg. 1961) S. 7–17. — 2 Tab.

Von der internationalen Situation ausgehend beschreibt Vf. die Lage in der westdeutschen Fischwirtschaft vom Fang bis zum Verbraucher während des Berichtszeitraumes. Dabei wird die Lage der westdeutschen Fischwirtschaft allg. als kritisch bezeichnet. Wirksame Unterstützung durch die Bundesregierung, konzentrierte Organisation des Fangbetriebes, bessere Abstimmung aller Zweige der Fischwirtschaft aufeinander, Vergrößerung des Verbraucherkreises für Fische — insbesondere für Tieffrostware — gehören zu den wichtigsten Problemen, die in Zukunft gelöst werden müssen.
G. Predel. 6565.

3-64/02-9170 Hellmich, G. **Walfang.** Jber. dtsch. Fischwirtsch. **1960** (hrsg. 1961) S. 300–304. — 5 Tab., 1 Lit.

An den Walfangexpeditionen nahmen in der Fangperiode 1960/61 21 Fabrikschiffe mit 252 Fangbooten teil. Davon entfielen auf Norwegen 8 Fabrikschiffe mit 81 Fangbooten, Japan 7 Fabrikschiffe mit 83 Fangbooten, UdSSR 3 Fabrikschiffe mit 52 Fangbooten, Großbritannien 2 Fabrikschiffe mit 22 Fangbooten, Niederlande 2 Fabrikschiffe mit 14 Fangbooten. Der Gesamtfang in der Antarktis betrug nach vorläufigen Ergebnissen 1960/61 16433,5 Blauwaleinheiten. Davon waren 1744 Blauwale, 28761 Finnwale, 718 Buckelwale, 5102 Seiwale und 4815 Pottwale. Außerhalb der Antarktis wurden 1960 insgesamt 24313 Wale, davon 15635 Pottwale, gefangen. Nach neuerer Übereinkunft erhielten die in der Antarktis fischenden Nationen folgenden Anteil am Gesamtfang als jährliche Fangquote: Japan 33%, Norwegen 32%, UdSSR 20%, Großbritannien 9% und Niederlande 6%. G. Predel. 6615.

3-64/02-9171 Sharcott, Margaret. The small but important crab industry at Tofino, B.C. **(Die kleine, aber wichtige Krabbenindustrie bei Tofino, Britisch-Kolumbien.)** Canad. Fisherman 48 (1961) Nr. 11. S. 22–23.

Bei Tofino an der Westküste der Vancouver-Insel wird in kleinerem Maßstab die Krabbenfischerei betrieben. Als Fanggeräte dienen Krabbenkörbe, die mit Muscheln beködert werden. Jeder Fischer besitzt ca. 300 Körbe, von denen etwa 70 pro Tag besehen werden können. Die gefangenen Krabben werden gekocht und dann als Frostware auf den Markt gebracht.
G. Predel. 6620.

3-64/02-9172 Lavrent'ev, M. M.; Wladiwostok, Forsch.-Inst. für Hochseefischerei und Ozeanogr. des Pazifiks. O sostojanii zapasov kamčatskogo kraba u zapadnogo poberež'ja Kamčatki. **(Über den Zustand der Bestände an Kamtschatka-Krabben an der Westküste Kamtschatkas.)** Rybnoe chozjajstvo, Moskva **39** (1963) Nr. 2. S. 19–25. – 4 Abb., 4 Tab.

Fangbeschränkungen und Fangkontingente, die für den Fang der Königskrabbe (*Paralithodes camschatica*) in den Gewässern um Kamtschatka in den letzten Jahren angeordnet wurden, haben zu einer Stabilisierung der zuvor stark reduzierten Krabbenbestände geführt. Die Kontingentierung des Fanges und insbesondere der Schutz der Jungtiere müssen jedoch auch zukünftig strengstens beachtet werden. G. Predel. 6620.

3-64/02-9173 *Kübart, Erich.* **Die Schleppnetzfischerei über Heck.** Dipl.-Arb. Landwirtsch.-Gärtnerische Fak. der Humboldt-Univ. Berlin. 1963.

E. BEEINFLUSSUNG DER FISCHEREI DURCH DIE UMWELT

3-64/02-9174 Tschörtner, Ulrich; Wuppertal-Elberfeld. **Die britische Abwasserforschung in Stevenage und das neue Wassergesetz in Großbritannien.** Wasserwirtschaft **52** (1962) Nr. 11. S. 310–315. – 12 Abb.

Das brit. Abwasserforschungszentrum in Stevenage wurde bereits im Jahre 1927 gegründet. 1954 wurde eine wesentliche Erweiterung dieser Einrichtung vorgenommen, so daß z. Z. 150 Chemiker, Biologen, Physiker und Chemie-Ingenieure hier beschäftigt sind. Folgende Hauptprobleme werden bearbeitet: 1. Die Verwendung von „weichen" Detergentien wird im sogenannten „Luton Experiment" erprobt. 2. Die Fragen der Schlammtrocknung und -beseitigung, die für Klärwerke und Industriebetriebe wichtige Probleme darstellen, werden bearbeitet. 3. Es wird der rationelle Einsatz von Tropfkörpern und deren Füllmaterial untersucht. 4. Wichtige Forschungsarbeit wird auf dem Gebiet des Belebtschlammverfahrens geleistet. 5. Betriebsberatungen. 6. Es werden Fragen der biol. Selbstreinigung sowie der radioaktiven Belastung der Flüsse untersucht. 7. Auf fischereibiologischem Gebiet werden Untersuchungen über die Giftwirkung von Abwasserstoffen auf Fische durchgeführt. Das brit. Abwasserforschungszentrum ist maßgeblich an der Erarbeitung von 3 Gesetzvorlagen beteiligt, nach denen die Stadtverwaltungen den Industriebetrieben hinsichtlich der Abwasserreinigung gleichgestellt und die Anforderungen an den Reinheitsgrad der Kläranlagenabläufe beträchtlich erhöht werden. D. Nehring. 6655.

3-64/02-9175 Nehring, D.; Berlin-Friedrichshagen. **Die Entnahme von Wasserproben bei Fischsterben.** Dtsch. Fischerei-Ztg. **10** (1963) Nr. 1. S. 28 bis 30. 6665.

3-64/02-9176 Nehring, Dietwart; Berlin-Friedrichshagen, Abt. für Chem. des Inst. für Binnenfischerei der Dtsch. Akad. der Landwirtsch.-Wiss. zu Berlin. **Fischsterben in der Deutschen Demokratischen Republik während des Abflußjahres 1962.** Dtsch. Fischerei-Ztg. **10** (1963) Nr. 6. S. 155–157. – 2 Tab., 3 Lit. Vgl. LZ. Abt. III 8 (1963) Nr. 4. S. 883.

Unter Mitwirkung der Wasserwirtschaftsdirektionen wurde auch für 1962 eine Statistik über bekanntgewordene Fischsterben erarbeitet. Gegenüber dem Vorjahr war ein Anstieg von 88 auf 107 Fischsterben zu verzeichnen. Der prozentual höchste Anteil entfällt mit 42% auf org. belastete Abwässer. Hierbei ist bes. bedenklich die Zunahme von Sterbensfällen durch Jauche. Auf Abwassergifte entfallen 24,3% aller Fischsterben, auf natürliche Ursachen 5,6%. Die Anzahl der Fischsterben durch Pflanzenschutzmittel hat sich 1962 verdreifacht, 5,6% der Sterben gehen auf diese Art von Vergiftungen zurück. Sehr hoch ist ferner der Anteil der ungeklärten Fälle, bei 22,5% aller Fischsterben konnte die Ursache nicht ermittelt werden. Der überwiegende Anteil der Fischsterben entfiel auf die trockenen Jahreszeiten Mai-Juni und Sept.-Dez. D. Nehring. 6665.

3-64/02-9177 Bauer, Werner. **Fischsterben im Küstengebiet der Deutschen Demokratischen Republik in den Jahren 1951–1961.** Dtsch. Fischerei-Ztg. 10 (1963) Nr. 2. S. 59–63. — 1 Tab., 3 Lit.
In den Jahren 1951–61 wurden von der Zweigstelle für Ostseefischerei in Saßnitz insgesamt 33 Fischsterben registriert und größtenteils auch untersucht. Der überwiegende Teil der Fischsterben wurde durch Abwässer der Zuckerfabriken verursacht. Die Stellen, wo die Abwasserbelastung der Vorfluter für die Fischwirtschaft ernsthafte Formen annimmt, werden aufgezählt. Zum Schluß wird auf die zunehmende Verölung der Gewässer hingewiesen. W. Bauer. 6665.

3-64/02-9178 Razumov, A. S.; Inst. für Allg. und Kommunale Hyg. der Akad. der Med. Wiss. Mikrobial'nye pokazateli saprobnosti vodoemov, zagrjaznennych promyšlennymi stočnymi vodami. Fiziologija i ėkologija nitčatych bakterij iz roda Cladothrix. **(Mikroben als Saprobienindikatoren von Gewässern, die durch Industrieabwässer verunreinigt sind. Physiologie und Ökologie der Bakterien aus der Gruppe Cladothrix.)** Mikrobiologija, Moskva 30 (1961) Nr. 5. S. 938–945. — 5 Tab., 11 Lit. Zus. in Engl.
Im Unterschied zu *Sphaerotilus* kann *Cladothrix* sowohl org. als auch anorg. Stickstoffquellen verwerten. Gut akkumuliert werden Disaccharide, während dies bei Monosacchariden, Aethyl-Alkohol und Salzen org. Säuren nicht der Fall ist. In ein gut assimilierbaren Kohlenstoff enthaltendes Medium gebracht, reduziert *Cladothrix* bereits NO_3 zu NO_2, in Medien mit org. und anorg. Fe-Verbindungen gebracht, gedeiht *Cladothrix* gut. Zu finden ist diese Bakteriengruppe bes. in Abwässern von Zucker-, Stärke-, Spiritus-, Baumwoll- und Textilfabriken, sowie bei Werken, die synthetischen Kautschuk produzieren u. a. m. G. Predel. 6665.

3-64/02-9179 Josepovits, G.; Budapest, Forsch.-Inst. für Pflanzenschutz. **Über die Wirkung von Pflanzenschutzmitteln auf Fische und Vögel aus dem Gesichtspunkt der selektiven Toxizität.** Dtsch. Akad. Landwirtsch.-Wiss. Berlin, Tagungsber. **1961** (hrsg. 1962) Nr. 54. S. 39–43. — 2 Abb., 9 Lit. — nach Zus.
Bei der Anwendung chem. Schädlingsbekämpfungsmittel besteht Vergiftungsgefahr für Fische, Vögel und Säugetiere, wobei jedoch die Toxizität für die einzelne Tierordnung je nach Wirkstoff verschieden ist. Das wird am Verhalten von Fischen und Säugetieren bzw. von Vögeln und Säugetieren an Hand von graphischen Darstellungen aufgezeigt. Selektiv wirken auf die einzelnen Tierordnungen diejenigen Wirkstoffe, die im Laufe des Metabolismus zuerst eine Aktivierung, dann eine Abschwächung erfahren. Fische sind anscheinend für den ersten Vorgang bes. empfindlich, Vögel für den zweiten. Dabei ist jedoch vielleicht für diese eine sekundäre Vergiftung über begiftete Insektennahrung oder auch eine geringere Gefahr bei der Anwendung von Wirkstoffkombinationen beachtlich. 6665.

3-64/02-9180 Surber, Eugene W. und Pickering, Quentin H.; Cincinnati, O., Robert A. Taft Sanitary Engng. Center. Acute toxicity of endothal, diquat, hyamine, dalapon, and silvex to fish. **(Die akute Giftwirkung von Endothal, Diquat, Hyamin, Dalapon und Silvex gegenüber Fischen.)** U.S. Dep. Interior, Fish Wildlife Serv., progr. Fish-Culturist 24 (1962) Nr. 4. S. 164–171. — 2 Tab., 4 Lit.
Die vorliegende Arbeit ist eine Zusammenfassung verschiedener Untersuchungen über die Giftwirkung einiger Herbicide, die zur Vernichtung unterge-

tauchter Wasserpflanzen und Algen geeignet sind. Die einzelnen Präparate werden hinsichtlich ihrer chem. Zusammensetzung charakterisiert! Die Versuche wurden an *Lepomis macrochirus*, *Pimephales promelas* und teilweise an *Micropterus salmoides* unter Verwendung von hartem und weichem Wasser durchgeführt. Ermittelt wurde jeweils die mittlere Toleranzgrenze nach 24, 48 und 96 Std. Die stärkste Giftwirkung scheint das Hyamin auszuüben; dann folgen Silvex und in weitem Abstand Endothal und Dalapon. Zunahme der Wasserhärte bewirkt in zahlreichen Fällen eine Abnahme der Toxizität.

D. Nehring. 6665.

3-64/02-9181 Horrer, Paul L.; La Jolla, Calif., Marine Advisors Inc. Physical oceanography of the test area. **(Physikalische Ozeanographie des Testgebietes.)** Limnol. and Oceanogr., Suppl. 7 (1962) S. 7–26. — 19 Abb., 2 Tab., 4 Lit.

Mitte Mai 1955 wurde auf hoher See südwestlich von Kalifornien ein Kernspaltungstest (Operation Wigwam) durchgeführt. Vf. untersuchte die phys. Ozeanographie des Untersuchungsgebietes vor und nach dem Test und die Verdriftung und Ausbreitung des radioaktiven Wassers. Zur Ermittlung der Strömungen wurden driftende Bojen mit Fallschirmen bzw. Faltblechen, die auf verschiedene Tiefen eingestellt waren, ausgesetzt. Die Ausbreitung des radioaktiven Wassers wurde mit Strahlungsmeßgeräten verfolgt. Nach 7,5 Tagen bedeckte es eine Fläche von 79 Quadratmeilen, die Verdriftung entsprach den auf Grund der Strömungsmessungen erwarteten Verhältnissen.

J. Waldmann. 6665.

3-64/02-9182 Orton, Grace L. Fish eggs and larvae in the plankton samples. **(Fischeier und Larven in den Planktonproben.)** Limnol. and Oceanogr., Suppl. 7 (1962) S. 32–38. — 1 Abb., 3 Tab., 5 Lit.

Die kommerzielle Fischerei vor der Baja california spielt sich weit küstenwärts von dem Testgebiet des Jahres 1955 ab. Einige Nutzfischarten, wie die Sardinen, ziehen jedoch zum Laichen von der Küste fort. Um festzustellen, ob und in welchem Grade Nutzfische sich im Testgebiet zum Laichen aufhalten, wurde vorliegende Untersuchung durchgeführt. Eier und Larven wurden auf 4 Untersuchungsfahrten gefangen. Weiter als 200 Meilen von der Küste entfernt wurden nur Eier des Seehechtes und einer Carangiden-Art gefunden. Thunlarven kamen nicht vor. Es wird daraus geschlossen, daß der Kernreaktionsversuch nur geringen Schaden unter den Nutzfischen anrichten konnten.

J. Waldmann. 6665.

3-64/02-9183 Wisner, Robert L. Midwater trawl surveys. **(Untersuchungen mit dem pelagischen Trawl.)** Limnol. and Oceanogr., Suppl. 7 (1962) S. 39–41. — 1 Abb., 3 Tab.

Es wurden 2 Untersuchungsfahrten in das Gebiet des Atomtests vor der kalifornischen Küste durchgeführt, eine vor dem Versuch im Juni 1954, die andere während des Versuches. Die erste verfolgte das Ziel, das allg. Vorkommen der Fischfauna zwischen dem Detonationsgebiet und der Küste festzustellen. Dabei war zu prüfen, ob geeignete Nahrungsgrundlagen für Nutzfische, bes. für den Thun vorhanden wären. In insgesamt 145 Hols wurden 1968 Fische aus 54 Arten gefangen. Nutzfische wurden nicht festgestellt. Die Fischdichte war sehr gering. Meeressäuger wurden nicht beobachtet.

J. Waldmann. 6665.

3-64/02-9184 Shimada, Bell M. Results of long-line fishing. **(Ergebnisse der Langleinenfischerei.)** Limnol. and Oceanogr., Suppl. 7 (1962) S. 42–43. — 1 Abb., 2 Tab.

Die Untersuchung hatte die Aufgabe, das Vorkommen von eßbaren Fischen im Gebiet der Operation Wigwam festzustellen. Die Versuchsfischerei begann ein Jahr vor dem Test. Insgesamt wurden im Laufe des Jahres 20718 Haken gesetzt. Der Fang betrug 666 Fische, darunter waren 20 Thune. Der Hauptfang bestand aus Haien. Die Fangrate auf 100 Haken betrug 0,12 Thun. Die Thune gehörten einer durchziehenden Population an, da sie alle auf einem Fischgrund während der Zeit der Tätigkeit der kommerziellen Fischerei gefangen wurden. Während des Tests wurde die Fischerei fortgesetzt, soweit es die Sicherheitsbestimmungen zuließen. Zu dieser Zeit betrug die Fangrate 0,70 Fische/100 Haken, Thune wurden nicht gefangen. Das Fehlen von eßbaren Fischen in den Fängen im Testgebiet zeigt, daß die Möglichkeit der direkten Verseuchung von Fängen durch die Operation Wigwam gering war. J. Waldmann. 6665.

3-64/02-9185 Lear jun., Donald W. und Oppenheimer jun., Carl H. Biological removal of radioisotopes Sr^{90} and Y^{90} from sea water by marine microorganisms. **(Biologische Reinigung des Seewassers von den Isotopen ^{90}Sr und ^{90}Y durch marine Mikroorganismen.)** Limnol. and Oceanogr., Suppl. 7 (1962) S. 44–62. – 7 Abb., 11 Tab., 5 Lit.
Bei den behandelten Laborversuchen wurde hauptsächlich die marine Bakterienart *Serratia marinorubra* verwendet, außerdem die planktische Chlorophyceenart *Platymonas subcordiformis*. Die Versuchsanordnung wird beschrieben. *S. marinorubra* konnte die Aktivität bis zum 25000fachen Wert des umgebenden Meerwassers anreichern. 95% der gespeicherten Spaltprodukte waren ^{90}Y, 4% ^{90}Sr. *P. subcordiformis* konzentrierte selektiv ebenfalls mehr ^{90}Y als ^{90}Sr. J. Waldmann. 6665.

3-64/02-9186 Thomas, William H., Lear jun., Donald W. und Haxo, Francis T. Uptake by the marine dinoflagellate, Gonyaulax polyedra, of radioactivity formed during an underwater nuclear test. **(Aufnahme von durch Unterwasser-Nukleartest entstandener Radioaktivität durch den marinen Dinoflagellaten Gonyaulax polyedra.)** Limnol. and Oceanogr., Suppl. 7 (1962) S. 66–71. – 3 Abb., 2 Tab., 4 Lit.
Das für die Versuche verwendete radioaktive Seewasser wurde aus der Tiefe von 125 m nahe der Detonation der Operation Wigwam entnommen. Es hatte eine Anfangsaktivität von 70000 Zählungen/Min./ml. Laboratoriumskulturen von *Gonyaulax polyedra* konzentrierten in einer Zeitspanne von 90 Std. die 5000fache Aktivität. In Verdünnungsreihen, in denen 5–50% des radioaktiven Seewassers zugegeben wurden, war der Konzentrationsfaktor unabhängig von der Verdünnung. Diese Tatsache bedeutet, daß die gespeicherte Radioaktivität an die nächsten Glieder der Nahrungskette weitergegeben werden kann. Studien des Energiespektrums der Zellen, die Radioaktivität aufgenommen hatten, lassen eine differenzierte Aufnahme gewisser Energien annehmen. J. Waldmann. 6665.

3-64/02-9187 Berner jun., Leo, Bieri, Robert, Goldberg, Edward D., Martin, DeCourcey und Wisner, Robert L. Field studies of uptake of fission products by marine organisms. **(Felduntersuchungen über die Aufnahme von Spaltprodukten durch marine Organismen.)** Limnol. and Oceanogr., Suppl. 7 (1962) S. 82–91. – 6 Abb., 15 Tab., 6 Lit.
Während der ersten Tage nach der Explosion der Operation Wigwam wurden radiochem. Studien des Seewassers, der teilchenförmigen Substanz im Seewasser und der Organismen durchgeführt. Die Hälfte der Aktivität war in der teilchenförmigen Substanz enthalten. Die Organismen, die während der ersten Zeit die stärkste Aktivität anreicherten, waren Filtrierer, die von teilchenförmiger Substanz lebten. Daß auch Diatomeen geringe Radioaktivität zeigten, wird von Vff. als durch die angewendete Technik bedingt angesehen. Während dieser ersten Zeit enthielten Fische nur im Verdauungskanal radioaktive Konzentrationen, die sie mit ihren Nahrungstieren aufgenommen hatten. Es wurden keine langfristigen Beobachtungen durchgeführt. J. Waldmann. 6665.

3-64/02-9188 Žarova, T. V.; Leningrad, Zool. Inst. der Akad. der Wiss. der UdSSR. Nakoplenie radioaktivnych izotopov stroncija, rutenija, cezija i cerija nekotorymi bakterijami. **(Akkumulation radioaktiver Isotope von Strontium, Ruthenium, Caesium und Cerium durch einige Bakterien.)** Mikrobiologija, Moskva **30** (1961) Nr. 5. S. 871–876. — 5 Tab., 7 Lit. Zus. in Engl.

Untersucht wurde die Akkumulation der radioaktiven Isotope ^{90}Sr, ^{106}Ru, ^{137}Cs und ^{144}Ce durch verschiedene Bakterienarten, und zwar einmal in flüssigem Milieu (Seenwasser) und zum anderen in festem Milieu (Agar). Die verwendeten Bakterienarten waren: 1. Eine Mischung von Wasserbakterien, 2. Eine Mischung von Bodenbakterien, 3. *Acotobacter chroococcum* und 4. *Sarcina lutea.* Festgestellt wurde u. a. ein unterschiedliche Akkumulation durch die einzelnen Bakterienarten, Abhängigkeit der Akkumulation von der jeweiligen Umwelt, Selektivität der Bakterienarten im Hinblick auf bestimmte Isotope, stärkere Akkumulation in flüssigem Milieu als in festem Milieu.
G. Predel. 6665.

3-64/02-9189 Templeton, W. L. und Brown, V. M.; Cumberland, Windscale Works, U.K. Atomic Energy Authority. Accumulation of calcium and strontium by brown trout from waters in the United Kingdom. **(Anreicherung von Kalzium und Strontium durch Salmo trutta fario aus Gewässern des Vereinigten Königreichs.)** Nature [London] **198** (1963) Nr. 4876. S. 198–200. — 2 Abb., 7 Lit.

Die veröffentlichten Anreicherungsfaktoren von ^{90}Sr durch Süßwasserlebewesen haben oft im Mittelpunkt der Kritik gestanden, weil sie ohne Berücksichtigung der Kalziumkonzentration des umgebenden Mediums ermittelt wurden. Vff. bestimmten deshalb die Anreicherungsfaktoren für Ca und Sr durch Bachforellen in Abhängigkeit vom Kalziumgehalt des Wassers. Untersucht wurden die Knochen und das Muskelgewebe. Es wurde gefunden, daß in kalkreichen produktiven Gewässern die Anreicherung von ^{90}Sr im Fisch nur gering sein kann und eine Gefahr durch ^{90}Sr für den Menschen weit eher durch Verwendung des Wassers als Trinkwasser gegeben ist. In kalkarmen Gewässern findet dagegen eine stärkere Anreicherung statt, so daß hier eher durch den ^{90}Sr-Gehalt der Fische Gefahr droht. D. Nehring. 6665.

3-64/02-9190 Piavis, George W.; Baltimore, Univ. of Maryland, Dental School, Dep. of Anatomy. Exposure of several developmental stages of the sea lamprey, Petromyzon marinus, to selective larvicides. **(Wirkung selektiver Larvengifte auf verschiedene Entwicklungsstadien von Meerneunaugen, Petromyzon marinus.)** Copeia [Philadelphia] **1962** Nr. 3. S. 652–653. — 1 Tab., 3 Lit.

Zur Vernichtung der Larven von Meerneunaugen (*Petromyzon marinus*) in natürlichen Gewässern wurde in Aquarienversuchen die toxische Wirkung verschiedener Verbindungen auf Larven der Entwicklungsstadien 8–18 geprüft. Zur Anwendung kamen 4-brom-4-nitrophenol, o-aethyl-s-pentachlorophenyl-thiocarbamat, 3- trifluormethyl-4-nitrophenol, 3,4,6-trichloro-2-nitrophenol, 2-brom-4-nitrophenol, 2,5-dichloro-4-nitrophenol und 4-styrylpyridin. Außer Präparat 1 und 7 war die Wirkung in allen Fällen nach 1 Std. – 18 Tagen hundertprozentig. K. Anwand. 6695.

3-64/02-9191 Anderson, Gaylord A.; Marquette, Mich., Bureau of Commercial Fisheries. Three portable feeders for metering chemical into streams for control of sea lamprey. **(Drei transportable Geräte zur Dosierung von Chemikalien bei der Neunaugen-Bekämpfung.)** U.S. Dep. Interior, Fish Wildlife Serv., progr. Fish-Culturist **24** (1962) Nr. 4. S. 190–192. — 3 Abb., 1 Lit.

Zur Bekämpfung der Neunaugen-Larven in den Zuflüssen zum Michigan- und zum Oberen See werden 3-trifluormethyl-4-nitrophenol-Verbindungen (TFM) benutzt, die sehr sorgfältig in die Gewässer ausgebracht werden müssen, damit für eine bestimmte Zeit eine geeignete Giftkonzentration aufrechterhalten werden kann. Für schwer mit größeren Fahrzeugen zu erreichende Ausbringungsorte werden 3 transportable Geräte beschrieben, die es gestatten, Chemikalien kontinuierlich in gewünschter Menge in das Gewässer zu bringen. Je 1 Gerätetyp arbeitet mit einem Schwerkraft-Zufluß und dem Prinzip des Vergaser-Schwimmers, mit einer Kraftstoff- und einer Elektropumpe.

G. Merla. 6695.

F. FISCHKRANKHEITEN

3-64/02-9192 Hoffman, Glenn L. und Sindermann, Carl J.; Leetown, W. Va., Bureau of Sport Fisheries and Wildlife; Boothbay Harbor, Me., Bureau of Commercial Fisheries. Common parasites of fishes. **(Häufige Parasiten bei Fischen.)** U. S. Dep. Interior, Fish Wildlife Serv., Circ. **1962** Nr. 144. S. 1-17. — 23 Abb., 42 Lit.

Vff. stellen die in Nordamerika häufigsten Parasiten bei Süßwasser- und Meeresfischen zusammen. Die Einteilung erfolgte nach dem Befallsort: Körperoberfläche und Kiemen, Körpermuskulatur und Eingeweide. Die einzelnen Parasitenarten der systematischen Hauptgruppen — Protozoen, monogene und digene Trematoden, Cestoden, Nematoden, Acanthocephalen, parasitische Copepoden und Egel — werden nach obiger Einteilung durch Morphologie, Lebenszyklus, Krankheitsbild und wirtschaftliche Bedeutung charakterisiert.

Th. Mattheis. 6730.

3-64/02-9193 Paperna, I.; Jerusalem, Hebrew Univ., Dep. of Parasitol. Some observations on the biology and ecology of Dactylogyrus vastator in Isreal. **(Einige Beobachtungen zur Biologie und Ökologie von Dactylogyrus vastator in Israel.)** Bamidgeh, Bull. Fish Cult. Israel **15** (1963) Nr. 1. S. 8-26. — 4 Abb., 21 Tab., 20 Lit.

In der Arbeit wurde auf die Untersuchung der Dauer der Entwicklungsstadien vom Ei bis zum geschlechtsreifen Trematoden Wert gelegt. Auch die Eiablage-Rate unter Frühjahrstemperaturen (24-28 °C) wurde untersucht, sie beträgt im Mittel 1,68 Eier/Std. Zu den für den Parasiten wichtigen ökol. Faktoren gehören der Salzgehalt des Wassers und die Temperatur. NH_4- und O_2-Gehalt sind in Grenzen hingegen weniger von Bedeutung. Der Parasit gedeiht nur unterhalb 1 500 mg Cl/l, adulte Exemplare vertragen jedoch einen höheren Gehalt. Die Optimaltemperatur für den Parasiten liegt bei 22-24 °C. Bei Temperaturen unter 12 und über 37 °C hört die Eiablage auf, abgelegte Eier schlüpfen nicht mehr.

G. Merla. 6750.

Redaktionsschluß: 8. 11. 1963

Herausgeber: Deutsche Demokratische Republik · Deutsche Akademie der Landwirtschaftswissenschaften zu Berlin, Institut für Landwirtschaftliche Information und Dokumentation, Berlin W 8, Krausenstr. 38/39; Fernsprecher: 22 51 61. Chefredakteur: Dr. Ursula Wittbrodt, stellvertretender Chefredakteur: Dr. Werner Kleeberg, Berlin W 8, Krausenstr. 38/39; Fernsprecher: 22 51 61. Redaktion der Abteilung III — Tierzucht · Tierernährung · Fischerei: Dr. Hans Dieter Hennig. Dr. habil. Bernhard Piatkowski und Dr. Werner Steffens, Berlin W 8, Krausenstraße 38/39; Fernsprecher: 22 51 61. Verlag: Akademie-Verlag GmbH, Berlin W 8, Leipziger Straße 3—4; Fernsprecher: 22 04 41, Telex-Nr. 011773, Postscheckkonto: Berlin 350 21. Bestellnummer dieses Heftes: 1030 III — IX/2. Das Landwirtschaftliche Zentralblatt, Abt. Tierzucht · Tierernährung · Fischerei, erscheint monatlich. Einzelheft DM 20,—; einseitig bedruckte Ausgabe DM 24,—. Jahresbezugspreis DM 240,—; einseitig bedruckte Ausgabe DM 288,— einschl. Register, zuzüglich Porto- und Versandkosten. Gesamtherstellung: VEB Druckerei „Thomas Müntzer" Bad Langensalza. Veröffentlicht unter der Lizenznummer 1290 des Presseamtes beim Vorsitzenden des Ministerrates der Deutschen Demokratischen Republik.

Bei Fragen zur Produktsicherheit wenden Sie sich bitte an:
If you have any questions regarding product safety,
please contact:

Walter de Gruyter GmbH
Genthiner Straße 13
10785 Berlin
productsafety@degruyterbrill.com